辽宁省"十二五"普通高等教育本科省级规划教材
21世纪全国应用型本科计算机系列实用规划教材

单片机原理及应用教程
(第2版)

主　编　范立南

副主编　李荃高　李雪飞　武　刚

北京大学出版社
PEKING UNIVERSITY PRESS

内 容 简 介

本书以 MCS-51 系列单片机为核心，介绍了单片机的原理及应用，内容包括：单片机概述，单片机的硬件结构，MCS-51 系列单片机指令系统与汇编语言程序设计，单片机的 C 语言编程，MCS-51 系列单片机的中断系统、定时器/计数器、串行接口，系统扩展技术与 I/O 接口技术，以及单片机系统的设计与应用实例。本书参考了各种系列单片机的最新资料，吸取了单片机开发应用的最新成果，给出了大量的实验与实训实例。

全书具有较强的系统性、先进性和实用性。内容选材精练，论述简明，每章均配有习题。本书可作为高等院校计算机科学与技术、自动化、电子信息工程、机电一体化等专业的单片机课程教材，也可作为工程技术人员单片机应用技术的参考书。

图书在版编目(CIP)数据

单片机原理及应用教程/范立南主编. —2 版. —北京：北京大学出版社，2013.5
(21 世纪全国应用型本科计算机系列实用规划教材)
ISBN 978-7-301-22437-3

Ⅰ. ①单… Ⅱ. ①范… Ⅲ. ①单片微型计算机—高等学校—教材 Ⅳ. ①TP368.1

中国版本图书馆 CIP 数据核字(2013)第 081344 号

书　　　名：	单片机原理及应用教程(第 2 版)
著作责任者：	范立南　主编
策 划 编 辑：	郑　双
责 任 编 辑：	郑　双
标 准 书 号：	ISBN 978-7-301-22437-3/TP · 1280
出 版 发 行：	北京大学出版社
地　　　址：	北京市海淀区成府路 205 号　　100871
网　　　址：	http://www.pup.cn　　新浪官方微博：@北京大学出版社
电 子 信 箱：	pup_6@163.com
电　　　话：	邮购部 62752015　　发行部 62750672　　编辑部 62750667　　出版部 62754962
印 刷 者：	三河市博文印刷有限公司
经 销 者：	新华书店

787 毫米×1092 毫米　16 开本　22.25 印张　516 千字
2006 年 1 月第 1 版
2013 年 5 月第 2 版　2016 年 6 月第 2 次印刷

定　　　价：43.00 元

前　言

　　生活在现代社会的人们有没有想过，为什么人们能用手机随时随地与他人进行通话？为什么人们随时都可以在 ATM 自动柜员机里取钱？为什么十字路口的交通灯能够在没有人干预的情况下有条不紊地指挥着交通？人们平常所使用的数码照相机、电视机顶盒、数码音响、遥控器、空调、智能洗衣机、智能玩具等所谓的高科技产品，它们到底是怎么构成的呢？其实说到底，服务于我们现代化生活的神秘之物，正是不为人所知的单片机！当然单片机的应用远不止这些，可以说单片机的应用随处可见。

　　进入 21 世纪，16 位的 80C196 和 32 位的 ARM 等具有更高性能的嵌入式芯片已进入了实用阶段，那么是不是现在学习 51 单片机就没有用武之地了？其实不然。在大部分的工控或测控设备中，51 单片机已经足够满足控制要求，加之其物美价廉，且 8 位增强型单片机在速度和功能上可以向现在的 16 位单片机挑战，因此在未来相当长的时期内，8 位单片机仍是单片机的主流机型。因此，学习 51 单片机，是从事控制行业一个不错的选择。

　　如何学习这门课程呢？

　　首先，大概了解单片机的结构，本书的第 2 章主要讲述了单片机的内部结构以及资源。对单片机内部结构有了初步了解之后，就可以进行简单的实例练习和实验操作，从而加深对单片机的认识。

　　其次，要有大量的实例练习和实验。对于单片机，读者不仅要掌握其硬件结构，也要重视对软件编程的学习。在编程时，读者要注意软件与硬件是如何结合的，通过一个个实验和验证，进而来理解硬件的结构，这样才能体会到软件与硬件是浑然一体的。通过硬件知识的学习，读者可以了解到如何通过编程来控制硬件；通过软件编程的学习，读者又可以更进一步学习到单片机硬件的工作机制和原理。

　　再次，读者还要多结合外围电路，如流水灯、数码管、独立键盘、矩阵键盘、A/D 或 D/A、液晶、蜂鸣器等进行练习，因为这样可以直观地看到程序运行的结果。

　　最后，结合自己的实际情况，开发一个完全具有个人风格、功能完善的电子产品。对于在校学生，如果有条件可以组成团队参加两年一次的全国大学生电子设计竞赛，尽情享受单片机开发带来的欢乐和成就感。

　　同时，读者也不必为软件、硬件基础知识不扎实而烦恼，单片机中用到的编程并不难，可以说主要是配置一些寄存器，不涉及太复杂的算法和语法，电子元器件也以简单应用居多。本书接下来的几章将主要介绍硬件和软件基础知识，这些知识对于单片机开发来说已经足够。另一方面，读者在做单片机实验的过程中会慢慢地积累，一步步地巩固相关的基础知识，在实践中有针对性地学习与训练肯定比纯粹看书效果更好。读者还可以充分利用网络技术，通过网络上许多关于单片机的网站，了解单片机的发展动向和新的知识，遇到疑难也可在网上寻找解决办法，这样会达到事半功倍的效果。

　　单片机是 DSP、嵌入式操作系统等高级硬件产品开发的基础。读者如果想要在这一领域有讲一步的发展，必须学会单片机的开发。

本书第 1 版在 2006 年编写出版后，取得了很好的效果，同时读者也提出了一些宝贵的意见和建议。针对这些情况，我们在本次修订再版时，对章节体系进行了相应的调整，为便于教学，每章开始都给出了本章的教学提示、学习目标以及知识结构，给出了大量的实验与实训实例，每章后面都配有各种类型的习题。本书再版的整体编排及每章的结构安排更加符合教学的需求。

本书以 MCS-51 系列单片机为核心，介绍单片机的原理及应用。全书共分 10 章。第 1 章介绍了单片机的概念、单片机的发展概况、常用单片机概况以及单片机的应用领域；第 2 章主要阐述了 MCS-51 系列单片机的内部结构、引脚功能、工作方式和时序；第 3 章详细介绍了 MCS-51 系列单片机的指令系统和汇编语言程序设计，包括指令格式、寻址方式、数据传送指令、算术运算指令、逻辑运算指令、控制转移指令、位操作指令等，从应用角度出发，讨论了各种常用汇编程序的设计方法，并介绍了一些实用的子程序；第 4、5、6 章分别阐述了 MCS-51 系列单片机的中断系统、定时器/计数器和串行通信接口等；第 7 章介绍了单片机的扩展技术，包括存储器、并行接口、串行接口、定时器/计数器的扩展技术；第 8 章介绍了单片机的接口技术，包括人-机交互接口键盘、显示器、打印机，检测外部模拟量的 A/D 接口和控制外部设备的 D/A 接口等；第 9 章对单片机的 C 语言基本知识进行了介绍，给出了 C51 编程的实例；第 10 章对应用系统的软、硬件设计和调试等各个方面做了进一步的分析和讨论，并给出了具体应用实例。

本书由范立南担任主编，李荃高、李雪飞、武刚担任副主编。其中范立南编写了第 1 章和第 10 章的 10.1、10.2 节；李荃高编写了第 3、7、8 章和第 10 章的 10.5 节；李雪飞编写了第 2、4、5 章和第 10 章的 10.3 节；武刚编写了第 6、9 章和第 10 章的 10.4、10.6 节。全书由范立南统稿。

本书是编者多年来教学实践的总结，也是编者从事单片机应用科研工作的总结。同时，本书参考了各种系列单片机的最新资料，吸取了单片机开发应用的最新成果，编者在此对这些参考文献的作者表示感谢。

由于编者水平有限，加之时间仓促，书中的疏漏之处在所难免，恳请广大读者指正。

编　者
2013 年 2 月

目　　录

第1章 单片机概述

教学提示

单片机是在一块芯片上集成了中央处理单元(CPU)、只读存储器(ROM)、随机存储器(RAM)和各种输入/输出(I/O)接口(定时器/计数器、并行 I/O 接口或串行 I/O 接口以及 A/D 转换器接口等)的微型计算机。它具有集成度高、体积小、功能强、使用灵活、价格低廉、稳定可靠等优点,在家用电器、智能化仪器、数控机床、数据处理、自动检测、通信、智能机器人、工业控制,以及火箭导航尖端技术等领域发挥着十分重要的作用。

学习目标

- ➢ 了解单片机的现状及发展趋势;
- ➢ 掌握单片机的有关概念和特点;
- ➢ 掌握单片机的组成;
- ➢ 了解单片机供应商主要产品的性能特点;
- ➢ 了解单片机的应用领域。

知识结构

本章知识结构如图 1.1 所示。

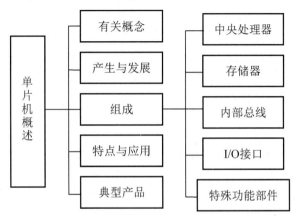

图 1.1 本章知识结构图

1.1 单片机的概念

微型计算机的出现给人类生活带来了根本性的变化，使现代科学研究产生了质的飞跃，单片机技术的出现则给现代工业测控领域带来了一次新的技术革命。可以说，单片机技术的开发和应用水平已逐步成为一个国家工业发展的标志之一，并正在深深地改变着人们的社会生活。

1.1.1 单片机的基本概念

单片微型计算机(Single Chip Microcomputer)简称单片机，即把组成微型计算机的各个功能部件，如中央处理器(CPU)、随机存储器(RAM)、只读存储器(ROM)、I/O 接口电路、定时器/计数器和串行通信接口等集成在一块芯片中，构成一个完整的微型计算机。

由于单片机主要面对的是测控对象，突出的是控制功能，所以它从功能和形态上来说都是应测控领域应用的要求而诞生的。随着单片机技术的发展，它在芯片内集成了许多面向测控对象的接口电路，如 ADC、DAC、高速 I/O 口、脉冲宽度调制器(Pulse Width Modulator，PWM)、监视定时器(Watch Dog Timer，WDT)等。这些对外电路及外设接口已经突破了微型计算机传统的体系结构，所以单片机也称为微控制器(Micro Controller Unit，MCU)。

1. 单片机与微处理器

随着大规模与超大规模集成电路技术的快速发展，微型计算机技术形成了两大分支：微处理器(Micro Processor Unit，MPU)和微控制器。

MPU 是微型计算机的核心部件，它的性质决定了微型计算机的性能。通用型的计算机已从早期的数值计算、数据处理发展到当今的人工智能阶段，它不仅可以处理文字、字符、图形、图像等信息，而且还可以处理音频、视频等信息，并向多媒体、人工智能、虚拟现实、网络通信等方向发展。它的存储容量和运算速度正在以惊人的速度发展，高性能的 32 位、64 位微型计算机系统正向大、中型计算机挑战。

MCU 主要用于控制领域。由它构成的检测控制系统应该具有实时的、快速的外部响应的功能，应该能迅速采集到大量数据，并在做出正确的逻辑推理和判断后实现对被控对象参数的调整与控制。单片机直接利用了 MPU 的发展成果，也发展了 16 位、32 位、64 位的机型，但它的发展方向是高性能、高可靠性、低功耗、低电压、低噪声和低成本。目前，单片机仍然是以 8 位机为主，16 位、32 位、64 位机并行发展的格局。单片机的发展主要还是表现在其接口和性能不断满足多种多样检测对象的要求上，尤其突出表现在它的控制功能上，用于构成各种专用的控制器和多机控制系统。

2. 单片机与嵌入式系统

面向检测控制对象，嵌入到应用系统中的计算机系统称为嵌入式系统。实时性是嵌入式系统的主要特征，对系统的物理尺寸、可靠性、重启动和故障恢复方面也有特殊的要求。由于被嵌入对象的体系结构、应用环境等的要求，嵌入式计算机系统比通用的计算机系统设计更为复杂，涉及面也更为广泛。从形式上可将嵌入式系统分为系统级、板级和芯片级。

系统级嵌入式系统为各种类型的工控机，包括进行机械加固和电气加固的通用计算机系统、各种以总线方式工作的工控机和各种模块组成的工控机。它们大都有丰富的通用计算机软件及周边外设的支持，有很强的数据处理能力，应用软件的开发也很方便。但由于其体积庞大，适合于具有较大空间的嵌入式应用环境，如大型实验装置、船舶、分布式测控系统等。

板级嵌入式系统有各种类型的带 CPU 的主板及原始设备制造商(Original Equipment Manufacturer，OEM)产品。与系统级嵌入式系统相比，板级嵌入式系统体积较小，可以满足较小空间的嵌入式应用环境。

芯片级嵌入式系统以单片机最为经典。单片机嵌入到对象的环境、结构体系中作为其中一个智能化的控制单元，是最典型的嵌入式计算机系统。它有唯一的专门为嵌入式应用而设计的体系结构和指令系统，加上它的芯片级的体积和在现场运行环境下的高可靠性，最能满足各种中、小型对象的嵌入式应用要求。因此，单片机是目前发展最快、品种最多、数量最大的嵌入式计算机系统。

1.1.2　单片机的组成

单片机的结构特征是将组成计算机的基本部件集成在一块芯片上，构成一台功能独特的、完整的单片微型计算机。单片机的典型结构框图如图 1.2 所示。

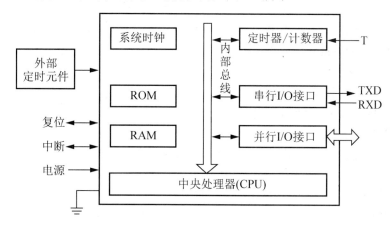

图 1.2　单片机的典型结构框图

1. 中央处理器

中央处理器(CPU)是单片机的核心部件，它由运算器和控制器组成，另外增设了面向控制的处理功能，如位处理、查表、多种跳转、乘除法运算、状态检测、中断处理等，增强了实时性。数据处理和系统的操作控制都是由 CPU 完成的，单片机最主要的功能技术指标也是由它决定的。

根据 CPU 的字长(即数据运算和传送数据的位数)，单片机可分为 4 位、8 位、16 位、32 位和 64 位等。此外，不同的单片机 CPU 在运算速度、数据处理能力、中断和实时控制功能等方面差别很大，这些也是衡量 CPU 功能强弱的主要技术指标。

2. 存储器

在单片机内部，ROM 和 RAM 是分开制造的。通常，ROM 存储容量较大，RAM 存储的容量较小，这是单片机用于控制的一大特点。单片机的存储空间有两种基本结构。一种是普林斯顿(Princeton)结构，将程序和数据合用一个存储器空间，即 ROM 和 RAM 的地址在同一个空间里分配不同的地址。CPU 访问存储器时，一个地址对应唯一的一个存储单元，可以是 ROM，也可以是 RAM，用同类的访问指令。另一种是将程序存储器和数据存储器截然分开、分别寻址的结构，称为哈佛(Harvard)结构，CPU 用不同的指令访问不同的存储器空间。由于单片机实际应用中具有面向控制的特点，所以一般需要较大的程序存储器。目前,包括 MCS-51 和 80C51 系列的单片机均采用程序存储器和数据存储器截然分开的哈佛结构。

(1) 程序存储器

因为单片机的应用系统一般都是专用控制器，一旦研制成功，其监控程序也就定型了，因此可以用只读存储器作为程序存储器。此外，只读存储器中的内容不会丢失，从而提高了可靠性。单片机内部的程序存储器主要有以下几种形式。

1) 掩膜 ROM(Mask ROM)。它是由半导体厂家在芯片生产封装时，将用户的应用程序代码通过掩膜工艺制作到单片机的 ROM 区中，一旦写入用户就不能修改。因此它适合于程序已定型，并大批量使用的场合。8051 就是采用掩膜 ROM 的单片机。

2) OTP ROM(One Time Programmable ROM)：这是用户一次性编程写入的程序存储器。用户可通过专用的写入器将应用程序写入 OTP ROM 中，但只允许写入一次。

3) EPROM(Erasable Programmable ROM)：这种芯片带有透明窗口，可通过紫外线擦除程序存储器的内容。应用程序可通过专门的写入器脱机写入到单片机中，需要更改时可通过紫外线擦除后重新写入。8751 就是采用 EPROM 的单片机。

4) E^2PROM(Electrically Erasable Programmable ROM)：这种单片机内部具有电可编程电可擦除的 E^2PROM 程序存储器。

5) ROMLESS：这种单片机内部没有程序存储器，使用时必须外接程序存储器(一般为 EPROM 电路)。8031 就是 ROMLESS 型的单片机。

6) Flash ROM：闪速存储器是一种可由用户多次编程写入的程序存储器。它不需要用紫外线擦除，编程与擦除完全用电实现，数据具有非易失性。编程与擦除速度快，4KB 编程只需数秒，擦除只需 10ms。例如 AT89 系列单片机，可实现在线编程，也可下载，这是目前大力发展的一种 ROM，大有取代 EPROM 型产品的趋势。

(2) 数据存储器

在单片机中，用随机存取存储器(RAM)来存储数据，暂存运行期间的数据、中间结果、堆栈、位标志和数据缓冲等，所以称之为数据存储器。一般在单片机内部设置一定容量的 RAM，并以高速 RAM 的形式集成在单片机内，以加快单片机的运行速度。同时，单片机还把专用的寄存器和通用的寄存器放在同一片 RAM 内统一编址，以利于运行速度的提高。对于某些应用系统，还可以外部扩展数据存储器。

3. 内部总线

单片机内部总线是 CPU 连接片内各主要部件的纽带，是各类信息传送的公共通道。内部总线主要由 3 种不同性质的信号线组成，分别是地址线、数据线和控制线。地址线主要用来传送存储器所需要的地址码或外部设备的设备号，通常由 CPU 发出并被存储器或 I/O 接口电路所接收。数据线用来传送 CPU 写入存储器或经 I/O 接口送到输出设备的数据，也可以传送从存储器或输入设备经 I/O 接口读入的数据，因此，数据线通常是双向信号线。控制线有两类：一类是 CPU 发出的控制命令，如读命令、写命令、中断响应等；另一类是存储器或外设的状态信息，如外设的中断请求、存储器忙和系统复位信号等。

4. I/O 接口和特殊功能部件

I/O 接口电路有并行和串行两种。单片机为了突出控制的功能，提供了数量多、功能强、使用灵活的并行 I/O 接口，使用上不仅可灵活地选择输入或输出，还可作为系统总线或控制信号线，从而为扩展外部存储器和 I/O 接口提供了方便。串行 I/O 接口用于串行通信，可把单片机内部的并行数据转换成串行数据向外传送，也可以串行接收外部送来的数据并把它们转换成并行数据送给 CPU 处理。高速的 8 位机都可提供全双工串行 I/O 接口，因而能和某些终端设备进行串行通信，或者和一些特殊功能的器件相连接。

特殊功能部件有很多种，一般来讲，定时器/计数器是不可缺少的。在实际应用中，单片机常常需要精确定时，或者需对外部事件进行计数，因此在单片机内部设置了定时器/计数器电路，通过中断，实现定时/计数的自动处理。

有些单片机内部还包括其他特殊功能部件，如 A/D 转换器、D/A 转换器、直接存储器存取(Direct Memory Access，DMA)通道、PWM、WDT 等，其内部包含的特殊功能部件及数量与单片机型号有关。

1.1.3 单片机的特点

单片机与一般的微型计算机相比，由其独特的结构决定了它具有如下特点。

1. 集成度高、体积小

在一块芯片上集成了构成一台微型计算机所需的 CPU、ROM、RAM、I/O 接口以及定时器/计数器等部件，能满足很多应用领域对硬件的功能要求，因此由单片机组成的应用系统结构简单，体积特别小。

2. 面向控制、功能强

由于单片机是面向控制的，它的实时控制功能特别强，CPU 可以直接对 I/O 接口进行各种操作，能有针对性地解决从简单到复杂的各类控制任务。

3. 抗干扰能力强

单片机内 CPU 访问存储器、I/O 接口的信息传输线(即总线)大多数在芯片内部，因而不易受外界的干扰，另一方面，由于单片机体积小，适应温度范围宽，在应用环境比较差的情况下，容易采取对系统进行电磁屏蔽等措施，在各种恶劣的环境下都能可靠地工作，所以单片机应用系统的可靠性比一般微型计算机系统高得多。

4. 功耗低

为了满足广泛使用于便携式系统的要求，许多单片机内的工作电压仅为 1.8～3.6V，而工作电流仅为数百微安。

5. 使用方便

由于单片机内部功能强，系统扩展方便，所以应用系统的硬件设计非常简单，又因为国内外提供多种多样的单片机开发工具，它们具有很强的软硬件调试功能和辅助设计的手段，这样使单片机的应用极为方便，大大缩短了系统研制的周期。另外，还可方便地实现多机和分布式控制，使整个控制系统的效率和可靠性大为提高。

6. 性能价格比高

单片机功能强、价格便宜，其应用系统的印制电路板小，接插件少，安装调试简单等一系列原因，使单片机应用系统的性能价格比高于一般的微型计算机系统。为了提高单片机速度和运行效率，很多地方已开始使用精简指令集计算机(Reduced Instruction Set Computer, RISC)流水线和数字信号处理(Digital Signal Processing, DSP)等技术。由于单片机的广泛使用、销量极大，各大公司的商业竞争更使其价格十分低廉，从而使其性能价格比极高。

7. 容易产品化

单片机以上的特性，缩短了由单片机应用系统样机至正式产品的过渡过程，使科研成果能迅速转化为生产力。

1.2 单片机的发展过程与趋势

单片机自 20 世纪 70 年代诞生以来，发展十分迅速。目前世界上单片机供应商有几十家，单片机型号繁多。从各种新型单片机的性能上看，单片机正朝着面向多层次用户的多品种、多规格方向发展。

1.2.1 单片机发展过程

单片机出现的历史并不长，它的产生与发展和微处理器的产生与发展大体上同步，也经历 4 个阶段。

第 1 阶段(1974—1976 年)：初级单片机阶段。1974 年，美国 Fairchild 公司研制出世界上第一台单片微型计算机 F8，深受家用电器和仪器仪表领域的欢迎和重视，从此拉开了研制单片机的序幕。这个时期生产的单片机特点是制造工艺落后、集成度低，而且采用双片结构。典型的代表产品有 Fairchild 公司的 F8 和 Mostek 公司的 3870 等。

第 2 阶段(1976—1978 年)：低性能单片机阶段。这一时期生产的单片机虽然已能在单块芯片内集成 CPU、并行接口、定时器、RAM 和 ROM 等功能芯片，但 CPU 功能还不太强，I/O 设备的种类和数量少，存储器存储容量小，只能应用于比较简单的场合。以 Intel 公司的 MCS-48 为代表，这个系列的单片机内集成有 8 位 CPU、并行 I/O 接口、8 位定时器/计数器，寻址范围不大于 4KB，且无串行接口，它是 8 位单片机的早期产品。MCS-48 系列单片机是 Intel 公司 1976 年以后陆续推出的第一代 8 位单片机系列产品，包括基本型 8048、8748 和 8035，强化型 8049、8039、8050、8750 和 8040，简化型 8020、8021 和 8022，专用型 UPI-8041、8741 等。低、中档型单片机目前已被高档 8 位单片机所取代。

第 3 阶段(1978—1983 年)：高性能单片机阶段。在这一阶段推出的单片机普遍带有串行接口，有多级中断处理系统，16 位定时器/计数器。片内 RAM、ROM 容量加大，且寻址范围可达 64KB，有的片内还带有 A/D 转换器接口。这类单片机有 Intel 公司的 MCS-51, Motorola 公司的 M6805 和 Zilog 公司的 Z8 等。由于这类单片机的应用领域极其广泛，各公司正在大力改进其结构与性能，所以，这个系列的各类产品仍是目前国内外产品的主流。其中 MCS-51 系列产品，由于其优良的性能价格比，特别适合我国的国情，MCS-51 系列单片机有可能稳定相当一段时期。

第 4 阶段(1983 年至今)：16 位及以上单片机和超 8 位单片机并行发展阶段。此阶段单片机发展的主要特征是，一方面发展 16 位及以上单片机和专用单片机；另一方面不断完善高档 8 位单片机，改善其结构，以满足不同用户需要。自 1982 年 16 位单片机诞生以来，现在已有 Intel 公司的 MCS-96 系列、Mostek 公司的 MK68200、NS 公司的 HPC16040 系列、NEC 公司的 783XX 系列和 TI 公司的 TMS9940 及 9995 系列等。16 位单片机的特点是 CPU 是 16 位的，运算速度普遍高于 8 位机，有的单片机寻址可达 1MB，片内含有 A/D 和 D/A 转换电路，支持高级语言。16 位单片机主要用于过程控制、智能仪表、家用电器及作为计算机外部设备的控制器等。32 位单片机的字长为 32 位，具有极高的运算速度。近年来，随着家用电子系统、多媒体技术和 Internet 技术的发展，32 位甚至 64 位单片机的生产前景看好，其典型产品有 Motorola 公司的 M68300 系列和 Hitachi 公司的 SH 系列等。第 4 阶段单片机的一个重要标志是，超 8 位单片机的各档机型都增加了直接存储器存取(DMA)通道、特殊串行接口等。这些 8 位单片机主要有 Intel 公司的 8044、87C252、83C252、80C252、UPI-452，Zilog 公司的 Super 8，Motorola 公司的 68HC11 等。对于 MCS-51 系列高档单片机，近年来，Intel 公司及其他公司在提高该系列产品性能方面做了很多工作，如低功耗控制、具有高级语言编程，软件开发比较方便，将 MCS-96 系列中的一些高速输出、脉宽调制(PWM)、捕捉定时器/计数器移植进来等。

20 世纪 80 年代以来，单片机的发展非常迅速。从基本操作处理的数据位数来看，有 4 位、8 位、16 位、32 位甚至 64 位单片机。从技术上看，8 位、16 位、32 位、64 位单片机各有其相应的应用领域和定位，可以预料，16 位、32 位及 64 位单片机将会越来越受到人们的重视，今后其应用会越来越多。但是衡量单片机，不仅要考虑其性能指标，而且还要考虑价格和开发周期等综合效益。在许多场合，4 位和 8 位机已经可以满足需要，而如果要用高档的 16 位及 32 位甚至 64 位单片机，可能会延长开发周期和增加费用。因此，在今后相当长一段时间内，16 位、32 位及 64 位单片机只能不断扩大其应用范围，并不能代替 8 位机。另外，由于 8 位单片机在性能价格比上占有优势，且 8 位增强型单片机在速度和功能上可向现在的 16 位单片机挑战，所以，8 位单片机仍将在今后的一段时间里占主流地位。

在单片机家族中，80C51 系列是其中的佼佼者，加之 Intel 公司将其 MCS-51 系列中的 80C51 内核使用权以专利互换或出售形式转让给世界许多著名 IC 设计厂商，如 Philips、NEC、Atmel、AMD、华邦等，这些公司都在保持与 80C51 单片机兼容的基础上改善了 80C51 的许多特性。这样，80C51 就变成由众多制造厂商支持的、发展出上百品种的大家族，现统称其为 80C51 系列(简称 C51 系列)，且成为单片机发展的主流机型。此系列的单片机应用也最为广泛，因此，本书以讨论 80C51 系列单片机为主。

1.2.2 单片机发展趋势

近年来单片机的发展非常快，纵观单片机的现状及历史，其发展趋势正朝着大容量高性能化、小容量低价格化、外围电路内装化、多品种化，以及 I/O 接口功能的增强、功耗降低等方向发展。

1. CPU 功能增强

单片机内部 CPU 功能的增强集中体现在数据处理速度和精度的提高以及 I/O 处理能力的

提高。通过其他 CPU 改进技术如采用双 CPU 结构、增加数据总线宽度、采用流水线结构来加快运算速度，提高处理能力等。

2. RISC 体系结构的大发展

最初的单片机大多是复杂指令集计算机(Complex Instruction Set Computer，CISC)体系结构，指令复杂，指令代码、周期数不统一，指令运行很难实现流水线操作等问题大大阻碍了运行速度的提高。如果采用 RISC 体系结构，精简指令后，绝大部分指令成为单周期指令，而且通过增加程序存储器的宽度，实现了一个地址单元存放一条指令的可能。在这样的体系结构中，很容易实现并行流水线操作，从而大大提高了指令运行速度。有些 RISC 结构的单片机已实现了一个时钟周期执行一条指令。

3. 单片机大容量化、内部资源增多

单片机内存储器容量进一步扩大。以往片内 ROM 存储容量为 1KB～8KB，RAM 为 64B～256B，现在片内 ROM 可达 64KB，片内 RAM 可达 8KB，并具有掉电保护功能，I/O 接口也无需外加扩展芯片，OTP ROM、Flash ROM 成为主流供应状态。许多高性能的单片机不但内部存储器容量增大了，而且扩大了 CPU 的寻址范围，提高了系统的扩展功能。随着单片机程序空间的扩大，在空余空间可嵌入实时操作系统 RTOS 等软件。这些都将大大提高产品的开发效率和单片机的性能。

单片机性能的提高还体现在它内部的资源增多，将一些常用的 I/O 接口电路集成到单片机内部，这样可大大减少单片机的外接电路，使大多数单片机应用系统为单片系统，从而大大减小控制系统的体积，提高工作的可靠性。常用的 I/O 接口电路包括：并行接口和串行接口、多路 A/D 转换器、定时器/计数器、定时输出和捕捉输入、系统故障监视器、DMA 通道、PWM、LED 和 LCD 驱动器，以及 D/A 输出电路等。

4. 引脚的多功能化、发展串行总线

随着单片机内部资源的增多，所需的引脚也相应增加，为了减少引脚数量，提高应用的灵活性，单片机中普遍使用多功能引脚，即一个引脚具有几种功能供用户选择。单片机的扩展方式从并行总线发展出各种串行总线，并被工业界接受，形成一些工业标准，如 I^2C(Inter-Integrated Circuit)总线、CAN(Controller Area Network)总线、USB(Universal Serial Bus)总线接口等，它们采用 3 位数据总线代替现行的 8 位数据总线，从而减少了单片机的引脚数，降低了成本。

5. 单片机小容量低廉化、超微型化

为了适应各个领域的应用需要，单片机的种类日益增多，正在向多层次、多品种的纵深方向发展。小容量价格低廉的 4 位、8 位机也是单片机的发展方向之一，其用途是把以往用数字逻辑电路组成的控制电路单片化。专用型单片机将得到大力发展，使用专用型单片机可最大限度地简化系统结构，提高可靠性，使资源利用率最高，在大批量使用时有可观的经济效益。

单片机的内部一般采用模块式结构，在内核 CPU 不变的情况下，根据应用目标的不同，增减一定的模块和引脚，就可以得到一个新的产品，于是便出现了一种超微型化的单片机。这类单片机的体积相当于一个 74 系列器件，价格又低，特别适用于家电、玩具等领域的应用。

6. 低功耗和低电压

普遍采用 CMOS 制造工艺，非 CMOS 工艺单片机逐步被淘汰，这将给单片机技术发展带来广阔的天地。同时增加了软件激发的空闲(等待)方式和掉电(停机)方式，极大地降低了单片机的功耗，这种工作电压和低功耗的单片机能用电池供电，对于野外作业等领域中的应用具有特殊意义。低功耗的技术措施可提高单片机可靠性，降低工作电压，使抗噪声和抗干扰等各方面性能得到全面提高。

7. 大力发展专用型单片机

专用型单片机是专门针对某一类产品系统要求而设计的。使用专用型单片机可最大限度地简化系统结构，资源利用效率最高，在大批量使用时有可观的经济效益和可靠性效益。

8. 单片机开发方式的进步

应用系统的开发方式开始走出以功能实现为目标的初级阶段，进入全面解决系统可靠性的综合开发阶段。从器件选择、硬件系统设计、电路板图设计、软件设计等方面综合解决系统的可靠性。

另外，单片机开发技术的进步主要体现在开发单片机应用系统可以不再需要仿真器。由于单片机片内 Flash ROM 的使用，替代了过去的片内掩膜 ROM，使得开发单片机应用系统不再需要仿真器。如今单片机的片内 Flash ROM 都是可以在线编程的，即在线写入、擦除，在线下载程序。Flash ROM 虽然有写入、擦除次数寿命方面的限制，但一般都可以达到 10 万次以上，故开发过程中对于 Flash ROM 的反复写入与擦除，不必考虑其寿命问题。在目标板的单片机上直接运行应用程序，是在真实的硬件环境下的运行，比在仿真器的单片机上运行应用程序要真实得多。

9. 多机与网络系统的支持技术日趋成熟

近年来推出的网络系统总线体现了单片机现场控制网络总线的特点，它与芯片间串行总线相配合，能灵活方便地构成各种规模的多机系统或网络系统。

1.3　常用单片机简介

单片机主要的供应商有：美国的 Intel、Motorola(Freescale)、Zilog、NS、Microchip、Atmel和 TI 公司，荷兰的 Philip 公司，德国的 Siemens 公司，日本的 NEC、Hitachi、Toshiba 和 Fujitsu公司，韩国的 LG 公司以及中国台湾地区的凌阳公司等。对于 8 位、16 位、32 位和 64 位单片机，各大公司有很多不同的系列，每个系列又有繁多的品种。随着技术的发展，单片机可实现的功能会越来越多，也会不断有新的单片机产品问世。现对部分常用的单片机系列产品加以介绍。

1.3.1　MCS-51 系列单片机

MCS-51 系列单片机是 Intel 公司在总结 MCS-48 系列单片机的基础上于 20 世纪 80 年代初推出的高性能 8 位单片机。表 1-1 为 MCS-51 系列单片机常用产品特性一览表。

表 1-1 MCS-51 系列单片机常用产品特性一览表

型号	片内存储器/B		I/O 接口线	定时器/计数器	中断源	串行接口	A/D	PWM
	程序存储器	数据存储器						
8031		128	32	2×16 位	5	UART		
8051	4K ROM	128	32	2×16 位	5	UART		
8751	4K EPROM	128	32	2×16 位	5	UART		
80C31		128	32	2×16 位	5	UART		
80C51	4K ROM	128	32	2×16 位	5	UART		
87C51	4K EPROM	128	32	2×16 位	5	UART		
8032		256	32	3×16 位	6	UART		
8052	8K ROM	256	32	3×16 位	6	UART		
8752	8K EPROM	256	32	3×16 位	6	UART		
80C232		256	32	3×16 位	7	UART		
80C252	8K ROM	256	32	3×16 位	7	UART		
87C252	8K EPROM	256	32	3×16 位	7	UART		
80C552		256	40	3×16+WDT	15	UART I²C	8×10 位	2×8 位
83C552	8K ROM	256	40	3×16+WDT	15	UART I²C	8×10 位	2×8 位
87C552	8K EPROM	256	40	3×16+WDT	15	UART I²C	8×10 位	2×8 位
80C592		512	40	3×16+WDT	15	UART CAN	8×10 位	2×8 位
83C592	16K ROM	512	40	3×16+WDT	15	UART CAN	8×10 位	2×8 位
87C592	16K EPROM	512	40	3×16+WDT	15	UART CAN	8×10 位	2×8 位

　　MCS-51 系列单片机按片内有无程序存储器及程序存储器的形式分为 3 种基本产品：8051、8751 和 8031。基本型采用 HMOS 工艺，HMOS 是高性能的 NMOS 工艺。8051 单片机片内含有 4KB 的 ROM，ROM 中的程序是由单片机芯片生产厂家固化的，适合于大批量的产品；8751 单片机片内含有 4KB 的 EPROM，单片机应用开发人员可以把编好的程序用开发机或编程器写入其中，需要修改时，可以先用紫外线擦除器擦除，然后再写入新的程序；8031 单片机片内没有程序存储器，当在单片机芯片外扩展 EPROM 后，就相当于一片 8751，此种应用方式方便灵活。这 3 种芯片只是在程序存储器的形式上不同，在结构和功能上都一样。

　　采用 CMOS 工艺的 8XC51 系列，其基本结构和功能与基本型相同。87C51 和 8XC252 还具有两级程序保密系统，可禁止外部对片内 ROM 中的程序进行读取，为用户提供了一种保护软件不被窃取的有效手段。由于采用 CMOS 工艺，其功耗极低。

　　强化型 8052 与基本型 8051 不同的是强化型 8052 片内 ROM 增加到 8KB，RAM 增加到 256B，16 位的定时器/计数器增加到 3 个，串行接口(UART)的通信速率提到 6 倍。

　　超级型 8XC252 系列单片机是超 8 位单片机。它们的结构、引脚和指令与 MCS-51 系列单片机完全相同，但又具有 MCS-96 系列高速输入/输出(HSI/HSO)功能和脉冲宽度调制(PWM)输出。8XC252 采用了高可靠性 CHMOS 工艺，增加了 128B 的片内 RAM，一个可作为加减计数的定时器，另一个可作为编程计数器阵列以及用于串行接口的错误检测和自动地址识别等。

8XC51 系列单片机是 MCS-51 中的一个子系列，是一组高性能兼容型单片机。其中，X 规定为程序存储器的配置：0 表示无片内 ROM，3 表示片内为掩膜 ROM，7 表示片内为 EPROM/OTP ROM，9 表示片内为 Flash ROM。自 Intel 公司将 MCS-51 系列单片机实行技术开放政策后，许多公司如 Philips、Siemens、Atmel 和 Fujitsu 等都在 80C51 基础上推出与 80C51 兼容的新型单片机，通称为 80C51 系列。这样，现在的 80C51 系列已不局限于 Intel 公司一家。其中 Philips 公司的 80C51 系列单片机性能卓著，产品最齐全，最具有代表性，这是因为 Philips 和 Intel 公司之间有着一项特殊的技术互换协议。

80C51 系列中的典型产品是 80C552，它与 Intel 公司的 MCS-51 系列单片机完全兼容，具有相同的指令系统、地址空间和寻址方式，采用模块化的系统结构。8XC592 与 8XC552 的主要区别是：8XC592 的 ROM 为 16KB，而 8XC552 为 8KB；8XC592 增加了 256B 的 RAM；8XC592 采用 CAN 总线接口，而 8XC552 采用 I^2C 总线接口。这些系列中许多新的高性能单片机都是以 80C51 为内核增加一些功能部件构成的。这些新增功能部件(电路)有：A/D 转换器、捕捉输入/定时输出、PWM、I^2C 总线接口、CAN 总线接口、视频显示控制器、WDT、E^2PROM 等。

1.3.2 AT89 系列单片机

AT89 系列单片机是美国 Atmel 公司的 8 位 Flash ROM 单片机产品，它以 MCS-51 为内核，与 MCS-51 系列的单片机软硬件兼容。AT89 系列单片机为很多嵌入式控制系统提供了一种灵活性高且价格低廉的方案。表 1-2 为 AT89 系列单片机常用产品特性一览表。

表 1-2　AT89 系列单片机常用产品特性一览表

型号	片内存储器/B		I/O 接口线	定时器/计数器	中断源	模拟比较器	串行接口
	程序存储器	数据存储器					
89C1051	1K Flash ROM	64	15	1×16 位	3 个	1	
89C2051	2K Flash ROM	128	15	2×16 位	5 个 2 级	1	UART
89C51	4K Flash ROM	128	32	2×16 位	6 个 2 级		UART
89C52	8K Flash ROM	256	32	3×16 位	6 个 2 级		UART
89C55	20K Flash ROM	256	32	3×16 位	8 个 2 级		UART
89S51	4K Flash ROM	128	32	2×16+WDT	6 个 2 级		UART
89S52	8K Flash ROM	256	32	3×16+WDT	6 个 2 级		UART

89C51 是一个低功耗高性能 CMOS 8 位单片机，40 个引脚，片内含 4KB Falsh ROM 和 128B RAM，器件采用 Atmel 公司的高密度、非易失性存储技术生产，32 个外部双向输入/输出(I/O)接口，同时内含 2 个外中断口，2 个 16 位可编程定时计数器，2 个全双工串行通信接口，AT89C51 可以按照常规方法进行编程，也可以在线编程。支持两种软件可选的掉电模式：在闲置模式下，CPU 停止工作，但 RAM、定时器/计数器、串行接口和中断系统仍在工作；在掉电模式下，保存 RAM 的内容并且冻结振荡器，禁止所有其他的芯片功能，直到下一个硬件复位为止。它将通用的微处理器和 Flash ROM 结合在一起，特别是可反复擦写的 Flash ROM 能有效地降低开发成本。

Atmel 公司的 MCS-51 系列还有 89C2051、89C1051 等品种，这些芯片是在 89C51 的基础

上将一些功能精简后形成的精简版。89C2051 去掉了 P0 口和 P2 口，内部的 Flash ROM 也减小到 2KB，封装形式也由 MCS-51 的 40 个引脚改为 20 个引脚，相应的价格也低一些，特别适合在一些智能玩具、手持仪器等程序不大的电路环境下应用；89C1051 在 89C2051 的基础上，再次精简了串行接口功能等，程序存储器再次减小到 1KB，价格也更低。对 89C2051 和 89C1051 来说，虽然减掉了一些资源，但它们片内都集成了一个精密比较器，为测量一些模拟信号提供了极大的方便，在外加几个电阻和电容的情况下，就可以测量电压、温度等日常需要的量，这对很多家用电器的设计是很宝贵的。

89C51 的不足之处在于不支持在线更新程序(In System Programmable，ISP)功能，89S51 就是在这样的背景下于 2003 年推出的。89S51 在工艺上进行了改进，采用 0.35nm 新工艺，成本降低，而且将功能提升，增加了竞争力。89SXX 可以向下兼容 89CXX 等 MCS-51 系列芯片，并且新增加很多功能，性能有了较大提升，价格却基本不变，甚至比 89C51 更低。

89S51 相对于 89C51 增加的功能包括：

ISP 功能，这个功能的优势在于改写单片机存储器内的程序时不需要把芯片从工作环境中剥离；

工作频率为 33MHz，而 89C51 的工作频率为 24MHz，就是说 89S51 具有更高的工作频率，从而具有更快的计算速度；

具有双工 UART 串行通道；

内部集成 WDT；

双数据指示器；

电源关闭标志；

全新的加密算法，这使得对于 89S51 的解密变为不可能，程序的保密性大大加强了，这样就可以有效地保护知识产权不被侵犯。

该系列中有 20 引脚封装的产品，体积的减小使其应用更加灵活，时钟频率的提高可使运算速度加快。在片内含有 Flash ROM，Flash ROM 是一种可以电擦除和电写入的闪速存储器，这使开发调试更为方便。Atmel 公司开发的单片机广泛应用于计算机外部设备、通信设备、自动化控制、仪器仪表和各类消费类产品等。

1.3.3 PIC 系列单片机

美国 Microchip 公司生产的 PIC 系列单片机具有价格低、速度高、功耗低和体积小等特点，并率先采用 RISC 技术。该公司的 8 位 PIC 系列单片机现已成为嵌入式单片机的主流产品之一。

PIC 系列单片机分低档、中档、高档 3 个层次，指令条数分别为 33、35 和 58 条，均向上兼容。PIC 系列单片机内部采用哈佛双总线结构，数据和程序分开传送，有效地避免了 CISC 设计中经常出现的处理瓶颈；两级指令流水线结构允许 CPU 在执行本条指令的同时也能取出下条指令的指令码，使 CPU 的工作速度得到很大提高。Microchip 公司基于 EPROM 的 OTP 技术实际上是不带窗口的 EPROM，它比熔丝式 PROM 更为可靠，更能满足用户需求。PIC 系列单片机内部资源丰富，用户可根据需要选取。表 1-3 为 PIC 系列单片机部分产品特性一览表。

表 1-3　PIC 系列单片机部分产品特性一览表

型号	片内存储器/B		I/O 接口线	定时器/计数器	A/D	串行接口	备注
	程序存储器	数据存储器					
PIC16C621	1K×14 OTP ROM	80	13	1			
PIC16C61	1K×14 OTP ROM	36	13	1			
PIC16C64	2K×14 OTP ROM	128	33	3		SPI, I²C	
PIC16CR64	2K×14 ROM	128	33	3		SPI, I²C	
PIC16C73	4K×14 OTP ROM	192	22	1	5×8 位	SPI, I²C	UART
PIC16C74	4K×14 OTP ROM	192	33	1	5×8 位	SPI, I²C	UART
PIC16C74A	4K×14 OTP ROM	192	33	1	5×8 位	SPI, I²C	UART
PIC16C923	4K×14 OTP ROM	178	52	3			LCD 驱动
PIC16C924	4K×14 OTP ROM	178	52	3			LCD 驱动

1.3.4　M68HC11 系列单片机

M68HC11 系列单片机是美国 Motorola 公司的 8 位高性能单片机，于 1984 年推出，采用 HCMOS 工艺制造，具有灵活的 CPU、大量面向控制的外围接口以及更加复杂的 I/O 功能。M68HC11 系列单片机的工作温度范围广、可靠性高、抗干扰能力强、内部资源丰富。因此，这类单片机在工业控制、仪器仪表和家用电器等方面得到广泛应用，已成为欧美汽车行业的一种工业标准。表 1-4 列出了 M68HC11 系列单片机部分产品的主要特性。

表 1-4　M68HC11 系列单片机部分产品主要特性一览表

型号	片内存储器/B			I/O 接口线	定时器/计数器	A/D	串行接口	PWM
	程序存储器		数据存储器					
	EPROM	E²PROM	RAM					
MC68HC11A0			256	22	16 位, RTI, WDT, 脉冲累加器	8×8 位	SPI SCI	
MC68HC11A8	8K	512	256	38	16 位, RTI, WDT, 脉冲累加器	8×8 位	SPI SCI	
XC68HC11C0		512	256	36	16 位, RTI, WDT, 脉冲累加器	4×8 位	SPI SCI	2×8 位
MC68HC11D3	4K		192	32	16 位, RTI, WDT, 脉冲累加器		SPI SCI	
MC68HC11E0			512	22	16 位, RTI, WDT, 脉冲累加器	8×8 位	SPI SCI	
MC68HC11E8	12K		512	38	16 位, RTI, WDT, 脉冲累加器	8×8 位	SPI SCI	
XC68HC11E20	20K	512	768	38	16 位, RTI, WDT, 脉冲累加器	8×8 位	SPI SCI	
PC68HC11G0		512		38	16 位, RTI, WDT, 脉冲累加器	8×10 位	SPI SCI	4×8 位
PC68HC11G7	24K		512	66	16 位, RTI, WDT, 脉冲累加器	8×10 位	SPI SCI	4×8 位

续表

型号	片内存储器/B			I/O 接口线	定时器/计数器	A/D	串行接口	PWM
	程序存储器		数据存储器					
	EPROM	E^{2}PROM	RAM					
MC68HC11K0			768	37	16 位, RTI, WDT, 脉冲累加器	8×8 位	SPI SCI	4×8 位
MC68HC11K1		640	768	37	16 位, RTI, WDT, 脉冲累加器	8×8 位	SPI SCI	4×8 位
MC68HC11K4	24K	640	768	64	16 位, RTI, WDT, 脉冲累加器	8×8 位	SPI SCI	4×8 位
MC68HC11KA3	24K		768	51	16 位, RTI, WDT, 脉冲累加器	8×8 位	SPI SCI	4×8 位
MC68HC11L0			512	30	16 位, RTI, WDT, 脉冲累加器	8×8 位	SPI SCI	—
MC68HC11L6	16K	512	512	46	16 位, RTI, WDT, 脉冲累加器	8×8 位	SPI SCI	
MC68HC11M2	32K		1.25K	62	16 位, RTI, WDT, 脉冲累加器	8×8 位	2SPI SCI	4×8 位
XC68HC11P2	32K	640	1K	62	16 位, RTI, WDT, 脉冲累加器	8×8 位	SPI 3SCI	4×8 位

  M68HC11 单片机与 M6800、M6801 及 M68HC05 等在软件上向上兼容，全部采用静态半导体技术，故可进一步降低功耗。其主要特点是：CPU 为准 16 位，有两个 8 位或一个 16 位累加器和两个 16 位变址寄存器，新增了可用于 16 位变址运算、16 位乘除运算、位操作和功耗操作等的指令，共有指令 91 条，总线速度高达 4MHz；片内 ROM 容量为 0KB～32KB，片内 RAM 容量为 192B～1280B，EPROM 容量为 2KB～32KB，E^{2}PROM 容量为 0KB～2KB；片内 I/O 功能丰富而且灵活，大多数 I/O 引脚都由数据方向寄存器(DDR)控制，输出带锁存，输入带缓冲，可带多路 8 位 A/D 和 8 位 PWM，串行 I/O 接口分串行通信接口(SCI)和串行外围接口(SPI)，前者用于单片机与单片机之间的全双工 UART 异步通信，后者用于单片机与外设之间的高速数据通信；片内定时器具有输入捕捉和输出比较功能，监视定时器可以起到 Watchdog(看门狗)功能，脉冲累加器可用于外部时间计数或测量外部脉冲周期等；4 路 DMA 可以加速存储器和外部设备间的数据传送，一个内存管理单元(Memory Management Unit, MMU)可以使原来寻址 64KB 的物理空间扩展到 1MB，16 位片内协处理器还可使乘除法操作速度提高 10 倍。

  MC68HC11 单片机具有监视电路以防系统出错的功能，包括：计算机操作正常监视(COP)系统，可用于防止软件出错；时钟监视电路，在丢失时钟信号或时钟太慢时，产生系统复位；非法指令监视电路，在监视到非法指令码时产生非屏蔽中断。

  MC68HC11 单片机具有单片和扩展两种基本工作模式，两种工作模式可以在运行中动态切换。每种工作模式又可分为正常和特殊两种模式。单片模式有正常单片模式和特殊自引导模式，在这两种模式中，单片机不能对外提供地址线，只提供 I/O 功能。扩展模式有正常扩展模式和特殊测试模式，这两种模式可对外部存储器寻址，对外提供地址线，可以访问 64KB 外部存储空间。

  MC68HC11 系列单片机包括十几个系列，几十种型号。大致可分为基本型(包括 A、E、F、

L、B 等系列),经济型(包括 D、J 等系列),增强型(包括 G、K、M、N、P 等系列)。MC68HC11 的 A 系列单片机是 Motorola 公司的早期产品,应用范围相当广泛,但目前已停产。E 系列单片机与 A 系列单片机引脚兼容,可以替代 A 系列单片机,E 系列单片机在内部资源配置方面比 A 系列单片机更灵活。以 E 系列单片机替代 A 系列单片机产品时,需在应用程序的系统初始化中加上一条初始化系统配置寄存器的指令。D 系列是廉价 MCU,片内无 A/D 转换器。MC68HC11K4 功能强大,E^2PROM 有块保护功能,SCI 和 SPI 功能也有所增强,采用非复用总线,具有 4 个片选输出,扩展各种存储器和 I/O 接口芯片方便。MC68HC11K 系列单片机的典型应用是不间断电源 UPS 的控制。

MC68HC11 单片机的片内没有 Flash ROM,只有掩膜 ROM 或 EPROM 型的产品。开窗的 EPROM 产品可用来作开发用,不开窗的 EPROM 产品就是一次性的 OTP 产品。

M68HC12 系列是 Motorola 于 1996 年作为 M68HC11 的升级换代产品推出的,它采用模块化结构及 16 位的中央处理单元 CPU12,最高总线频率达 8MHz,支持背景调试模式,支持大容量存储器扩展,内部同时集成 Flash、EEPROM 及 RAM,Flash 存储容量可达 512KB,而且无需外加编程电压,整个芯片重点强化了低功耗技术。M68HC12 还是世界上第一个包含完整的模糊逻辑指令的标准 MCU。M68HCl2 继承并发展了 Motorola 的一贯做法,内部集成 CAN、BDLC、SCI、SPI、HSIO 等多种接口,功能丰富、速度高、功耗低、性价比高、系统设计简单,尤其是背景调试及片内硬件断点支持 OCD 方式开发,大大降低了开发成本。M68HC12 系列有 A、B、D 三个子系列,主要表现在集成外设及扩展方式不同。

1.3.5 MCS-96 系列单片机

Intel 公司于 1984 年推出 16 位高性能 MCS-96 系列单片机,该系列包括 8096BH、8096 和 8098 等 3 个子系列。MCS-96 系列单片机采用多累加器和流水线作业的系统结构,运算速度快、精度高,典型产品为 8397BH。主要性能有:1 个 16 位 CPU 可以直接面向 256B 的寄存器空间;16 位×16 位和 32 位/16 位的乘除操作时间为 6.26μs;8 路 10 位 A/D 转换器;9 个中断源和 5 个 8 位 I/O 接口;1 个 8KB 的 ROM;1 个全双工串行口,1 个专用串行口;2 个 16 位定时器/计数器,1 个 16 位监视定时器,4 个软件定时器;高速输入(HSI)和高速输出(HSO)部件可用于测量和产生分辨率为 2μs 的脉冲;1 个脉冲宽度调制输出可以作为 8 位 D/A 转换器输出。表 1-5 列出了 MCS-96 系列单片机的主要特性。

表 1-5 MCS-96 系列单片机主要特性一览表

型号	片内存储器/B		I/O 接口线	定时器/计数器	A/D	串行接口	PWM
	程序存储器	数据存储器					
8395BH	8K ROM	232	40	2×16 位	4×10 位	UART	1 位
8398	8K ROM	232	40	2×16 位	4×10 位	UART	1 位
8095BH		232	40	2×16 位	4×10 位	UART	1 位
8096BH		232	40	2×16 位		UART	1 位
8098		232	40	2×16 位		UART	1 位
8795BH	8K EPROM	232	40	2×16 位	4×10 位	UART	1 位
8798	8K EPROM(或 OTP)	232	40	2×16 位	4×10 位	UART	1 位
8397BH	8K ROM	232	40	2×16 位	8×10 位	UART	1 位
8397JF	16K ROM	232	40	2×16 位	8×10 位	UART	1 位

型号	片内存储器/B		I/O 接口线	定时器/计数器	A/D	串行接口	PWM
	程序存储器	数据存储器					
8097BH		232	40	2×16 位	8×10 位	UART	1 位
8097JF		232	40	2×16 位	8×10 位	UART	1 位
8797BH	8K OTP ROM	232	40	2×16 位	8×10 位	UART	1 位
8797JF	16K OTP ROM	232	40	2×16 位	8×10 位	UART	1 位
8396BH	8K ROM	232	40	2×16 位		UART	1 位
8397BH	8K ROM	232	40	2×16 位	8×10 位	UART	1 位
8397JF	16K ROM	232	40	2×16 位	8×10 位	UART	1 位

MCS-96 系列单片机有 809X(外接 ROM)、839X(内部掩膜 ROM)和 879X(内驻 EPROM)3种，其总体结构是相同的。BH 型芯片可由用户设定，使外部数据总线为 16 位或 8 位，对于内部带有 A/D 的 BH 型芯片具有采样保持电路。

1.3.6 8XC196KX 系列单片机

继 8096BH 之后，Intel 公司又推出了一系列高性能的 CHMOS16 位单片机——8XC196KX。CHMOS 芯片耗电少，除正常工作外还可工作于两种节电方式，即待机方式和掉电方式，进一步减少了芯片的功耗。8XC196KX 家族中的全部成员都共享一套指令系统，有一个共同的CPU 组织结构。根据不同的应用场合，在单片机内部嵌入了以往被认为是外围设备的各种电路，于是形成了各种不同型号的单片机。8XC196KX 系列单片机主要包括 8XC196KB、8XC198、8XC196KC、8XC196KT、8XC196KR、8XC196KQ、8XC196JQ、8XC196NT 等。

1. 8XC196KB

8XC196KB 硬件结构由 14 个单元组成，包括中央处理单元(CPU)、时钟发生器、中断控制单元、程序存储器、存储器控制器(MCR)和从程序计数器(SPC)以及队列(QUEUE)、接口 3(P3)和接口 4(P4)、总线交换协议与接口 1(P1)、高速输入/输出通道、定时器单元、串行通信单元、D/A 转换单元、接口 2(P2)多路转换器、接口 0(P0)和接口 2(P2)、A/D 转换单元；软件总体结构由 4 个方面组成，包括操作数类型、程序状态字、寻址方式、指令分类。

2. 8XC198

8XC198 与 8XC196KB 相比，其主要不同点有：片外数据总线为 8 位；无总线交换协议与接口 1(P1)单元；无 P2.6/T2UP-DN 和 T2CAPTURE；模拟量输入通道或 P0 口引脚为 4 个；指令分类中无进入空闲/掉电方式指令。

3. 8XC196KC

8XC196KC 与 8XC196KB 相比，其主要不同点有：寄存器 RAM 的容量增大，地址范围为 000H～1FFH；片内程序存储器(EPROM 或 ROM)容量扩大 1 倍，为 16KB；特殊功能寄存器映像图分为水平窗口和垂直窗口；在水平窗口中又分为水平窗口 0(HW0)、水平窗口 1(HW1)、水平窗口 15(HW15)；在垂直窗口中，有 3 种形式，即 32B 窗口、64B 窗口、128B 窗口；增加了 AD_TIME、PTSSEI、PTSSRV、IOC3、PWM1_CONTROL、PWM2_CONTROL 特殊功能寄存器；具有外部设备事件服务器 PTS；程序状态字 PSW 含有 8 个标志位(增加了 PSE 标志位)；指令总条数增多(112 条)。

4. 8XC196KT

8XC196KT 与 8XCl96KC 相比，其主要不同点有：寄存器 RAM 的地址范围为 000H～3FFH；片内程序存储器容量为 32KB；特殊功能寄存器的数目增多，一部分位于 CPU 内，另一部分位于 CPU 外(可分为 7 类)；用事件处理器阵列 EPA 替代 HSI/HSO 单元，功能进一步加强；中断源数目增多；具有同步串行输入输出单元；增加了支持与主计算机进行并行数据通信的软硬件资源；有输入输出接口 P5、P6 并可做多种定义；P3 口还可以作为从属接口使用。

5. 8XC196KS

8XC196KS 除了片内程序存储器容量为 24KB，片内 RAM 容量为 256B 外，其余部分与 8XC196KT 相同。

6. 8XC196KR

8XC196KR 除了片内程序存储器容量为 16KB、寄存器 RAM 容量为 488B、片内 RAM 容量为 256B 外，其余部分与 8XC196KT 相同。

7. 8XC196JR

8XC196JR 有以下几点与 8XC196KT 不同：片内程序存储器容量为 16KB，寄存器 RAM 容量为 488B，片内 RAM 容量为 256B，EPA 通道数目为 6，A/D 转换器模拟量输入通道数目为 6，输入/输出接口引脚数目为 41，单片机整个引脚数目为 52。其余部分与 8XC196KT 相同。

8. 8XC196KQ

8XC196KQ 有以下几点与 8XC196KT 不同：片内程序存储器容量为 12KB，寄存器 RAM 容量为 360B，片内 RAM 容量为 128B。其余部分与 8XC196KT 相同。

9. 8XC196JQ

与 8XC196KT 比较，8XC196JQ 有以下几点不同：片内程序存储器容量为 12KB，寄存器 RAM 容量为 360B，片内 RAM 容量为 128B，EPA 通道数目为 6，A/D 转换模拟量输入通道数目为 6；输入/输出接口引脚数目为 41，单片机整个引脚数目为 52。其余部分与 8XC196KT 相同。

10. 8XC196NT

与 8XC196KX 相比较，8XC196NT 的软硬件资源更为丰富，其功能得到进一步增强。主要特点有：地址总线为 20 位，使其存储器空间的寻址范围扩大到 1MB；增加了扩展接口 EPORT；有 3 个芯片配置寄存器，即 CCR0、CCR1 和 CCR2；总线时序有多种方式；增加了几类地址扩展型指令。

8XC196KX 系列 16 位单片机，在资源配置上既有相同点，又有不同点。

1.3.7 MSP430 系列单片机

MSP430 系列单片机是美国 TI(德州仪器)公司生产的。它在超低功耗方面有突出的表现，经常被电池应用设计师所选用，被业界称为绿色 MCU。同时它内部有丰富的片内外围设备，是一个典型的片上系统(SOC)。MSP430 具有 16 位 CPU，属于 16 位单片机，是 16 位的精简指令结构，功能相当强大。

MSP430 系列单片机的主要特点如下。

1. 低电压、超低功耗

MSP430 系列单片机一般在 1.8V～3.6V、1MHz 的时钟条件下运行，耗电电流在 0.1μA～400μA 之间，因不同的工作模式而不同。具有 16 个中断源，可以任意嵌套，用中断请求将 CPU 唤醒只需 6μs。

2. 处理能力强

在运算性能上，其 16 位 RISC 结构，使 MSP430 单片机在 16MHz 晶振工作频率时，指令速度可达 16MIPS。CPU 中的 16 个寄存器和常数发生器使 MSP430 单片机能达到最高的代码效率，具有多种寻址方式(7 种源操作数寻址方式、4 种目的操作数寻址方式)，寄存器以及片内数据存储器均能参与多种运算。同时，MSP430 单片机中采用了一般只有 DSP 中才有的 16 位多功能硬件乘法器、硬件乘—加(积之和)功能、DMA 等一系列先进的体系结构，大大增强了它的数据处理和运算能力，可以有效地实现一些数字信号处理的算法(如 FFT、DTMF 等)。

3. 片内外设较多

MSP430 系列单片机集成了较丰富的片内外设。分别是以下外围模块的不同组合：Watchdog(看门狗)、定时器 A、定时器 B、多功能串行接口(SPI / I^2C / UART)、液晶驱动器、10/12/14 位 ADC、I/O 端口(P0～P6)、DMA 控制器等。以上外围模块的不同组合再加上多种存储方式构成了不同型号的器件。此外，其并行 I/O 接口具有中断能力，A/D 转换器的转换速率最高可达 200kb/s，能满足大多数数据采集应用。大部分 MSP430 系列单片机采用 Flash 技术，支持在线编程，并有保密熔丝。

MSP430 系列单片机均为工业级产品，性能稳定、可靠性高，可用于各种民用、工业产品。MSP430 凭借其卓越的性能和较高的性价比，在许多领域得到了越来越广泛的应用，通过选择选型，可以广泛用于便携式智能检测控制仪器的开发、各种数据采集系统的开发、各种智能控制仪表、医疗仪器的开发、各种节能装置的开发等。它也可以应用于产品的内部，取代部分老式机械、电子零件或元器件，以使产品缩小体积，增强功能，实现不同程度的智能化。

1.3.8 SPCE 系列单片机

带语音功能的 SPCE 通用单片机系列采用凌阳(Sunplus)科技公司设计开发的 16 位微控制器芯片，典型产品有 SPCE061A、SPCE060A 和 SPCE500A 等。其中 2001 年推出的 SPCE061A 得到了广泛应用，不但具有微控制器的功能，还具有 DSP 运算功能，能够非常容易地、快速地处理复杂的数字信号，例如数字语音(音乐)信号，是适用于数字语音识别应用领域产品的一种最经济的选择。SPCE061A 内核采用μ'nSP(Microcontroller and Signal Processor)微处理器，具有丰富的硬件资源，并集成了 ICE(在线仿真电路)接口，可以直接利用该接口对芯片进行下载(烧写)、仿真、调试等操作。SPCE061A 单片机具有易学易用的效率较高的指令系统和集成开发环境——μ'nSP IDE。μ'nSP IDE 支持标准 C 语言，可以实现 C 语言与汇编语言的互相调用，并且提供了语音播放、录放及识别的库函数，只要了解这些库函数的使用方法，就能很容易完成具有语音功能的程序设计。SPCE061A 的全双工异步通信的串行接口，可实现多机通信，组成了分布式控制系统。红外收发通信接口，可用于近距离的双机通信或制作红外遥控装置，A/D、D/A 转换接口可以方便用于各种数据采集、处理和控制输出，并为与用户系统友好的交互打下基础。A/D、D/A 转换接口与 CPU 的 DSP 运算功能结合在一起，可实现语音识别功能，使其方便地运用于数字声音和语音识别应用领域。另外，SPCE061A 还在下列应用领域大有用武之地：语音识别类产品、智能语音交互式玩具、高级亦教亦乐类玩具、儿童电子故事书类产品、通用语音合成器类产品、需较长语音持续时间类产品等。

凌阳科技公司开发的 16 位单片机的其他产品主要有：工业控制级控制型的 SPMC 通用单片机系列，应用于视频游戏类产品的 SPG 系列单片机，带有 LCD 显示驱动的 SPL16 系列单片机，专用于通信产品的 SPT 系列单片机，应用于高档电子乐器和弦发声的 SPF 系列单片机等。该公司推出的 SPMC75F 系列单片机具有很强的抗干扰性能、丰富易用的资源以及优良的结构。SPMC75F 系列单片机集成了能产生变频电机驱动的 PWM 发生器、多功能捕获比较模块、BLDC 电机驱动专用位置侦测接口、两相增量编码器接口等硬件模块以及多功能 I/O 接口、同步和异步串行接口、ADC、定时器/计数器等功能模块，主要用于变频电机驱动控制，广泛应用于变频家电、工业变频器、工业控制等领域。SPMC75F 系列单片机典型芯片有 SPMC75F2413A 和 SPMC75F2313A。

凌阳科技公司开发的单片机具有集成度高、数/模混合、功能全、低功耗、低电压和易于开发等特点。还增加了适合于 DSP 的某些特殊指令，有些系列的单片机还嵌入了 LCD 控制/驱动和双音多频发生器功能，这些都进一步扩大了单片机的应用范围。

1.3.9 M68300 系列单片机

M68300 是美国 Motorola 公司生产的 32 位单片机系列。这类单片机内部含有一个基于 M68000 的 32 位 CPU 模块和大量其他专用模块。M68300 单片机内部的地址总线有 32 位，外部地址总线有 24 位，8 个 32 位通用数据寄存器和 7 个 32 位通用地址寄存器，并能在不工作期间设置成低功耗 STOP 模式。M68300 系列单片机设计灵活、性能优良，能与原有的 M6805、M68CH05 和 M68CH16 等单片机在硬件和软件上兼容。表 1-6 列出了 M68300 系列单片机的主要特性。

表 1-6 M68300 系列单片机主要特性一览表

型号	片内存储器/B		I/O 接口线	定时器	A/D	串行接口	集成模块
	程序存储器	数据存储器					
M68331			43	GPT		QSM	QIM
M68332		2K	47	TPU		QSM	SIM
PC68F333	16 Flash ROM	4K	96	TPU	8×10 位	QSM	SCIM
PC68F334		1K	47	TPU	8×10 位		SIM

表 1-6 中，GPT(General Purpose Time)为通用定时器，TPU(Time Processing Unit)为定时处理单元，QSM(Queued Serial Module)为队列串行模块，QIM(Queued Integration Module)为队列集成模块，SIM(System Integration Module)为系统集成模块，SCIM(SingleChip Integration Module)为单片集成模块。M68332 目前仍广泛应用于电力控制与保护、汽车发电机控制等领域。

1.3.10   SH 系列单片机

Super H(简称 SH)系列单片机是日本 Hitachi 公司生产的 32/64 位单片机系列。SH 系列单片机采用 RISC 结构，数据处理速度快、功能强并且功耗低，是目前世界上广泛应用的 32/64 位单片机之一。

SH 系列单片机可以分为基本型 SH-1、改进型 SH-2、低功耗型 SH-3、增强型 SH-4 等。SH-1 中，主要有 SH7034、SH7032、SH7021 和 SH7020 等型号；SH-2 采用 Cache 结构，片内无 ROM 和 RAM，型号有 SH7604；SH-3 是低功耗型，允许在 2.25V 电源电压下运行，型号有 SH7702、SH7708 和 SH7709；SH-4 采用 RISC 微处理器，运算速度达 360MIPS(200MHz 时钟)，具有 8KB 指令 Cache 和 16KB 数据 Cache，对外 64 位数据总线，型号有 SH7750。

SH-3 内部有一个 32 位的 RISC 型 CPU，片内有 4 路 8KB Cache 和存储器管理单元 MMU，运算速度达 100MIPS(60MHz 时钟)。SH-3 片内的专用模块有多功能定时器(三通道 32 位定时器和一个监视定时器 WDT)、二通道 DMAC、串行通信接口 SCI、中断控制器 INTC(内部中断 14 个和外部中断 17 个)、片内时钟发生器 CPG、锁相环电路、实时时钟 RTC、用户断点控制器、总线控制器 BSC 和 I/O 接口等。

SH-5 采用 64 位 RISC 微处理器，0.15μm 制造技术，具有 32KB 指令 Cache 和 32KB 数据 Cache，流水线结构，是单片机的第 5 代产品。

SH 系列单片机的独特优点是对数据的极高处理能力，这可以使它广泛应用于多媒体、蜂窝电话、硬盘和光盘驱动器、激光打印机、扫描仪、数字通信、数码照相机、可视电话、机顶盒、汽车导航、PDA 个人数字助理和高档游戏机等的嵌入式控制中。

1.3.11   TX99/TX49 系列单片机

TX99/TX49 系列是日本东芝(Toshiba)公司的 64 位单片机。

64 位 RISC 微处理器 TX99 系列基于美国 MIPS 公司的 MIPS64TM 微架构。该系列微处理器采用了由 MIPS 公司和东芝公司联合开发的 64 位超标量架构。MIPS64TM 具有极高的性能，可同时处理两个指令。通过将该架构应用于半导体产品和系统，可应用在视成本和功耗为最重要要素的领域(如汽车电子、OA、家庭服务、数字信息应用和网络等)中实现高速数据处理。TX99 主要指 TX99/H4 系列，主要特性是采用双发射机制超标量流水线(7 级)，工作频率 600MHz，配备 32KB 指令 Cache 和 32KB 数据 Cache，2 级 Cache 可配置到最高达 256KB，内置单/双精度浮点运算协处理器，完善的开发环境等。

面向嵌入式用途的 TX49 RISC 微处理器是东芝原创的 64 位微处理器，基于 MIPS 公司所设计的 RISC 架构。TX49 主要包括 TX49/H4 系列、TX49/H3 系列、TX49/H2 系列和 TX49/L3 系列，主要特性是 64 位 RISC 架构，可以安装容量达到 512KB 分别存储指令和数据的 2 层 Cache，无阻塞装载功能，32 个 64 位通用寄存器，优化的 5 级流水，单精度或双精度浮点单元(FPU)，低功耗设计等。多面向数字消费应用，可用于多媒体设备、机顶盒、家庭网关、激光打印机、复印机、PPC、DVD、游戏、网络等方面。

1.4 单片机的应用领域

由于单片机功能的飞速发展，它的应用范围日益广泛，已远远超出了计算机科学的领域。小到玩具、信用卡，大到航天器、机器人，从实现数据采集、过程控制、模糊控制等智能系统到人类的日常生活，可以说，在人们的日常生活、生产中处处都离不开单片机。单片机的应用，打破了人们的传统设计思想，原来很多用模拟电路、脉冲数字电路、逻辑部件来实现的功能，现在可以无需增加硬件设备，通过软件完成。单片机使用起来可靠、经济，现已广泛应用于国民经济的各个领域，对各个行业的技术改造和产品的更新换代起着重要的推动作用。

1.4.1 工业过程控制

由于单片机的 I/O 接口线多、位操作指令丰富、逻辑操作功能强，所以单片机特别适用于工业过程控制，可构成各种工业控制系统、自适应控制系统、数据采集系统等。它既可以作为主机控制，也可以作为分布式控制系统的前端机。在作为主机使用的系统中，单片机作为核心控制部件，用来完成模拟量和开关量的采集、处理和控制计算(包括逻辑运算)，然后输出控制信号。特别是由于单片机有丰富的逻辑判断和位操作指令，所以广泛应用于开关量控制、顺序控制以及逻辑控制。如锅炉控制、加热炉控制、电机控制、机器人控制、交通信号灯控制、造纸纸浆浓度控制、纸张定量水分及厚薄控制、纺织机控制。

1.4.2 智能仪表

单片机广泛应用于各种仪器仪表中，使仪器仪表智能化，提高它们的测量速度和测量精度，加强控制功能，简化仪器仪表的硬件结构，便于使用、维修和改进。用单片机改造原有的测量、控制仪表，能促进仪表向数字化、智能化、多功能化、综合化、柔性化方向发展。如温度、压力、流量、浓度显示、控制仪表等，通过采用单片机软件编程技术，使长期以来测量仪表中的误差修正、非线性化处理等难题迎刃而解。目前国内外均把单片机在仪表中的应用看成是仪器仪表产品更新换代的标志。单片机在仪器仪表中的应用非常广泛，例如，数字温度控制仪、智能流量计、红外线气体分析仪、氧化分析仪、激光测距仪、数字万能表、智能电度表，各种医疗器械，各种皮带秤、转速表等。不仅如此，在许多传感器中也装有单片机，形成所谓的智能传感器，用于对各种被测参数进行现场处理。

1.4.3 机电一体化产品

单片机与传统的机械产品相结合，使传统机械产品结构简化、控制智能化，构成新一代的机电一体化产品。机电一体化产品是指集机械技术、微电子技术、自动化技术和计算机技术于一体，具有智能化特征的机电产品，是机械工业发展的方向。单片机的出现促进了机电一体化的发展，它作为机电产品中的控制器，能充分发挥其体积小、可靠性高、功能强、安装方便等优点，大大强化了机器的功能，提高了机器的自动化、智能化程度。例如，在数控机床的简易控制机中，采用单片机可提高可靠性，增强功能及降低控制机成本。

1.4.4　信息和通信产品

信息和通信产品的自动化和智能化程度很高，其中许多功能的完成都离不开单片机的参与。通用计算机外部设备上已实现了单片机的键盘管理、打印机、绘图仪控制、磁盘驱动器控制等，并实现了图形终端和智能终端。在计算机应用系统中，除通用外设(键盘、显示器、打印机)外，还有许多用于外部通信、数据采集、多路分配管理、驱动控制等的接口，如果这些外部设备和接口全部由主机管理，势必造成主机负担过重、运行速度降低，并且不能提高对各种接口的管理水平。现在一般采用单片机专门对接口设备进行控制和管理，使主机和单片机能并行工作，不仅大大提高了系统的运算速度，而且单片机还可以对接口信息进行预处理，如数字滤波、线性化处理、误差修正等，从而减少主机和接口界面的通信密度，极大地提高了接口控制管理的水平。现代的单片机普遍具备通信接口，在通信接口中采用单片机可以对数据进行编码解码、分配管理、接收/发送控制等处理。可以方便地和计算机进行数据通信，为计算机和网络设备之间提供连接服务创造了条件。现在的通信设备基本上都实现了单片机智能控制，从手机、电话机、小型程控交换机、楼宇自动通信呼叫系统、列车无线通信，再到日常工作中随处可见的移动电话、集群移动通信、无线电对讲机等。最具代表性和应用最广的产品就是移动通信设备，例如手机内的控制芯片就是属于专用型单片机。

1.4.5　家用电器

由于单片机价格低廉、体积小，逻辑判断、控制功能强，且内部具有定时器/计数器，所以广泛应用于家电设备。例如，洗衣机、空调器、电冰箱、电视机、音响设备、DVD、微波炉、电饭煲、恒温箱、高级智能玩具、电子门铃、电子门锁、家用防盗报警器等。家用电器涉及千家万户，生产规模大，配上单片机后身价百倍，深得用户的欢迎，前景十分广阔。

1.4.6　其他领域

现在办公自动化设备中大多数嵌入了单片机作为控制核心。如打印机、复印机、传真机、绘图机、考勤机等。通过单片机控制不但可以完成设备的基本功能，还可以实现与计算机之间的数据通信。

在商业营销系统中单片机已广泛应用于电子秤、收款机、条形码阅读器、IC卡刷卡机，以及仓储安全监测系统、商场安保系统、空气调节系统、冷冻保鲜系统等。

单片机在医疗设施及医用设备中的用途也相当广泛，例如在医用呼吸机、各种分析仪、医疗监护仪、超声诊断设备及病床呼叫系统中都得到了实际应用。

在汽车电子产品中，例如现代汽车的集中显示系统、动力监测控制系统、自动驾驶系统、通信系统、运行监视器、点火控制、变速控制、防滑车控制、排气控制、最佳燃烧控制等装置中都离不开单片机，甚至许多出租车计价器也是由单片机控制的。

在现代化的武器设备中，如飞机、军舰、坦克、导弹、鱼雷制导、智能武器设备，都有单片机嵌入其中。

此外，单片机在石油、化工、纺织、金融、科研、教育、国防、航空航天等领域都有着十分广泛的应用。

本 章 小 结

本章主要介绍了单片机的概念、单片机的发展概况、常用单片机简介以及单片机的应用领域。通过本章的学习,要求学生掌握单片机的有关概念、基本组成、单片机的特点,了解单片机的现状、发展趋势、应用领域,以及单片机的主要制造厂商及其产品等内容,对单片机有个初步的印象,为后面的学习打下基础。

习 题

1. 填空题

(1) 单片机是把组成微型计算机的各个功能部件,如中央处理器(CPU)、_____、_____、_____、_____以及_____等集成在一块芯片中,构成一个完整的微型计算机。

(2) 除了"单片机"这一名称外,还可以称为_____和_____。

(3) 按照 CPU 对数据的处理位数,单片机通常可分为:8 位机、_____、_____和_____。

(4) 单片机正朝着_____、_____、外围电路的内装化、_____以及_____、_____等方向发展。

(5) 单片机与微处理器追求的目标相比,微处理器更侧重于_____和_____,而单片机更侧重于_____和_____。

2. 选择题

(1) 可以表示单片机的缩略词是_____。
   A. MPU   B. MCU   C. WDT   D. PWM
(2) 不属于单片机的系列是_____。
   A. MCS-96   B. 80C51   C. 80X86   D. M68HC11
(3) Atmel 公司典型的单片机产品系列是_____。
   A. AT89   B. M68300   C. PIC   D. SH
(4) 单片机芯片 8031 属于_____。
   A. MCS-96 系列   B. MCS-51 系列   C. MCS-48 系列   D. MCS-31 系列
(5) 在家用电器中使用单片机应属于计算机的_____。
   A. 数值计算应用   B. 数据处理应用
   C. 控制应用   D. 辅助工程应用

3. 简答题

(1) 简述单片机与微处理器、微型计算机的联系与区别。
(2) 单片机具有哪些特点?
(3) 单片机内部一般有哪些功能部件?各功能部件的作用是什么?
(4) 单片机的主要应用领域有哪些?
(5) 请列举常用的典型单片机系列。

第2章

MCS-51 系列单片机的硬件结构

教学提示

熟悉单片机的硬件结构,是深入理解单片机工作原理的基础,也是正确设计单片机控制系统的前提条件和基本要求。

学习目标

- ➤ 了解 MCS-51 系列单片机的内部结构;
- ➤ 掌握 MCS-51 系列单片机的引脚功能、I/O 接口的用法、存储器的组织结构;
- ➤ 理解 CPU 时序;
- ➤ 了解单片机的工作方式。

知识结构

本章知识结构如图 2.1 所示。

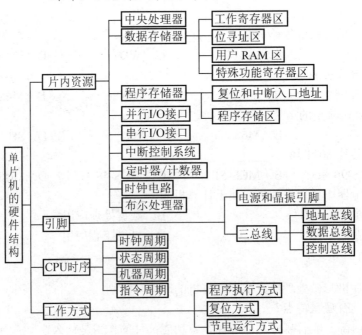

图 2.1 本章知识结构图

2.1 MCS-51 系列单片机的基本组成

MCS-51 系列单片机有多种型号的产品，如基本型(51 子系列)8031、8051、8751、89C51、89S51 等，增强型(52 子系列)8032、8052、8752、89C52、89S52 等。它们的结构基本相同，其主要差别反映在存储器的配置上。8031 片内没有程序存储器 ROM，8051 内部设有 4KB 的掩膜 ROM，8751 是将 8051 片内的 ROM 换成 EPROM，89C51 则换成 4KB 的 Flash EPROM，89S51 是 4KB 可在线编程的 Flash E^2PROM。增强型的存储容量为基本型的一倍。这里主要介绍 MCS-51 系列单片机的基本结构。

2.1.1 MCS-51 系列单片机的片内资源

MCS-51 系列单片机主要包括中央处理器 CPU(通常包括算术逻辑部件 ALU 和控制器等)、数据存储器 RAM、程序存储器 ROM、并行输入/输出(I/O)接口、串行输入/输出(I/O)接口、中断控制系统、定时器/计数器、时钟电路和布尔处理器等。

1. 中央处理器

中央处理器(Central Processing Unit，CPU)是整个单片机的核心部件，其主要任务是负责控制、指挥和调度整个单元系统协调工作，完成运算和控制输入/输出功能等操作。从功能上看，CPU 包括运算器和控制器两个基本部分。

(1) 运算器

运算器即算术逻辑运算单元(Arithmetic Logic Unit，ALU)，是进行算术或逻辑运算的部件，可以实现加、减、乘、除等算术运算，也可以实现与、或、取反、异或、移位等逻辑运算。

(2) 控制器

控制器是用来控制单片机工作的部件。控制器接收来自存储器的指令，进行译码，并通过定时和控制电路，在规定时刻发出指令所需的各种控制信息和 CPU 外部所需的各种控制信号，使各部分协调工作，完成指令所规定的操作。

2. 数据存储器

MCS-51 系列单片机内部有 256B 的数据存储器。其中高 128B 被专用寄存器占用，低 128B 能作为存储单元供用户使用，用于存放可读写的数据、运算的中间结果或用户定义的字型表等。通常所说的内部数据存储器是指低 128B，简称"内部 RAM"。

3. 程序存储器

MCS-51 系列单片机内部有 4KB 的程序存储器(8031 内部没有程序存储器)，简称"内部 ROM"，用于存放用户程序、原始数据或表格。

4. 并行输入/输出接口

MCS-51 系列单片机共有 4 个 8 位并行接口，分别为 P0 口、P1 口、P2 口和 P3 口，简称为"并行 I/O 口"，用于以并行方式实现对外部设备扩展及与外部设备联络、通信、控制或数据传输。

5. 串行输入/输出接口

MCS-51 系列单片机内有一个全双工的串行接口控制器，用于与其他设备间进行串行数据传送。该串行接口具有 4 种不同的工作方式。既可以作为异步通信收发器与其他设备完成串行通信，也可以作为同步移位寄存器使用，应用于需要扩展 I/O 接口的系统。

6. 中断控制系统

MCS-51 系列单片机具备较完善的中断功能，有 2 个外部中断、2 个内部定时器/计数器中断和 1 个串行中断，可满足不同的控制要求，并具有两级的优先级别选择。

7. 定时器/计数器

MCS-51 系列单片机有 2 个 16 位可编程定时器/计数器，在实际应用中，既可对外部输入的脉冲信号进行计数(计数功能)，又可以对系统的时钟脉冲进行计数(定时功能)。

8. 时钟电路

MCS-51 系列单片机内含时钟电路，只需要外接一个石英晶体振荡器和两个匹配的电容就可以产生系统时钟信号，系统时钟的频率由外接的石英晶体振荡器的频率确定。

9. 布尔处理器

布尔处理器实际上是一个完整的 1 位微计算机，这个微计算机具有自己的 CPU、位寄存器、I/O 接口和指令集。用户在编程时通过合理地使用布尔处理器，可以提高程序的执行效率。

2.1.2　MCS-51 系列单片机的内部总体结构

单片机内部有地址总线、数据总线和控制总线，合称为单片机的"三总线"，上述的 9 个功能部件都挂在这三总线上，通过内部三总线传送数据信息和控制信息。MCS-51 系列单片机的内部总体结构框图如图 2.2 所示。从图 2.2 可看出，这 9 个主要部件是：1 个 8 位的中央处理器(包括 ALU、ACC、TMP1、TMP2、B 寄存器、PSW 及相应的定时和控制逻辑)，程序存储器，数据存储器，32 条并行 I/O 接口线(图中 P0.0～P0.7、P1.0～P1.7、P2.0～P2.7、P3.0～P3.7)，中断控制逻辑(具有 5 个中断源、2 个中断优先级)，定时器控制逻辑(具有 2 个可编程定时器/计数器)，串行接口控制逻辑(具有可工作于多处理机通信、I/O 接口扩展或全双工通用异步接收发送器的串行接口)，21 个专用寄存器(包括程序计数器 PC、堆栈指针寄存器 SP、程序状态字寄存器 PSW、数据指针寄存器 DPTR 等)以及片内振荡器和时钟电路(由 OSC 及相关电路组成)。

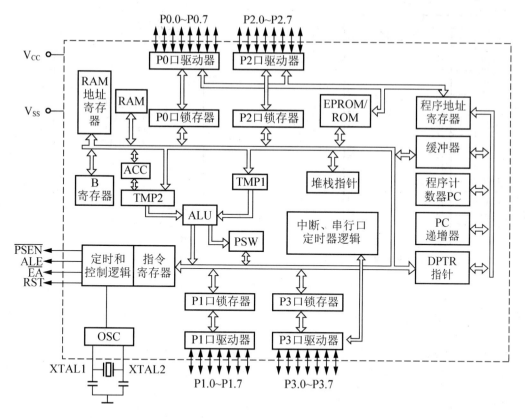

图 2.2　MCS-51 系列单片机的内部总体结构框图

2.2　MCS-51 系列单片机的引脚功能

MCS-51 系列单片机有双列直插式封装和方形封装两种封装方式。MCS-51 系列单片机有 40 个引脚，主要包括电源引脚、外接晶体振荡器引脚、控制功能引脚和输入/输出端口引脚等。为了使结构更加紧凑，单片机的许多引脚具有双重复用功能。

2.2.1　MCS-51 系列单片机的引脚图与封装

MCS-51 系列单片机有两种封装方式，HMOS 制造工艺的单片机大部分采用 40 引脚双列直插式封装(DIP)，CHMOS 制造工艺的 80C51/80C31 除采用 DIP 封装方式外，还可采用方形封装。图 2.3(a)所示为 40 引脚 DIP 封装的引脚图，图 2.3(b)所示为 44 引脚 PLCC 封装的引脚图。如无特殊说明，本书所指的 51 系列单片机均为 40 引脚的双列直插式封装。

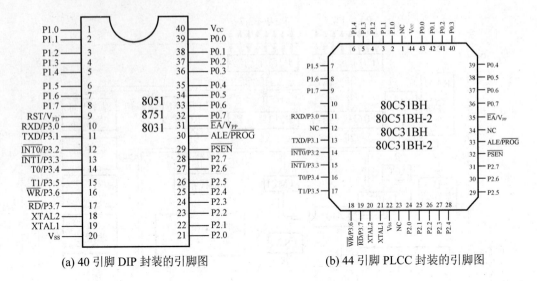

(a) 40 引脚 DIP 封装的引脚图　　　　　　　　(b) 44 引脚 PLCC 封装的引脚图

图 2.3　MCS-51 系列单片机的引脚

2.2.2　MCS-51 系列单片机的引脚说明

在 MCS-51 系列单片机的 40 个引脚中，有 2 个主电源引脚、2 个外接晶体的引脚、4 个控制功能的引脚和 32 个输入/输出引脚。下面分别叙述这 40 个引脚的功能。

1．主电源引脚

V_{CC}(40 脚)：接+5V 电源正端。

V_{SS}(20 脚)：接+5V 电源地端。

2．外接晶体的引脚

XTAL1(19 脚)：接外部石英晶体的一端。在单片机内部，它是一个反相放大器的输入端，这个放大器构成了片内振荡器。当采用外部时钟时，对于 HMOS 单片机，该引脚接地；对于 CHMOS 单片机，该引脚作为外部振荡信号的输入端。

XTAL2(18 脚)：接外部石英晶体的另一端。在单片机内部，接至上述振荡器的反相放大器的输出端。采用外部振荡器时，对 HMOS 单片机，该引脚接收振荡器的信号，即把此信号直接接到内部时钟发生器的输入端；对 CHMOS 单片机，此引脚应悬浮。

3．控制功能引脚

1) RST/V_{PD}(9 脚)：复位/备用电源引脚。RST(Reset)为复位，V_{PD} 为备用电源。该引脚为单片机的复位或掉电保护输入端。复位分为上电复位和系统运行中复位。当单片机系统正常运行时，该引脚上出现持续两个机器周期的高电平，就可实现复位操作，使单片机恢复到初始状态，这种形式的复位称为系统运行中复位。在上电时，考虑到振荡器有一定的起振时间，该引脚上高电平必须持续 10ms 以上才能保证有效复位。

当 V_{CC} 发生故障，即掉电或电压值下降到低于规定的水平时，该引脚可接上备用电源 V_{PD}(+5V)为内部 RAM 供电，以保证 RAM 中的数据不丢失。

2) $\overline{PSEN}$ (29 脚)：片外程序存储器读选通信号线，低电平有效。当从外部程序存储器读取指令或数据期间，每个机器周期该信号两次有效，以通过数据总线 P0 口读回指令或常数。在访问片外数据存储器期间，$\overline{PSEN}$ 信号处于无效状态。

3) ALE/$\overline{PROG}$(30 脚)：地址锁存允许/编程信号线。ALE 在每个机器周期内输出两个脉冲。在访问片外程序存储器期间，下降沿用于控制锁存 P0 口输出的低 8 位地址，但此时将跳空一个 ALE 脉冲，不宜作为时钟输出；在不访问片外程序存储器期间，可作为对外输出的时钟脉冲信号或用于定时，此频率为振荡频率的 1/6。

对于 EPROM 型的单片机(如 8751)，在 EPROM 编程期间，此引脚用于输入编程脉冲。

4) $\overline{EA}$/V_{PP}(31 脚)：$\overline{EA}$ 为片外程序存储器选用端。该引脚有效(低电平)时，只选用片外程序存储器，对于内部无程序存储器的 8031，$\overline{EA}$ 必须接地。当 $\overline{EA}$ 端保持高电平时，选用片内程序存储器，但在 PC 值超过 0FFFH(对 8051/8751/80C51)或 1FFFH(对 8052)时，将自动转向外部程序存储器。

对于片内含有 EPROM 的机型，在编程期间，此引脚作为编程电源(V_{PP})的输入端，一般为 21V。

4. 输入/输出引脚

MCS-51 系列单片机共有 4 个并行 I/O 接口(P0～P3)，每个接口都有 8 条接口线，用于传送数据和地址。但每个接口的结构各不相同，因此在功能和用途上有一定的差别。

1) P0 口(32～39 脚)：P0.0～P0.7 统称为 P0 口，为 8 位漏极开路的双向输入/输出(I/O)端口。在不扩展片外存储器或 I/O 端口时，可作为双向 I/O 端口，此时需要外加上拉电阻，并且在作为输入端口时，应先向端口的输出锁存器写入高电平，P0 口的每一个引脚能接 8 个 TTL 电路的输入；在扩展片外存储器或 I/O 端口时，P0 口作为低 8 位地址总线/数据总线的分时复用端口。

2) P1 口(1～8 脚)：P1.0～P1.7 统称为 P1 口，为 8 位的准双向 I/O 端口，具有内部上拉电阻。当作为输入端口时，应先向端口的输出锁存器写入高电平。P1 口的每一个引脚能接 4 个 TTL 电路的输入。对于 MCS-52 子系列单片机，P1.0 与 P1.1 还有第 2 功能，P1.0 可作为定时器/计数器 2 的计数脉冲输入端 T2，P1.1 可作为定时器/计数器 2 的外部控制端 T2EX。

3) P2 口(21～28 脚)：P2.0～P2.7 统称为 P2 口，为 8 位的准双向 I/O 端口，具有内部上拉电阻。在不扩展片外存储器或 I/O 端口时，可作为准双向 I/O 端口，并且在作输入端口时，应先向端口的输出锁存器写入高电平，P2 口的每一个引脚能接 4 个 TTL 电路的输入；在扩展片外存储器或 I/O 端口时，P2 口作为高 8 位地址总线。

4) P3 口(10～17 脚)：P3.0～P3.7 统称为 P3 口，为 8 位的准双向 I/O 端口，具有内部上拉电阻。P3 口可作为准双向 I/O 端口，并且在作输入端口时，应先向端口的输出锁存器写入高电平。P3 口的每一个引脚能接 4 个 TTL 电路的输入。除作为准双向 I/O 端口使用外，每一位还具有第 2 功能，而且 P3 口的每一条引脚均可独立定义为第 1 功能或第 2 功能。P3 口的第 2 功能如表 2-1 所示。

表 2-1　P3 口第 2 功能表

引　脚		第 2 功能
P3.0	RXD	串行接口输入端
P3.1	TXD	串行接口输出端
P3.2	$\overline{INT0}$	外部中断 0 请求输入端，低电平有效
P3.3	$\overline{INT1}$	外部中断 1 请求输入端，低电平有效
P3.4	T0	定时器/计数器 0 计数脉冲输入端
P3.5	T1	定时器/计数器 1 计数脉冲输入端
P3.6	$\overline{WR}$	外部数据存储器写选通信号输出端，低电平有效
P3.7	$\overline{RD}$	外部数据存储器读选通信号输出端，低电平有效

2.2.3　MCS-51 系列单片机的引脚应用特性

1. 三总线特性

MCS-51 系列单片机的 P2 口和 P0 口构成外部存储器 16 位地址总线(Address Bus，AB)，P0 口为分时复用数据总线(Data Bus，DB)，ALE、$\overline{PSEN}$、RST、$\overline{EA}$ 与 P3 口中的 $\overline{INT0}$、$\overline{INT1}$、T0、T1、$\overline{WR}$、$\overline{RD}$ 共 10 个引脚组成了控制总线(Control Bus，CB)，MCS-51 系列单片机的总线结构如图 2.4 所示。这三总线用来扩展外部程序存储器、数据存储器和具有并行接口的外围电路。

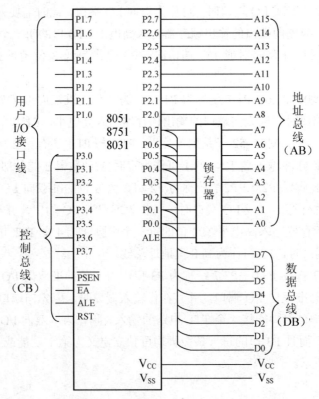

图 2.4　MCS-51 系列单片机的总线结构

MCS-51 单片机中的 4 个 I/O 接口在实际使用中，一般遵循以下用法：P0 口一般作为系统扩展地址低 8 位/数据复用口，P1 口一般作为 I/O 口，P2 口作为系统扩展地址高 8 位和 I/O 口，P3 口作为第 2 功能使用。

2. 引脚的复用特性

为了在有限的引脚上实现尽可能多的功能，MCS-51 系列单片机采用了引脚复用技术。

1) P3 口除了具有准双向 I/O 端口的第 1 功能外，还具有第 2 功能，如串口通信、计数器的脉冲输入信号、外部中断请求信号等。

2) P0 口、ALE 信号和 8 位锁存器配合使用，可以实现地址总线/数据总线的分时复用。当片内程序存储器的容量不够时，可令 $\overline{EA}$ =0，通过 ALE、$\overline{PSEN}$、$\overline{RD}$、P0 口、P2 口和一个 8 位锁存器配合使用，扩展多达 64KB 的片外程序存储器。但片内数据存储器的容量不够时，通过 ALE、$\overline{RD}$、$\overline{WR}$、P0 口、P2 口和一个 8 位锁存器配合使用，扩展多达 64KB 的片外数据存储器。

3) 无论 P0 口、P2 口的总线复用，还是 P3 口的功能复用，单片机的内部资源会自动选择，不需要通过指令的状态选择。

3. I/O 口的应用特性

1) P0~P3 口都可以作为 I/O 口使用，而当作为输入端口使用时，应先向端口的输出锁存器写入高电平。

2) 当不使用并行扩展总线时，P0、P2 口都可以用作 I/O 口，但 P0 口为漏极开路结构，作为 I/O 口时必须外加上拉电阻。

3) P0 口的每一个 I/O 口线均可驱动 8 个 TTL 输入端，而 P1~P3 口的每一个 I/O 口线均可输出驱动 4 个 TTL 输入端。CMOS 单片机的 I/O 口通常只能提供几毫安的驱动电流，但外接的 CMOS 电路的输入驱动电流很小，所以此时可以不考虑单片机 I/O 口的扇出能力。

在实际使用中，一般用户在 I/O 接口扩展时，很难计算 I/O 接口的负载能力。对扩展集成芯片，如 74LS 系列单片机的一些大规模集成芯片(如 8155、8255、8253、8259 等)，都可与 MCS-51 系列单片机直接接口。其他一些扩展用芯片，使用中可参考器件手册及典型电路。对于一些线性元件，如键盘、编码盘及 LED 显示器等输入/输出设备，由于 MCS-51 系列单片机提供不了足够的驱动电流，应尽量设计驱动部分。

2.3 MCS-51 系列单片机的存储器组织结构

MCS-51 系列单片机的存储器结构如图 2.5 所示，从物理地址空间上可分为片内、片外程序存储器与片内、片外数据存储器 4 部分。由于片内、片外程序存储器统一编址，因此，从用户使用角度来说，其地址空间可分为片内外统一编址的 64KB 程序存储器、256B 的片内数据存储器和 64KB 的片外数据存储器 3 部分。

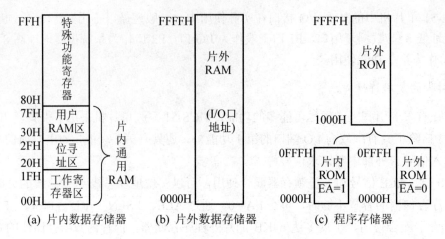

图 2.5　MCS-51 系列单片机的存储器结构

2.3.1　程序存储器

MCS-51 系列单片机的程序存储器结构如图 2.5(c)所示。程序存储器用于存放用户的目标程序和表格常数。它以 16 位的程序计数器 PC 作为地址指针，故寻址空间为 64KB，地址范围为 0000H～FFFFH。

1. 编址与访问

程序存储器分为片内程序存储器和片外程序存储器，作为一个编址空间，其编址规律为：先片内，后片外，且片内与片外程序存储器的地址不能重叠。

单片机复位以后，程序从地址 0000H 开始执行。根据单片机的类型及引脚 $\overline{EA}$ 的电平状态来选择从内部还是从外部开始执行。对于内部有程序存储器的单片机，若 $\overline{EA}$ =1，则程序从内部 0000H 开始执行，当 PC 值超出内部 ROM 的容量时，顺序执行外部的程序(不是从外部的 0000H，而是从内部程序存储器最后地址再加 1 的外部程序存储器的地址执行)。而当 $\overline{EA}$ =0 时，内部程序存储器被忽略，程序总是从外部程序存储器的 0000H 开始执行。对于这类芯片，可用于调试状态，把调试程序放在与内部 ROM 空间重叠的外部存储器中。对于内部无程序存储器的单片机，在外部扩展程序存储器后 $\overline{EA}$ 必须接低电平，程序从外部程序存储器的 0000H 开始执行。

2. 特殊的入口地址

在程序存储器的开始部分，定义了一些具有特殊功能的地址，用作程序起始和各种中断的入口地址，如表 2-2 所示。其中 0000H 是系统复位后的程序起始入口地址，如果程序不是从 0000H 单元开始，则应在该地址中存放一条无条件转移指令，使 CPU 转去执行用户指定的程序。另一些特殊单元是 0003H、000BH、0013H、001BH、0023H，它们分别是外部中断 0 中断入口、定时器 0 中断入口、外部中断 1 中断入口、定时器 1 中断入口、串行接口中断入口。当中断响应后，按中断的类型，自动转到各自的中断入口去执行程序。但是在通常情况下，每段只有 8 个地址单元是不能存下完整的中断服务程序的，因而一般也在中断响应的地址区存放一条无条件转移指令，指向程序存储器中其他真正存放中断服务程序的空间，这样中断响应后，CPU 读到这条转移指令时，便转向其他地方去执行真正的中断服务程序。因此以上地址单元不能用于存放程序的其他内容，只能存放中断服务程序的地址。

表 2-2　MCS-51 系列单片机复位和中断入口地址

操　作	入口地址
复位	0000H
外部中断 0	0003H
定时器/计数器 0 溢出	000BH
外部中断 1	0013H
定时器/计数器 1 溢出	001BH
串行接口中断	0023H
定时器/计数器 2 溢出或 T2EX 端负跳变(52 子系列)	002BH

2.3.2　数据存储器

数据存储器用于暂存数据和运算结果。MCS-51 系列单片机分为片内数据存储器和片外数据存储器，它们在物理上和逻辑上都为两个独立的地址空间。

1.　片内数据存储器

片内数据存储器是使用最频繁的地址空间，大部分操作指令的操作数都存在片内数据存储器中。

由图 2.5(a)可见，片内数据存储器主要包括片内通用 RAM 区和特殊功能寄存器(Special Function Register，SFR)区两部分。对于 MCS-51 子系列，前者有 128B，其编址为 00H～7FH；后者有 128B，其编址为 80H～FFH，二者连续而不重叠。对于 52 系列单片机，前者有 256B，其编址为 00H～FFH，后者有 128B，其编址为 80H～FFH。后者与前者高 128B 的编址是重叠的，由于访问它们的指令不同，并不会引起混乱。

片内通用 RAM 区又分为工作寄存器区、位寻址区和用户 RAM 区三部分。

(1)　工作寄存器区

工作寄存器区的地址范围为 00H～1FH，共 32 个单元，分为 4 个工作寄存器组，每个组有 8 个工作寄存器，分别为 R0～R7。每个工作寄存器组都可以作为当前工作寄存器，用户可以通过改变程序状态字(Programme State Word，PSW)中的 RS1 和 RS0 两位来选择。工作寄存器和 RAM 字节地址的对应关系如表 2-3 所示。若在一个实际的应用系统中，并不需要 4 个工作寄存器区，这个区域的多余单元可以作为一般的数据存储器使用。

表 2-3　工作寄存器和 RAM 字节地址对照表

RS1	RS0	寄存器组	R0	R1	R2	R3	R4	R5	R6	R7
0	0	0 组(00H～07H)	00H	01H	02H	03H	04H	05H	06H	07H
0	1	1 组(08H～0FH)	08H	09H	0AH	0BH	0CH	0DH	0EH	0FH
1	0	2 组(10H～17H)	10H	11H	12H	13H	14H	15H	16H	17H
1	1	3 组(18H～1FH)	18H	19H	1AH	1BH	1CH	1DH	1EH	1FH

(2)　位寻址区

位寻址区的地址范围为 20H～2FH，共 16 个字节单元，为 16×8=128 位。这 16 个单元不仅具有字节寻址功能，还具有位寻址功能。其中每一位都赋予一个位地址，位地址范围为 00H～

7FH，具体位地址分配如表 2-4 所示。有了位地址，CPU 就可以对特定的位进行处理，可以用于开关量控制。在程序设计阶段，通常用于存放各种程序的运行标志、位变量等，这给编程带来很大方便。

表2-4 位地址分配表

字节地址	位 地 址							
	D7	D6	D5	D4	D3	D2	D1	D0
2FH	7FH	7EH	7DH	7CH	7BH	7AH	79H	78H
2EH	77H	76H	75H	74H	73H	72H	71H	70H
2DH	6FH	6EH	6DH	6CH	6BH	6AH	69H	68H
2CH	67H	66H	65H	64H	63H	62H	61H	60H
2BH	5FH	5EH	5DH	5CH	5BH	5AH	59H	58H
2AH	57H	56H	55H	54H	53H	52H	51H	50H
29H	4FH	4EH	4DH	4CH	4BH	4AH	49H	48H
28H	47H	46H	45H	44H	43H	42H	41H	40H
27H	3FH	3EH	3DH	3CH	3BH	3AH	39H	38H
26H	37H	36H	35H	34H	33H	32H	31H	30H
25H	2FH	2EH	2DH	2CH	2BH	2AH	29H	28H
24H	27H	26H	25H	24H	23H	22H	21H	20H
23H	1FH	1EH	1DH	1CH	1BH	1AH	19H	18H
22H	17H	16H	15H	14H	13H	12H	11H	10H
21H	0FH	0EH	0DH	0CH	0BH	0AH	09H	08H
20H	07H	06H	05H	04H	03H	02H	01H	00H

对于位寻址区的某个地址，既可能是字节地址，也可能是位地址。单片机利用所使用的指令和操作数的不同，可以区分究竟是字节地址还是位地址。

【例2-1】判断下列两条指令中的 21H 是字节地址还是位地址。

```
MOV     A, 21H
MOV     C, 21H
```

解： 指令 MOV A，21H 是指将 21H 的内容送到累加器 A，因为累加器 A 是一个 8 位寄存器，由此可以判断出该指令是要传送 8 位数据，所以 21H 是字节地址。

指令 MOV C，21H 是指将 21H 的内容送到进位标志位 C，因为 C 是 1 位寄存器，由此可以判断出该指令是要传送 1 位数据，所以 21H 是位地址。

(3) 用户 RAM 区

用户 RAM 区又称数据缓冲区，其地址范围为 30H～7FH，共 80 个单元，只能按字节寻址。一般用于存储用户数据或作为堆栈区。

(4) 特殊功能寄存器区(SFR)

所谓特殊功能寄存器是区别于通用寄存器而言的，也称专用寄存器，主要是用来对片内各功能模块进行管理、控制、监视的控制寄存器和状态寄存器。MCS-51 系列单片机共有 18 个特殊功能寄存器，其中 3 个为双字节寄存器，共占用 21 个字节；52 系列有 21 个特殊功能寄存器，其中 5 个为双字节寄存器，共占用 26 个字节，它们分散在 80H～FFH 地址空间范围内，且每一个 SFR 都有一个字节地址，并定义了符号名称，其地址分布如表 2-5 所示。

表 2-5　特殊功能寄存器(SFR)地址表

特殊功能寄存器	符号	字节地址	位地址和位名称							
			D7	D6	D5	D4	D3	D2	D1	D0
P0 口	P0	80H	P0.7 87H	P0.6 86H	P0.5 85H	P0.4 84H	P0.3 83H	P0.2 82H	P0.1 81H	P0.0 80H
堆栈指针	SP	81H								
数据指针低字节	DPL	82H								
数据指针高字节	DPH	83H								
定时器/计数器控制	TCON	88H	TF1 8FH	TR1 8EH	TF0 8DH	TR0 8CH	IE1 8BH	IT1 8AH	IE0 89H	IT0 88H
定时器/计数器方式控制	TMOD	89H	GATE	C/T	M1	M0	GATE	C/T	M1	M0
定时器/计数器 0 低字节	TL0	8AH								
定时器/计数器 1 低字节	TL1	8BH								
定时器/计数器 0 高字节	TH0	8CH								
定时器/计数器 1 高字节	TH1	8DH								
P1 口	P1	90H	P1.7 97H	P1.6 96H	P1.5 95H	P1.4 94H	P1.3 93H	P1.2 92H	P1.1 91H	P1.0 90H
电源控制	PCON	97H	SMOD				GF1	GF0	PD	IDL
串行控制	SCON	98H	SM0 9FH	SM1 9EH	SM2 9DH	REN 9CH	TB8 9BH	RB8 9AH	TI 99H	RI 98H
串行数据缓冲器	SBUF	99H								
P2 口	P2	A0H	P2.7 A7H	P2.6 A6H	P2.5 A5H	P2.4 A4H	P2.3 A3H	P2.2 A2H	P2.1 A1H	P2.0 A0H
中断允许控制	IE	A8H	EA AFH		ET2 ADH	ES ACH	ET1 ABH	EX1 AAH	ET0 A9H	EX0 A8H
P3 口	P3	B0H	P3.7 B7H	P3.6 B6H	P3.5 B5H	P3.4 B4H	P3.3 B3H	P3.2 B2H	P3.1 B1H	P3.0 B0H
中断优先控制	IP	B8H	—	—	—	PS BCH	PT1 BBH	PX1 BAH	PT0 B9H	PX0 B8H
定时器/计数器 2 控制	T2CON	C8H	TF2 CFH	EXF2 CEH	RCLK CDH	TCLK CCH	EXEN2 CBH	TR2 CAH	C/T2 C9H	CP/RL2 C8H
定时器/计数器 2 自动重装载低字节	RLDL	CAH								
定时器/计数器 2 自动重装载高字节	RLDH	CBH								
定时器/计数器 2 低字节	TL2	CCH								
定时器/计数器 2 高字节	TH2	CDH								
程序状态字	PSW	D0H	C D7H	AC D6H	F0 D5H	RS1 D4H	RS0 D2H	OV D2H	F1 D1H	P D0H
累加器	A	E0H	E7	E6	E5	E4	E3	E2	E1	E0
B 寄存器	B	F0H	F7	F6	F5	F4	F3	F2	F1	F0

由表 2-5 可见，特殊功能寄存器区域中，字节地址的低位为 8 和 0 的特殊功能寄存器也可按位寻址，且大多数可位寻址的 SFR 的每一位都有一个位名。在 80H~FFH 地址空间范围内，还有一些单元未被定义，对于这些无定义的字节地址单元，用户不能以寄存器的形式访问，否则将得到一个不确定的随机数。

2. 片外数据存储器

MCS-51 系列单片机具有扩展 64KB 外部数据存储器 RAM 和 I/O 接口的能力，外部数据存储器和 I/O 接口实行统一编址，即用户在应用系统设计时，所有的外围接口地址均占用外部 RAM 的地址单元，并使用相同的控制信号、访问指令和寻址方式。外部数据存储器按 16 位编址时，其地址空间与程序存储器重叠，但不会引起混乱，访问程序存储器时用 $\overline{\text{PSEN}}$ 信号选通，而访问外部数据存储器时，由 $\overline{\text{RD}}$ (读)信号和 $\overline{\text{WR}}$ (写)信号选通。访问程序存储器使用的是 MOVC 指令，而访问外部数据存储器使用的是 MOVX 指令。

2.3.3　特殊功能寄存器

从编程的角度看，MCS-51 CPU 对用户开放的特殊功能寄存器主要有以下几个：累加器(A)、寄存器(B)、程序状态寄存器(PSW)、程序计数器(PC)、数据指针(DPTR)、堆栈指针(SP)。

1. 累加器

累加器(A)是一个 8 位寄存器，通常用 A 或 ACC 表示，是 CPU 使用最频繁的寄存器。CPU 的大多数指令都要通过累加器(A)与其他部分交换信息。在 CPU 执行某运算之前，两个操作数中的一个通常应放在累加器(A)中，运算结果也常送回累加器(A)保存。

2. 通用寄存器

通用寄存器(B)也是一个 8 位寄存器，主要用于乘法和除法运算指令中，与累加器(A)配合使用。若不做乘除运算时，则可作为通用寄存器使用。

3. 程序状态字

程序状态字(PSW)是一个 8 位的寄存器，它保存指令执行结果的状态信息，以供程序查询和判别。其各位的定义如下。

PSW.7	PSW.6	PSW.5	PSW.4	PSW.3	PSW.2	PSW.1	PSW.0
C	AC	F0	RS1	RS0	OV	F1	P

1) 进位标志位 C(PSW.7)：在执行某些算术运算(如加减运算)、逻辑运算(如移位操作)指令时，可被硬件或软件置位和清零。它表示在加减运算过程中最高位是否有进位或借位。若在最高位有进位(加法时)或借位(减法时)，则 C=1，否则 C=0。

2) 辅助进位(或称半进位)标志位 AC(PSW.6)：用于表示两个 8 位数运算时，低 4 位有无进(借)位的状况。当低 4 位相加(或相减)时，若 D3 位向 D4 位有进位(或借位)，则 AC=1，否则 AC=0。在 BCD 码运算的十进制调整中要用到该标志。

3) 用户自定义标志位 F0(PSW.5)：用户可根据自己的需要对 F0 赋予一定的含义，并通过软件根据程序执行的需要对其进行置位或清零，而不是由单片机在执行指令过程中自动形成。该标志位状态一经设定，可由用户程序直接检测，根据 F0=1 或 0 决定程序的执行方式，或反映系统某一种工作状态。

4) 工作寄存器组选择位 RS1、RS0(PSW.4、PSW.3)：可用软件置位或清零，用于选定当前使用的 4 个工作寄存器组中的某一组。RS1、RS0 的值与工作寄存器组的关系如表 2-3 所示。

5) 溢出标志位 OV(PSW.2)：做加法或减法运算时，由硬件置位或清零，以指示运算结果是否溢出。OV=1 反映运算结果超出了累加器的数值范围(无符号数的范围为 0～255，以补码形式表示一个有符号数的范围为-128～+127)。进行无符号数的加法或减法运算时，OV 的值与进位位 C 的值相同；进行有符号数的加法时，如最高位、次高位之一有进位，或做减法时，如最高位、次高位之一有借位，OV 被置位，即 OV 的值为最高位和次高位进位异或(C7 ⊕ C6)的结果。执行乘法指令 MUL AB 也会影响 OV 标志，当乘积大于 255 时 OV =1，否则 OV =0；执行除法指令 DIV AB 也会影响 OV 标志，如 B 中存放的除数为 0，则 OV=1，否则 OV=0。

6) 用户自定义标志位 F1(PSW.1)：同 F0。

7) 奇偶标志位 P(PSW.0)：在执行指令后，单片机根据累加器(A)中含有 1 的个数自动给该标志置位或清零。若 A 中 1 的个数为奇数，则 P=1，否则 P=0。该标志常用于串行通信过程中的错误校验，即奇偶校验。

【例 2-2】分析下列程序段的功能。

```
CLR     PSW.4
SETB    PSW.3
MOV     R4, #55H
```

解：第一条指令是使 RS1(PSW.4)为 0，第二条指令是使 RS0(PSW.3)为 1，即选择了工作寄存器 1 组，第三条指令是将立即数 55H 送到工作寄存器 1 组的 R4 寄存器，即送到片内 RAM 的 0CH 中。

4. 程序计数器

程序计数器(Program Counter，PC)是一个 16 位寄存器，专用于存放下一条将要执行指令的内存地址值，具有自动加 1 的功能。当 CPU 顺序执行指令时，PC 的内容以增量的规律变化着，当一条指令取出后，PC 就指向下一条指令。如果不按顺序执行指令，在跳转之前必须将转移的目标地址送往程序计数器，以便从该地址开始执行程序。由此可见，PC 实际上是一个地址指示器，改变 PC 的内容就可以改变指令执行的次序，即改变程序执行的路线。当系统复位后，PC=0000H，CPU 便从这一固定的入口地址 0000H 开始执行程序。

PC 客观存在于单片机中，但不在 RAM 存储器内，因此，不能对 PC 直接用指令进行读和写，是不可寻址的专用寄存器。

5. 数据指针

数据指针(DPTR)是一个 16 位的寄存器，也可分解为两个 8 位的寄存器 DPH(高 8 位)和 DPL(低 8 位)。在 CPU 对片外数据存储器或 I/O 口进行访问时，用来确定访问地址；在查表和转移指令中，DPTR 可以用于做访问程序存储器的基址寄存器。

6. 堆栈指针

堆栈(Stack Pointer，SP)是个特殊的存储区，主要功能是暂时存放数据和地址，通常用来保护程序断点和程序运行现场。

堆栈指针是一个 8 位寄存器，它的内容指示出堆栈顶部在片内 RAM 中的位置。它可以指向片内 RAM 中 00H~7FH 中的任意一个单元。单片机复位后，SP 的默认值为 07H，使得堆栈实际上从 08H 单元开始，考虑到 08H~1FH 单元分别属于 1~3 组工作寄存器区，若在程序设计中用到这些工作寄存器区，则最好在复位后且运行程序前，把 SP 的值修改为 30H 或更大的值。

堆栈遵循先进后出的原则，数据压入堆栈时，SP 先自动加 1，然后将一个字节数据压入堆栈；数据弹出堆栈时，一个字节数据弹出堆栈后，SP 再自动减 1。

【例 2-3】 分析下列两条指令的执行过程。假设当前的 SP 等于 50H。

```
PUSH      3AH
POP       3AH
```

解： 执行第一条指令时，先将堆栈指针 SP 的内容加 1，指向栈顶，即 SP 的内容为 51H，然后将 3AH 单元的内容送到 51H 单元中，即 51H 单元中的数据等于 3AH 单元中的数据，而 3AH 单元中的数据不变。

执行第二条指令时，先将栈顶(51H)单元中的数据弹出到 3AH 单元中，然后再将堆栈指针 SP 的内容减 1，即 SP 的内容为 50H。

2.4　MCS-51 系列单片机的输入/输出接口

MCS-51 系列单片机具有 4 个双向的 8 位 I/O 口 P0~P3，共 32 根口线。每个端口可按字节输入或输出，也可按位输入或输出。P0 口为三态双向口，负载能力为 8 个 TTL 电路，P1~P3 口为准双向口，负载能力为 4 个 TTL 电路，如果外部设备需要的驱动电流大，可加接驱动器。

同一接口的各位具有相同的结构，4 个接口的结构也有相同之处：各接口中的每一位都是由锁存器、输出驱动器和输入缓冲器组成。由于每个接口具有不同的功能，内部结构也有所不同，所以下面分别对各个接口的结构进行介绍。

2.4.1　P0 口

1. P0 口的电路结构

P0 口是一个三态双向口，既可作为低 8 位地址线和数据总线的分时复用口，也可作为通用 I/O 接口，各位的结构相同，其每一位的结构原理如图 2.6 所示。图中的锁存器用来锁存输出数据，8 个锁存器构成了特殊功能寄存器 P0；场效应管 V1、V2 组成输出驱动器，以增大带负载能力；三态门 1 是引脚输入缓冲器；三态门 2 用于读锁存器端口；与门 3、反相器 4 及多路转换开关构成了输出控制电路。

2. P0 口作为地址/数据分时复用口

当 P0 口作为地址/数据分时复用口时，可考虑两种情况：一种是从 P0 口输出地址或数据，另一种是从 P0 口输入数据。

1) 在访问外部存储器时，需从 P0 口输出地址或数据信号，此时控制信号应为高电平 1，内部控制信号有效，一方面使转换开关 MUX 接通地址/数据总线反相后的信号，另一方面又使地址/数据总线的信号能通过与门 3 作用于 V2。当地址或数据为 1 时，经反相器 4 使 V1 截止，而经与门 3 使 V2 导通，P0.X 引脚上出现相应的高电平 1；当地址或数据为 0 时，经反相器 4 使 V1 导通而 V2 截止，引脚上出现相应的低电平 0。这样就将地址/数据总线上的信号输出。

2) 数据输入时，"读引脚"控制信号置 1，使引脚上的信号经输入缓冲器 1 直接进入内部总线。

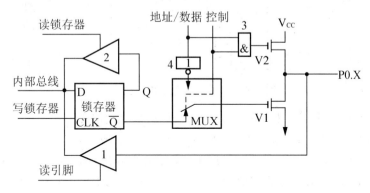

图 2.6　P0 口每一位的结构原理图

3. P0 口作为通用 I/O 口

当 P0 口作为通用输入输出口使用时，控制信号为低电平，转换开关 MUX 把输出级与锁存器 $\overline{Q}$ 端接通，同时因与门 3 输出为 0 使上拉场效应管 V2 截止，此时，输出级是漏极开路电路。当写脉冲加在锁存器时钟端 CLK 上时，与内部总线相连的 D 端数据取反后出现在 $\overline{Q}$ 端，又经输出 V1 反相，在 P0.X 引脚上出现的数据就是内部总线的数据。

4. P0 口使用说明

1) 在输出数据时，由于 V2 截止，输出级是漏极开路电路，要使输出引脚为正常输出的高电平，必须外接上拉电阻。

2) 由于 P0 口作为通用 I/O 口使用时是准双向口，所以在输入数据时，应先把 P0 口置 1(写 1)，此时锁存器的 $\overline{Q}$ 端为 0，使输出级的两个场效应管 V1、V2 均截止，引脚处于悬浮状态，才可作高阻输入。否则，若在此之前曾输出锁存过数据 0，则 V1 导通，这样引脚上的输入信号就始终被钳位在低电平，使输入高电平无法读入。

3) 用于地址/数据分时复用功能连接外部存储器时，由于访问外部存储器期间，CPU 会自动向 P0 口的锁存器写入 0FFH，对用户而言，P0 口此时则是真正的三态双向口。

综上所述，P0 口在有外部扩展存储器时被作为地址/数据总线口，此时是一个真正的双向口；在没有外部扩展存储器时，P0 口也可作为通用的 I/O 接口，但此时只是一个准双向口，在输入数据时，应先向端口写入 1，在输出数据时，必须外接上拉电阻才能正常输出高电平。另外，P0 口的输出级具有驱动 8 个 TTL 负载的能力，即输出电流不大于 800μA。

2.4.2　P1 口

P1 口也是准双向 I/O 口，其每一位的内部结构如图 2.7 所示。它在结构上与 P0 口的区别在于输出驱动部分由场效应管 V1 与内部上拉电阻组成。所以当 P1 口的某位输出高电平时，不需要外接上拉电阻。

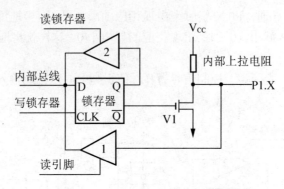

图 2.7　P1 口每一位的内部结构图

　　P1 口只有通用 I/O 接口一种功能，它的每一位可以分别定义为输入或输出，其输入输出原理特性与 P0 口作为通用 I/O 接口使用时一样。P1 口具有驱动 4 个 TTL 负载的能力。

　　在 52 系列单片机中，P1 口的 P1.0 与 P1.1 除作为通用 I/O 接口线外，还具有第 2 功能，即 P1.0 可作为定时器/计数器 2 的外部计数脉冲输入端 T2，P1.1 可作为定时器/计数器 2 的外部控制输入端 T2EX。

2.4.3　P2 口

　　P2 口也是一个准双向 I/O 口，其每一位的内部结构如图 2.8 所示。P2 口的输出驱动结构比 P1 口的输出驱动结构多了一个转换开关 MUX 和反相器 3。P2 口可以作为通用的 I/O 口使用，外接 I/O 设备，也可以作为系统扩展时的地址总线的高 8 位地址，由转换开关 MUX 来实现。MUX 接通锁存器 Q 端时，将锁存器的 Q 端与反相器 3 接通，P2 口作为通用的 I/O 口使用，作用和 P1 口相同，负载能力也与 P1 口相同。当作为地址总线口使用时，转换开关在 CPU 的控制下将地址信号与反相器接通，从而在 P2 口的引脚上输出高 8 位地址 A8～A15。

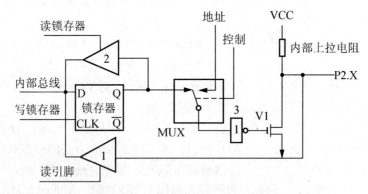

图 2.8　P2 口每一位的内部结构图

2.4.4　P3 口

　　P3 口也是一个内部带有上拉电阻的准双向 I/O 接口，其每一位内部结构如图 2.9 所示。除了作为通用 I/O 口外，P3 口的每一位均具有第 2 功能。

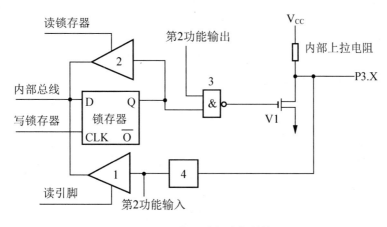

图 2.9 P3 口每一位的内部结构图

当它作为通用的 I/O 口使用时，工作原理与 P1 口和 P2 口类似，此时"第 2 功能输出"线保持为高电平，此时与非门 3 的状态由 Q 端决定。输出 1 时，CPU 将 1 写入锁存器，与非门输出低电平，场效应管截止，输出引脚由于内部的上拉电阻的作用输出高电平；输出 0 时，CPU 将 0 写入锁存器，与非门输出高电平，场效应管导通，输出引脚输出低电平。

当 P3 口作为第 2 功能(各引脚功能如表 2-1 所示)使用时就不能再作为通用输出口使用了，其锁存器 Q 端必须为高电平，此时与非门 3 的输出电平由"第 2 功能输出"线的状态来决定，第 2 功能的内容通过与非门 3 和 V1 送至引脚。作为第 2 功能输入时，输入信号 RXD、$\overline{INT0}$、$\overline{INT1}$、T0、T1 经三态缓冲器 4 进入芯片内部的相关电路。

2.4.5 输入/输出接口的操作

51 系列单片机有很多指令可直接进行端口操作，例如：

```
ANL  P0, A                        ;(P0)←(P0)∧(A)
ORL  P0, #data                    ;(P0)←(P0)∨data
DEC  P0                           ;(P0)←(P0) -1
```

这些指令的执行过程分成"读—修改—写"3 步，先将锁存器中的数据读入 CPU，在 ALU 中进行运算，运算结果再送回锁存器。执行"读—修改—写"类指令时，CPU 是通过三态门 2 读回锁存器 Q 端的数据来代表引脚状态的。如果直接通过三态门 1 从引脚读回数据，有时会发生错误。例如，用接口某位去驱动一个晶体管的基极，在晶体管的发射极接地的情况下，当向口线写 1 时，晶体管导通，引脚上的电平被拉到低电平(0.7V)，这时若从引脚直接读回数据，原为 1 的状态则会错读为 0，所以要从锁存器 Q 端读取数据。

2.5 MCS-51 系列单片机的时钟电路与 CPU 时序

51 系列单片机在唯一的时钟信号控制下，严格地按时序执行指令。在执行指令时，CPU 以时钟电路的主振荡频率为基准发出时序，对指令进行译码，并由时序电路产生一系列控制信号去完成指令所规定的操作。这些控制信号在时间上的相互关系就是 CPU 的时序。

2.5.1 时钟电路

51 系列单片机的时钟信号产生通常有两种方式：一种是内部时钟方式，这种方式利用芯片内部的振荡电路来产生时钟信号；另一种是外部时钟方式，时钟信号由外部引入。

1. 内部时钟方式

采用内部时钟方式时，电路如图 2.10 所示。单片机内部有一个用于构成振荡器的高增益反相放大器，在引脚 XTAL1 和 XTAL2 间跨接晶体振荡器与电容组成并联谐振电路，为电路内部时钟电路提供振荡时钟。振荡器的频率主要取决于晶体的振荡频率，一般可在 1.2MHz～12MHz 之间任选。电容 C1 和 C2 通常取 30pF 左右。

2. 外部时钟方式

采用外部时钟方式是把已有的时钟信号引入单片机，常用于多片单片机应用系统，便于多片单片机之间的同步工作。按照不同工艺制造的单片机接法也不相同，如图 2.11 所示。

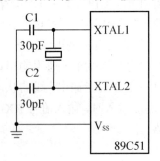
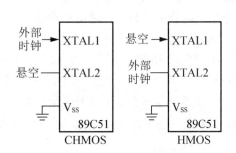

图 2.10　采用内部时钟方式　　　　图 2.11　采用外部时钟方式

2.5.2 CPU 时序

CPU 执行指令的一系列动作都是在时钟电路控制下进行的，由于指令的字节数不同，取这些指令所需要的时间就不同，即使是字节数相同的指令，由于执行操作有较大差别，不同的指令所执行的时间也不一定相同。为了便于对 CPU 工作时序进行分析，人们按指令的执行时间规定了时序单位，即时钟周期、状态周期、机器周期和指令周期。

1. 时钟周期

由时钟电路产生的时钟脉冲信号的周期为时钟周期，又称为振荡周期。它是单片机时序中最小的时间单位。

2. 状态周期

两个振荡周期为一个状态周期，用 S 表示，这两个振荡周期作为两个节拍分别称为节拍 P1 和节拍 P2。

3. 机器周期

单片机完成一个基本操作所需要的时间称为一个机器周期。一个机器周期包含 6 个状态周期，并依此表示为 S1～S6。由于一个状态周期包含 2 个时钟周期，所以一个机器周期共有 12 个节拍，分别记为 S1P1，S1P2，…，S6P2。由于一个机器周期共有 12 个时钟周期，所以机器周期信号是振荡脉冲信号的 12 分频。如果单片机的晶振频率为 6MHz，那么一个机器周期就为 2μs，如果单片机的晶振频率为 12MHz，那么一个机器周期就为 1μs。

4．指令周期

CPU 执行一条指令所需要的时间为指令周期，它是以机器周期为单位。51 系列单片机的指令中多数为单周期指令和双周期指令，只有乘除法指令为 4 个机器周期的指令。由于机器周期越少的指令执行速度越快，因此，在编程时尽可能选用具有相同功能而占机器周期少的指令。各个时序单位的相互关系如图 2.12 所示。

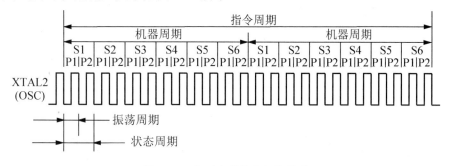

图 2.12　各时序单位之间的关系

2.5.3　典型指令的取指和执行时序

单片机的指令除了从时间上考虑分为单周期指令、双周期指令和 4 个机器周期指令以外，还可以从空间上来考虑。所谓从空间角度上考虑是指指令长度占有多少个字节，即占有多少个内存单元。51 系列单片机的指令有单字节指令、双字节指令和三字节指令。

每条指令的执行都可以包括取指令和执行指令两个阶段。在取指令阶段，CPU 从程序存储器中取出指令操作码及操作数，在指令执行阶段执行这条指令。

如图 2.13 所示为典型的单字节指令、双字节指令以及 1 个机器周期和 2 个机器周期指令的取指和执行时序。图中分别列出了 XTAL2 引脚出现的振荡器信号和地址锁存信号(ALE)引脚的地址锁存信号。在每个机器周期内，ALE 两次有效，第 1 次出现在 S1P2 和 S2P1 期间，第 2 次出现在 S4P2 和 S5P1 期间。

单周期指令的执行始于 S1P2，此时操作码被锁存于指令寄存器中。若是双字节指令，则在同一机器周期的 S4 读入 2 个字节；如果是单字节指令，在 S4 仍执行读操作，但无效，且程序计数器不加 1。图 2.13(a)和图 2.13(b)分别给出了单字节单周期和双字节单周期指令时序，都在 S6P2 结束时完成执行指令操作。

图 2.13(c)是单字节双周期指令的时序，这类指令的特点是在两个机器周期内完成指令的操作，所以在两个机器周期内执行 4 次读操作。由于是单字节指令，故后面的 3 次读操作无效。图 2.13(d)是访问片外数据存储器指令(MOVX)的时序，它是一条单字节双周期指令。在第 1 机器周期的 S5 状态开始送出外部数据存储地址后，进行读写数据。在此期间无 ALE 信号，所以第 2 机器周期不产生取指操作。

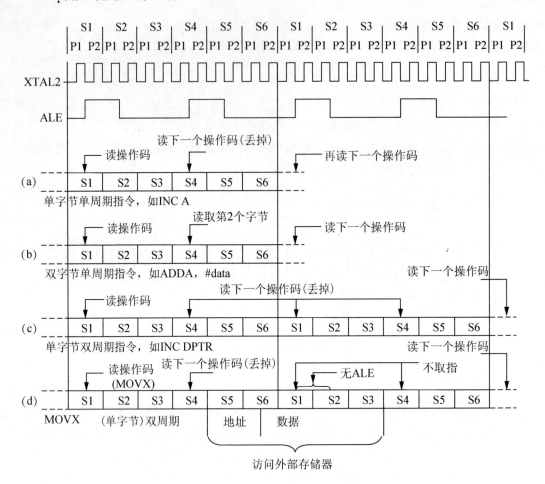

图 2.13　典型指令的取指和执行时序

2.6　MCS-51 系列单片机的工作方式

MCS-51 系列单片机的工作方式有：程序执行方式、复位方式、掉电运行方式、待机方式等。不同的工作方式，代表单片机处于不同的状态。

2.6.1　程序执行工作方式

程序执行方式是单片机的基本工作方式，包括连续执行方式和单步运行方式两种。

1. 连续执行方式

连续执行方式是从指定的地址开始连续执行程序存储器中存放的程序，每读一次程序，PC 自动加 1。单片机系统在正常运行时通常都是工作在连续执行方式。

2. 单步运行方式

单步运行方式是由单步运行键控制的，每按一次单步运行键，程序顺序执行一条指令。单步运行方式通常是用户采用仿真器调试程序时所用的一种特殊运行方式，主要用于观察每条指令的执行情况。

2.6.2 复位电路与复位状态

任何单片机在启动运行前都需要复位，以完成单片机内部电路的初始化；在单片机应用系统工作时，也会由于种种原因如外界干扰所造成的死循环状态，要求进入复位工作状态，以使系统重新进入正常的运行轨迹。

通过 MCS-51 单片机上的复位引脚 RST/V_{PD}，引入两个机器周期(24 个振荡周期)以上的高电平，即可使器件复位，只要 RST 一直保持高电平，那么 CPU 就一直处于复位状态。当 RST 由高变低后复位结束，CPU 从初始状态开始工作。

单片机的复位都是靠外部电路实现的，分为上电自动复位、手动按键复位和外接复位芯片等。

1. 上电自动复位

上电自动复位是利用电容的充电来实现的。如图 2.14 所示为 51 系列单片机的上电自动复位电路。由于电容电压不能跃变，所以上电瞬间 RST 引脚为高电平，其持续时间取决于 RC 电路的时间常数，根据单片机的晶振频率，合理地选择 *R*、*C* 的值，使高电平至少维持两个机器周期。之后电容通过 RC 回路放电，使 RST 引脚变为低电平。

2. 手动按键复位

除上电自动复位以外，在系统运行时有时还需要在不关闭电源的情况下对单片机进行复位操作，此时，一般是通过一个手动复位按钮来实现的，如图 2.15 所示。当单片机工作过程中需要复位时，按下复位按键 SW，复位端 RST 通过 470Ω 电阻与电源接通，使 RST 引脚为高电平。复位按键弹起后，RST 引脚通过 1kΩ 电阻接地，完成复位过程。

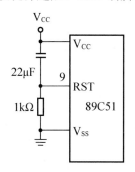

图 2.14　上电自动复位电路

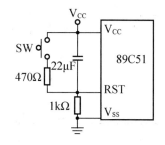

图 2.15　手动按键复位电路

3. 外接复位芯片

在单片机应用系统中，有时还要对单片机系统的工作情况进行监控。如程序跑飞时要将单片机系统重新复位，在电池供电的单片机系统中还要对电池电压进行监测，以防电池电压过低时系统出现紊乱情况。所以，为了保证单片机可靠地复位，可选用专用的复位芯片。如图 2.16 所示为使用 IMP810 芯片构成的复位电路。当电源上电或掉电时，只要 V_{CC} 还小于片内设定的复位门限电压 V_{REF}，就能保证 IMP810 芯片的 RST 端输出高电平，确保复位信号有效。在 V_{CC} 上升期间，RST 端维持高电平，直到电源电压升至复位门限电压以上。在超过此门限电压后，内部定时器大约再维持 240ms 后，RST 端返回低电平。

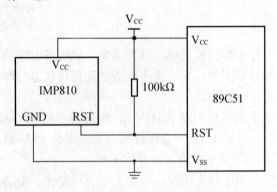

图 2.16　外接 IMP810 芯片的复位电路

针对这种情况许多大的芯片制造厂家纷纷开发出各种不同功能的复位监控芯片。比如
MAXIMM 厂家生产的 MAX707 芯片，其复位电平为低电平，还具有电压检测和手动复位功
能。XICOR 厂家生产的 X5045 芯片，其复位电平为高电平，还具有电压检测、Watchdog 和
手动复位功能。

4．复位状态

单片机复位后，程序自动转到 PC=0000H 处开始执行程序。除了 PC 外，复位操作还对
其他内部寄存器有一定影响。具体的复位状态如表 2-6 所示。表 2-6 中的"x"表示数值不定。

表 2-6　内部寄存器复位后的状态

寄存器	复位后的值	寄存器	复位后的值
PC	0000H	TMOD	00H
ACC	00H	TCON	00H
B	00H	TH0	00H
PSW	00H	TL0	00H
SP	07H	TH1	00H
DPTR	0000H	TL1	00H
P0～P3	0FFH	SCON	00H
IP	xxx0 0000B	SBUF	xxxx xxxxB
IE	0xx0 0000B	PCON	0xxx 0000B

2.6.3　掉电运行方式与待机方式

单片机大量应用于携带式产品和家用消费类产品，低电压和低功耗特性尤为重要。51 系
列单片机中有 HMOS 和 CHMOS 两种工艺芯片，它们的节电运行方式不同。HMOS 单片机的
节电工作方式只有掉电运行方式，而 CHMOS 单片机有两种节电运行方式，即掉电运行方式
和待机(空闲)方式。

在 CHMOS 型单片机中，与空闲和掉电工作方式有关的硬件控制电路如图 2.17 所示。在
空闲工作方式时，$\overline{IDL}$ =0，振荡器继续工作为中断控制电路、定时器/计数器电路、串行接口
提供时钟驱动信号，而 CPU 的时钟信号被切断，停止工作，处于空闲工作状态。在掉电工作
方式时，$\overline{PD}$ =0，振荡器停止工作，只有片内 RAM 和 SFR 中的内容被保存。

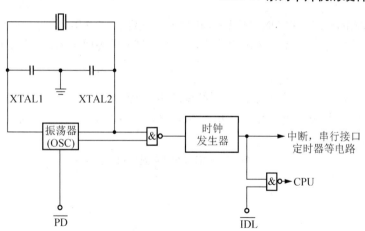

图 2.17　空闲与掉电方式硬件控制电路

待机方式和掉电工作方式都是通过电源控制寄存器(PCON)的有关位来控制的。MCS-51 CHMOS 型单片机在 HMOS 型单片机所具有的 SMOD 位之外，增加了两个通用标志位 GF1、GF0，一个掉电方式位 PD 和一个空闲方式位 IDL。该寄存器的字节地址为 87H，不能位寻址，其格式及各位的定义如下。

	MSB							LSB
PCON 87H	SMOD				GF1	GF0	PD	IDL

SMOD：串行接口波特率倍增控制位。

GF1，GF0：通用标志位，可由软件置位或清零，可作为用户标志，用来指示中断是在 CPU 正常运作期间发生的，还是在空闲方式期间发生的。例如，在执行空闲工作方式指令之前，先置 GF1 或 GF0 为 1，当有中断请求信号，并退出空闲工作方式时，中断服务子程序可检查这些标志位，以判断系统是在什么情况下发生的中断，如果 GF1 或 GF0 为 1，则是在空闲方式下进入的中断。

PD：掉电方式控制位，当 PD=1 时，系统进入掉电工作方式。

IDL：空闲方式控制位，当 IDL=1 时，系统进入空闲方式。

若 PD 和 IDL 同时为 1 时，先进入掉电方式。

如果想要单片机进入待机方式或掉电方式，只需执行一条能使 IDL 或 PD 位置 1 的指令即可。

CHMOS 型单片机复位时，PCON 寄存器的状态为 0xxx0000B，此时，单片机处于正常工作状态。

1. 待机工作方式

当程序将 PCON 的 IDL 位置 1 后，系统就进入了空闲工作方式。空闲工作方式是程序运行过程中，用户在不希望 CPU 执行程序时，使其进入的一种降低功耗的待机工作方式。在此工作方式下，单片机的工作电流可降低到正常工作方式时的电流的 15%左右。在空闲工作方式时，与 CPU 有关的 SP、PC、PSW、ACC 的状态及全部工作寄存器的内容均保持不变，I/O 引脚的状态也保持不变，ALE 和 $\overline{\text{PSEN}}$ 保持逻辑高电平。

退出待机工作方式的方法有两种：一种是中断，在待机方式下，任何一个中断请求信号，在单片机响应中断的同时，PCON.0(IDL)被芯片内部硬件自动清 0，单片机退出待机工作方式，进入到正常的工作状态。另一种是利用硬件复位,在 RST 引脚引入两个机器周期的高电平即可。

2. 掉电工作方式

当程序将 PCON 的 PD 位置 1 后，系统就进入了掉电工作方式。退出掉电工作方式的方法只有一种，即硬件复位。复位后单片机被初始化，但 RAM 中的内容保持不变。

2.7　实验与实训

2.7.1　音频驱动实验

1.　实验目的

1) 学习输入/输出端口控制方法。
2) 了解音频发生原理。

2.　实验原理及内容

实验电路如图 2.18 所示。用 P1.0 输出的音频信号经音频功率放大器 LM386N1 放大后驱动扬声器，P1.7 接一个开关 K 作为控制信号。编写程序实现：当开关 K 合上(P1.7=0)时，用 P1.0 输出 1kHz 和 500Hz 的音频信号驱动扬声器，作报警信号，要求 1kHz 的信号响 100ms，500Hz 的信号响 200ms，交替进行，当开关 K 断开(P1.7=1)时，警告信号停止。

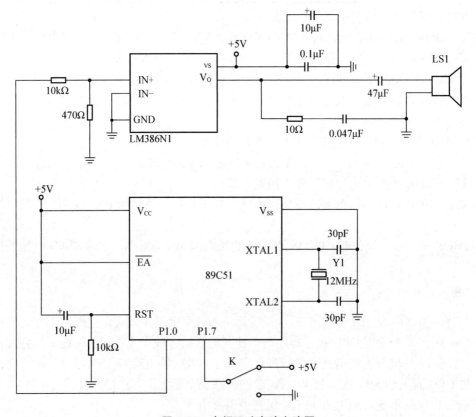

图 2.18　音频驱动实验电路图

3. 流程图及参考程序

程序流程图如图 2.19 所示。

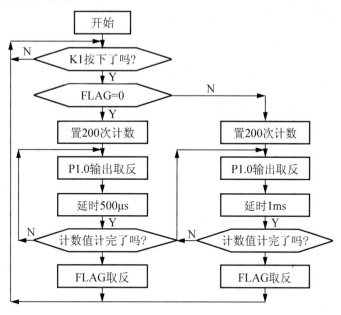

图 2.19 音频驱动实验程序流程图

参考程序如下:

```
                              FLAGBIT 00H
                              ORG 0000H
        START:                JB      P1.7, START
                              JNB     FLAG, NEXT
                              MOV     R2, #200
        DV:                   CPL     P1.0
                              LCALL   DELAY500
                              LCALL   DELAY500
                              DJNZ    R2, DV
                              CPL     FLAG
        NEXT:                 MOV     R2, #200
        DV1:                  CPL     P1.0
                              LCALL   DELAY500
                              DJNZ    R2, DV1
                              CPL     FLAG
                              SJMP    START
        DELAY500:             MOV     R7, #250
        LOOP:                 NOP
                              DJNZ    R7, LOOP
                              RET
                              END
```

4. 实验步骤

1) 选择一块面包板或 PCB 板,安装单片机芯片插座,连接电源、$\overline{EA}$ 引脚、时钟电路、复位电路,此即单片机最小系统。

2) 按照图 2.18 所示电路连接好硬件电路。

3) 在 PC 上打开开发环境，编写程序。

4) 编译、调试程序无误后，将程序下载到单片机芯片上。

5) 将装有程序的单片机插入单片机芯片插座。

6) 加电运行，观察运行结果。

5. 思考题

1) 用 P1.0 驱动扬声器时为什么要加一个功率放大器 LM386N1？

2) 如何改变声响的时间？如何改变声音的频率？

2.7.2 继电器控制

1. 实验目的

1) 学习 I/O 端口的使用方法。

2) 掌握继电器控制的基本方法。

3) 了解弱电控制强电的方法。

2. 实验原理及内容

实验电路如图 2.20 所示，继电器常开触点 2、3 之间串联一个发光二极管，当 P1.0 输出高电平时，三极管导通，继电器得电，常开触点闭合，发光二极管发光。当 P1.0 输出低电平时，三极管截止，继电器失电，发光二极管不发光。编程通过定时器 T0 定时，使继电器周而复始地闭合 5s(灯亮)，断开 5s(灯灭)。

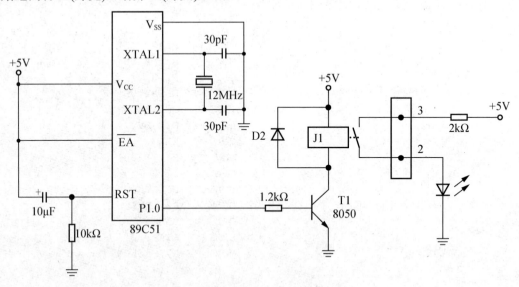

图 2.20 继电器控制实验电路图

3. 参考程序

参考程序如下：

```
        ORG 0300H
        SETB    P1.0              ; 使继电器得电，常开触点闭合
```

```
START:      CALL    DELAY5S         ; 延时 5s
            CPL     P1.0            ; 对 P1.0 取反
            SJMP    START
DELAY5S:    MOV R0, #500            ; 延时 5s 子程序, 送循环初值
DELAY1:     MOV TMOD, #01H          ; 选用定时器 T0, 方式 1
            MOV TL0, #0F0H          ; 送计数初值, 10ms 溢出一次(采用 12MHz)
            MOV TH0, #0D8H
            SETB    TR0             ; 启动定时器 T0
            JNB     TF0, $          ; 等待 T0 溢出
            CLR     TF0             ; 清除溢出标志
            DJNZ    R0, DELAY1      ; T0 溢出不到 500 次, 转移
            RET
```

4. 思考题

1) 在图 2.20 中, 为什么要在 P1.0 引脚和继电器间加一个三极管?
2) 如何实现弱电控制强电?

本 章 小 结

首先概括地介绍了 MCS-51 系列单片机的片内资源, 然后详细地介绍了单片机的引脚功能和内部硬件结构。

从物理地址空间上可分为片内、片外程序存储器与片内、片外数据存储器 4 部分。由于片内、片外程序存储器统一编址, 因此, 从用户使用角度来说, 其地址空间可分为片内外统一编址的 64KB 程序存储器、256B 的片内数据存储器和 64KB 的片外数据存储器 3 部分。

MCS-51 系列单片机的程序存储器寻址空间为 64KB, 在程序存储器的开始部分, 定义了一些具有特殊功能的地址, 用作程序起始和各种中断的入口地址。

片内数据存储器主要包括片内通用 RAM 区和特殊功能寄存器(SFR)区两部分。片内通用 RAM 区(00H～7FH)又分为工作寄存器区(00H～1FH)、位寻址区(20H～2FH)和用户 RAM 区 (30H～7FH)三部分。特殊功能寄存器(SFR)的字节地址为 80H～FFH, 主要是用来对片内各功能模块进行管理、控制、监视的控制寄存器和状态寄存器, 其中字节地址的低位为 8 和 0 的特殊功能寄存器可按位寻址。

MCS-51 单片机具有 4 个双向的 8 位 I/O 口 P0～P3, 共 32 根口线。P0 口为漏极开路的双向口, 负载能力为 8 个 TTL 电路, P1～P3 口为准双向口, 负载能力为 4 个 TTL 电路。在实际使用中, 一般遵循以下用法: P0 口一般作为系统扩展地址低 8 位/数据复用口, P1 口一般作为 I/O 口, P2 口作为系统扩展地址高 8 位和 I/O 口, P3 口作为第 2 功能使用。

51 系列单片机的时钟信号产生通常有两种方式: 即内部时钟方式和外部时钟方式。CPU 执行指令都是在时钟电路控制下进行的。由时钟电路产生的时钟脉冲信号的周期为时钟周期, 两个振荡周期为一个状态周期, 一个机器周期包含 6 个状态周期, CPU 执行一条指令所需要的时间为指令周期, 它是以机器周期为单位。

MCS-51 系列单片机的工作方式有: 程序执行方式、复位方式、掉电运行方式、待机方式。程序执行方式包括连续执行方式和单步运行方式两种。复位电路分为上电自动复位、手动按键复位和外接复位芯片。待机方式和掉电工作方式是两种节电方式, 都是由电源控制寄存器(PCON)来控制的。

本章的最后还给出了两个实验与实训，使读者更加深入地掌握 I/O 口的使用和控制方法。

习　题

1. 填空题

(1) 51 系列单片机内部 RAM 的工作寄存器区共有_____个单元，分为_____组工作寄存器，每组有_____个工作单元，以_____作为寄存器名称。

(2) 为寻址程序状态字的 F0 位，可使用的地址和符号有_____、_____、_____和_____。

(3) 若不使用 MCS-51 片内存储器引脚 $\overline{EA}$ 必须接_____。

(4) 单片机的复位都是靠外部电路实现的，分为_____、_____和_____。

(5) P0 口的每一个 I/O 口线均可驱动____个 TTL 输入端，而 P1～P3 口的每一个 I/O 口线均可输出驱动____个 TTL 输入端。

(6) 决定程序执行顺序的寄存器是____，它是____位专用寄存器，____(填"是"或"不是")特殊功能寄存器。

(7) P0～P3 口都可以作为 I/O 口使用，而当作为输入端口使用时，应先向端口的输出锁存器写入____。

(8) 复位时，累加器(A)、程序状态字(PSW)、堆栈指针(SP)以及 P0～P3 口锁存器的内容分别是____、____、____和_____。

2. 选择题

(1) 中央处理器 CPU 包括_____。
   A．运算器和控制器　　　　　　　B．运算器和存储器
   C．输入/输出设备　　　　　　　　D．控制器和存储器

(2) PSW=18H 时，则当前工作寄存器是_____。
   A．0 组　　　　　B．1 组　　　　　C．2 组　　　　　D．3 组

(3) MCS-51 系列单片机中一般作为系统扩展地址低 8 位/数据复用口的是_____。
   A．P0　　　　　B．P1　　　　　C．P2　　　　　D．P3

(4) 对程序计数器 PC 的操作_____。
   A．是通过传送进行的　　　　　　B．是自动进行的
   C．是通过加 1 指令进行的　　　　D．是通过减 1 指令进行的

(5) 单片机程序存储器的寻址范围是由程序计数器(PC)的位数决定的，51 系列单片机的 PC 为 16 位，因此其寻址范围为_____。
   A．4KB　　　　　B．8KB　　　　　C．128KB　　　　　D．64KB

(6) 以下有关 PC 和 DPTR 的结论错误的是_____。
   A．DPTR 是可以访问的而 PC 不能访问
   B．它们都是 16 位的寄存器
   C．它们都具有加 1 功能
   D．DPTR 可以分为两个 8 位的寄存器使用，但 PC 不能

(7) 若设置堆栈指针 SP 的值为 37H，在进行子程序调用时把断点地址进栈保护后，SP 的

值为_____。

    A．36H   B．37H   C．38H   D．39H

3．简答题

(1) MCS-51 系列单片机的内部硬件结构包括哪几部分？各部分的作用是什么？

(2) 什么是单片机的振荡周期、状态周期、机器周期和指令周期？当单片机时钟频率为 12MHz 时，一个机器周期是多少？

(3) MCS-51 系列单片机内 256B 的数据存储器的地址空间分配有什么特点？各部分的作用如何？

(4) 51 系列单片机如何实现工作寄存器组 R0～R7 的选择？开机复位后，CPU 使用的是哪组工作寄存器？它们的地址是什么？

(5) 堆栈有哪些功能？堆栈指针 SP 的作用是什么？在程序设计时，为什么要对 SP 重新赋值？

第3章

MCS-51系列单片机指令系统和程序设计

教学提示

MCS-51系列单片机，指令系统采用RISC指令集，具有精简、高效的特点。指令系统中，根据指令的功能，可分为数据传送类指令、算术运算类指令、逻辑运算类指令。控制转移类指令及位操作类指令。其中的位操作类指令又称作布尔操作类指令，在MCS-51系列单片机中，有一个位(布尔)处理器，可以对可寻址的位进行操作，这是此系列单片机的一大特点。如果根据指令在程序存储器中所占的字节数来分类，指令则可以分成单字节指令、双字节指令和三字节指令，这几个字节中，必须一个表示操作，其余表示的是操作数的地址或操作数本身。根据指令执行的时间，指令可以分为单机器周期指令，双机器周期指令和四机器周期指令(1个机器周期等于12个振荡周期)，可以据此判断一段程序执行时所需时间的长短。

在单片机系统中，程序是系统的灵魂，程序的编写对系统的稳定性及功能的发挥至关重要。程序根据结构可分为顺序结构、循环结构、分支结构及查表程序等，在编写程序时，要根据程序编写的方法及功能，选择合适的结构，以达到事半功倍的效果。另外，程序根据功能分类，可分为主程序及子程序，子程序也非常重要，它可以简化程序结构，减少程序代码等，对于它的结构及编写方法一定要掌握，这样才能更好地应用单片机。

学习目标

➢ 掌握MCS-51系列单片机的所有指令的功能。
➢ 掌握单片机所有指令对标志位的影响。
➢ 掌握各条指令的具体应用方法。
➢ 掌握应用程序的设计方法。
➢ 掌握程序的各种结构及编写方法。
➢ 掌握子程序的编写要点。

知识结构

本章知识结构如图 3.1 所示。

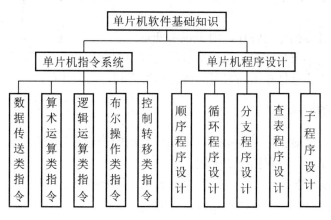

图 3.1   本章知识结构图

3.1   MCS-51 系列单片机的指令格式及标志

指令是由处理器执行的、可完成基本操作(或者说是功能)的命令。一款单片机能够执行的全部命令的集合，就是该单片机的指令系统。在单片机中，指令是一条一条地存放在程序存储器中，以二进制代码的形式存在，这就是机器语言；在 MCS-51 系列单片机中，每条指令的长度可以是一个字节，也可以是两个字节，还可以是三个字节，是由该指令需要表达的内容决定的。如对片内 RAM 操作的指令，就是多个字节指令。因为除了需要用一个字节表达将要进行的操作外，还必须用一个字节表达出地址信息。机器语言对于记忆、书写、识别及理解和使用都很不便，所以人们就给每一条机器语言用助记符等重新取个名字，这就形成了汇编语言。每一条汇编语言都与唯一的一条机器语言相对应，在具体应用时，编写和调试单片机的程序使用汇编语言，再用相关的计算机软件进行翻译，使之变成机器语言。

3.1.1   指令格式

MCS-51 汇编指令共有 111 条，可实现不同的功能。指令的书写，有其固定的格式，必须严格遵守。由操作码助记符和操作数等所组成，指令格式如下。

[标号：] 操作码助记符 □ [目的操作数] [,源操作数] [;注释]

说明：上述格式中的 [ ] 表示该部分可有，也可以没有，视具体情况而定；□表示空格；指令中的所有标点符号均为英文；注释的具体内容，可以为中文，也可为英文。

标号，它是用户自定义的符号，表示指令所在的地址。标号以英文字母或下划线开头，后可跟数字，字母或下划线构成的字符串，标号以冒号结尾，冒号为标号的标志。另外，标号不能与系统定义的字符串重名，即后面讲的助记符及伪指令等。

操作码助记符，它由 2～5 个英文字符串组成，如 ADD、SUBB、MUL、DIV 等。用英文简写，表示该指令功能。

操作数，以一个或几个空格与操作码助记符隔开，操作数有两种：目的操作数和源操作数。目的操作数是数据进行操作后的存放地，源操作数则是参与数据操作的来源。比如：MOV A，R0，这条指令的功能是将寄存器 R0 中的数送到累加器(A)中，R0 就是源操作数，A 就是目的操作数。根据指令的不同，操作数可以有 1～3 个或者没有(如空操作指令)，操作数之间以逗号分开。

注释，一般是对该指令的解释，用于说明变量的意义，实现某种功能等，是程序的编写者人为加上去的，是不可执行的，对理解程序起到帮助作用的文字，注释可有可无。注释的标志是前面的分号，从分号开始到书写的该行结束之间，均为注释。

3.1.2 指令中常用的符号

在学习指令时，要对指令进行描述，下面就常用的描述符号做以介绍。对这些符号的掌握，是更好地理解指令、掌握指令的关键。

① Rn：这里的 n 是泛指，在一条具体指令中，用 0～7 代替。

② Ri：在具体指令中，i 有两种选择，只能是 0 或 1。

③ #data：表示一个 8 位的常数，书写指令时 data 用一个具体数代替，数值不超过 255，也称作立即数。

④ #data16：表示一个 16 位的常数，书写指令时 data16 用一个具体数代替，数值不超过 65535。

⑤ direct：表示操作数的 8 位地址。

⑥ addr11、addr16：表示 11 位、16 位地址，在具体指令中，往往用标号来代替。

⑦ bit：在 MCS-51 系列单片机中，支持位操作，bit 表示可以进行位操作的某一位的地址。

⑧ rel：是一个 8 位的有符号数，其值为-128～+127，指令书写时，常用标号代替。

⑨ C：PSW 中的进位标志位。

⑩ (X)：表示地址为 X 单元中的数据内容。

⑪ ((X))：表示以 X 中的数据为地址的存储单元中的数据内容。

⑫ /：在位操作指令中，表示取反操作。

⑬ →：在对指令进行解释时，表示数据的传递方向。

⑭ 数据的形式表示方法：在指令中，经常用到各种数据，数据的形式一般有三种。二进制形式，它由数字 0、1 组成，由后缀 B 表示；十进制形式，由 0～9 组成，无后缀；十六进制形式，由 0～9 和字母 A、B、C、D、E、F 组成，用后缀 H 表示。

3.2 MCS-51 系列单片机的寻址方式

由指令的构成可知，在指令中，要有操作数(个别指令除外)，指令中给出参与运算的操作数的形式称为寻址方式。

MCS-51 系列单片机的指令系统中，主要有 5 种寻址方式：寄存器寻址、直接寻址、寄存器间接寻址、立即寻址和基址寄存器加变址寄存器间接寻址。各种寻址方式，都有其寻址范围，具体情况参见表 3-1。

表 3-1　寻址方式及相关的存储器空间

寻址方式	寻址范围
寄存器寻址	R0～R7、A、B、C(CY)、AB(双字节)、DPTR(双字节)
直接寻址	内部 RAM 低 128B(00H～7FH) 特殊功能寄存器(80H～0FFH) 内部 RAM 位寻址区的 128 位(00H～7FH) 特殊功能寄存器中可进行位寻址的位(80H～0FFH)
寄存器间接寻址	内部所有的数据存储器 RAM 内部数据存储器单元的低 4 位，如半字节交换指令 外部 RAM 或 I/O 接口
立即寻址	程序存储器(常数)
基址寄存器加变址寄存器间接寻址	程序存储器(@A+PC，@ A +DPTR)

3.2.1　寄存器寻址

在指令中，操作数是某一个寄存器的内容，这种寻址方式称为寄存器寻址。寄存器寻址是对由 PSW 中所选定的工作寄存器区中的 R0～R7 进行操作，并在指令中明确指出。累加器(A)、B、DPTR 和进位 C(布尔处理器的累加器 C)也可用寄存器寻址方式访问，在指令中一般隐含。例如：

```
DEC  R0    ; (R0) - 1 → R0，明确指明操作数为寄存器 R0
JZ   rel   ; A 中的内容为 0，则转移，对 A 的寻址为隐含
```

3.2.2　直接寻址

直接寻址就是在指令中，操作数的给出方式为指明操作数的直接地址。这种寻址方式对片内的低 128B(地址为 00H～7FH)及特殊功能寄存器进行字节操作，此外，还可以对 CPU 中可进行位寻址区域(片内的 20H～2FH 间的 128 位及字节地址可被 8 整除的特殊功能寄存器)进行操作。例如：

```
DEC  20H   ; (20H) - 1 → (20H)
MOV  P0, A ; A → P0。P0 最终是以直接地址的形式指明的
STEB 20H   ; 将位地址为 20H 的单元置 1
```

上面指令中，有两个 20H，请注意这两个 20H 是不同的，前一个 20H 指的是字节地址，后一个 20H 指的是位地址为 20H 的单元，该单元只能为某个字节的一位。

3.2.3　立即寻址

立即寻址方式是指在指令中，直接给出参与操作的数据本身。此时的操作数以字节的形式存放于程序存储器中，该数不可修改。例如：

```
ADD  A, #10H
```

其功能为把常数 10H 与累加器(A)中的内容相加，结果存放在 A 中，参与操作的常数 10H 就是采用立即寻址。

3.2.4 寄存器间接寻址

以某一个寄存器的内容作为操作数的地址，这种寻址方式称为寄存器间接寻址。此时的寄存器只能是当前 PSW 确定的工作寄存器组中的 R0 或 R1，寄存器间接寻址用符号"@"表示。例如指令：

```
MOV  A, @R0        ; ((R0)) → A
```

本指令的功能是以 R0 中的数据为地址，再将这个地址中的数据传送给累加器(A)。可见 R0 中的内容是操作数的地址。

寄存器间接寻址方式看起来似乎走了弯路，但如果将这种寻址方式的指令与其他指令配合使用，将会收到非常好的效果，是其他指令无法比拟的，所以要引起足够的重视。

3.2.5 基址寄存器加变址寄存器间接寻址

这种寻址方式有两种形式：第一种，以 16 位的程序计数器(PC)或数据指针(DPTR)作为基址寄存器，以 8 位的累加器(A)作为变址寄存器，二者的内容相加，形成一个新的 16 位地址，这个新地址，就是操作数的地址。该类指令常用于访问常数表格。例如：

```
MOVC  A, @A+PC          ; ((A)+(PC)) → A
MOVC  A, @A+DPTR        ; ((A)+(DPTR)) → A
```

这两条指令中，源操作数就是采用了基址寄存器加变址寄存器间接寻址方式。

另外还有相对寻址，用于跳转类指令中。相对寻址是以当前 PC 的内容作为基地址，加上指令中给定的偏移量，所得结果作为转移的目标地址。给定的偏移量是有符号数，数值在 –128～+127 之间。例如：

```
JNC  88H                ; C=0 跳转
```

如果本条指令在程序中存放在 1000H，且此时的 C=0，则执行这条指令时，因本指令为双字节指令，所以，当前 PC 处在 1002H；作为有符号数的 88H，换算成有符号 10 进制，为 –120，执行完本指令的结果是程序跳转到 0F8AH 处(1002H–120 = 0F8AH)。

3.3 MCS-51 系列单片机的指令系统

在 MCS-51 系列单片机中，指令系统中共有 111 条指令，其中单字节指令有 49 条，双字节指令有 45 条，三字节指令有 17 条，可以实现加、减、乘、除、与、或、非、数据的传输等功能。

MCS-51 系列单片机的指令系统按功能分，可分为 5 大类，每一大类指令又因操作数的给出方式，及操作数所处存储区域的不同，又有多条指令。5 大类指令为：数据传送类，算术运算类，逻辑运算类，控制转移类，位操作类。

3.3.1 数据传送类指令

数据传送类指令是应用最多，使用最频繁的指令，实现的功能就是将源操作数传送到目的操作数中，而源操作数的内容不改变。在数据传送类指令中，又可分为三种：数据传送指令、堆栈操作指令和数据交换指令。

1. 数据传送指令

以 MOV 为基本助记符，也可与 C 组成 MOVC 助记符，还可与 X 组成 MOVX 助记符，不同的助记符表示操作对象处在不同的存储区域。在助记符的后面，要先跟目的操作数，再跟源操作数。即数据传送指令的格式为

MOV　　目的操作数，源操作数

目的操作数及源操作数可有多种寻址方式，所以，数据传送指令有多条，掌握了助记符及其意义，不同的寻址方式及表示方法，就掌握了所有的数据传送指令。

数据传送指令操作完毕后，一般不影响 PSW 中的标志位，即 PSW 中的 Cy，Ac 和 OV 位；但如果传送指令的目的操作数为累加器(A)，则影响 PSW 中的 P 位(奇偶校验位)；数据传送完毕后，源操作数的内容不变。

下面，就不同的传送目的地址，加以说明。

(1) 以累加器(A)为目的操作数的指令

```
MOV   A, Rn          ; Rn → A，n= 0~7
MOV   A, direct      ; (direct) → A
MOV   A, @Ri         ; ((Ri)) → A，i = 0~1
MOV   A, #data       ; data → A
```

说明：这组指令的功能是把源操作数的内容送入累加器(A)。第一条指令中的 Rn 在书写时，根据具体情况，n 为 0~7；第三条指令中的 Ri 在书写时，i 为 0 或 1，不可为其他数值。第一条指令与第三条指令的区别是后者的前面有@，有@的表示寄存器间接寻址，无@的表示为寄存器寻址。第二条指令中的 direct 在书写时，是一个单片机内部的 RAM 地址或特殊功能寄存器的地址，是一个具体数值(在 direct 表示为特殊功能寄存器时，可直接书写该特殊功能寄存器的名字)；第四条指令中的 data 也是一个具体数值，该数值在 0~255 之间，可用十六进制的形式，也可用二进制的形式，还可用十进制的形式。第二条与第四条指令的区别是后者的前面有#，有#表示立即寻址，无#表示直接寻址。

注意：在后面出现的所有 n，i，@，#，direct，data 等，均与上述相同。

【例 3-1】指令举例。

```
MOV   A, R6          ; R6→A，寄存器寻址
MOV   A, 70H         ; (70H)→A，直接寻址
MOV   A, @R0         ; ((R0))→A，寄存器间接寻址
MOV   A, #78H        ; 78H →A，立即寻址
MOV   A, 80H         ; (80H)→A，80H 是 P0 口的地址，本指令是将 P0 口的状态读入 A 中
MOV   A, P0          ; P0→A，读 P0 口状态，与前一条指令意义相同
```

(2) 以 Rn 为目的操作数的指令

```
MOV   Rn, A
MOV   Rn, direct
MOV   Rn, #data
```

说明：这三条指令的功能是把源操作数的内容送入当前工作寄存器区的 R0~R7 中的某一个寄存器，具体哪一个寄存器由 n 指出。

【例 3-2】指令举例。

```
MOV  R7, A          ; A→R7, 寄存器寻址
MOV  R0, 70H        ; (70H)→R0, 直接寻址
MOV  R2, #0BAH      ; 立即数 0BAH 送到 R2 中
```

注意：在指令中，凡立即数或直接地址的最高位为字母时，一定要在字母的前面加 0。

(3) 以直接寻址的单元为目的操作数指令

```
MOV  direct, A       ; A→ (direct)
MOV  direct, Rn      ; Rn→ (direct)
MOV  direct, direct  ; (direct) →(direct)
MOV  direct, @Ri     ; ((Ri))→ (direct)
MOV  direct, #data   ; #data→ (direct)
```

说明：这组指令的功能是将源操作数送入由直接地址指出的目的存储单元。

【例 3-3】指令举例。

```
MOV  20H, A          ; A→(20H)
MOV  20H, R2         ; R2→(20H)
MOV  20H, 78H        ; (78H)→(20H)
MOV  20H, @R0        ; ((R0))→(20H)
MOV  20H, #80H       ; 80H→(20H)
MOV  20H, P1         ; 将 P1 口的状态读入 20H 中，本指令的源操作数为直接寻址
```

(4) 以寄存器间接寻址的单元为目的操作数指令

```
MOV  @Ri, A          ; A→ ((Ri)),i = 0 或 1
MOV  @Ri, direct     ; (direct)→ ((Ri))
MOV  @Ri, #data      ; data→ ((Ri))
```

说明：这组指令的功能是把源操作数内容送入以 R0 或 R1 的内容为地址的内部 RAM。

【例 3-4】指令用法举例。

```
MOV  @R1, A          ; A→((R1))
MOV  @R0, 30H        ; (30H)→((R0))
MOV  @R1, #88H       ; 88H→((R1))
```

(5) 以 DPTR 为目的操作数的数据传送指令

```
MOV  DPTR, #data16   ; data16→ DPTR
```

说明：这条指令是 MCS-51 系列单片机中的唯一一条 16 位数据传送指令，功能是把 16 位常数送入数据指针寄存器(DPTR)。DPTR 由 DPH 和 DPL 组成，这条指令执行结果把高位立即数送入 DPH，低位立即数送入 DPL。

(6) 累加器(A)与外部数据存储器间的传送指令

```
MOVX  A, @DPTR       ; ((DPTR))→A
MOVX  A, @Ri         ; ((Ri))→A       i=0, 1
MOVX  @DPTR, A       ; (A)→(DPTR)
MOVX  @Ri, A         ; (A)→(Ri)       i=0, 1
```

说明：这组指令的功能是在累加器(A)和外部扩展的 RAM/IO 接口之间进行数据传送。在 MCS-51 系列单片机中，外部 RAM/IO 接口是统一编址的，所以，这类指令既可以对外部 RAM

操作，还可以是对外部扩展的 I/O 口操作，要根据单片机系统的具体情况定。这些指令中含有 DPTR 的，外部 RAM/IO 地址由 DPTR 决定，而指令中含有@R*i* 的，则地址的高 8 位由 P2 口决定，低 8 位由@R*i* 中的内容决定。

【例 3-5】执行下述指令。

```
MOV   DPTR, #2000H
MOV   A, #12
MOVX  @DPTR, A
MOV   R0, #0
MOV   P2, #20H
MOV   A, #0
MOVX  A, @Ri
```

结果：(DPTR)=2000H，(A)=12，(R0)=0，片外 2000H 中的内容为 12。

(7) 从程序存储器中读取数据的传送指令

此类指令又称作查表指令。有两条：

```
MOVC A, @A+PC      ;  ((A)+(PC))→A
MOVC A, @A+DPTR    ;  ((A)+(DPTR))→A
```

说明：第一条指令是以当前 PC 作为基址寄存器，A 的内容作为无符号数，二者相加后得到一个 16 位的地址，将该地址指出的程序存储器单元内容送入累加器(A)，因 A 的内容为 0～255，所以(A)和(PC)相加所得到的地址只能在该指令以后的 256 个单元的地址之内。一般是在该指令的后面放一个数据表格，表格中存放的数据可以是显示器件所要求的显示代码等。该表格只能存放在该查表指令以下的 256 个单元内，表格的大小也不能超过 256 个元素。

第二条指令以 DPTR 作为基址寄存器，A 的内容作为无符号数和 DPTR 的内容相加，相加结果得到一个 16 位的地址，由该地址指出的程序存储器单元的内容送入累加器(A)。因 DPTR 可在程序中根据具体情况设定，所以，使用本指令时的表格可放到程序中的任一位置，表格中的元素也可根据情况做得较大，不受 256 个限制。

【例 3-6】执行下述指令。

```
地址        指令
2000H     MOV   A, #20H
2002H     MOVC  A, @A+PC
```

结果：因为 MOVC A, @A+PC 为单字节指令，所以，执行结果是将程序存储器中 2023H 单元的内容送入累加器 A。

【例 3-7】执行下述指令。

```
MOV DPTR, #2000H
MOV A, #55H
MOVC A, @A+DPTR
```

结果：将程序存储器中 2055H 单元中内容送入累加器(A)。

2. 堆栈操作指令

堆栈就是在计算机的内部，开辟一个存储区域，用于存入、取出临时性的，需要保护的一些数据。数据的存入与取出是按后进先出(LIFO)的原则来进行的。在 MCS-51 系列单片机中，有一个特殊功能寄存器叫做堆栈指针(SP)，它当中的数据永远是堆栈顶部的有效数据的地址。MCS-51的堆栈是"满加栈"，满加栈的含义是：堆栈指针永远指向栈顶数据的位置，意指栈是满的，当有数据要进入堆栈(即进栈)时，首先堆栈指针向上生长，是增加的，然后再存入数据；从堆栈中取出数据(即出栈)时的顺序与此相反，首先将数据取出，然后，堆栈指针再减小。在指令系统中有两条堆栈操作指令。

(1) 进栈指令

```
PUSH  direct
```

说明：该指令的功能是首先将堆栈指针(SP)加1，即SP中的内容加1后，又重新存入SP中，然后将直接地址指出的内容传送到堆栈指针(SP)寻址的内部RAM单元中。指令执行完毕后，直接地址中的数据不变。

【例3-8】设在执行下列指令前，(SP)=60H，(ACC)=0AH，(50H)=0BH。

```
PUSH  ACC      ; (SP)+1→(SP), (ACC)→61H
PUSH  50H      ; (SP)+1→(SP), (50H)→62H
```

结果：(61H)=0AH，(62H)=0BH，(SP)=62H。

(2) 出栈指令

```
POP  direct
```

说明：该指令的功能是把堆栈指针(SP)所指向的内部RAM单元内容送入直接地址指出的字节单元中，堆栈指针(SP)减1。指令执行完毕后，堆栈中原地址中的数据不变。

【例3-9】设(SP)=62H，(62H)=0BH，(61H)=0AH，执行下述指令。

```
POP  50H      ; ((SP))→(50H), (SP)-1→SP
POP  51H      ; ((SP))→(51H), (SP)-1→SP
```

结果：(50H)=0BH，(51H) = 0AH，(SP)=60H。

3. 数据交换指令

(1) 字节交换指令

前面所讲述的数据传送指令，数据的传递是单向的，只能从源操作数传递给目的操作数。在MCS-51系列单片机的指令系统中，还有一类传送指令，源操作数与目的操作数的数据传递是双向的，它们就是字节交换指令。

```
XCH  A, Rn
XCH  A, direct
XCH  A, @Ri
```

说明：这组指令的功能是将累加器(A)的内容和源操作数内容相互交换。源操作数与目的操作数均发生了变化。

【例3-10】设(A)=12H，(10H)=34H，执行下述指令。

```
XCH  A, 10H
```

结果：(A)=34H，(10H)=12H。

(2) 半字节交换指令

```
XCHD  A, @Ri
```

说明：该指令将 A 的低 4 位和 R0 或 R1 指出的 RAM 单元低 4 位相互交换，各自的高 4 位不变。

【例 3-11】设(A)=15H，(R0)=20H，(20H)=51H，执行下述指令。

```
XCHD  A, @R0
```

结果：(A)=11H，(20H)= 55H。

3.3.2 算术运算类指令

MCS-51 系列单片机的算术运算指令有加法、减法、乘法、除法指令及十进制调整指令等，共计 24 条。在进行算术运算时，多数运算会对标志位产生影响，可根据此影响，来判断程序的转向、执行的不同的功能等。所以，掌握算术运算指令对标志位的影响非常重要。

1. 加法指令

加法指令有 3 种：不带进位加法、带进位加法及加 1 指令。

(1) 不带进位的加法指令

```
ADD  A, Rn
ADD  A, direct
ADD  A, @Ri
ADD  A, #data
```

说明：本组加法指令的功能是源操作数的内容与累加器(A)的内容相加，结果放在累加器(A)中，在相加过程中影响 PSW 中的标志位。如果位 7 有进位，则进位 C_y=1，否则 C_y=0。如果位 3 有进位，则辅助进位 A_C=1，否则 A_C=0。如果位 6 有进位，而位 7 没有或者位 7 有进位而位 6 没有，则溢出标志 OV=1，否则 OV=0。

【例 3-12】设(A)=0A8H，(20H)=42H，执行下述指令。

```
ADD A, 20H
```

$$10101000$$
$$+01000010$$
$$11101010$$

结果：(A)=0EAH，C_y=0，A_C=0，OV=0，P=1。

(2) 带进位加法指令

```
ADDC A, Rn
ADDC A, direct
ADDC A, @Ri
ADDC A, #data
```

说明：本组是带进位加法指令，功能是将源操作数与目的操作数做加法运算，同时，将进位标志位也与累加器(A)内容相加，结果放在累加器(A)中。即

$$A = A + 源操作数 + C_y$$

在本组指令中，运算时，如果位 7 有进位，则进位 C_y=1，否则 C_y=0；如果位 3 有进位，则辅助进位 A_C=1，否则 A_C=0。如果位 6 有进位而位 7 没有或者位 7 有进位，而位 6 没有，则溢出标志 OV=1；否则 OV=0。

【例3-13】设(A)=99H，(R0)=55H，C_y=1，执行下述指令。

```
ADDC   A, R0
```

$$\begin{array}{r}1\,0\,0\,1\,1\,0\,0\,1\\0\,1\,0\,1\,0\,1\,0\,1\\+\qquad\qquad\quad 1\\\hline 1\,1\,1\,0\,1\,1\,1\,1\end{array}$$

结果：(A)=0EFH，C_y=0，A_C=0，OV=0，P=1。

(3) 加1指令

```
INC   A
INC   Rn
INC   direct
INC   @Ri
INC   DPTR
```

说明：本组指令的功能是将所指出的操作数加1，只有对累加器进行操作时，才影响PSW中的奇偶校验位(P)，其他指令对PSW无影响。

(4) 十进制调整指令

```
DA   A
```

说明：在计算机中，有一类数据编码，称作压缩BCD码，该编码是一个8位二进制数，它的高4位和低4位均是BCD码，用这个8位二进制数代表2位十进制数。在进行压缩BCD码的加法运算时，结果应当也为BCD码，但在单片机中，相加的结果可能会出现非BCD码的情况，如果在加法指令的后面使用十进制调整指令，可对累加器(A)中的数据进行调整，使其调整为压缩BCD码的数。

十进制的调整过程为：

1) 该指令可对A中的低4位进行判断，如低4位大于9或辅助进位位A_C为1，则要在A上加立即数06H，否则不加。

2) 下一步对A中的高4位进行判断，如高4位大于9或C_y=1，则在A上加立即数60H，否则不加。

经上述两步，就实现了十进制调整功能，这两步是由该条指令完成的，该指令只能紧跟加法指令的后面。

【例3-14】设(A)=56H，(20H)=78H，执行下述指令。

```
ADD   A, 20H
DA    A
```

结果：(A)=34H，C_y=1。

在本例中，A、20H单元中的数据均为压缩BCD码。如果不使用指令DA A，则执行完加法后，A中的数据为0CE，出现了非压缩BCD码的情况，当在加法指令后使用了十进制调整指令后，A中的数据为34H，进位位为1，也就是说，相加的结果为134。试想56+78 = ？答案当然是134了。

2. 减法指令

在MCS-51的指令系统中，有8条减法指令，分成两类：带进位减法指令和减1指令。

在进行两个数的减法运算时，因减法指令只有带进位减法，所以，要先清零 C_y 位。带进位减法指令在执行时，影响 C_y、A_C、OV、P 位。减 1 指令中，只有对 A 进行减 1 的指令时影响 P 位，其他指令对 PSW 中的标志位没有影响。

(1) 带进位减法指令

```
SUBB  A, Rn
SUBB  A, direct
SUBB  A, @Ri
SUBB  A, #data
```

说明：本组指令为带进位减法指令，实现的功能是从累加器(A)中减去后一个操作数和进位标志位(C_y)，结果存在累加器(A)中。即

$$A = A - 第\ 2\ 个操作数 - C_y$$

指令执行完毕，如果位 7 需要借位，则 C_y=1，否则 C_y=0。如果位 3 需要从位 4 借位，则 A_C=1，否则 A_C=0。如果位 6 需向位 7 借位，而位 7 不需借位或者位 7 需借位而位 6 不需借位，则溢出标志 OV=1，否则 OV=0。

【例 3-15】设(A)=0AAH，C_y=1，执行下述指令。

```
SUBB  A, #55H
```

$$\begin{array}{r} 1\,0\,1\,0\,1\,0\,1\,0 \\ 0\,1\,0\,1\,0\,1\,0\,1 \\ -\qquad\qquad 1 \\ \hline 0\,1\,0\,1\,0\,1\,0\,0 \end{array}$$

结果：(A)=54H，C_y=0，A_C=0，OV=1，P=1。

(2) 减 1 指令

```
DEC  A
DEC  Rn
DEC  direct
DEC  @Ri
```

说明：本组指令的功能是将操作数减 1，并将差值送回原存储单元。对累加器进行操作时，影响 PSW 中的 P 位，其他指令对 PSW 无影响。

【例 3-16】设(A)=0H，执行下述指令。

```
DEC  A
```

结果：(A)=0FFH，P=0，不影响其他标志。

3. 乘法指令

```
MUL  AB
```

说明：在 MCS-51 的指令系统中，仅此一条乘法指令，其功能是将累加器(A)和寄存器 B 中的 8 位无符号整数相乘，所得到的 16 位积的低 8 位放在累加器(A)中，高 8 位放在 B 中。即

$$(B)(A) = A \times B$$

执行结果影响 PSW 中的 C_y、A_C、OV 和 P 位，如果积大于 255(FFH)，则溢出标志 OV=1，

否则 OV=0。进位标志 C_y 不受结果影响，一直为 0。

【例 3-17】设(A)=11H，(B)=11H，执行下述指令。

```
    MUL  AB
```

结果：(B)=01H，(A)=21H。

4. 除法指令

```
DIV  AB
```

说明：本条指令是 MCS-51 指令系统中的唯一一条除法指令，它的功能是用累加器(A)中的 8 位无符号整数除以寄存器 B 中的 8 位无符号整数，所得商的整数部分放在累加器(A)中，余数部分放在寄存器 B 中。即

$$(A) \div (B)；商 \to (A)，余 \to (B)$$

指令执行后，影响 PSW 中的 OV、C_y。如果 B 中的内容为 0，则结果 A 和 B 中内容将不确定，同时溢出标志 OV=1。在任何情况下，C_y=0。

【例 3-18】设(A)=87H，(B)=11H，执行下述指令。

```
DIV  AB
```

结果：(A)=07H，(B)=10H，C_y=0，OV=0。

3.3.3 逻辑运算类指令

逻辑运算指令共有 24 条，包括与、或、异或、清零、循环和求反指令等。

1. 逻辑与指令

```
ANL  A, Rn
ANL  A, direct
ANL  A, @Ri
ANL  A, #data
ANL  direct, A
ANL  direct, #data
```

说明：本组指令的功能是将指令中所指明的两个操作数按位进行逻辑与操作，结果存放在目的操作数中。

【例 3-19】设(A)=0FH，(10H)=0C6H，执行下述指令(∧表示逻辑与)。

```
ANL  A, 10H
```

$$
\begin{array}{r}
0 0 0 0 1 1 1 1 \\
\wedge 1 1 0 0 0 1 1 0 \\
\hline
0 0 0 0 0 1 1 0
\end{array}
$$

结果：(A)=06H。

2. 逻辑或指令

```
ORL  A, Rn
ORL  A, direct
```

```
ORL   A, @Ri
ORL   A, #data
ORL   direct, A
ORL   direct, #data
```

说明：本组指令的功能是将指令中所指出的两个操作数按位进行逻辑或操作，结果存在目的操作数中。

【例 3-20】设(A)=05H，执行下述指令(∨表示逻辑或)。

```
ORL   A, #50H
```

$$\begin{array}{r} 0\,0\,0\,0\,0\,1\,0\,1 \\ \vee\ 0\,1\,0\,1\,0\,0\,0\,0 \\ \hline 0\,1\,0\,1\,0\,1\,0\,1 \end{array}$$

结果：(A)=55H。

3. 逻辑异或指令

```
XRL   A, Rn
XRL   A, direct
XRL   A, @Ri
XRL   A, #data
XRL   direct, A
XRL   direct, #data
```

说明：本组指令的功能是将指令中所指出的两个操作数按位进行逻辑异或操作，结果存放在目的操作数中。

【例 3-21】设(A)=1AH，(20H)=82H，执行下述指令(⊕表示异或)。

```
XRL   20H,A
```

$$\begin{array}{r} 1\,0\,0\,0\,0\,0\,1\,0 \\ \oplus\ 0\,0\,0\,1\,1\,0\,1\,0 \\ \hline 1\,0\,0\,1\,1\,0\,0\,0 \end{array}$$

结果：(20H)=98H。

4. 累加器(A)清除指令

```
CLR   A
```

说明：这条指令的功能是将累加器(A)清 0，不影响 C_y、A_C、OV 等标志。

5. 累加器(A)内容按位取反指令

```
CPL   A
```

说明：这条指令的功能是将累加器(A)的内容进行按位取反，原来为 1 的位变 0，原来为 0 的位变 1，不影响标志位。

6. 左循环指令

```
RL   A
```

说明：这条指令的功能是将累加器(A)中的每一位向左移动一位，bit7 进入 bit0。

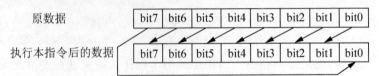

7. 带进位左循环指令

RLC   A

说明：这条指令的功能是将累加器(A)中的内容及进位标志位(C_y)每一位向左移动一位，bit7 进入 C_y 位，C_y 位进入 bit0。

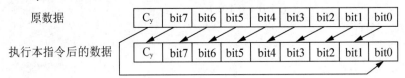

8. 右循环指令

RR   A

说明：这条指令的功能是将累加器(A)中的每一位向右移动一位，bit0 进入 bit7。

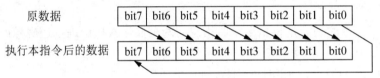

9. 带进位右循环指令

RRC   A

说明：这条指令的功能是将累加器(A)中的内容及进位标志位(C_y)每一位向右移动一位，C_y 位进入 bit7，bit0 进入 C_y 位。

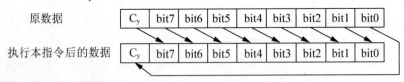

10. 累加器半字节交换指令

SWAP   A

说明：该指令将 A 的低 4 位和高 4 位相互交换。

3.3.4 控制转移类指令

控制转移类指令用于实现程序的分支或循环，分为无条件转移指令、条件转移指令、子程序调用指令和返回指令等，共有 17 条。

1. 无条件转移指令

(1) 短跳转指令

AJMP   addr11

说明：这是一条可以在 2KB 范围内无条件跳转的指令，程序转移到指定的地址。该指令在执行时，将当前 PC 的高 5 位和指令中的 11 位地址相连，形成的 16 位地址，就是跳转的目标地址。即目标地址为：PC_{15} PC_{14} PC_{13} PC_{12} PC_{11} a_{10} a_9 a_8 a_7 a_6 a_5 a_4 a_3 a_2 a_1 a_0(这是二进制的表示形式，a_{10}~a_0 为 addr11)。因此，跳转的目标地址必须与本指令后面的那条指令存放地址在同一个 2KB 区域内，二者的地址的高 5 位必须相同。

在程序的书写时，addr11 一般可以不用写具体数值，而是用标号的形式。

【例 3-22】短跳转指令的应用。

```
Start:
    ┌──────────┐
    │ 实现某种功  │
    │ 能的程序段  │
    └──────────┘
    AJMP    Start
```

这个程序在执行时，首先执行"实现某种功能的程序段"，然后，在执行 AJMP Start 时，程序又会回到前面，重新执行"实现某种功能的程序段"，因是无条件跳转，所以这个程序是个死循环，一直运行下去。

(2) 无条件相对转移指令

SJMP   rel

说明：这是无条件的、相对跳转指令。无条件是指只要执行这条指令，就会跳转，无限制因素；相对跳转，则是指在当前的 PC 值的基础上实施的跳转。执行时是将当前 PC 值加上一个偏移量 rel(rel 是一个有符号数，其值在-128~+127 之间)，二者之和就是跳转的目标地址，所以，目标地址可以在这条指令前 126 个字节到后 127 个字节之间。

在程序中，书写本指令时，rel 不用写一个具体的数值，而用程序的标号来代替。

(3) 长跳转指令

LJMP   addr 16

说明：这是一条 3 字节指令，在指令中，直接给出了跳转的目标地址。执行时，将地址赋给 PC，则程序就会无条件地转向指定地址。转移的目标地址可以在 64KB 程序存储器地址空间的任何地方。

(4) 基址寄存器加变址寄存器间接转移指令(又称作散转指令)

JMP   @A+DPTR

说明：本条指令的功能将把累加器(A)中的 8 位无符号数与数据指针(DPTR)中的 16 位数相加，结果送入 PC，则程序就会实现了跳转，可跳转的目标地址是根据 A 来确定的。利用这条指令能实现程序的散转，跳转的距离可以是在 64KB 的范围内，因 DPTR 是 16 位的寄存器。

【例 3-23】根据累加器(A)中的处理命令编号(0~7)，使程序执行相应的命令处理程序。

CON: MOV B, #3

```
          MUL  AB               ; 因后面使用了长跳转指令，为 3 字节
          MOV  DPRT, #CONIN     ; 请注意本条指令的用法
          JMP   @A+DPTR
CONIN:    LJMP  CON0            ; 跳转到命令 0
          LJMP  CON1            ; 跳转到命令 1
          LJMP  CON2            ; 跳转到命令 2
          LJMP  CON3            ; 跳转到命令 3
          LJMP  CON4            ; 跳转到命令 4
          LJMP  CON5            ; 跳转到命令 5
          LJMP  CON6            ; 跳转到命令 6
          LJMP  CON7            ; 跳转到命令 7
```

上述程序段中的 CON0～CON7 是程序中的标号，分别为命令 0～命令 7 的入口地址。

2. 条件转移指令

条件转移指令就是根据某种特定条件来确定是否转移的指令，当条件满足才转移到目标地址，条件不满足时，则执行下一条指令。此类指令均为相对跳转指令，目的地址为当前的 PC 值与有符号的偏移量相加，跳转范围为-128～+127 个字节之间。在书写程序时，偏移量均不用数值表示，而用目标地址的地址标号。

(1) 位跳转指令

```
JZ   rel              ; A=0，则转移
JNZ  rel              ; A≠0，则转移
JC   rel              ; Cy=1，则转移
JNC  rel              ; Cy=0，则转移
JB   bit, rel         ; (bit)=1，则转移
JNB  bit, rel         ; (bit)=0，则转移
JBC  bit, rel         ; (bit)=1，则转移，并清零 bit
```

(2) 比较不相等转移指令

```
CJNE  A, direct, rel
CJNE  A, #data, rel
CJNE  Rn, #data, rel
CJNE  @Ri, #data, rel
```

说明：顾名思义，这组指令的功能是比较指令中的两个操作数的大小，如果它们不相等，则转移；相等，则执行该指令后面的那条指令。在执行指令的过程中，如果前操作数(无符号整数)小于后操作数，则进位标志 $C_y=1$，否则 $C_y=0$。指令的执行，对任何一个操作数的内容无影响。

(3) 减 1 不为 0 转移指令

```
DJNZ  Rn, rel
DJNZ  direct, rel
```

说明：本组指令将操作数减 1，结果回送到操作数中。如果结果不为 0，则转移。

【例 3-24】利用减 1 不为 0 转移指令编写延时程序。

```
       MOV R0, #200
HERE1: MOV R1, #100
HERE:  DJNZ  R1, HERE
```

```
DJNZ    R0, HERE1
RET
```

这段程序可实现延时的功能，它是利用单片机在执行指令时，需要时间来实现的，不同的指令需要有不同的机器周期才能完成，可据此计算出此段程序延时时间。

3. 调用与返回指令

在程序设计中，经常会在程序中重复执行某种功能，这样，程序中就要重复编写该功能的程序段，比较烦琐，同时也会占用过多的程序存储空间。为了减少程序编写、代码量和调试的工作量，增加程序的可读性，可使某一段程序能被公用，这个程序段就是子程序。在 MCS-51 系列单片机的指令系统中，有调用子程序的指令，以及从子程序返回指令。可调用子程序的程序，称作主程序。

主程序调用子程序以及从子程序返回的过程如图 3.2 所示。当主程序执行到 A 点时，调用子程序 Delay，此时，将调用子程序指令的下一条指令地址(PC 值)保存到堆栈中，然后，将子程序 Delay 的起始地址送给 PC，CPU 就转向去执行子程序 Delay，Delay 子程序的最后一条指令是子程序返回指令，当执行该指令时，把 A 点下一条指令地址从堆栈中取出并送回到 PC，CPU 就又回到主程序的原来地点继续执行。如果在 B 点也放置一条调用指令，则会再一次重复上述过程。这样，子程序 Delay 就能被主程序进行多次调用。

在一个程序中，子程序还可以调用其他的子程序，称为子程序嵌套。子程序嵌套过程如图 3.3 所示。在子程序中调用的其他子程序，一般称作二级子程序，为了保证正确地从二级子程序返回到一级子程序中，嵌套调用子程序时必须将调用指令的下一条指令的地址保存起来，返回时按后进先出原则依次取出 PC 值。PC 值的保存，是利用堆栈实现的。堆栈就是按后进先出规律存取数据的存储空间，子程序调用指令和子程序返回指令具有自动地将 PC 值入栈和恢复 PC 值的功能。

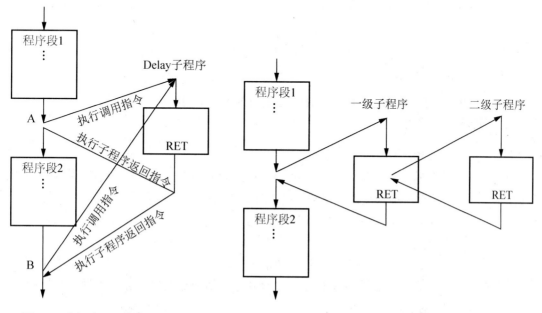

图 3.2　主程序调用子程序示意图　　　　图 3.3　子程序嵌套示意图

(1) 短调用指令

```
ACALL   addr11
```

说明：本条指令是无条件调用子程序指令，它的执行过程是首先将该指令的下一条指令的地址入栈，PCL 先入栈，再将 PCH 入栈，然后调用子程序。PC 入栈及子程序调用均由本指令完成，无须其他操作。

子程序地址的确定：被调用的子程序的地址由 addr11 所指出的 $a_{10} \sim a_0$ 及当前 PC 值的高 5 位连接($PC_{15} PC_{14} PC_{13} PC_{12} PC_{11} a_{10} a_9 \cdots a_1 a_0$)组成。由子程序的地址的构成可知，子程序与调用指令的下一条指令必须在同一个 2KB 范围内。所调用的子程序的起始地址必须与在 ACALL 后面指令的第 1 个字节在同一个 2KB 区域的程序存储器中。

在使用本指令进行编程时，addr11 不用一个具体的数值，只须用目标地址的标号即可。

【例 3-25】若(SP)=60H，子程序 Delay 的首地址位于 1378H，本条指令的地址为 1234H，执行下述指令。

```
ACALL   Delay
```

结果：(SP)=62H，(61H)=36H，(62H)=12H，(PC)=1378H。

(2) 长调用指令

```
LCALL   addr 16
```

说明：本条指令为无条件地调用位于指定地址的子程序，子程序可放置在 64KB 的程序存储区的任意位置。指令执行时，首先将下一条指令的地址，压入堆栈(先低位字节、后高位字节)，然后再将指令中指出的目标地址装入 PC 的高位字节和低位字节中，则 CPU 就会从该地址开始执行程序。压栈和跳转均是由该指令完成，无须再使用其他指令。

本指令在书写时，addr 16 不用具体数值，而用目标地址的标号来代替。本指令的长度为 3B。

【例 3-26】若(SP)=60H，标号 Start= 1234H，标号 Delay = 0FE00H，执行下述指令。

```
Start:  LCALL   Delay
```

结果：(SP)=62H，(61H)=37H，(62H) =12H，(PC)=0FE00H。

(3) 子程序返回指令

```
RET
```

说明：本条指令的功能是从子程序返回，执行过程为：首先从堆栈顶部弹出数据给 PCH，堆栈指针减 1；然后再从堆栈顶部弹出数据给 PCL，堆栈指针再减 1。此时的堆栈指针又回到调用子程序前的位置，同时，PC 的值为调用子程序指令的下一条指令的地址，所以，程序又会回到原位置开始执行。这些操作均由本指令无成，无须其他指令参与。

注意：子程序的最后一条指令必须是返回指令 RET，CPU 才能从子程序返回到主程序。

【例 3-27】根据上例，假定在子程序中没有其他进栈及出栈操作，在子程序的最后放置返回指令，执行下述指令。

```
RET
```

结果：(SP)=60H，(PC)=1237H，因 PC 值为下一条指令的地址，所以 CPU 从 1237H 开始执行程序。

(4) 中断返回指令

```
RETI
```

说明：请注意本指令与子程序返回指令的书写区别及功能区别。这条指令用于中断子程序返回，它具有两个功能：一是执行 RET 指令的功能；二是在返回前，清除内部相应的中断标志状态寄存器。在中断子程序中，最后一条指令必须是 RETI。

4. 空操作指令

```
NOP
```

说明：该指令仅使 CPU 等待一个机器周期，在程序中可起到延时的作用。

3.3.5 位操作类指令

在 MCS-51 系列单片机中，有一个布尔处理器，以进位标志位 C_y 作为运算器，一般记作 C，可对位进行操作，是 MCS-51 系列单片机的一个特点，在实际应用中很重要，很频繁。通过位操作，可实现位的传送、位的逻辑操作及位的条件转移(在前面讲过)。位操作的对象为进位标志位(C)、RAM 中的可进行位操作的单元及特殊功能寄存器中的地址可被 8 整除的寄存器中的任一位。

1. 位变量传送指令

```
MOV  C, bit
MOV  bit, C
```

说明：本组指令为位传送指令，其功能是将后一个位型的操作数送到前一个位型操作数单元中。从这组指令中可知，位型数据只有在 C 和位地址间互相传送，在指令中出现的数值，是位型变量的位地址。两个位地址间的数据传送，一定要经过 C 来完成，无法实现直接传送。

【例 3-28】位传送指令应用举例。

```
MOV  C, 01H
MOV  08H, C
```

结果：(20H).1→(21H).1。这里(20H).1 表示地址为 20H 单元的第一位，(21H).1 表示地址为 21H 单元的第一位。指令中的 01H、08H 是位地址。

2. 位变量修改指令

```
CLR   C      ; 对 C 进行清零，执行本操作后，C=0
CLR   bit    ; 对地址为 bit 的位进行清零
CPL   C      ; 对 C 的内容进行求反，原 C=0，执行完操作后，C=1，如原 C=1；则执行后，C=0
CPL   bit    ; 对位地址为 bit 的位进行求反操作
SETB  C      ; 执行本操作后，C=1
SETB  bit    ; 执行本指令后，位地址为 bit 的位置 1
```

3. 位变量逻辑操作指令

(1) 位变量逻辑与指令

```
ANL   C, bit       ; 两个操作数进行与操作，结果存放在 C 中
ANL   C, /bit      ; /bit 表示对位地址为 bit 中的数求反
                   ; 求反后，再与 C 进行与，结果存入 C 中
```

(2) 位变量逻辑或指令

```
ORL   C, bit       ; 两个操作数进行或操作，结果存放在 C 中
ORL   C, /bit      ; /bit 表示对位地址为 bit 中的数求反
                   ; 求反后，再与 C 进行或，结果存入 C 中
```

3.4 汇编语言程序设计

3.4.1 程序设计方法

对于 MCS-51 系列单片机，汇编程序设计就是用指令系统中的各种指令，编写而成的一个指令集，指令集中的指令有一定的空间上的关系和逻辑上的关系，由若干条指令构成，该指令集由单片机执行，并通过单片机芯片本身及其相关的硬件来达到满足具体应用的目的。目前常用的 MCS-51 系列单片机程序设计语言有 MCS-51 系列单片机汇编语言和 C51 两种语言，也有采用 PLM51 的，不过相对使用较少。本节重点讲述 MCS-51 系列单片机汇编语言的程序设计方法。

用汇编语言编写的程序简洁，占用程序存储空间较少，执行速度快，但是可读性差，非常适用于应用较简单、对数据只须简单操作、对速度有很高要求的场合。对于较复杂的应用，采用较多较复杂计算的场合，建议使用 C51 编写程序。

程序的编写过程可以分步进行，通过分步，可以化繁为简，通常可采用以下几个步骤进行。

1) 仔细分析程序要求解决的问题，可采取什么方法处理，以确定方向。

2) 确定算法。也就是确定所采用的计算公式和计算方法。

3) 根据上述两点，绘制本程序的流程图。一个正确、简洁的流程图，是编写程序的关键，它不但可以提高编程的效率，还可提高程序的正确性。

4) 确定变量的数据格式是位型的，还是字节型的，还是字型的，然后进行存储单元的分配。

5) 根据流程图，编写程序。

6) 程序调试。编写完的程序是否正确，能否与硬件配合，能否正确、可靠、合理地满足要求呢？这要通过调试才能知道，为此，要利用仿真器对程序进行调试。

在计算机中，流程图就是利用一些图形、带有箭头的导线、文字等来描述程序中各部分之间的关系流向等信息。常用的图形如图 3.4 所示。

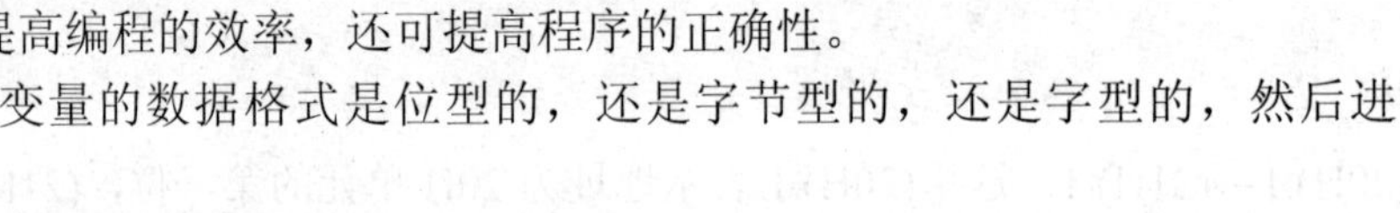

处理　　　　判断　　　　连接　　　　端点　　　　注释　　　　流向

图 3.4　常用流程图符号

处理符：用于表示各种处理功能，在框内可书写处理名或简述处理过程。

判断符：在符号内书写判断条件，它只有一个入口，但可有多个出口，在出口处一般标明条件成立与否。

连接符：为程序流向的交汇点。

端点符：用于表示一个程序段的起点或终点，内部注明。

注释符：用于对一个处理或一段处理过程进行注释，以便于理解程序。

流向：用于注明程序的执行方向。

图 3.5 为一个具体流程图，供参考。

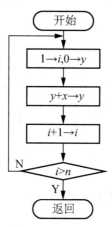

图 3.5　流程图示意图

请注意：在汇编程序中，不区别字符的大小写。

3.4.2　伪指令

汇编语言编写的程序，是由指令构成的，而指令则是由助记符及各种形式的操作数构成。在计算机中，程序是由存储器来存储的，存储器有若干个单元，每个单元有 8 位，而每一位仅能存储 0 或 1 两种状态中的一种。计算机的程序就是存储单元中的二进制数，不同的二进制数代表不同的操作，这些二进制数就是机器语言。因机器语言不易记，又不易编写程序，所以用了一些助记符来表示机器语言，这些助记符就是我们常说的汇编语言。用汇编语言编写的程序要翻译成单片机能执行的机器码，这个翻译的过程通常是由计算机中的软件来完成的，该软件被称作汇编器。汇编器翻译汇编语言的过程叫做汇编。在汇编的过程中，汇编语言编写的程序需要向汇编器提供一些必要的信息，如本程序段放到程序存储器中的哪个位置，程序是否结束等，这些信息通知汇编器如何汇编，为此，在汇编程序中增加了伪指令。

伪指令不是单片机执行的指令，它们放在汇编程序中，指示汇编器如何对源程序进行汇编，经汇编后，伪指令不产生机器码。伪指令在汇编程序中是不可缺少的，对正确编写程序及简化程序很重要。下面介绍一些常用的伪指令。

1. ORG 伪指令

格式：ORG　16 位地址

说明：本伪指令通知汇编器，后面的程序段放在 16 位地址指明的起始单元。一个汇编源程序中可以有多条 ORG 伪指令，但必须注意每段程序生成的机器码的地址不重叠。ORG 伪指令通常是在程序的开始，如主程序开始、中断入口地址等处。

【例 3-29】ORG 伪指令应用举例。

```
        ORG  1010H
START:  MOV  R0, #30H
        MOV  R1, #50H
        …
```

这段程序中，规定了以 START 开始的程序从 1010H 单元开始存放。

2. DB 伪指令

格式：[标号:]　DB　项或项表

说明：本伪指令用于定义一个字节型数据表格，表格中可以有一个或多个字节型数据，每个数据间用逗号分开，在空间上是连续地存放在程序存储器中的。数据的形式可以是常数、字符或字符串(字符就是用单引号括起来的单个字符，如'1'、'2'、'a'、'b'、'A'、'B'等，字符串则是用单引号括起来的多个字符，如'abc'，字符及字符串是以 ASCII 码的形式存放的)。

【例 3-30】DB 伪指令应用举例。

```
Table:  DB  00H, 01H, 02H, '0', 'a', 'A'
```

则在 Table 开始的连续单元，分别存放 00H，01H，02H，30H，61H，41H，这 6 个数值的后三个分别为 0，a，A 的 ASCII 码。

3. DW 伪指令

格式：[标号:]　DW　项或项表

说明：这个伪指令与 DB 相类似，但它是用于定义字型(16 位二进制)的数据表格的，项和项表的数据类型可以是十进制或十六进制数，也可以是一个表达式。数据在存放时，按低字节在前，高字节在后的顺序存放。

【例 3-31】DW 伪指令应用举例。

```
Table:  DW  1020H, 3040H, 5060H
```

则会在 Table 开始的连续单元，分别存放 20H，10H，40H，30H，60H，50H。

4. 赋值伪指令

格式：符号名　EQU　项

说明：EQU 指令用于将一个数值或寄存器名赋给一个指定的符号名，这样，在程序中就可以用符号名来代替项了。项可以是一个常数、地址标号或不含变量的表达式，还可以是某个寄存器。

【例 3-32】EQU 伪指令应用举例。

```
LIMIT   EQU  1200
COUNT   EQU  R5
Time    EQU  20H
```

第一条伪指令是定义一个常数 LIMIT，它的值等于 1200；第二条伪指令是将 R5 更换一个新的名字 COUNT，在程序中为了容易记住变量，可以将其换一个英文名字，见名知义；Time 则是给片内 20H 这个单元取个新的名字。

5. 位伪指令

格式：字符　BIT　位地址

说明：其功能是给一个位地址取个新的名字，便于记忆及编程。

如：`SPK BIT P3.7`

经定义后，允许在指令中用 SPK 代替 P3.7 了。

6. DATA 伪指令

格式：符号名　DATA　表达式

说明：DATA 伪指令用于为一个内部 RAM 的地址取一个新的符号名。表达式的值在 0～255 之间。

如：`hour DATA 40H`

经过上面的定义后，就可以用 hour 代替 40H 了，如在程序中使用 MOV hour, #10。

7. 汇编结束伪指令

格式：END

说明：该伪指令是通知汇编器程序到此结束，结束汇编，此时即使后面还有指令，汇编程序也不作处理。在一个程序中，END 只能出现一次，且必须出现一次。

3.4.3 顺序程序设计

顺序程序在单片机中是最简单的程序段，在顺序程序中，执行的过程是从前到后，中间无判断，也无分支。顺序程序在一个单片机应用中，只能是其中的一部分，判断和分支是智能的体现，只有判断和分支，才能体现单片机的优越性。顺序结构的程序流程图如图 3.6 所示。

图 3.6　顺序结构的程序流程图

【例 3-33】 将片内 RAM 中 30H、31H、32H、33H、34H 五个单元中的数相加，并存入 35H、36H 中，其中 36H 存高位，35H 存低位。

```
ORG     1000H
ADD0    EQU 30H
ADD1    EQU 31H
ADD2    EQU 32H
ADD3    EQU 33H
ADD4    EQU 34H
SUML    EQU 35H
SUMH    EQU 36H
MOV     SUMH, #0
MOV     A, ADD0
ADD     A, ADD1
MOV     SUML, A
MOV     A, #0
ADDC    A, SUMH
MOV     SUMH, A
MOV     A, SUML
```

単片机原理
及应用教程（第2版）

```
ADD     A, ADD2
MOV     SUML, A
MOV     A, #0
ADDC    A, SUMH
MOV     SUMH, A
MOV     A, SUML
ADD     A, ADD3
MOV     SUML, A
MOV     A, #0
ADDC    A, SUMH
MOV     SUMH, A
MOV     A, SUML
ADD     A, ADD4
MOV     SUML, A
MOV     A, #0
ADDC    A, SUMH
MOV     SUMH, A
END
```

说明：从本例中可以看出，指令的执行是从上到下一条一条地执行的，中间无任何判断、跳转等。在本例中，使用了伪指令 EQU 将需要进行求和的各数进行了定义，这样，在程序段中只需对定义后的名字进行寻址即可，该种方式实质上是直接寻址的形式。利用伪指令的好处有两个：第一，在程序的编写过程中，根据变量的用途重新定义后，使得变量更易记忆及理解；第二，便于程序的移植。如果想将片内 RAM 的 50H 至 54H 中的五个数相加，并存入到 30H 及 31H 中，只需将上面的程序段中的伪指令做相应修改，就可以了，对程序中的其他指令无需变动。

【例 3.34】将上例用间接寻址的方式来完成。

```
ORG     0000H
ADD0    EQU 30H
SUML    EQU 35H
SUMH    EQU 36H
MOV     SUMH, #0
MOV     R0, #ADD0
MOV     A, #0
ADD     A, @R0          ; 加第一个数
MOV     SUML, A
MOV     A, #0
ADDC    A, SUMH
MOV     SUMH, A
INC     R0
MOV     A, SUML
ADD     A, @R0          ; 加第二个数
MOV     SUML, A
MOV     A, #0
ADDC    A, SUMH
MOV     SUMH, A
INC     R0
MOV     A, SUML
ADD     A, @R0          ; 加第三个数
```

78

```
        MOV     SUML, A
        MOV     A, #0
        ADDC    A, SUMH
        MOV     SUMH, A
        INC     R0
        MOV     A, SUML
        ADD     A, @R0              ; 加第四个数
        MOV     SUML, A
        MOV     A, #0
        ADDC    A, SUMH
        MOV     SUMH, A
        INC     R0
        MOV     A, SUML
        ADD     A, @R0              ; 加第五个数
        MOV     SUML, A
        MOV     A, #0
        ADDC    A, SUMH
        MOV     SUMH, A
        END
```

说明：本例中，采用了寄存器间接寻址的方式。与前一例相比，指令数并不减少，但是，通过仔细观察可以发现，本例中多处指令是重复的段落，这给简化此程序提供了方便。

【例 3-35】图 3.7 是一个单片机应用系统的部分电路。

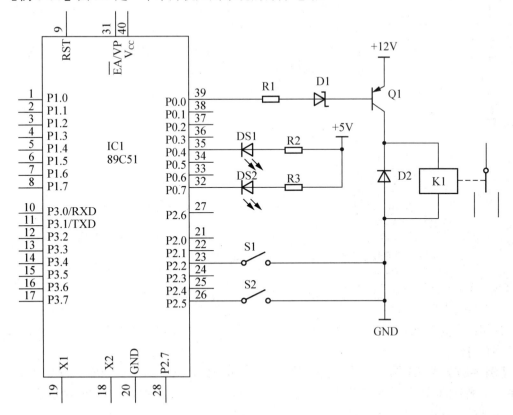

图 3.7　发光管及继电器驱动电路

在这个应用中，要求系统上电后，发光二极管 DS1 亮，DS2 灭，继电器 K1 断开。

```
ORG     0000H
CLR     P0.4
SETB    P0.7
SETB    P0.0
SETB    P2.2
SETB    P2.5
```

或

```
Mov     p0, #0ef
Mov     p2, #0ff
```

说明：上述两个程序段功能完全相同，只不过前一段是对具体的位进行操作，而后一段则是对端口进行操作。在一个具体的应用中，往往要求系统中的单片机的某些引脚或 I/O 接口在上电时要处于某种状态，是高电平，还是低电平，是输入还是输出。此外，在软件的设计中，可能要求某些片内的资源处于什么工作方式等，这就要求对单片机的相应资源进行设置，这个设置过程称作初始化。

3.4.4　分支程序设计

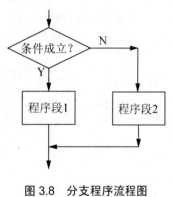

图 3.8　分支程序流程图

在单片机的应用中，经常会用到对某些情况进行判断，然后根据判断结果，确定程序的流向，这就是分支程序。如图 3.8 所示的流程图中，在程序执行过程中判断某条件，如果条件成立，执行程序段 1，如果条件不成立，则执行程序段 2。分支程序均要由条件转移指令来对条件进行判断。

【例 3-36】比较片内 30H 及 31H 中两个无符号数的大小，并将较小的那个数放置到 40H 中；如果这两个单元中的数相等，则 40H 单元中的数为 0。

```
        ORG     2000H
        MOV     A, 30H
        CJNE    A, 31H, COMP
        MOV     40H, #0        ; 二者相等
        SJMP    OVER
COMP:   JC      SMALL          ; (30H)<(31H),跳转到 SMALL
        MOV     40H, 31H
        SJMP    OVER
SMALL:  MOV     40H, 30H
OVER:   SJMP    $
```

说明：本例中用了多个相对跳转指令，请注意指令中的偏移量的表示方法。另外，$表示跳转到自身。

【例 3-37】图 3.7 为某一单片机应用系统图部分电路，其中的 DS1 为温度报警指示灯，设系统检测到的温度值存放在片内的 30H 中，当其数值大于 240 时，报警灯点亮，继电器闭合，否则报警灯灭，继电器不动作。

```
        ORG     2000H
        MOV     A, 30H
```

```
            SUBB     A, #240
            JC       SMALL                ; 检测的值小于 240 时，转移
            CLR      P0.4                 ; 检测的值大于 240 时，报警输出
            CLR      P0.0
            SJMP     OVER
    SMALL:  SETB     P0.4
            SETB     P0.0
    OVER:   SJMP     $
```

【例 3-38】某单片机应用中，要根据键盘的不同输入，系统执行不同的操作。现假定读键盘程序已将键盘的输入值读到累加器(A)中(键值为 0～5)，试编写一个多分支程序。

```
            RL       A                    ; 相当于 A 乘 2
            MOV      DPTR, #TAB
            JMP      @A + DPTR
            ...
    TAB: AJMP       OP0
            AJMP     OP1
            AJMP     OP2
            AJMP     OP3
            AJMP     OP4
            AJMP     OP5
```

说明：因 AJMP 指令为双字节，所以在本程序段的开始处，要将 A 的值乘 2，以便利用散转指令跳转到相应的目标地址上。如果将跳转表中的 AJMP 指令改成 LJMP，则在开始处，要将 A 的值乘 3；跳转表中的 OPX 为地址标号；另外，请注意本例中的 MOV DPTR, #TAB 的用法。

3.4.5 循环程序

从【例 3-34】中可以看到，程序在执行时，反复执行了相同的指令段，此时，应当采用循环的方式。这样可以减小程序的长度，从而减少了程序的代码量，使程序所占有的程序存储空间减小，也简化了程序的编写。典型的循环程序的流程序如图 3.9 所示，它主要包括循环条件初始化部分、处理过程部分及循环控制部分。

循环条件初始化部分：设置地址指针或计数器的初值，为程序的循环做准备。

处理过程部分：单片机要做的实际工作部分，用于完成某种功能。

循环控制部分：对循环条件做必要的处理，并判断循环是否结束，如不结束，则要跳转到处理过程部分的起始位置，如果循环条件结束，则跳出本循环。

【例 3-39】利用循环程序的设计方法，实现【例 3-33】中的功能。

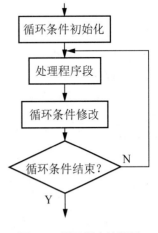

图 3.9　循环程序流程图

```
            ORG      1000H
            SUMH     EQU     36H
            SUML     EQU     35H
```

```
              ADD0    EQU    30H
              LEN     EQU    5
              MOV     R0, #ADD0
              MOV     SUMH, #0
              MOV     R1, #LEN
              MOV     A, #0
     START:   ADD     A, @R0
              MOV     SUML, A
              MOV     A, #0
              ADDC    A, SUMH
              MOV     SUMH, A
              MOV     A, SUML
              DJNZ    R1, START
              SJMP    $
```

说明：从本例中可以看到，与实现相同功能的【例 3-33】及【例 3-34】相比，程序变得简单了许多。

【例 3-40】利用软件实现延时。

```
              ORG     1000H
     DEL0:    MOV     R7, #220
     DEL1:    MOV     R6, #100
     DEL2:    DJNZ    R6, DEL2
              DJNZ    R7, DEL1
```

说明：单片机在执行程序时，要消耗时间，不同的指令消耗的时间可能不同，如本例中的 DJNZ 指令要用 2 个机器周期，而 MOV 指令，则要用 1 个机器周期才能完成(1 个机器周期等于 12 个振荡周期，根据单片机系统的晶振频率，可以求出振荡周期)。本例延时的时间为

$$[(100 \times 2) + 1 + 2] \times 220 + 1 \text{ (个机器周期)}$$

【例 3-41】冒泡法排序。设在单片机系统的片外存储空间 8000H 开始的单元内，存放 10 个无符号数，将它们按由大到小的顺序排序，排序后仍存在 8000H 开始的位置。

说明：冒泡两个字非常形象地描述了这种排序方法，以本例为例，第一轮比较，首先将第一个数与第二个数进行大小比较，如第一个数大于第二个数，则两个数的位置不变，如果第一个数小于第二个数，则这两个数交换位置；然后，将第一个数与第三个数相比较，同样，如果第一个数大则位置不变，小则交换；……，经过 9 次比较后，则最大的数一定在最前面的位置。

第二轮比较是从第二个数开始的，先是第二个数与第三个数进行比较，大者放到第二个数的位置，经过 8 次比较后，第二大的数处于第二个位置。

经过 9 轮比较后，数据排序完成。程序流程图如图 3.10 所示。

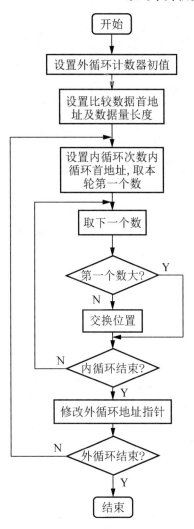

图 3.10 冒泡法排序流程图

```
        MOV     R7, #0              ; 外循环计数器初值
        MOV     P2, #80H            ; 被比较数据的首地址
        MOV     R0, #0
        MOV     R6, #10             ; 数据长度
LOP:    INC     R7
        MOV     A, R6               ; 数据长度存放于 A 中
        CLR     C
        SUBB    A, R7               ; 计算内循环次数
        MOV     R5, A               ; R5 中保存内循环次数
        MOV     A, R0
        MOV     R1, A
        MOVX    A, @R1              ; 取本轮比较的第一个数
        MOV     BUFFER, A
LOP1:   INC     R1                  ; 取本轮比较的下一个数
        MOVX    A, @R1
        CJNE    A, BUFFER, LOP2     ; 比较
LOP2:   JC      SMALL
        XCH     A, BUFFER           ; 如果后一个数大，则交换位置
```

```
            MOVX    @R1, A
            MOV     A, BUFFER
            MOVX    @R0, A
SMALL:      DJNZ    R5, LOP1              ; 判断内循环是否结束
            MOV     A, BUFFER
            MOVX    @R0, A
            INC     R0
            CJNE    R7, #9, LOP           ; 判断外循环是否结束
            SJMP    $
            END
```

3.4.6 查表程序设计

查表程序是单片机中常用的编程方法，该方法具有简单快捷的优点。

所谓查表，就是在函数 $y = F(x)$ 中，根据变量 x，找出与之对应的 y，寻找的方法不是经过计算得到的。常用于下面 3 种情况。

1) 代码转换：此时数据的变化无规律，或规律复杂。如用于 LED 显示时，要将需要显示的内容转换成相应的显示代码的情况。

2) 相对复杂的计算：MCS-51 系列单片机的运行速度有限，复杂的计算要浪费过多的时间，系统的实时性变差。为此，在变量不是很多的情况下，可用查表的形式得到函数值。

3) 对非线性的传感器进行补偿：此时首先要根据传感器的输入输出情况制成表格。如温度传感器在不同温度下，其输出端电压的值；查表时，根据电压值求得温度值是多少，这样就可以很好地解决这个温度传感器的非线性问题。

【例 3-42】用查表法将累加器(A)中的值转换成 ASCII 码(A 中的值为 0～F)。

```
            ORG     2000H
            MOV     DPTR, #TAB
            MOVC    A, @A + DPTR
HERE:       SJMP    HERE
TAB:        DB  30H,31H,32H,33H,34H,35H,36H,37H,38H,39H
            DB  41H,42H,43H,44H,45H,46H
            END
```

本例中的查表指令 MOVC   A, @A + DPTR 也可以换成 MOVC   A, @A + PC，此时的程序段应为

```
            ORG     2000H
            ADD     A, #2
            MOVC    A, @A + PC
HERE:       SJMP    HERE
TAB:        DB  30H,31H,32H,33H,34H,35H,36H,37H,38H,39H
            DB  41H,42H,43H,44H, 45H,46H
            END
```

【例 3-43】累加器(A)中的值为 0～9、A、B、C、D、E、F，请将其在数码管中显示出来。如图 3.11 所示。

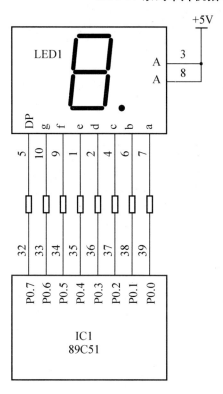

图 3.11　LED 显示

如果在 LED 数码管上显示 0~9 及 A~F 这些信息，那么，在 P0 口上直接输出这些数据是不能满足要求的，而要在 P0 口上输出数据 3FH、06H、5BH、4FH、66H、6DH、7DH、07H、7FH、67H、77H、7CH、39H、5EH、79H、71H，它们就是显示代码。为此，要根据累加器 (A)中的值查表，得到显示代码，再将显示代码送到 P0 口，才能达到要求。

```
        ORG     0000H
        MOV     DPRT, #TAB
        MOVC    A, @A + DPTR
        MOV     P0, A
TAB:    DB  3FH,06H,5BH,4FH,66H,6DH
        DB  7DH,07H,7FH,67H,77H,7CH,39H,5EH,79H,71H
```

【例 3-44】一个温度检测系统中，温度传感器为非线性，传感器的电压值经放大后，送到 8 位 A/D 转换器中转换，结果置于片内 40H 单元中。根据 40H 中的数值，查表得到温度值，高位放于 42H，低位 41H 中。

```
        ORG     0200H
        MOV     DPRT, #TAB
        MOV     A, 40H
        RLC     A               ; 累加器乘 2
        JNC     SMALL           ; 40H 中的数值小于 128 时
        INC     DPH
SMALL:  MOV     R0, A
        MOVC    A, @A+ DPTR
        MOV     41H, A
        MOV     A, R0
```

```
        INC     A
        MOVC    A, @A+DPTR
        MOV     42H, A
        RET
TAB:    DW  ...                          ; 数据表
```

3.4.7　子程序设计

在单片机编程时，常会遇到在一个程序中的不同地点，完成同一功能的现象。这时，可以编写一段程序来完成这一功能，程序中一旦遇到要完成这一功能时，就用 ACALL 或 LCALL 来调用它，这段程序就称作子程序，而调用这个子程序的程序就是主程序。子程序可以被主程序调用；子程序 A 还可以被另外一个子程序 B 调用，此时的子程序 A 称作二级子程序，就是说子程序可以被嵌套调用；但是，子程序不可以调用主程序。

通过对子程序编写，可以避免在完成同一功能时的重复编程，使得程序变得简短，同时，也会因为程序变得简短后，程序的代码量减少，节省了程序存储器的空间；子程序编程还简化了程序的逻辑结构，从而使整个程序易于理解，编写方便，调试方便。

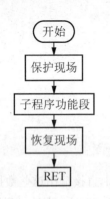

图 3.12　子程序结构图

子程序的结构如图 3.12 所示。

子程序的编写及调用要点如下。

1. 子程序的名字

在单片机应用中，可能要用到多个子程序，为了区分各个不同的子程序，要给各子程序起个名字，有了名字，子程序才能被调用。子程序的名字就是子程序第一条指令前面的标号，注意标号不可与系统字符串相同。

2. 保护现场

在主程序中，要用到累加器(A)、片内的存储单元、工作寄存器等单元，而在子程序中也可能要用到相同的存储单元，这样，在调用子程序时，该存储单元可能在子程序中进行了修改，就会使得由子程序在返回主程序时，存储单元中的内容发生了改变，数据的改变使主程序不能完成预定的功能。所以，如果子程序中用到了主程序中的存储单元，就必须对这些单元进行保护。当然了，子程序中用了哪些单元，就保护哪些，没用到主程序中的存储单元，则无须保护；如果想在子程序中修改的存储单元，也无须保护。

保护现场是利用堆栈来实现的，首先对堆栈进行设置，根据程序中变量的分配情况定义堆栈的位置，然后，使用 PUSH 指令将需要保护的存储单元的数据入栈。

3. 子程序的参数

如果一个子程序完成的功能是 $y = a + b + c$，它完成的功能是将 3 个数相加，至于这 3 个数是多少，子程序不去理会，只要赋给这 3 个参数具体数值，调用子程序时，子程序就会为求出它们的和，并将运行的结果存放到某个单元中去。此时的主程序到哪去取运行结果及子程序的 3 个参数如何赋予，就是参数传送的问题，也就是常说的入口条件、出口条件。

子程序的参数传送可以通过寄存器、累加器(A)、寄存器间接寻址的方式(地址指针)或堆栈来完成。

4．恢复现场

如果在子程序中进行了现场保护，则在子程序处理工作结束后，要进行现场的恢复，保护了多少个数据，就要恢复多少个数据。恢复现场时使用指令 POP，且在恢复时的顺序要与保护时的顺序相反，这是由堆栈的特性决定的。

5．子程序返回

在子程序中，最后一条指令必须是 RET 指令(普通子程序时)或是 RETI 指令(中断子程序时)，否则将不能返回到调用子程序的地点。

【例 3-45】软件延时子程序。

```
          DEL1      EQU   30H
          DEL2      EQU   31H
DEL:      PUSH      DEL1
          PUSH      DEL2
          MOV       DEL1, #220
LOP1:     MOV       DEL2, #100
LOP2:     DJNZ      DEL2, LOP2
          DJNZ      DEL1, LOP1
          POP       DEL2
          POP       DEL1
          RET
```

说明：本例是一个延时的子程序，没有参数传送，只要调用它，就可实现一定时间的延时；在主程序中，如果用到了 30H、31H，则调用本子程序后，主程序的运行正确性就不能保证，为此，子程序中进行了现场保护，并在子程序结束前进行了现场恢复，请注意保护与恢复的顺序。

3.5 实验与实训

3.5.1 传送指令训练

1．实验目的

1) 掌握 8031 内部 RAM 和外部 RAM 的数据操作，从而了解这两部分存储器的特点和应用，熟练使用 MOV，MOVX 等指令。

2) 掌握单片机集成开发环境 Keil 的使用。

2．实验内容

8031 内部 RAM40H～4FH 单元置初值 00H～0FH，然后将 40H～4FH 单元内容传送到外部 RAM 的 6000H～600FH 单元中，然后再将外部 6000H～600FH 单元中的数据传送到 8031 内部 RAM 的 50H～5FH。单步运行下面的参考程序，检查相应的 CPU 现场及外部 RAM 现场。

3．实验设备

本实验为纯软件性质的，除计算机外，不需要其他设备，在计算机的集成开发环境上直接进行软件仿真即可。常用的集成开发环境有 Keil 及南京伟福的相关软件，本书中主要以 Keil 软件为主，关于伟福的软件，可到网站 www.wave-cn.com 查找相关内容。

4. 参考程序

```
            ORG     0000H
RESET:  LJMP    MAIN
            ORG     0100H
MAIN:   MOV     R0, #40H
            MOV     R2, #10H
            CLR     A
A1:     MOV     @R0, A
            INC     R0
            INC     A
            DJNZ    R2, A1
            MOV     R0, #40H
            MOV     DPTR, #6000H
            MOV     R2, #10H
A2:     MOV     A, @R0
            MOVX    @DPTR, A
            INC     R0
            INC     DPTR
            DJNZ    R2, A2
            MOV     R0, #50H
            MOV     DPTR, #6000H
            MOV     R2, #10H
A3:     MOVX    A, @DPTR
            MOV     @R0, A
            INC     R0
            INC     DPTR
            DJNZ    R2, A3
HEAR:   AJMP    HEAR
            END
```

5. 实验步骤(根据上面的参考程序，做以下内容)

1) 双击桌面的 Keil uvision 图标，或单击"开始—程序"中的"Keil uvision"命令，启动集成开发环境软件。

2) 建立文件，单击"File—New"命令，则会建立一个空白文件。

3) 编写程序。将参考程序输入这个新建的文件中。

4) 保存文件：如编写的文件为汇编文件，扩展名要保存为.asm，如编写的程序用 C 语言，扩展名为.c。由于本参考程序是汇编程序，故扩展名一定要用.asm。

5) 项目文件的建立：点击"project—new project"命令建立项目文件。

在图 3.13 所示的对话框中，可选择保存路径和定义项目名称，然后保存。

图 3.13　项目文件建立对话框

保存后，弹出 CPU 选择对话框，如图 3.14 所示，在此对话框中，选择 CPU 的生产厂及型号。

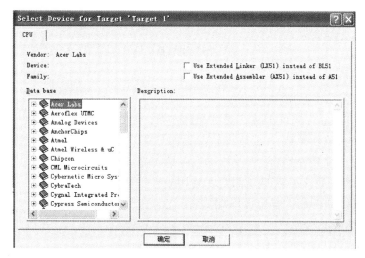

图 3.14　CPU 选择对话框

CPU 的型号要根据实际应用的情况而定，对于此实验，可选用 intel 的 8031 或 Atmel 的 89C51 等。

选择后，出现是否选择添加启动文件(对于使用汇编文件，可不加)，如图 3.15 所示。

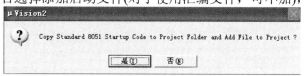

图 3.15　启动文件对话框

6) 给项目中添加程序文件

当项目建立好后，就可以给项目添加程序文件了，既可加 C 程序，又可加汇编文件。注意：项目相当于一个文件夹，它对属于同一个项目的文件进行管理，而这个项目具体做什么，要由程序文件来定。程序文件只是项目文件中的一种文件而已，一个项目由多种文件构成。如程序文件、头文件、库文件、目标文件等。

在项目管理器窗口中，展开"Target 1"，可看到"Source Group1"。右击"Source Group1"，出现图 3.16，选取"Add Files to Group 'Source Group 1'"。在弹出的对话框中，选择想添加

的文件。添加的文件为程序文件或头文件。注意：在添加文件前，要选择文件的类型，否则，可能看不到源文件。

图 3.16　添加源文件

7）设置参数

在项目管理器窗口中，单击"Target 1"，右击，选择"Options for Target 'Target 1'"，出现图 3.17。在"Target"选项卡下，设置晶体频率，是否使用片内 ROM 等选项。如使用的是软件仿真(用 Keil 软件模拟)，要求设置晶振的频率，如使用的是硬件仿真(使用仿真器)，则频率的设置无效。对 ROM 的设置要根据实际情况而定。在"Output"选项卡中设置是否产生 HEX 文件，HEX 文件名，及调试时是否使用硬件仿真器等。"Debug"选项卡中设置仿真类型：软件模拟或硬件仿真。其余可以默认。

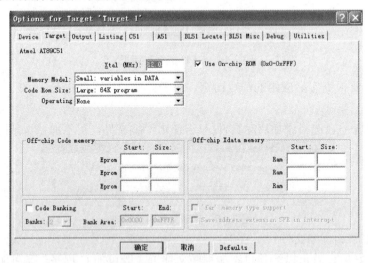

图 3.17　目标选项对话框

8）编译连接项目

单击"Project – Rebuilt all target files"命令或单击工具栏中的 图标。此操作可对源程序进行汇编或编译，以检查程序中有无语法方面的错误。只有本过程通过，才能对所编写的程序进行调试。

9) 运行调试观察结果

单击菜单栏中的"Debug – start/stop debug session"命令，可进行调试。可单步、停止、全速运行，可设断点及运行到光标处等。所谓断点，可理解为车站的站点，车运行到站时要停下来。它是人为设定的点，可使程序执行到此处停下来，以方便调试。

10) 其他说明

如何设置断点：双击待设置断点的源程序或反汇编程序行，第一次设置断点，第二次取消该断点。

如何查看和修改寄存器的内容：在调试状态下，在寄存器窗口可观察寄存器的情况，点击一次这个寄存器的值时，稍停再点击，其值颜色变化，此时可改此值。

如何观察存储器区域：单击菜单栏中的"view ― memory window"命令，或单击工具栏中的 图标，打开存储器窗口，可以显示四个区域，单击窗口下部分的编号，可以切换显示。在 Watch 1 和 Watch 2 标签下，可以按 F2 键，然后输入 D：XX，观察低 128 个字节中的内容，XX 为具体地址；可输入 I：XX，观察高 128 个字节中的内容；可以输入 X：XXXX，观察片外 RAM 中的内容；还可以通过输入 C：XXXX，观察程序存贮器中的内容。

如何观察片内外设：在"Peripherals"下可选中断，I/O 口，串口及定时器等外设。

6. 思考题

CPU 对内部 RAM 存储器和外部 RAM 存储器各有哪些寻址方式？8031 对外部 RAM 与对 ROM 寻址时，都使用哪些指令？

3.5.2　多字节十进制加法

1. 实验目的

通过本实验，学习 MCS-51 系列单片机汇编语言程序设计方法。

2. 实验说明

多字节的十进制加法，加数首地址由 R0 指出，被加数和结果的存储单元首地址由 R1 指出，字节数由 R2 指出。

3. 参考程序

设加数存储单元为 50H、51H，被加数和结果存储单元在 20H、21H。

程序如下：

```
        ORG     0000H
RESET:  AJMP    MAIN
        ORG     0030H
MAIN:   MOV     SP, #60H
        MOV     R0, #51H      ; 设置加数首地址 (高 8 位)
        MOV     @R0, #22H     ; 加数赋值
        DEC     R0
        MOV     @R0, #33H     ; 加数低 8 位赋值
        MOV     R1, #21H      ; 设置被加数首地址
        MOV     @R1, #44H     ; 被加数高 8 位赋值
        DEC     R1
        MOV     @R1, #55H     ; 被加数低 8 位赋值
```

```
          MOV     R2, #02H      ; 设置加法字节数
          ACALL   DACN
HERE:     AJMP    HERE
DACN:     PUSH    ACC
          CLR     C
DAL:      MOV     A, @R0
          ADDC    A, @R1
          DA      A
          MOV     @R1, A
          INC     R0
          INC     R1
          DJNZ    R2, DAL
          POP     ACC
          RET
          END
```

4. 实验步骤

请参照上一实验进行。

5. 思考题

本实验只对 2 个字节的数进行加法运算，如果求更多字节的数相加，应如何编写程序呢？请参照本程序，编写一个 4 个字节的加法运算程序，并在计算机上仿真。

3.5.3 拆字程序

1. 实验目的

1) 掌握拆分字节程序的设计方法。
2) 熟悉逻辑操作指令的使用。

2. 实验说明

字节的拆分与重组是单片机编程中常常用到的，本实验是将片内 50H 单元的内容进行拆分，拆分后的高 4 位放于 52H 的低 4 位中，而 50H 中的低 4 位放于 51H 的低 4 位中。

3. 参考程序

```
          ORG     0000H
          MOV     A, 50H
          ANL     A, #0FH
          MOV     51H, A
          MOV     A, 50H
          SWAP    A
          ANL     A, #0FH
          MOV     A, 52H
          END
```

4．实验步骤

请根据 3.5.1 的内容，对本程序进行调试。单步执行本程序，看看每条指令所起的作用是什么。

5．思考题

试编写一个程序，使之可以实现以下功能：将片内 RAM 的 50H 中的高 4 位与 51H 中的低 4 位组成一个新字节，并存放片外的 7E00H 中。通过 Keil 软件调试所编写的程序。

3.5.4 数据排序

1．实验目的

参考【例 3-41】，模仿编程。

2．实验说明

本实验要求参考【例 3-41】，自行编写一个程序，使之能够对 20 个数据进行由小到大的顺序排列。

编程对大多数学生来说有点困难，究其原因多是由于感觉编程时无头绪，不知从哪下手。此时可以先模仿现有的程序，通过尝试与学习，就会逐渐灵活掌握编程的方法及技巧，要敢于大胆尝试。此外，还可以先绘制程序流程图，然后再根据流程图编写程序，也会使得程序的编写变得简单。

3．实验步骤

1) 根据要求及【例 3-41】，绘出本实验的流程图。
2) 参照流程图，编写本实验的程序。
3) 在 Keil 集成开发环境下，创建一个新的工程，并对本工程进行调试。调试时，可通过观察窗口，查看数据在未排序前的状及排序后的状态，以验证自己所编写的程序的正确性。
4) 如未能达到要求，则要检查错误所在，并对程序进行修改，直至达到程序要求为止。
5) 总结本次编程、调试过程中遇到的问题。

3.5.5 二进制转 BCD 码

1．实验目的

掌握二进制数转为 BCD 码的方法，进一步学习编程。

2．实验说明

在计算机中，数据是以二进制的形式存放的。在单片机的具体应用中，有时要求要将二进制的数据转换为 BCD 码的形式，以方便显示。BCD 码在微型计算机中又有两种形式：一种是一个字节放一位 BCD 码；另一种是常用的压缩 BCD 码，一个字节中，高 4 位及低 4 位均为 BCD 码。

二进制数转换为 BCD 码的方法是将二进制数除以 1000、100、10 等，所得的商即为千、百、十位数，余数为个位数。各个位的数值，就是 BCD 码的形式。

3. 实验要求

下面的参考程序是将累加器(A)中的 8 位二进制数转换为 BCD 码的形式，结果存放在
30H、31H、32H 中，其中 30H 中放置个位的 BCD 码，31H 中放置十位的 BCD 码，32H 中放
置百位的 BCD 码。

请参考所给的程序，编写一个将一个8位二进制转换成BCD 码的子程序及相应的主程序，
在主程序中通过对累加器(A)进行赋值，然后通过调用该子程序实现二进制转换 BCD 码的
功能。

4. 参考程序

```
ORG     0100H
MOV     B, #100
DIV     AB
MOV     32H, A              ; 得百位BCD 码
MOV     A, B
MOV     B, #10
DIV     AB
MOV     31H, A
MOV     30H, B
END
```

5. 实验步骤

1) 建立新工程。
2) 创建新的汇编源文件，并添加到工程中。
3) 编写能够满足实验要求的汇编程序，并调试。
4) 如果所编程序不能实现要求，对其进行修改或重新编写。

6. 思考题

本实验只是对8位的二进制进行BCD码转换，如果要对一个16位的二进制的字进行BCD
码转换，应如何编程。

3.5.6 延时程序的设计

1. 实验目的

通过本实验，掌握使用软件定时的方法。

2. 实验说明

在单片机中，定时是最为常用的功能。实现定时的方法有多种，如可以采用指令循环的
方法来实现，也可以使用单片机内部的定时器来实现，还可以采用单片机外部扩展的定时器
件来实现。

如果系统工作时，时间允许，则多采取循环执行指令的方式。指令在执行时，需要一定
的时间才能完成，有的指令要用一个机器周期，有的指令要用两个机器周期，甚至有的指令
要用四个机器周期才能执行完毕。一个机器周期又是多长时间呢？由 12 个(注意：有的 51 系
统单片机的机器周期可能是 6 个或 1 个，这由单片机的生产厂家及型号决定)振荡周期构成，

振荡周期又是由晶体振荡器的频率决定，如一个 6MHz 的晶体振荡器的单片机，其一个机器周期就为

$$T = 12 \times \frac{1}{6 \times 10^6} \text{s} = 2\mu\text{s}。$$

一段程序设计好以后，通过分析，可知其执行后需要多少个机器周期，这样，该段程序的延时时间也就可知了。

3. 实验要求

已知本系统的晶体振荡器的频率为 6MHz，利用软件延时，循环点亮图中的发光二极管，循环周期为 0.1s。实现电路见图 3.18 所示。

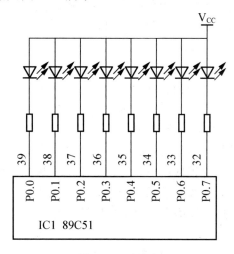

图 3.18　流水灯

4. 实验参考程序

```
        ORG     0000H
        LJMP    START
        ORG     0100H
START:  MOV     A, #0FEH
LOP:    RL      A
        JZ      START
        MOV     P0, A
        ACALL   DELAY
        SJMP    LOP
DELAY:  MOV     R1, #127
DEL1:   MOV     R2, #200
DEL2:   DJNZ    R2, DEL2
        DJZN    R1, DEL1
        RET
        END
```

5. 实验步骤

请参考前面的实验，对本程序进行调试。

6. 思考题

1) 请计算本程序中延时程序的延时时间。

2) 如果想使用循环周期延长 5 倍，应如何处理，请在实验过程中加以验证。

3) 本例中发光二极管的点亮花样较少，如果想增加花样，应如何编程？

本 章 小 结

本章主要讲述了 MCS-51 系列单片机的软件基础知识，包括两方面的内容。

第一方面为单片机的指令系统。指令系统为单片机所支持的所有指令的集合，本章相关方面的内容中，对每一条指令均做了详细的说明，同时给出了一些例子，以便于对指令有更加深刻的理解。

第二方面内容为单片机的程序设计基础知识。在相关章节中，重点讲述了各种结构的程序设计方法，同时列举了例子，供读者理解、学习；编程中常用到的子程序的设计方法也做了较为详细的说明；伪指令在编程中应用较多，对简化程序编写等作用很突出，在本章节的内容中，常用伪指令的各种用法，在例子中均有采用，望读者能够认真体会。

单片机的应用，是硬件与软件的有机结合，一个技术人员，不能只对硬件掌握而对软件一无所知，反之亦然。为了更好地应用单片机，要求至少掌握一种开发语言，常用的开发语言有汇编语言和 C 语言两种，汇编语言比较直接，产生的程序代码较少，运行速度快，在实践中有很多应用。另外，掌握汇编语言，对单片机硬件的理解也会更加深刻。

习　　题

1. 填空题

(1) 一般的汇编语言程序由_____ 和 _____构成,其中_____在汇编时不生成机器码，而_____汇编时产生机器码。

(2) 在指令 DIV AB 中，除数是 _____，被除数是_____，指令执行后，所得商存放在_____，余数存放在_____。

(3) 指令 RET 的作用是_____，而指令 RETI 的作用是_____。

(4) 在 MCS-51 系列单片机的汇编程序中标号是以"_____"结束，而注释是以"_____"开始。

(5) MCS-51 系列单片机是上电后，程序是从 _____开始自动执行的。

(6) 堆栈是遵循"_____，_____"的原则，用来存放数据的存储单元。在 CPU 中由一个专用的寄存器来指示堆栈中数据存取的位置，这个寄存器就是堆栈指针。它指向 _____的位置。51 单片机中的堆栈是向上生长的。当需要入栈时，CPU 首先将 SP 加_____，再将数据存到堆栈指针所指示的那个单元。

2. 选择题

(1) 在伪指令DW　00，30，40，50中，每个数据所占字节数为_____。

A. 1　　　　　　　　B. 2　　　　　　　　C. 3　　　　　　　　D. 4

(2) 指令 RLC　A 的作用是_____。

　　A．将累加器(A)中的数据左移一位

　　B．将累加器(A)中的数据右移一位

　　C．将累加器(A)中的数据及进位标志位左移一位

　　D．将累加器(A)中的数据及进位标志位右移一位

(3) 如果将片外数据存储单元 7000H 的内容读入累加器(A)中，可用_____指令。

　　A．MOV　A, #7000H

　　B．MOV　A, 7000H

　　C．MOV　DPRT, #7000H

　　　　MOVC　A, @A + DPTR

　　D．MOV　DPRT, #7000H

　　　　MOVX　A, @DPTR

(4) 下面的说法中，不正确的是_____。

　　A．SJMP rel 是相对跳转指令，可以在前 128 个字节到后 127 个字节内中跳转

　　B．LJMP 是长跳转指令，可在跳转到 MCS-51 程序存储器中的任意一条指令处

　　C．ACALL 是短调用指令，可在当前的 2KB 范围内调用子程序

　　D．JMP 是跳转指令，执行本指令后，程序从 0 地址开始执行

(5) (30H)= 12，(35H)= 34，(SP)= 60H，执行下面的程序段后，以下说法不正确的是_____。

```
PUSH 30H
PUSH 35H
POP  35H
POP  30H
```

　　A．(SP) = 60H　　　　　　　　　　　　B．(61H) = 12

　　C．(62H) = 12　　　　　　　　　　　　D．30H 与 35H 中的内容实现了互换

3．简答题

(1) MCS-51 的指令系统中，寻址的方式有几种？并举例。

(2) 一个机器周期是多长时间，它对应用单片机有什么意义？

(3) PSW 为单片机的程序状态字，请说出它的每一位的作用。

(4) 什么是伪指令？

4．编程题

(1) 用间接寻址的方法编写一个子程序，将内部 RAM 中 40H～49H 的内容相加，结果存放到 4AH(存低位)及 4BH(存高位)中。

(2) 编写一个程序段，将 30H 中的 bit7 及 bit6 位求反，bit5 及 bit4 清零，bit3,bit2 位置 1，bit1,bit0 保持不变。

(3) 试编写一个程序，其功能是使 P1.0 口上接的 LED(低电平有效)亮 0.5s，灭 0.5s。经过 5 个周期变化后，P1.1 上的 LED 点亮，当 P1.0 口上的 LED 再变化 5 个周期后，P1.1 上的 LED 灭，以上变化循环往复。设晶振频率为 12MHz。

(4) 在 P2.0 的引脚上接一对地的按键，编写一个程序，要求按键被按下并释放后，(3)小题的功能开始执行，如果再按一次按键并释放后，上述功能结束。

(5) 编写一个子程序，使 P3.1 引脚上产生一个频率为 50Hz，占空比为 1 的方波。

(6) 试编写一个程序，使由 P1 口驱动的彩灯能按表 3-2 的顺序变化，引脚低电平有效。

表 3-2　彩灯变化表

序号	状态：√表示亮　×表示灭								序号	状态：√表示亮　×表示灭							
0	√	×	×	×	×	×	×	×	16	√	√	√	×	×	√	√	√
1	√	√	×	×	×	×	×	×	17	√	√	×	×	×	×	√	√
2	√	√	√	×	×	×	×	×	18	√	×	×	×	×	×	×	√
3	√	√	√	√	×	×	×	×	19								
4	√	√	√	√	√	×	×	×	20	√	×	×	√	×	×	×	√
5	√	√	√	√	√	√	×	×	21	√	×	×	√	√	×	×	√
6	√	√	√	√	√	√	√	×	22	×	×	×	√	√	×	×	×
7	√	√	√	√	√	√	√	√	23	√	√	√	√	√	√	√	√
8	√	√	√	√	√	√	√	×	24	√	√	√	√	√	√	√	√
9	√	√	√	√	√	√	×	×	25	√	√	√	√	√	√	√	√
10	√	√	√	√	√	×	×	×	26								
11	√	√	√	√	×	×	×	×	27	√	×	×	×	×	×	×	×
12	√	√	√	×	×	×	×	×	28	√	√	×	×	×	×	×	×
13	√	√	×	×	×	×	×	×	29	√	√	√	×	×	×	×	×
14	√	×	×	×	×	×	×	×	30	√	√	√	√	×	×	×	×
15	√	√	√	√	√	√	√	√	31	√	√	√	√	√	√	√	√

5. 读程序

(1) 请说出下面的程序段完成的功能是什么，并在每条指令后标出该指令的作用。

```
            ORG     0000H
            MOV     p0, #0FFH
LOOP:       MOV     A, p0
            MOV     p1, A
            LJMP    LOOP
            END
```

(2) 请读下面子程序，然后画出引脚 P1.1 的电平变化，要求标出每段高电平及低电平的时间。系统中所用的晶振为 12MHz。

```
INIT_1820: SETB P1.1
            NOP
            CLR     P1.1
            MOV     R1, #3
TSR1:       MOV     R0, #107
            DJNZ    R0, $
            DJNZ    R1, TSR1
            SETB    P1.1
            NOP
            NOP
```

```
          NOP
          NOP
          MOV     R0, #25H
TSR2:     DJNZ    R0, TSR2
          RET
```

(3) 指出执行下列程序段以后，累加器(A)中的内容。

```
          MOV     A, #3
          MOV     DPTR, #0A000H
          MOVC    A, @A+DPTR
          ...
          ORG     0A000H
          DB      '123456789ABCDEF'
```

(4) 设(SP)=074H，指出执行以下程序段以后，(SP)的值及 75H、76H、77H 单元的内容。

```
          MOV     DPTR, #0BF00H
          MOV     A, #50H
          PUSH    ACC
          PUSH    DPL
          PUSH    DPH
```

(5) 已知内部 RAM 中的 30H～32H 内容为 12H、34H、56H，请写出下面的子程序执行后 30H～32H 的内容。

```
RRS:      MOV     R7, #3
          MOV     R0, #30H
          CLR     C
RRLP:     MOV     A, @R0
          RRC     A
          MOV     @R0, A
          INC     R0
          DJNZ    R7, RRLP
```

第4章

MCS-51 系列单片机的中断系统

教学提示

中断系统是单片机的重要组成部分，能显著提高单片机对外部事件的处理能力和响应速度，在单片机控制系统中发挥着重要的作用。

学习目标

➢ 掌握中断源、中断嵌套、中断优先级、外部中断、内部中断及中断屏蔽等概念；
➢ 了解中断响应条件、中断响应过程和中断响应时间；
➢ 掌握运用中断原理实现单步操作的方法；
➢ 掌握外部中断源系统的设计方法和外部中断源的扩充方法。

知识结构

本章知识结构如图 4.1 所示。

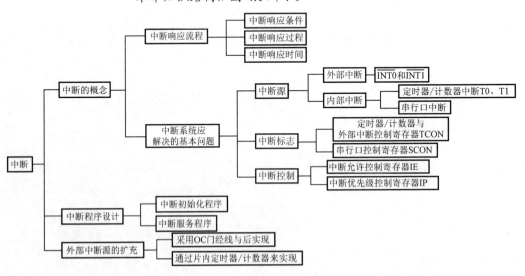

图 4.1　本章知识结构图

4.1　中断的概念

中断(Interrupt)是计算机系统的重要组成部分。一个功能很强的中断系统，能大大提高计算机对外部事件处理的能力和响应速度，增强实时性，在计算机系统中起着十分重要的作用。在实时控制、故障自动处理时常常用到中断系统，计算机与外部设备间传送数据及实现人机联系也常常采用中断方式。

4.1.1　中断的基本概念

所谓"中断"是指处理事件的一个"过程"，这一过程一般是由计算机内部或外部某种紧急事件引起并向主机发出请求处理的信号，主机在允许的情况下响应请求，暂停正在执行的程序，保存好"断点"处的现场，转去执行中断处理程序，处理完后自动返回到原断点处，继续执行原程序。这一处理过程就称为"中断"。中断响应流程如图 4.2 所示。

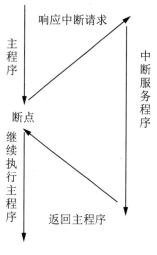

图 4.2　中断响应流程

实现这种中断功能的硬件系统和软件系统统称为中断系统。正是有了中断系统，单片机在实际应用中才可以同时面对多项任务，快速响应并及时处理突发事件，使单片机具备实时处理的能力。尤其当外部设备速度较慢时，如果不采用中断技术，CPU 将处于不断的等待状态，效率极低。而采用中断方式，CPU 只有在外部设备提出请求时才中断正在执行的任务，来执行外部设备的请求任务，这样极大地提高了 CPU 的使用效率。

4.1.2　中断系统应解决的基本问题

由中断的概念可以看出，一个完整的中断处理基本过程应包括：中断请求、中断允许、中断响应、中断处理和中断返回。因此，为实现中断功能，计算机中的中断系统应解决以下几个基本问题。

1.　中断源

中断源就是向 CPU 发出中断请求信号的来源，通常是计算机的某个外围设备，也可能是某个单元电路等。它包括中断请求信号的产生及该信号怎样被 CPU 有效地识别。而且要求中断请求信号产生一次，只能被 CPU 接收处理一次，所以还要考虑如何将已被响应的中断请求信号及时撤除问题。

2.　中断允许控制

单片机系统通常对于是否允许中断实现分级控制。用一个中断允许总开关来控制所有的中断申请被允许或被屏蔽。当总开关关断时，CPU 不接受任何中断请求，即屏蔽所有中断。当总开关接通时，对每个中断源还可设置对应的分开关来控制是否允许中断。

3. 优先级控制

根据实际系统的需要，往往设置有多个中断源，由它们随机地产生中断请求，特别是计算机实时测控系统，这就可能出现多个中断源同时提出中断申请的情况。由于CPU一次只能响应一个中断申请，所以单片机要通过硬件或软件为各个中断源按照工作性质的轻重缓急安排优先顺序。CPU首先响应的是优先级别高的中断请求，并且即使CPU正在执行某个中断服务程序，只要又有一个优先级更高的中断申请，CPU都能暂停下来转去处理优先级高的中断请求，处理完毕后再返回来继续执行原来的级别较低的中断服务程序，这种情况称为中断嵌套。CPU一般可实现多级嵌套。如图4.3所示为具有两级中断嵌套的中断过程。

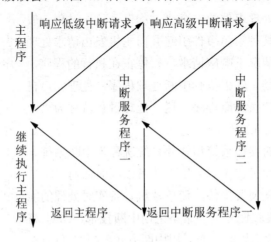

图4.3　中断嵌套过程

4. 中断响应与返回

CPU接收到中断请求信号后，怎样转向该中断源的中断处理子程序及执行完中断处理子程序后如何正确返回被中断的程序继续执行，这涉及CPU响应中断的条件、现场保护等问题。

4.2　MCS-51系列单片机的中断源、中断标志与中断控制

4.2.1　中断源和中断标志

51系列单片机具有5个中断源，有2个外部中断源(由外部产生并输入请求信号)和3个内部中断源(由内部产生并激活中断请求信号)。2个外部中断源是$\overline{INT0}$和$\overline{INT1}$，3个内部中断源是2个定时中断源和1个串行口中断源。图4.4所示为51系列单片机中断源示意图。

各中断请求信号分别由定时器/计数器与外部中断控制寄存器(TCON)和串行口中断控制寄存器(SCON)进行控制。

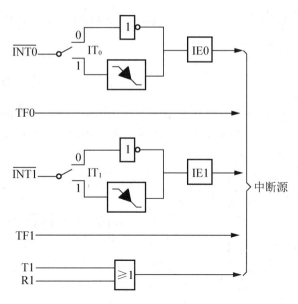

图 4.4　51 系列单片机中断源示意图

1. 中断标志

(1) 定时器/计数器与外部中断控制寄存器(TCON)

TCON 的字节地址为 88H，可按字节寻址，也可按位寻址，位地址范围是 88H～8FH，复位时所有位均清 0。TCON 的格式如下。

8FH	8EH	8DH	8CH	8BH	8AH	89H	88H
TF1	TR1	TF0	TR0	IE1	IT1	IE0	IT0

用于外部中断的各位的含义如下。

IE1、IE0：外部中断 1、0 的中断请求标志位。当主机检测到 $\overline{INT1}$、$\overline{INT0}$ 端口发生下降沿跳变(设为下降沿触发方式)时，或为低电平(设为低电平触发方式)时，由硬件置位 IE1、IE0，向主机请求中断处理；当主机响应中断转向该中断服务程序时，由内部硬件自动将 IE1、IE0 清 0，即复位为 0。

IT1、IT0：外部中断 1、0 的触发方式控制位，由软件进行置位或复位。当置位 IT1、IT0 时，即设为下降沿触发方式。当复位 IT1、IT0 时，即设为低电平触发方式。

控制字中其余各位用于定时器/计数器，见 5.2.1 节。

(2) 串行口控制寄存器(SCON)

串行口控制寄存器(SCON)的字节地址为 98H，可按字节寻址，也可按位寻址，位地址范围是 98H～9FH，复位时所有位均清 0。SCON 的格式如下。

9FH	9EH	9DH	9CH	9BH	9AH	99H	98H
SM0	SM1	SM2	REN	TB8	RB8	TI	RI

其中与中断有关的控制位有两个，其含义如下。

TI：串行口发送中断请求标志位。当发送完一帧串行数据后，由硬件置 1，在主机响应中断转向中断服务程序后，用软件清 0。

RI：串行口接收中断请求标志位。当接收完一帧串行数据后，由硬件置 1，在主机响应中断转向中断服务程序后，用软件清 0。

2. 中断源

(1) 外部中断源

外部中断是指从单片机外部引脚 $\overline{INT1}$ (P3.3)、$\overline{INT0}$ (P3.2)引入中断请求信号的中断。输入输出的中断请求、实时事件的中断请求、掉电和设备故障的中断请求等都可以作为外部中断源，从引脚 $\overline{INT1}$、$\overline{INT0}$ 输入。

外部中断请求有两种触发方式，即电平触发和下降沿触发。用户可以通过对特殊功能寄存器 TCON 中 IT1 和 IT0 位的编程来选择。

当 IT1(或 IT0)=1，即下降沿触发方式时，CPU 需两次检测 $\overline{INT1}$ / $\overline{INT0}$ 引脚上的电平才能确定中断请求信号是否有效，即前一次检测为高电平而后一次检测为低电平时，$\overline{INT1}$ / $\overline{INT0}$ 引脚上的请求信号才有效。由硬件置位 IE1(或 IE0)，并以此向 CPU 请求中断。为了保证检测到负跳变，输入到 $\overline{INT1}$ / $\overline{INT0}$ 引脚上的高电平与低电平至少应保持 1 个机器周期。当 CPU 响应中断转向中断服务程序时自动将 IE1(或 IE0)清 0，撤除 $\overline{INT1}$ / $\overline{INT0}$ 上的中断请求。

当 IT1(或 IT0)=0，即电平触发方式时，CPU 在每个机器周期的 S5P2 拍采样 $\overline{INT1}$ / $\overline{INT0}$ 引脚上的中断请求信号。若 $\overline{INT1}$ / $\overline{INT0}$ 引脚为低电平时即可认为其中断请求信号有效。由硬件置位 IE1(或 IE0)，并以此向 CPU 请求中断。CPU 响应中断时相应的中断标志位 IE1(或 IE0)被清 0。但是由于加到 $\overline{INT1}$ / $\overline{INT0}$ 引脚的外部中断请求信号并未撤除，中断请求标志 IE1(或 IE0)会再次被置为 1，在 CPU 响应中断后应立即撤除 $\overline{INT1}$ / $\overline{INT0}$ 引脚上的低电平。一般采用加一个 D 触发器和几条指令的方法来实现撤除中断请求信号。

如图 4.5 所示为一种常用的中断请求撤除电路。图中外部中断请求信号直接加到 D 触发器的时钟脉冲(CP)端，当外部中断请求信号由高电平变为低电平时，D 触发器的 Q 端被置 0，则 $\overline{INT1}$ / $\overline{INT0}$ 引脚为低电平，发出中断请求。CPU 响应中断后即可执行相应的中断服务程序。为了撤除中断请求，可利用一根口线，如 P1.0 接 D 触发器的异步置位端 $\overline{S_D}$。在中断服务程序中，使 P1.0 端输出一个负脉冲就可以使 D 触发器置 1，同时由软件来清除中断请求标志 IE1(或 IE0)，就撤除了低电平的中断请求信号。程序如下：

```
ANL  P1, #0FEH        ; 使 P1.0 为 0，撤除中断请求信号
ORL  P1, #01H         ; 将 P1.0 变成 1，允许下一次申请中断
CLR  IE0              ; 清除中断请求标志
…
```

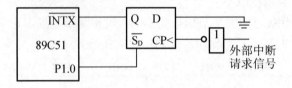

图 4.5　中断请求撤除电路

(2) 内部中断源

内部中断是单片机内部产生的中断。51 系列单片机的内部中断源包括定时中断源和串行口中断源。

定时中断是由定时器/计数器溢出引起的中断。当定时器 T1/T0 对单片机内部(外部)的定时(计数)脉冲进行计数而发生溢出时，表明定时时间(计数次数)到，由硬件自动置位特殊功能寄存器 TCON 的 TF1 或 TF0，向 CPU 申请中断。CPU 响应中断而转向中断服务程序时，由硬件自动将 TF1 或 TF0 清 0，即 CPU 响应中断后能自动撤除中断请求信号。

串行口中断是为串行数据传送的需要而设置的。每当串行口发送完或接收完一帧信息后，通过硬件自动置位特殊功能寄存器 SCON 的 TI 或 RI 位向 CPU 申请中断。当 CPU 响应中断后，硬件不能自动将 TI 或 RI 清 0，而需用户采用软件方法清 0，以便撤除中断请求信号。串行口中断请求是 TI 和 RI 的逻辑或，即无论是发送中断标志还是接收中断标志置位，都会产生串行口中断请求。若要进一步区分是发送还是接收中断，可以在中断服务程序中判定是 TI 置位还是 RI 置位。

4.2.2　中断控制

51 系列单片机对中断系统的控制包括是否允许中断，以及对多个中断请求优先响应哪一个中断。这些控制都是可编程的，即通过软件对片内的特殊功能寄存器 IE 和 IP 设置，实现对各个中断源中断请求的开放(允许)或屏蔽(禁止)的控制，以及中断优先级的控制。

1. 中断允许控制寄存器

MCS-51 系列单片机对所有中断以及某个中断源的开放或屏蔽是由中断允许控制寄存器(IE)来进行两级控制的。所谓两级控制是指各个中断源的允许控制位与一个中断允许总控位(EA)配合实现对中断请求的控制。中断允许寄存器(IE)字节地址为 0A8H，可按字节寻址，也可按位寻址，位地址范围为 0A8H～0AFH。IE 的格式如下。

0AFH	0AEH	0ADH	0ACH	0ABH	0AAH	0A9H	0A8H
EA	—	—	ES	ET1	EX1	ET0	EX0

IE 各位的定义如下。

EA：中断允许总控位。EA=0，屏蔽所有的中断请求；EA=1，开放所有的中断请求。EA 的作用是使中断允许形成两级控制。即各中断源首先受 EA 位的控制，其次还要受各中断源自己的中断允许位控制。

ES：串行口中断允许位。ES=0，禁止串行口中断请求；ES=1 允许串行口中断请求。

ET1、ET0：定时器/计数器 T1、T0 的溢出中断允许位。ET1(ET0)=0，禁止 T1(T0)中断请求；ET1(ET0)=1，允许 T1(T0)中断请求。

EX1、EX0：外部中断 1($\overline{\text{INT1}}$)、外部中断 0($\overline{\text{INT0}}$)的中断请求允许控制位。EX1(EX0)=0，禁止外部中断 1(0)中断请求；EX1(EX0)=1，允许外部中断 1(0)中断请求。

系统复位后，IE 寄存器中各位均为 0，即此时禁止所有中断。

2. 中断优先级控制寄存器

MCS-51 系列单片机有两个中断优先级，即高、低中断优先级，可以实现两级中断嵌套。每个中断源的中断优先级都是由中断优先级控制寄存器(IP)中相应位的状态来规定的。中断优先级控制寄存器(IP)的字节地址为 0B8H，可按字节寻址，也可按位寻址，位地址范围为 0B8H～0BFH。IP 的格式如下。

0BFH	0BEH	0BDH	0BCH	0BBH	0BAH	0B9H	0B8H
—	—	—	PS	PT1	PX1	PT0	PX0

IP 各位的定义如下。

PS：串行口的中断优先级控制位。当 PS =0 时被定义为低中断优先级，当 PS =1 时被定义为高中断优先级。

PT1、PT0：定时器/计数器 T1、定时器/计数器 T0 的中断优先级控制位。当 PT1(PT0)=0 时被定义为低中断优先级，当 PT1(PT0)=1 时被定义为高中断优先级。

PX1、PX0：外部中断 $\overline{INT1}$、外部中断 $\overline{INT0}$ 的中断优先级控制位。当 PX1(PX0)=0 时被定义为低中断优先级，当 PX1(PX0)=1 时被定义为高中断优先级。

系统复位后 IP 中各位均为 0，即此时全部设定为低中断优先级。

在实际应用中，若 CPU 同时接收到两个不同优先级的中断请求时，先响应高优先级的中断，如果 CPU 同时接收到的是同一优先级的中断请求时，则由内部的硬件查询序列确定它们的优先服务次序，即在同一优先级内有一个内部查询序列确定的第二优先级结构。表 4-1 列出了同一优先级的排队次序。

表 4-1 同一优先级排列次序表

中断源	中断优先级
外部中断0	最高
定时器/计数器0中断	
外部中断1	
定时器/计数器1中断	
串行口中断	
定时器/计数器 2 中断(52 系列单片机)	最低

3. 中断优先级的控制原则

中断优先级的控制原则如下。

1) CPU 同时接收到几个中断请求时，首先响应优先级最高的中断请求。

2) 低优先级的中断请求不能中断高优先级的中断服务，高优先级的中断请求可以中断低优先级的中断服务，从而实现中断嵌套。

3) 如果一个中断请求已被响应，则同级的其他中断服务将被禁止，即同级中断之间不能嵌套。

4) 如果同级的多个中断请求同时出现，其中断响应次序按照表 4-1 所示的次序确定。

5) 一个中断服务程序结束后，返回了主程序且执行了主程序中的一条指令后，CPU 才能响应新的中断请求。

4.3 MCS-51 系列单片机的中断响应

4.3.1 中断响应条件

为了保证正在执行的程序不因随机出现的中断响应而被破坏或出错，又能正确保护和恢复现场，必须对中断响应提出要求。

单片机响应中断，首先要有中断源发出中断请求，而且是在允许中断响应(中断允许总控位 EA=1 且中断源对应的中断允许位为 1)的条件下，在每个机器周期的 S5P2 期间，对所有中断源按用户设置的优先级和内部规定的优先级进行顺序检测，并可在 S6 期间找到所有有效的中断请求。对确认的中断请求还必须满足下列条件，否则，中断响应都会受到阻断。

1) 无同级或高优先级中断正在处理中；

2) 当前指令已经执行到最后一个机器周期并已结束；

3) 当前正在执行的不是返回指令(RETI)或访问 IE、IP 特殊功能寄存器指令。因为 CPU 完成这类指令后，至少还要再执行一条指令才会响应新的中断请求，以便保证程序能够正确地返回。

4.3.2　中断响应过程

CPU 接受中断请求信号且满足中断响应条件时即可响应中断，在响应中断的过程中由硬件自动执行如下的功能操作。首先根据中断请求源的优先级高低，将相应的优先级状态触发器置 1；然后保护断点，即把程序计数器(PC)的内容压入堆栈保存，便于中断程序处理完成后按此地址返回原程序执行；其次关闭中断，清内部硬件可清除的中断请求标志位(IE0、IE1、TF0、TF1)，以防在响应中断期间受其他中断的干扰；最后根据中断源入口地址，转入执行相应中断服务程序，即把被响应的中断服务程序入口地址送入 PC。单片机的中断入口地址为固定地址，各中断服务程序的入口地址如表 2-2 所示。

这些入口地址所引导的存储空间只有 8 个单元，存放一般的中断处理程序显然不够。所以，在这些单元中往往存放一条无条件转移指令，CPU 执行这条转移指令便能跳转到真正的中断服务程序存储空间上去执行。

4.3.3　中断响应时间

所谓中断响应时间是指 CPU 检测到中断请求信号到转入中断服务程序入口所需要的机器周期数。一般情况下，在单级中断系统中，中断响应时间一般情况下为 3~8 个机器周期。

MCS-51 系列单片机响应中断的最短时间为 3 个机器周期。这 3 个机器周期主要用于查询中断标志状态(CPU 检测到中断请求信号时间正好是一条指令的最后一个机器周期，故不需要等待立即响应)、保护断点、关 CPU 中断、执行一条长调用指令等。在这些过程中，查询检测需 1 个机器周期，其余操作需要 2 个机器周期，所以，共需 3 个机器周期才开始执行中断服务程序。

MCS-51 系列单片机响应中断的最长时间为 8 个机器周期。若 CPU 正在执行 RETI 或访问 IE 或 IP 指令的第 1 个机器周期时，检测到了某中断源的请求，在这种情况下，共需要不超过 8 个机器周期。这 8 个机器周期包括：执行 RETI 或访问 IE 或 IP 指令，需要 2 个机器周期(以上 3 条指令均需 2 个机器周期)；若紧接着 RETI 或 IE 或 IP 指令后要执行的指令恰好是执行时间最长的乘除法指令，其执行时间均为 4 个机器周期；再用 2 个机器周期执行一条长调用指令才转入中断服务程序。

但在有些情况下，无法确切地计算响应时间。因此，一般情况下可以忽略，只有某些精确定时控制的场合才给予考虑。

4.4　MCS-51 系列单片机的中断程序设计

单片机中断应用程序的设计主要包括两部分：中断初始化程序和中断服务程序。

4.4.1　中断初始化程序

中断初始化程序实质上就是对 TCON、SCON、IE 和 IP 寄存器的管理和控制。只要这些寄存器的相应位按照要求进行了状态预置，CPU 就会按照人们的意图对中断源进行管理和控制。

中断初始化程序一般不独立编写，而是包含在主程序中，根据需要进行编写。

中断初始化程序一般包括以下几个内容。

1) 某一中断源中断请求的允许与禁止。

2) 确定各中断源的中断优先级。

3) 若是外部中断请求，则要设定触发方式。

4) 开中断。

4.4.2　中断服务程序

中断服务程序是一种为中断源的特定要求服务的独立的程序段，以中断返回指令(RETI)结束。中断服务程序执行完后返回到原来被中断的地方(即断点)，继续执行原来的程序。在中断响应过程中，断点的保护主要由硬件电路自动实现。它将断点压入堆栈，再将中断服务程序的入口地址送入程序计数器(PC)，使程序转向中断服务程序。同样恢复断点也是由硬件电路自动实现的，但是保护现场和恢复现场则需要在中断服务程序中完成。中断服务程序一般包括以下内容。

1) 根据需要保护现场。所谓现场是指中断时刻单片机中主要寄存器的数据或状态。为了使中断服务程序的执行不破坏这些数据或状态，要把它们送入堆栈中保存起来，这就是现场保护。现场保护一般包括累加器(A)，工作寄存器(R0～R7)以及程序状态字(PSW)等。

2) 中断源请求中断服务要求的操作。

3) 恢复现场。在结束中断服务程序，返回主程序前，还需要把保存起来的现场内容从堆栈中弹出，以恢复那些寄存器的原有内容，这就是现场恢复。

4) 中断返回，最后一条指令必须是 RETI。

4.4.3　外部中断应用举例

【例 4-1】若要求外部中断引脚 $\overline{\text{INT0}}$ 为下降沿触发方式，以及处于低中断优先级，编写中断系统初始化程序。

解： 程序的编制有两种方法，一种是采用位操作指令进行编制，另一种是采用字节型指令编制。程序分别如下。

方法一：

```
CLR PX0              ; 令INT0为低优先级
SETB IT0             ; 令INT0为下降沿触发方式
```

```
        SETB EX0              ; 开 INT0 中断
        SETB EA
```

方法二：

```
        ANL  IP, #0FEH        ; 令 INT0 为低优先级
        ORL  TCON, #01H       ; 令 INT0 为下降沿触发方式
        MOV  IE, #81H         ; 开 INT0 中断
```

【例 4-2】在图 4.6 中，P1.4～P1.7 接有 4 个发光二极管，P1.0～P1.3 接有 4 个开关，与非门 G1、G2 组成的基本 RS 触发器消抖电路用于产生中断请求信号。当消抖电路的开关来回拨动一次，将产生一个下降沿信号，通过 INT1 向 CPU 申请中断。要求：初始时发光二极管全灭，每中断一次，P1.0～P1.3 所接的开关状态反映到发光二极管上，且要求合上的开关所对应的发光二极管亮。

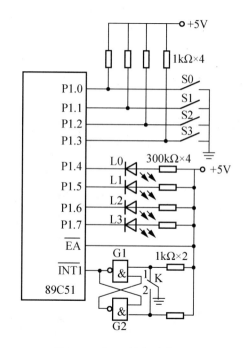

图 4.6　例 4.2 的电路原理图

解： 对于图 4.6 中的消抖电路，当开关 K 拨到 1 端时，与非门 G1 输出高电平到 INT1 端，当开关 K 拨到 2 端时，与非门 G1 输出低电平到 INT1 端，即为一个下降沿，向 CPU 申请中断，因此，应设外部中断 1 为下降沿触发方式。程序如下：

```
        ORG    0000H
        AJMP   MAIN
        ORG    0013H
        AJMP   WBINT1
        ORG    0040H
MAIN:   MOV    P1, #0FFH     ; 灯全灭，低四位输入
        SETB   IT1           ; 下降沿触发中断
        SETB   EX1           ; 允许外部中断 1 中断
```

```
            SETB    EA          ; 开中断
HERE:       AJMP    HERE        ; 等待中断
WBINT1:     MOV     P1, #0FFH   ; P1 先写入 1，且灯灭
            MOV     A, P1       ; 输入开关状态
            SWAP    A
            MOV     P1, A       ; 输出到 P1 口的高 4 位
            RETI
            END
```

51 系列单片机的中断系统有一个重要特性，即执行中断返回指令 RETI 后，必须至少再执行一条其他指令后，才能响应新的中断。正是由于这一特性，允许用户单步运行程序，这样用户可以很方便地调试程序。一般情况下是设置一个单步键，用以产生脉冲，由该脉冲来控制程序的执行，达到按一次单步键就执行一条指令，以检查每条指令执行的正确与否。在硬件电路上，只需通过按键或微动开关，实现按键弹起为高电平、按下为低电平，将此信号与外部中断 $\overline{INT1}$ 或 $\overline{INT0}$ 端口相连，且设置为电平触发方式。当按下按键时产生低电平，经 $\overline{INT1}$ 或 $\overline{INT0}$ 端口请求中断，主机响应中断，进入中断服务程序，等待从 $\overline{INT1}$ 或 $\overline{INT0}$ 端口上接收到一个脉冲 (低→高→低)，才结束中断服务程序。返回主程序并执行完一条指令后，又立即进入 $\overline{INT1}$ 或 $\overline{INT0}$ 的中断服务程序，等待下一个脉冲的到来。不断按键，反复产生脉冲，就可以单步方式执行完整个程序段。

【例 4-3】编写利用外部中断 0 实现单步操作的程序。

初始化程序段(主程序)：

```
...
CLR   IT0            ; 定义 INT0 为电平触发方式
SETB  EX0            ; 开 INT0 中断
SETB  EA             ; 开中断
......
```

中断服务程序段：

```
LOW:    JNB   P3.2, LOW     ; 原处等待，直到 INT0 为高电平
HIGH:   JB    P3.2, HIGH    ; 原处等待，直到 INT0 为低电平
        RETI                ; 返回
```

4.4.4 外部中断源的扩充

51 系列单片机只有两个外部中断源，即 $\overline{INT0}$ 和 $\overline{INT1}$，当某个系统需要多个外部中断源时，就必须进行扩展。外部中断源的扩展有两种方法：一种是采用 OC 门经线与后实现，另一种是通过片内定时器/计数器来实现。

1. 采用 OC 门经线与后实现

如图 4.7 所示为利用 $\overline{INT1}$ 扩展 3 个外部中断源的电路。图中 3 个中断源分别经 OC 反相器后线与，再与 $\overline{INT1}$ 连接。当 3 个中断源均为低电平时，反相器输出为高电平，当有 1 个或几个出现高电平时，反相器输出低电平，引起 $\overline{INT1}$ 下降沿触发中断。当满足外部中断请求条

件时，CPU 响应中断，转入 0013H 单元开始执行中断服务程序。在中断服务程序中，由软件设定，顺序查询外部中断哪一位是高电平，然后进入该中断处理程序。查询的顺序就是扩展的外部中断源的优先级顺序。

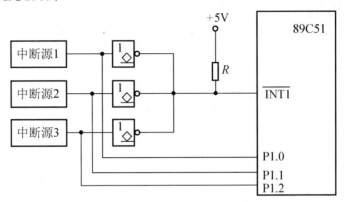

图 4.7　利用 OC 门实现外部中断源扩展电路

实现外部中断源扩展功能的程序如下。

初始化程序段(主程序)：

```
…
SETB    IT1      ; 定义 INT1 为下降沿触发方式
SETB    EX1      ; 开 INT1 中断
SETB    EA       ; 开中断
…
```

中断服务程序段：

```
PINT1:  PUSH    PSW                 ; 保护现场
        PUSH    ACC
        JB      P1.0, LOOP1         ; 转向中断服务程序 1
        JB      P1.1, LOOP2         ; 转向中断服务程序 2
        JB      P1.2, LOOP3         ; 转向中断服务程序 3
INTEND: POP     ACC                 ; 恢复现场
        POP     PSW
        RETI
LOOP1:  ……
        AJMP    INTEND
LOOP2:  …
        AJMP    INTEND
LOOP3:  …
        AJMP    INTEND
```

从程序可以看出，查询的顺序是按照 P1.0、P1.1、P1.2 的顺序进行的，所以，外部扩展中断源 1 的优先级最高，外部扩展中断源 3 的优先级最低。

2. 通过片内定时器/计数器来实现

当定时器/计数器在系统中有空余时，可以通过对计数长度的设置，使定时器/计数器的外部输入引脚 T0、T1 作为下降沿触发的外部中断请求输入端。这时应设置定时器/计数器为计数方式，而计数常数为满刻度值。当外部输入信号出现负跳变时，计数器加 1，由于计数常数已经设为满刻度值，所以计数器加 1 后溢出，向 CPU 申请中断。此时，T0、T1 的中断矢量用作第三、第四个扩展的外部中断矢量，中断服务程序入口地址作为扩展的外部中断服务入口地址，即实现了外部中断的扩展。有关定时器/计数器的内容在第 5 章详细介绍。

4.4.5 中断系统设计中应注意的几个问题

前面已经介绍了中断系统程序设计的方法，但是由于中断响应很突出的一个特点是具有很强的随机性，因此，在实际编写时还应注意以下几点。

1) 各个中断源的中断入口地址之间只间隔 8 个字节，中断服务程序放在此处，一般容量是不够的。常用的方法是在中断入口地址处设置一条无条件转移指令，转移到中断服务程序的实际入口处。

2) 在执行当前中断程序时，为了禁止更高优先级中断源的中断请求，可先用软件关闭CPU 中断，或屏蔽更高级中断源的中断，在中断返回前再开放被关闭或被屏蔽的中断。

3) 在多级中断情况下，为了不至于在保护现场或恢复现场时，由于 CPU 响应其他中断请求，而使现场破坏，一般规定在保护或恢复现场时，CPU 不响应外界的中断请求，即关中断。因此，在编写程序时，应在保护现场和恢复现场之前，关闭 CPU 中断；在保护现场或恢复现场后，再根据需要使 CPU 开中断。对于重要中断，不允许被其他中断嵌套。除了设置中断优先级外，还可采用关中断的方法，彻底屏蔽其他中断请求，待中断处理完毕后再打开中断系统。

4.5 实验与实训

4.5.1 故障源监控器的设计

1. 实验目的

1) 学习外部中断技术的使用方法。

2) 学习中断处理程序的编写方法。

2. 实验原理及内容

故障源监控器实验电路如图 4.8 所示。用 4 个开关 K0～K3 模拟故障信号输入端。当没有故障时，开关 K0～K3 不闭合，此时 $\overline{INT0}$ 为高电平，使发光二极管 L0～L3 全灭。当某部分出现故障时，其对应的开关闭合，此时 $\overline{INT0}$ 变为低电平，向 CPU 申请中断，然后使对应的发光二极管亮，以提醒操作人员。编程实现：当某部分出现故障时，使对应的发光二极管亮。

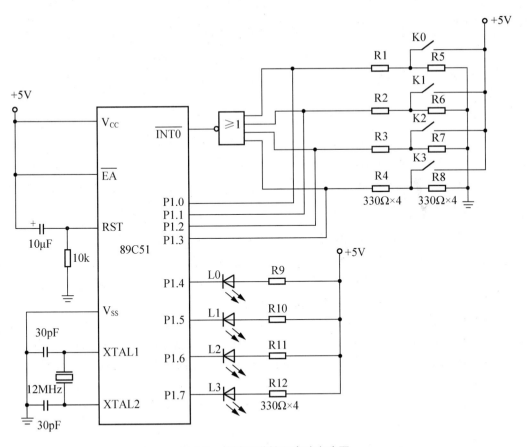

图 4.8　故障源监控器实验电路图

3. 参考程序

```
                ORG     0000H
                AJMP    MAIN
                ORG     0003H
                AJMP    SERVICE
MAIN:           ORL     P1, #0FFH
                SETB    IT0
                SETB    EX0
                SETB    EA
                AJMP    $
SERVICE:        JNB     P1.3, N1
                CLR     P1.7
N1:             JNB     P1.2, N2
                CLR     P1.6
N2:             JNB     P1.1, N3
                CLR     P1.5
N3:             JNB     P1.0, N4
                CLR     P1.4
N4:             RETI
```

4. 思考题

1) 4 个故障源中，哪一个优先级最高，哪一个优先级最低？

2) 在图 4.8 中是否可以将或非门改为与门？若改为与门，电路作如何修改？

4.5.2 抢答器的设计

1. 实验目的

1) 掌握中断服务程序的编写方法。

2) 掌握外部中断源的扩展与中断源的识别。

2. 实验原理及内容

抢答器的实验电路如图 4.9 所示(单片机最小系统参考图 4.8)。该系统共有 8 个抢答台，每个抢答台各安装一个抢答按键和一个抢答成功指示灯，共有抢答按键 S1~S8 和抢答成功指示灯 L1~L8，若某抢答台抢答成功则该抢答台上的指示灯点亮。主持人按键和抢答指示灯是为了确认是否有人抢答。主持人按下按键后指示灯点亮，若有人抢答，则指示灯灭，用 LED 显示器显示抢答者的号码，同时点亮抢答台上的指示灯。若某一个题无人抢答，超时则蜂鸣器报警。图中采用中断方式识别 S1~S8，这样可以快速检测抢答按键。S1~S8 中的任一个按键按下都会使 $\overline{INT1}$ 输入端为低电平，向 CPU 请求中断，CPU 响应中断后读取 P2 口的数据，再用软件方法识别中断源。

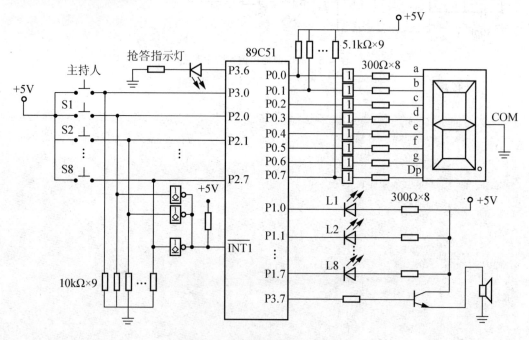

图 4.9 抢答器实验电路原理图

编写程序实现：主持人按下"开始"按钮后 10s 内，若无人抢答，单片机便会发出超时报警声，则此题作废，主持人可按"开始"按钮进行下一题的抢答；若有人抢答，则显示抢答者的号码，若某人抢答成功，则点亮抢答台上的指示灯。

3. 流程图及参考程序

抢答器主程序流程图如图 4.10 所示，中断服务程序流程图如图 4.11 所示。

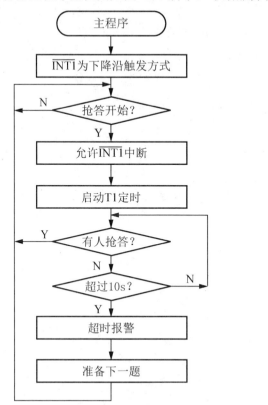

图 4.10 抢答器主程序流程图

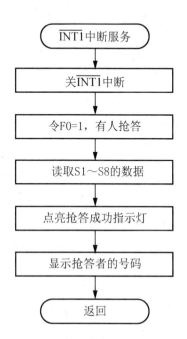

图 4.11 抢答器中断服务程序流程图

参考程序：

```
        ORG    0000H
        LJMP   START
        ORG    0013H
        LJMP   INT1I
        ORG    001BH
        LJMP   T1I
        ORG    0300H
        COUNT  EQU  40H        ; 计数单元
START:  MOV    SP, #50H
        SETB   EA
        SETB   IT1
AGAIN:  MOV    P1, #0FFH       ; 抢答成功指示灯 L1~L8 灭
        CLR    IE1             ; 清除INT1中断标志
        CLR    P3.6            ; 抢答指示灯灭
        CLR    F0              ; F0=0，无人抢答
HERE:   JNB    P3.0, HERE      ; 等待"开始"按钮
        SETB   EX1
        SETB   P3.6            ; 抢答指示灯亮
        MOV    COUNT, #00H
        MOV    TMOD, #10H
```

```
                MOV      TH1, 3CH              ; 计数初值
                MOV      TL1, #0B0H
                SETB     TR1
                SETB     ET1
NEXT:           JB       F0, AGAIN             ; 有人抢答，准备下一题
                MOV      A, COUNT             ; 无人抢答，等待10s定时
                CLR      C
                SUBB     A, #200
                JC       NEXT
                CLR      TR1
                MOV      R1, #90               ; 超过10s则报警
NEXT1:          CPL      P3.7
                NOP
                NOP
                NOP
                DJNZ     R1, NEXT1
                LJMP     AGAIN
T1I:            MOV      TH1, #3CH
                MOV      TL1, #0B0H
                INC      COUNT
                RETI
INT1I:          CLR      EX1
                PUSH     A
                SETB     F0                    ; F0＝1，有人抢答
                MOV      R1, #40               ; 有人抢答提示音
NEXT2:          CPL      P3.7
                NOP
                NOP
                DJNZ     R1, NEXT2
                MOV      A, P2                 ; 读取P2口的数据
                CLR      P3.6                  ; 熄灭抢答指示灯
                PUSH     A
                CPL      A
                MOV      P1, A                 ; 点亮抢答成功指示灯
                POP      A
                MOV      R3, #8                ; 计数器R3＝8
                MOV      R2, #1                ; R2为抢答者的号码
NEXT3:          RRC      A
                JC       EXIT
                INC      R2
                DJNZ     R3, NEXT3
EXIT:           MOV      DPTR, #TABLE
                MOV      A, R2
                MOVC     A, @A＋DPTR
                MOV      P0, A                 ; 显示抢答者的号码
                POP      A
                RETI
TABLE:          DB  3FH, 06H,5BH, 4FH, 66H, 6DH, 7DH, 07H, 7FH, 6FH
                END
```

4. 思考题

1) 如何通过软件调整各位选手的位置优先权？

2) 中断服务程序的编写原则是什么？

本 章 小 结

51 系列单片机具有 5 个中断源，即 $\overline{INT0}$、$\overline{INT1}$、T0、T1 和串行口中断。有两个中断优先级，即高优先级和低优先级。对中断系统的控制主要是由 4 个特殊功能寄存器 TCON、SCON、IE 和 IP 共同实现的。TCON 中的 4 位和 SCON 中的 2 位作为中断请求标志位，当有中断请求时，相应的标志位被硬件置 1，以便于 CPU 进行检测查询；当没有中断请求时，标志位清 0；当中断请求被响应后，标志位由硬件或软件清 0，以免再次被检测到。CPU 对中断的允许或禁止由中断允许控制寄存器(IE)来实现。当总控位 EA=0 时，所有中断请求被禁止；当 EA=1 时，CPU 开中断，但 5 个中断源的中断请求是否被允许，还要由 IE 中的相应位来决定。对每个中断源优先级的设置可以通过 IP 的设置来实现。当每一位设置为 1 时，则对应的中断源被设为高优先级，设置为 0 时，则对应的中断源被设置为低优先级。当具有同一优先级的多个中断源同时发出中断请求时，CPU 根据由硬件决定的自然优先级确定优先响应哪一个请求。

在简单介绍了中断响应条件、中断响应过程和中断响应时间后，介绍了中断应用程序的设计方法并给出了两个应用实例。单片机中断应用程序的设计主要包括中断初始化程序和中断服务程序两部分。中断初始化程序实质上就是对 TCON、SCON、IE 和 IP 寄存器的相应位按照要求进行了状态预置。中断初始化程序一般不独立编写，而是包含在主程序中，根据需要进行编写。中断服务程序是一种为中断源的特定要求服务的独立的程序段，以中断返回指令 RETI 结束。

然后介绍了外部中断源的扩充方法，一种是采用 OC 门经线与后实现，另一种是通过片内定时器/计数器来实现。还强调了中断系统设计中应注意的几个问题。

在本章的最后还给出了两个实验与实训，以帮助读者更深入的理解中断的概念，中断应用程序的设计方法，并熟悉外部中断源的扩充方法。

习 题

1. 填空题

(1) 51 系列单片机共有_____个中断源，其中外部中断源有_____个，分别是_____，内部中断源有_____个，分别是_____。

(2) 执行中断返回指令，要从堆栈弹出断点地址，以便去执行被中断的主程序。从堆栈弹出的断点地址送给_____。

(3) 在中断流程中有"关中断"的操作，对于外部中断 0，要关中断应复位中断允许寄存器的_____位和_____位。

(4) 若设 $\overline{INT1}$ 为下降沿触发方式，则当主机检测到 $\overline{INT1}$ 端口发生下降沿跳变时，由_____置位 IE1，向主机请求中断处理；当主机响应中断转向该中断服务程序时，由_____将 IE1 清 0，即复位为 0。

(5) 若允许定时器/计数器 0、外部中断 1 和串行口中断，禁止定时器/计数器 1 和外部中断 0 中断，则 IE 控制寄存器的内容为_____。

(6) 某单片机系统禁止外部中断 0 中断，设置外部中断 1 和串行口为高优先级，定时器/计数器 T0 和 T1 为低优先级，则这几个中断源的中断优先级从高到低的排列顺序为_____。

2. 选择题

(1) 在中断服务程序中，至少应有一条_____。

    A. 传送指令   B. 转移指令   C. 加法指令   D. 中断返回指令

(2) 若 MCS-51 系列单片机中断源都编程为同级，当它们同时申请中断时，CPU 首先响应_____。

    A. $\overline{\text{INT0}}$ B. $\overline{\text{INT1}}$ C. T0   D. T1

(3) 定时器/计数器 T0 中断固定对应的中断入口地址为_____。

    A. 0003H   B. 000BH   C. 0013H   D. 001BH

(4) 在 51 系列单片机中，需要外加电路实现中断撤除的是_____。

    A. 定时中断   B. 串行口中断

    C. 电平触发方式的外部中断   D. 下降沿触发方式的外部中断

(5) 中断查询，查询的是_____。

    A. 中断请求信号   B. 中断标志位

    C. 外部中断方式控制位   D. 中断允许控制位

3. 简答题

1) 什么是中断源？51 系列单片机有哪几个中断源？

2) 在 51 系列单片机中，外部中断有哪两种触发方式？两者有何异同？

3) 单片机在什么条件下可响应 $\overline{\text{INT1}}$ 中断？简要说明中断响应的过程。

4. 设计题

(1) 试编写一段对中断系统初始化的程序，使之允许 $\overline{\text{INT0}}$、$\overline{\text{INT1}}$、T0 和串行口中断，且使 T0 中断为高优先级。

(2) 如图 4.12 所示，P1 口为输出口，外接 8 个指示灯 L0～L7。试编写程序实现以下功能：系统上电工作时，指示灯 L0～L7 逐个被点亮。在逐个点亮 L0～L7 的过程中，当开关 S 被扳动时，则暂停逐个点亮的操作，L0～L7 全部点亮并闪烁 10 次。闪烁完成后，从暂停前的灯位开始继续逐个点亮的操作。

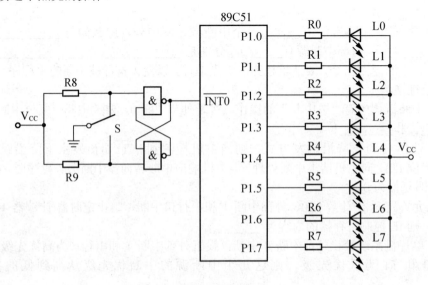

图 4.12　习题图

第5章

MCS-51 系列单片机的定时器/计数器

教学提示

　　定时器/计数器是单片机不可或缺的重要器件，熟悉定时器/计数器的结构组成和工作原理，是正确设计单片机控制系统的基本要求。

学习目标

➢　了解 MCS-51 系列单片机的定时器/计数器的结构和工作原理；
➢　掌握定时器/计数器的门控位的使用方法；
➢　熟练掌握定时器/计数器的 4 种工作方式及编程方法。

知识结构

　　本章知识结构如图 5.1 所示。

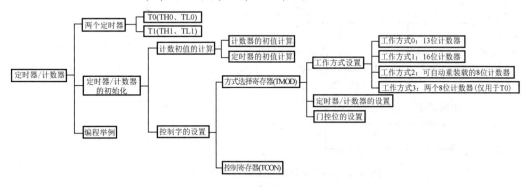

图 5.1　本章知识结构图

5.1　MCS-51系列单片机定时器/计数器的结构及工作原理

定时器/计数器是单片机的主要资源，其核心是 16 位加法计数器。它可以工作于定时方式，也可以工作于计数方式，两种工作方式的实质都是对脉冲计数。当它对内部固定频率的机器周期进行计数时，称为定时器；当它对外部事件进行计数时，由于频率不固定，称为计数器。

在 MCS-51 系列单片机内部有两个 16 位定时器/计数器 T0 和 T1，它们均可作为定时器或计数器使用，具有不同的工作方式，用户可通过对特殊功能寄存器的编程，方便地选择适当的工作方式及设定 T0 或 T1 工作于定时器或计数器。

5.1.1　定时器/计数器的结构

定时器/计数器 T0 和 T1 的内部结构框图如图 5.2 所示。定时器/计数器 T0 由寄存器 TL0 和 TH0 组成，定时器/计数器 T1 由寄存器 TL1 和 TH1 组成，它们均为 8 位寄存器，映射在特殊功能寄存器中，地址为 8AH～8DH，用于存放定时或计数的初始值。此外，还有一个 8 位的方式选择寄存器(TMOD)和一个 8 位的控制寄存器(TCON)。TMOD 用于选择定时器/计数器的工作方式，TCON 用于启动或停止定时器/计数器。

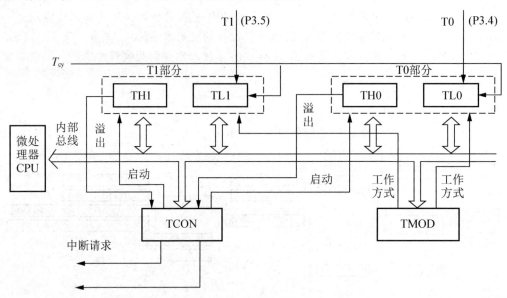

图 5.2　定时器/计数器 T0、T1 的结构框图

5.1.2　定时器/计数器的工作原理

1. 定时方式

在作为定时器使用时，加法计数器的时钟脉冲是由晶体振荡器的输出经 12 分频后得到的，所以定时器可以看作是对单片机机器周期的计数器。当晶振频率一定时，机器周期的值就是固定的，如果晶振频率为 12MHz，则一个机器周期为 1μs，因此对机器周期计数就达到了定时的目的。

2. 计数方式

在作为计数器使用时,加法计数器的时钟脉冲是芯片引脚 T0(P3.4)或 T1(P3.5)上输入的脉冲,所以计数器可以看作是对外部输入脉冲的计数器。每输入一个脉冲,加法计数器就加 1。加法计数溢出时可向 CPU 发出中断请求信号。

不论是定时方式还是计数方式,计数器的初值可以由程序设定,设置的初值不同,加法器达到溢出所需的计数值或定时时间就不同。在定时器/计数器的工作过程中,加法计数器的内容可用程序读回 CPU。

5.2 MCS-51 系列单片机的定时器/计数器的控制寄存器

对定时器/计数器工作模式、工作方式的设定及控制是通过工作方式选择寄存器(TMOD)和控制寄存器(TCON)这两个特殊功能寄存器来完成的。TMOD 用于控制和确定各定时器/计数器的工作方式和功能。TCON 用于控制各定时器/计数器的启动和停止并可反映定时器/计数器的状态,它们存在于 21 个特殊功能寄存器(SFR)中。

5.2.1 控制寄存器 TCON

控制寄存器 TCON 中用于外部中断的各位含义已在 4.2.1 中介绍过,此处只介绍一下与定时器/计数器有关的各位的含义。

控制寄存器(TCON)的格式如下。

D7	D6	D5	D4	D3	D2	D1	D0
TF1	TR1	TF0	TR0	IE1	IT1	IE0	IT0

其字节地址为 88H,用于定时器/计数器的各位的含义如下:

TF1、TF0:T1(T0)溢出中断标志位。当 T1(T0)启动计数后,从初值开始加 1 计数,当 T1(T0)计数溢出时,由硬件置位 TF1(TF0),并在允许中断的情况下,向 CPU 发出中断请求信号,CPU 响应中断转向中断服务程序时,由硬件自动将该位清零,TF1(TF0)也可以由程序查询或清零。

TR1、TR0:T1、T0 启/停控制位。由软件置位/复位进行控制 T1、T0 的启动或停止计数。

5.2.2 方式选择寄存器 TMOD

方式选择寄存器 TMOD 用于设定两个定时器/计数器的工作方式,它只能按字节寻址。字节地址为 89H。其格式如下。

D7	D6	D5	D4	D3	D2	D1	D0
GATE	C/$\overline{T}$	MI	M0	GATE	C/$\overline{T}$	M1	M0
T1方式字段				T0方式字段			

TMOD 的低 4 位用于定时器/计数器 0,高 4 位用于定时器/计数器 1。其各位定义如下。

GATE:门控位,用于控制定时器/计数器的启动是否受外部引脚中断请求信号的影响。如果 GATE=1,定时器/计数器 0 的启动受芯片引脚 $\overline{INT0}$(P3.2)控制,定时器/计数器 1 的启动受芯片引脚 $\overline{INT1}$(P3.3)控制;如果 GATE=0,定时器/计数器的启动与引脚无关。一般情况下 GATE=0。

在以下两种情况下，均可以选通定时器/计数器 X(X 为 0 或 1)。

1) 当 GATE=1，且 $\overline{INTX}$ =1，TRX=1 时，此时可以用于测量 $\overline{INTX}$ 端口输入正脉冲的宽度。

2) 当 GATE=0，且 TRX=1 时，一般情况下，选用该方法。

C/$\overline{T}$：定时方式或计数方式选择位，当 C/$\overline{T}$ =1 时为计数方式，当 C/$\overline{T}$ =0 时为定时方式。

M1、M0：定时器/计数器工作方式选择位，定时器/计数器 T0、T1 都有 4 种工作方式，与 M1、M0 的四种取值组合一一对应。其值与工作方式对应关系如表 5-1 所示。

表 5-1　定时器/计数器的工作方式

M1	M0	工作方式	方式说明
0	0	0	13 位定时器/计数器
0	1	1	16 位定时器/计数器
1	0	2	可自动重装载的 8 位定时器/计数器
1	1	3	仅适用于 T0，分为两个 8 位计数器，T1 在方式 3 时停止工作

5.3　MCS-51 系列单片机的定时器/计数器的工作方式

T0 和 T1 都具有 4 种工作方式，当工作于方式 0、1、2 时，T0 和 T1 功能相同，但工作在方式 3 时，其功能不同。下面分别介绍这 4 种工作方式。

5.3.1　工作方式 0

当 TMOD 的 M1M0=00 时，定时器/计数器工作于方式 0。如图 5.3 所示为方式 0 的逻辑结构图。由图中可看出定时器/计数器中的计数单元为 13 位，由高 8 位 THX 和低 5 位 TLX 组成，TLX 的高 3 位不用。最大计数长度为 2^{13}。

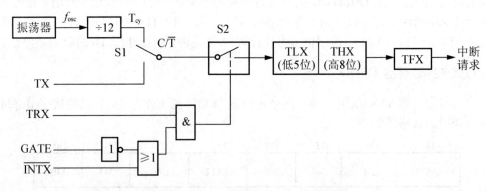

图 5.3　定时器/计数器方式 0 的逻辑结构

当图 5.3 中开关 S1 接至上端，即 C/$\overline{T}$ =0 时，加法计数器以晶振频率的 12 分频信号(机器周期脉冲 T_{cy})作为计数脉冲，工作于定时器方式。

当图 5.3 中开关 S1 接至 TX 端，即 C/$\overline{T}$ =1 时，加法计数器以外部脉冲输入端 TX 引脚上输入的脉冲作为计数脉冲，工作于计数方式。

图 5.3 中开关 S2 的作用是控制定时器/计数器的选通。当 GATE=1，且 $\overline{INTX}$ =1，TRX=1

时，或者当 GATE=0，且 TRX=1 时，开关 S2 闭合，定时器/计数器就开始工作。否则开关 S2 断开，定时器/计数器停止工作。

启动定时器/计数器前需要预置计数初值。启动后计数器立即加 1，TLX 低 5 位计数满并回零后，向 THX 进位，当 13 位计数满并回零后，中断溢出标志 TFX 置 1，产生中断请求，表示定时时间到或计数次数到。若允许中断(ETX=1)且 CPU 开中断(EA=1)，则 CPU 响应中断，转向中断服务程序，同时 TFX 自动清零。必须注意的是：加法计数器 THX 溢出后，必须用程序重新对 THX、TLX 设置初值，否则下一次 THX、TLX 将从 0 开始计数。

5.3.2　工作方式 1

当 TMOD 的 M1M0=01 时，定时器/计数器工作于方式 1。定时器/计数器方式 1 的逻辑结构如图 5.4 所示。由图可知方式 1 与方式 0 基本相同。唯一区别在于工作于方式 1 时，THX、TLX 都是 8 位加法计数器并构成 16 位定时器/计数器，最大计数长度为 2^{16}。与方式 0 相同，在加法计数器 THX 溢出后，必须用程序重新对 THX、TLX 设置初值，否则下一次 THX、TLX 将从 0 开始计数。

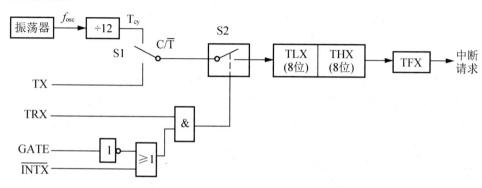

图 5.4　定时器/计数器方式 1 的逻辑结构

5.3.3　工作方式 2

当 TMOD 的 M1M0=10 时，定时器/计数器工作于方式 2。定时器/计数器方式 2 的结构如图 5.5 所示。在此方式下，TLX 寄存器进行 8 位加 1 计数，而 THX 专用于寄存 8 位计数初值并保持不变。当 TLX 计数溢出时，除了产生溢出中断请求外，还自动将 THX 中不变的初值重新装载到 TLX 中，使 TLX 重新从初值开始计数。因此方式 2 为可自动重装载的定时器/计数器，最大计数长度为 2^8。方式 2 适用于产生固定时间间隔的控制脉冲，也可以作为波特率发生器。

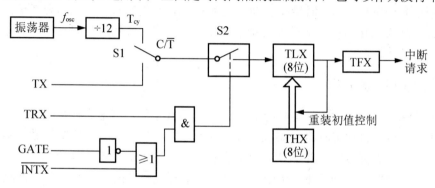

图 5.5　定时器/计数器方式 2 的逻辑结构

5.3.4 工作方式 3

当 TMOD 的 M1M0=11 时，定时器/计数器工作于方式 3。定时器/计数器方式 3 的结构如图 5.6 所示。方式 3 只适用于定时器/计数器 T0。

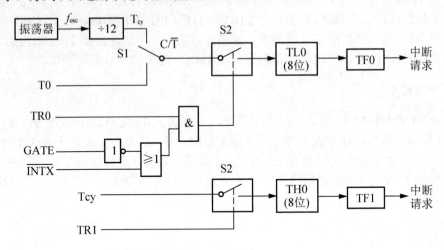

图 5.6 定时器/计数器方式 3 的逻辑结构

由图 5.6 可以看出，当 T0 工作在方式 3 时，TH0 和 TL0 变成两个独立的 8 位计数器。这时，TL0 仍可作为定时器/计数器使用，它使用定时器 T0 原来所使用的所有控制位($C/\overline{T}$、GATE、$\overline{INT0}$、TR0、TF0、M1 和 M2)，其功能和操作与方式 0 或方式 1 完全相同；而 TH0 只能作为一个 8 位的定时器使用，对机器周期进行计数。由于 TL0 占据了定时器/计数器 0 的所有控制位和相关引脚，所以，TH0 只能占用定时器 T1 的两个控制信号 TR1 和 TF1，即当 TH0 溢出时使 TF1=1，而 TH0 的启动和停止由 TR1 控制。这样，当 T0 工作于方式 3 时，若 TL0 发生中断时，中断入口地址为 000BH；若 TH0 发生中断时，中断入口地址则为 001BH。

由于定时器 T0 已占用了 T1 的运行控制位，所以定时器 T1 只可用于方式 0、1、2，且不能使用中断方式。所以一般情况下，只有将 T1 用作串行口的波特率发生器时，T0 才工作在方式 3，以便于增加一个 8 位的定时器/计数器。

5.4 MCS-51 系列单片机的定时器/计数器的应用举例

MCS-51 系列单片机的定时器/计数器是可编程的，在编写程序时应主要考虑：根据应用要求，通过程序初始化，正确地设置控制字，计算和设置计数初值；编写中断服务程序；适时地设置控制位等。

5.4.1 计数初值的计算

由于 MCS-51 系列单片机的定时器/计数器工作方式不同，其最大计数长度也不相同。再有 MCS-51 系列单片机的定时器/计数器采用加 1 计数器，因此必须将实际计数值的补码作为计数初值，装入寄存器 TLX 和 THX，计数器在此计数初值的基础上以加法计数，并在计数器从全 1 变为全 0 时，自动产生溢出中断。所以在编写程序之前必须计算出计数初值。

1．计数器初值的计算方法

在计数器模式下，假设计数器计满所需要的计数值(要计数的脉冲个数)为 N，应装入的计数初值为 C，n 为计数器的位数，则

$$C=2^n-N \tag{5-1}$$

式中 n 与计数器工作方式有关。在方式 0 时 $n=13$，在方式 1 时 $n=16$，在方式 2 和方式 3 时 $n=8$。

2．定时器初值的计算方法

在定时器模式下，计数器是对机器周期进行计数。假设定时时间为 T，机器周期为 T_p，则所需计数的脉冲个数为 T/T_p，C 为定时器的定时初值，则

$$C=2^n-T/T_p \quad (n\text{ 同上}) \tag{5-2}$$

计算出计数初值后，将其转换为二进制数，然后再分别装入 THX、TLX(对于 T0，X=0；对于 T1，X=1)，这样计数器就在此计数初值的基础上继续进行加法计数。

例如：设定时间 $T=5\text{ms}$，机器周期 $T_p=2\mu s$，则可求得计数次数(T/T_p)为 2500 次。

若选用方式 0，则 $n=13$，应设置计数初值为 $C=2^{13}-(T/T_p)=8192-2500=5692$，5692 变成二进制数为 1011000111100B，再通过程序将此二进制数的低 5 位 11100B=1CH 装入 TLX，将高 8 位 10110001B=B1H 装入 THX 即可。程序如下：

```
    MOV THX, #0B1H          ; 送高 8 位
    MOV TLX, #1CH           ; 送低 5 位
```

若选用方式 1，则 $n=16$，应设置计数初值为 $C=2^{16}-(T/T_p)=65536-2500=63036$，63036 变成二进制数为 1111011000111100B，再通过程序将此二进制数的低 8 位 00111100B=3CH 装入 TLX，将高 8 位 11110110B=F6H 装入 THX 即可。程序如下：

```
    MOV THX, #0F6H          ; 送高 8 位
    MOV TLX, #3CH           ; 送低 8 位
```

由于 $2500>2^8$，所以不能选方式 2。

如果需要计数 100 次，由于 100<256，则可选方式 2。256-100=156，156 变成二进制数为 10011100B，再通过程序将此二进制数 10011100B=9CH 装入 TLX 和 THX 即可。程序如下：

```
    MOV THX, #9CH           ; 送高 8 位
    MOV TLX, #9CH           ; 送低 8 位
```

5.4.2 定时器/计数器的初始化

定时器/计数器在使用之前需要对其内部的寄存器进行设置，以确定基本工作方式及计数初值，即初始化设置。定时器/计数器的初始化一般包括以下几个步骤。

1) 根据定时时间或计数要求，计算计数初值，并装入定时器/计数器(THX 和 TLX)。

2) 确定工作方式选择寄存器(TMOD)，以便对定时器/计数器的工作方式进行设定。

3) 如果工作于中断方式，需要设定中断允许控制寄存器(IE)，如果需要还要设定中断优先级控制寄存器(IP)。

4) 启动定时(或计数)，即将 TRX 置位。

5.4.3 应用举例

【例5-1】方式0应用：利用定时器/计数器T1在P1.0引脚输出周期为2ms的方波，设时钟频率为6MHz，编写相应的程序。

解：周期为2ms的方波，其高电平和低电平所占时间各为1ms，因此每隔1ms将P1.0引脚输出信号取反一次即可。为了提高CPU的效率，可采用定时中断的方式，每1ms产生一次中断，在中断服务程序中将输出信号取反。

1) 计算计数初值。

机器周期为

$$T_p = \frac{12}{晶振频率} = \frac{12}{6MHz} = 2\mu s$$

定时时间 T=1ms

所需计数的机器周期数为 T/T_p=500，可以用定时器方式0(13位定时器)来实现。

则计数初值为

$$C = 2^n - T/T_p = 2^{13} - 500 = 8192 - 500 = 7692 = 1111000001100B$$

则其高8位为F0H，低5位为0CH，故TH1=F0H，TL1=0CH。

2) 确定初始化控制字。对于定时器 T1 来说，M1M0=00H、C/$\overline{\text{T}}$=0、GATE=0。定时器 T0 不用，取为全 0。因此，TMOD=00000000B=00H。

3) 程序设计。T1 的中断服务程序，除了产生要求的方波外，还要注意将时间常数送入定时器中，为下一次产生中断做准备。

程序如下：

```
                ORG     001BH               ; T1中断服务程序入口
                LJMP    ZD                  ; 转至ZD处
                ORG     2000H               ; 主程序
                MOV     TMOD, #00H          ; 置T1为定时方式0
                MOV     TH1, #0F0H          ; 设置计数初值
                MOV     TL1, #0CH
                SETB    EA                  ; CPU开中断
                SETB    ET1                 ; 允许T1中断
                SETB    TR1                 ; 启动T1
HALT:           SJMP    $                   ; 暂停,等待中断
ZD:             CPL     P1.0                ; 输出方波
                MOV     TH1, #0F0H          ; 重新装入计数初值
                MOV     TL1, #0CH
                RETI                        ; 中断返回
```

对于该例题，也可以采用定时器的方式 1 来实现，与方式 0 相比，只是计数初值不同，读者可自行设计。

【例5-2】方式 2 的应用：利用定时器/计数器 T0 端口扩展外部中断源的应用设计。

解：在第 4 章已经介绍过利用定时器/计数器可以扩展外部中断源，方法是选择定时器/计数器 T0 为计数方式，设置为工作方式 2，计数初值为 0FFH，每当 T0 端口输入一个负跳变脉冲，计数器就溢出回 0，置位对应的中断请求标志 TF0，向 CPU 请求中断。这样就可以扩展一个外部中断源。程序如下：

主程序：

```
          ORG     0000H
          AJMP    MAIN            ; 转主程序
          ORG     000BH           ; 中断矢量入口地址
          LJMP    INTER           ; 转中断服务程序
          ...
          ORG     0200H           ; 主程序入口地址
MAIN:     ...
          MOV     TMOD, # 06H     ; 设置定时器/计数器 0，计数，方式 2
          MOV     TL0, #0FFH      ; 设置计数初值
          MOV     TH0, #0FFH
          SETB    ET0             ; 开中断
          SETB    EA
          SETB    TR0             ; 启动 T0 计数
          ...
```

中断服务程序：

```
          ORG     3000H
INTER:    PUSH    DPL             ; 保护现场
          PUSH    DPH
          ...                     ; 中断处理程序
          MOV     TL0, #0FFH      ; 重新装入计数初值
          MOV     TH0, #0FFH
          POP     DPH             ; 恢复现场
          POP     DPL
          RETI
```

【例 5-3】方式 3 的应用：设晶振频率为 6MHz，定时器/计数器 T0 工作于方式 3，通过 TL0 和 TH0 的中断分别使 P1.0 和 P1.1 产生 200μs 和 400μs 的方波。

解：

1) 计算计数初值。

因为晶振频率为 6MHz，所以机器周期为 2μs，所以计数初值分别为

$$C_0 = 2^8 - 100 \times 10^{-6}/2 \times 10^{-6} = 256 = \text{CEH} \quad (\text{TL0} = \text{CEH})$$
$$C_1 = 2^8 - 200 \times 10^{-6}/2 \times 10^{-6} = 156 = 9\text{CH} \quad (\text{TH0} = 9\text{CH})$$

2) 确定 TMOD 方式字。

对定时器 T0 来说，M1M0=11、$C/\overline{T}$=0、GATE=0，定时器 T1 不用，取为全 0。则

$$\text{TMOD} = 00000011\text{B} = 03\text{H}。$$

3) 程序设计。

程序如下：

```
ORG  MAIN                             ; 主程序
MAIN:    MOV  TMOD, #03H              ; T0 工作于方式 3
         MOV  TL0, #0CEH              ; 置计数初值
         MOV  TH0, #9CH
         SETB ET0                     ; 允许 T0 中断(用于 TL0)
         SETB ET1                     ; 允许 T1 中断(用于 TH0)
         SETB EA                      ; CPU 开中断
         SETB TR0                     ; 启动 TL0
         SETB ·TR1                    ; 启动 TH0
```

```
HALT:    SJMP   HALT                        ; 暂停，等待中断
         ORG    000BH                       ; TL0 中断服务程序
         CPL    P1.0                        ; P1.0 取反
         MOV    TL0, #0CEH                  ; 重新装入计数初值
         RETI                               ; 中断返回
         ORG    001BH                       ; TH0 中断服务程序
         CPL    P1.1                        ; P1.1 取反
         MOV    TH0, #9CH                   ; 重新装入计数初值
         RETI                               ; 中断返回
```

【例 5-4】门控位的应用：利用定时器 T0 的门控位测试 $\overline{INT0}$ 引脚上出现正脉冲的宽度。已知晶振频率为 12MHz，将所测得的值的高位存入片内 61H 单元，低位存入 60H 单元。

解：当门控位 GATE=1 时，只有 TR0=1 且 $\overline{INT0}$=1 时才能启动定时器/计数器 T0，因此可以利用这一特性测量 $\overline{INT0}$ 引脚上出现正脉冲的宽度。为此，设置 T0 为定时方式 1，并置 GATE=1。测试时，应在 $\overline{INT0}$ 为低电平时设置 TR0=1，当 $\overline{INT0}$ 变为高电平时，立即启动计数，当 $\overline{INT0}$ 再次变为低电平时，就停止计数，如图 5.7 所示。此计数值与机器周期的乘积即为被测正脉冲的宽度。

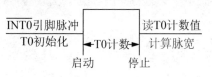

图 5.7　测试 $\overline{INT0}$ 引脚上正脉冲的宽度

程序如下：

```
         ORG    1000H
INTT0:   MOV    TMOD, #09H           ; 设 T0 定时方式 1，且 GATE=1
         MOV    TL0, #00H            ; TH0,TL0 清 0
         MOV    TH0, #00H
         MOV    R0, 60H              ; 设存储单元首地址
         CLR    EX0                  ; 关 INT0 中断
LOOP1:   JB     P3.2, LOOP1          ; 等待 INT0 变为低电平
         SETB   TR0                  ; 启动 T0 计数
LOOP2:   JNB    P3.2, LOOP2          ; 等待 INT0 变为高电平
LOOP3:   JB     P3.2, LOOP3          ; 等待 INT0 变为低电平
         CLR    TR0                  ; 停止计数
         MOV    @R0, TL0             ; 计数低字节值送 60H
         INC    R0
         MOV    @R0, TH0             ; 计数高字节值送 61H
         ...                         ; 计算脉宽和处理
```

5.5　实验与实训

5.5.1　简易方波发生器

1. 实验目的

1) 掌握定时器初值的计算方法。
2) 学习定时器的使用及采用查询与中断方式编程的方法。
3) 掌握方波信号发生器的设计方法。

2. 实验原理及内容

使 P1.0 引脚的输出状态定时翻转，则该端口能输出一定频率的方波。

编写程序实现：

利用定时器/计数器 T1，工作于方式 0，分别采用查询方式和中断方式，在 P1.0 引脚输出频率为 500Hz 的方波，并用示波器进行观察(晶振采用 12MHz)。

简易方波发生器的电路原理图如图 5.8 所示。

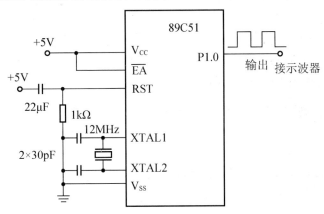

图 5.8　简易方波发生器的电路原理图

3. 参考程序

(1) P1.0 输出 500Hz 方波——查询方式

```
            ORG     0000H
            LJMP    MAIN                ; 跳至主程序
            ORG     0100H
MAIN:       MOV     TMOD, #00H          ; 置 T1 工作于方式 0
            MOV     TH1, #0E0H          ; 装入时间常数初值
            MOV     TL1, #18H
            SETB    TR1                 ; 启动 T1
LOOP:       JNB     TF1, LOOP           ; 查询等待
            CLR     TF1                 ; 清 TF1
            CPL     P1.0                ; P1.0 取反
            MOV     TH1, #0E0H          ; 重新装入时间常数初值
            MOV     TL1, #18H
            AJMP    LOOP                ; 继续生成波形
            END
```

(2) P1.0 输出 500Hz 方波——中断方式

```
            ORG     0000H
            LJMP    MAIN                ; 跳至主程序
            ORG     001BH               ; T1 的中断入口地址
            LJMP    FANGBO              ; 转至中断服务程序
            ORG     0100H
    MAIN:   MOV     TMOD, #00H          ; 置 T1 工作于方式 0
            MOV     TH1, #0E0H          ; 装入时间常数初值
            MOV     TL1, #18H
```

```
            SETB    ET1                    ; 允许 T1 中断
            SETB    EA                     ; CPU 开中断
            SETB    TR1                    ; 启动 T1
SJMP        $                              ; 等待中断
FANGBO:     CPL     P1.0                   ; P1.0 取反
            MOV     TH1, #0E0H             ; 重新装入时间常数初值
            MOV     TL1, #18H
            RETI                           ; 中断返回
            END
```

4. 思考题

1) 如何改变输出方波的频率？

2) 采用查询方式和中断方式编程有何区别？

5.5.2 基于定时器/计数器实现的音乐播放器

1. 实验目的

1) 掌握单片机定时器/计数器的使用和编程方法。

2) 了解演奏音乐的原理和编程方法。

2. 实验原理及内容

演奏音乐主要是控制音符和节拍，音符对应于不同的声音频率，而节拍表达的是音符持续的时间。

通过设置单片机定时器的定时时间，可以产生不同频率的音频脉冲，经放大后驱动蜂鸣器就可以发出不同的音符。例如，C调中音 1 的频率为 523Hz，其周期为 1912μs，假设单片机的振荡频率为 12MHz，其半周期为 1912/2=956μs，因此只要在 P1.0 引脚产生半周期为 956μs 的方波，即可听到持续的音 1。C调各音符频率与定时器初值的对应关系如表 5-2 所示。设单片机的振荡频率为 12MHz，且定时器工作于方式 1。部分音符与简谱码对照表如表 5-3 所示。

表 5-2　C 调各音符频率与定时器初值的对应关系

音符	频率(Hz)	定时器定时初值		音符	频率(Hz)	定时器定时初值	
		十进制	十六进制			十进制	十六进制
1	262	64582	0FC48H	5	748	65202	0FEB2H
2	294	64686	0FCAEH	6	880	65252	0FEE4H
3	330	64778	0FD0AH	7	988	65283	0FF03H
4	349	64820	0FD34H	i	1046	65297	0FF11H
5	392	64898	0FD82H	2	1175	65323	0FF2BH
6	440	64968	0FDC8H	3	1318	65346	0FF42H
7	494	65030	0FE06H	4	1397	65357	0FF4DH
1	523	65058	0FE22H	5	1568	65377	0FF61H
2	587	65110	0FE56H	6	1760	65394	0FF72H
3	659	65157	0FE85H	7	1967	65409	0FF81H
4	698	65178	0FE9AH				

表 5-3　部分音符与简谱码对照表

音符	简谱码	定时初值	音符	简谱码	定时初值	音符	简谱码	定时初值	音符	简谱码	定时初值
$\dot{5}$	1	0FD82H	2	5	0FE56H	6	9	0FEE4H	$\dot{3}$	D	0FF42H
$\dot{6}$	2	0FDC8H	3	6	0FE85H	7	A	0FF03H	$\dot{4}$	E	0FF4DH
$\dot{7}$	3	0FE06H	4	7	0FE9AH	$\dot{1}$	B	0FF11H	$\dot{5}$	F	0FF61H
1	4	0FE22H	5	8	0FEB2H	$\dot{2}$	C	0FF2BH	不发音	0	

利用延时程序来控制发音时间的长短，即可控制节拍。如果一拍为 0.4s，则 1/4 拍是 0.1s，只要求得 1/4 拍的时间，其余节拍就是它的倍数，如表 5-4 所示。

表 5-4　节拍数与节拍码的关系

节拍数	1/4 拍	2/4 拍	3/4 拍	1 拍	1 又 1/4 拍
节拍码	1	2	3	4	5
节拍数	1 又 1/2 拍	2 拍	2 又 1/2 拍	3 拍	3 又 3/4 拍
节拍码	6	8	A	C	F

建立音乐的步骤如下。

1) 先把谱的音符找出，然后由上表建立时间常数初值 T 的顺序表，标号为 TABLE1。

2) 建立音符和节拍表，标号为 TABLE，将构成发音符的计数值放在其中。

3) TABLE 表的结构为：简谱码(代表音符)为高 4 位，节拍码(表示节拍数)为低 4 位，在唱歌程序中对每一个有节拍的音符能通过设计共同生成音符节拍码。

基于定时器/计数器实现的音乐播放器的电路原理图如图 5.9 所示。

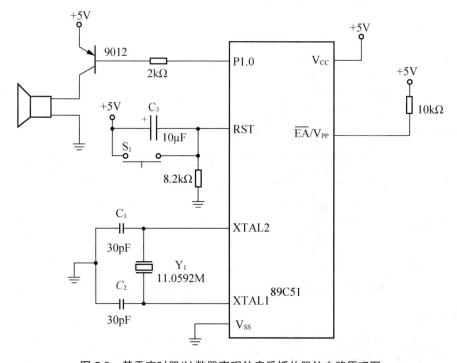

图 5.9　基于定时器/计数器实现的音乐播放器的电路原理图

编写程序实现生日快乐歌：

1=C3/4

| 5 • <u>5</u> 6 5 | 1 7 - | <u>5 • 5</u> 6 5 | 2 1 - | <u>5 • 5</u> 5 3 | 1 7 6 | 4 • <u>4</u> 3 1 | 2 1 - |

3. 流程图及参考程序

主程序流程图如图 5.10 所示，T0 中断服务程序流程图如图 5.11 所示。

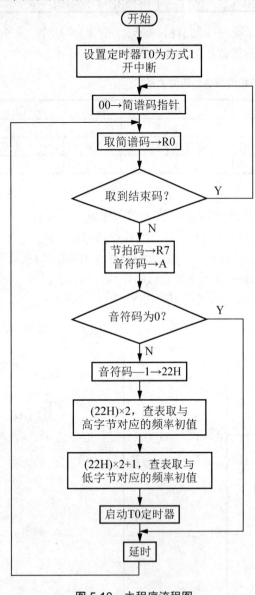

图 5.10 主程序流程图

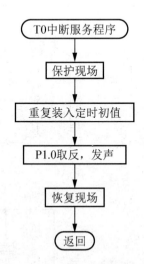

图 5.11 T0 中断服务程序流程图

参考程序：

```
ORG     0000H
LJMP    MAIN                    ; 跳至主程序
ORG     000BH                   ; T0 的中断入口地址
```

```
          LJMP    T0MI                    ; 转至中断服务程序
          ORG     0100H
MAIN:     MOV     TMOD, # 01H             ; 置 T0 工作于方式 1
          SETB    ET0                     ; 开 T0 中断
          SETB    EA                      ; CPU 开中断
REPLY:    MOV     50H, #00H               ; 取简谱码指针
NEXT:     MOV     A, 50H                  ; 简谱码指针装入 A
          MOV     DPTR, #TABLE            ; 指向简谱码 TABLE 表地址
          MOVC    A, @A+DPTR              ; 简谱码存入 A
          MOV     R0, A                   ; 简谱码暂存 R0
          JZ      STOP                    ; 是否取到结束码 00H?
          ANL     A, #0FH                 ; 没有,则取低 4 位的节拍码
          MOV     R7, A                   ; 取到的节拍码存入 R7
          MOV     A, R0                   ; 将取到的简谱码再装入 A
          SWAP    A                       ; 高低 4 位交换
          ANL     A, #0FH                 ; 取低 4 位的音符码
          JNZ     SING                    ; 取到的音符码是否为 0?
          CLR     TR0                     ; 是,则不发音
          AJMP    DT                      ; 转至 DT
SING:     DEC     A                       ; 对取到的非 0 音符码减 1
          MOV     22H, A                  ; 音符码暂存 22H
          RL      A                       ; 乘 2
          MOV     DPTR, #TABLE1           ; 至 TABLE1 取与高字节相
                                          ; 对应的频率初值
          MOVC    A, @A+DPTR
          MOV     TH0, A                  ; 取到的高字节存入 TH0
          MOV     21H, A                  ; 取到的高字节存入 21H
          MOV     A, 22H                  ; 重装取到的音符码
          RL      A                       ; 乘 2
          INC     A                       ; 加 1
          MOVC    A, @A+DPTR              ; 至 TABLE1 取与低字节相对
                                          ; 应的频率初值
          MOV     TL0, A                  ; 取到的低字节存入 TL0
          MOV     20H,A                   ; 取到的低字节存入 20H
          SETB    TR0                     ; 启动 T0,开始计时
DT:       LCALL   DELAY                   ; 1/4 拍的基本单位时间 187ms
          INC     50H                     ; 将简谱码指针加 1
          AJMP    NEXT                    ; 取下一个码
STOP:     CLR     TR0                     ; 计时停止
          AJMP    REPLY                   ; 重复循环
T0MI:     PUSH    ACC                     ; 保护 A 值
          PUSH    PSW                     ; 保护 PSW
          MOV     TH0, 21H                ; 重装入时间常数初值
          MOV     TL0, 20H                ; 重装入时间常数初值
          CPL     P1.0                    ; P1.0 取反,发声
          POP     PSW                     ; 恢复 PSW
          POP     ACC                     ; 恢复 A
          RETI
```

```
DELAY:    MOV     R5, #2                        ; 187ms 子程序，决定音乐节拍
DEL2:     MOV     R4, #187
DEL3:     MOV     R3, #248;
          DJNZ    R3, $
          DJNZ    R4, DEL3
          DJNZ    R5, DEL2
          DJNZ    R7, DELAY
          RET
TABLE1:   DW      FD82H,FDC8H,FE06H,FE22H
          DW      FE56H,FE85H,FE9AH,FEB2H
          DW      FEE4H,FF03H,FF11H,FF2BH
          DW      FF42H,FF4DH,FF61H
TABLE:    DB      82H,01H,81H,94H,84H
          DB      0B4H,0A4H,04H
          DB      82H,01H,81H,94H,84H
          DB      0C4H,0B4H,04H
          DB      82H,01H,81H,0F4H,0D4H
          DB      0B4H,0A4H,94H
          DB      0E2H,01H,0E1H,0D4H,0B4H
          DB      0C4H,0B4H,04H
          DB      00H
          END
```

4. 思考题

1) 如何实现乐谱中不同的音符？
2) 发音的长短是如何实现的？

5.5.3　交通信号灯的控制

1. 实验目的

1) 掌握定时器/计数器定时中断的应用方法。
2) 了解交通信号灯的工作原理。

2. 实验原理及内容

在正常情况下交通灯的红灯可以直接变成绿灯，但绿灯不能直接变成红灯，在变成红灯之前必须先变成黄灯，同时交通灯的旁边显示有这种灯亮的剩余秒数，即经过 1s 显示数字减 1，因此需要用到定时器完成 1s 的定时。采用定时器 T1，工作在方式 1。

编写程序，实现交通灯的控制规律为：

状态 0：南北方向通行，绿灯亮 25s，而东西方向红灯亮 25s；

状态 1：南北方向的绿灯熄灭，而黄灯闪烁 5s，东西方向仍亮红灯；

状态 2：南北方向红灯亮 25s，东西方向绿灯亮 25s；

状态 3：东西方向的绿灯熄灭，而黄灯闪烁 5s，南北方向仍然亮红灯。

系统按照此顺序在闭环状态 0→状态 1→状态 2→状态 3→状态 0 中循环工作。

交通信号灯实验电路原理图如图 5.12 所示，交通信号灯显示电路原理图如图 5.13 所示。

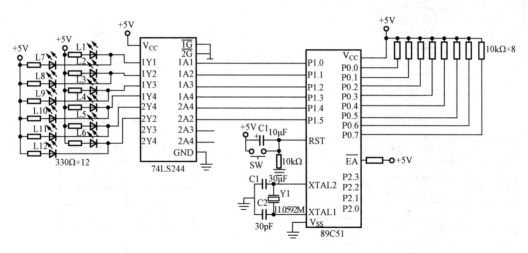

图 5.12　交通信号灯实验电路原理图

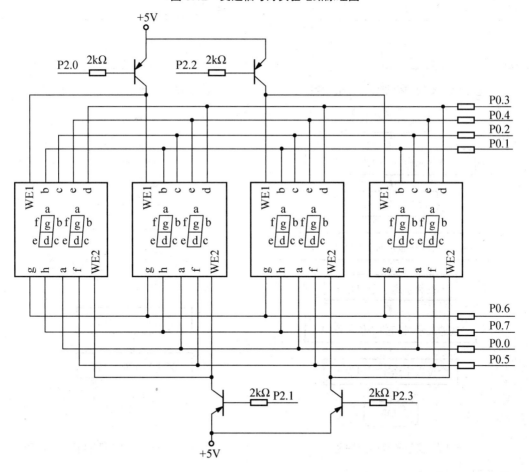

图 5.13　交通信号灯显示电路原理图

3. 流程图及参考程序

交通信号灯主程序流程图如图 5.14 所示，四种状态的子程序流程图如图 5.15 所示，显示子程序流程图如图 5.16 所示，T1 中断服务程序流程图如图 5.17 所示。

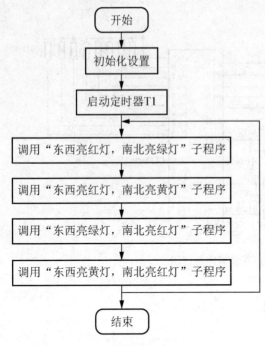

图 5.14　交通信号灯主程序流程图

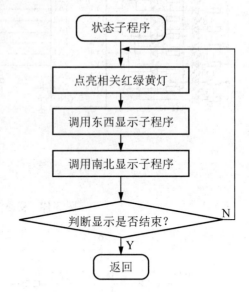

图 5.15　四种状态的子程序流程图

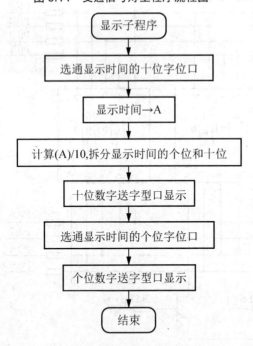

图 5.16　显示子程序流程图

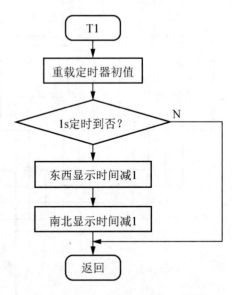

图 5.17　T1 中断服务程序流程图

参考程序：

```
SEC1S   EQU     14H         ; 1s 定时所需次数
EWT     EQU     22H         ; 东西显示时间存储单元
SNT     EQU     23H         ; 南北显示时间存储单元
ORG     0000H
AJMP    MAIN
```

```
            ORG     001BH
            LJMP    T1I                         ; 定时器 T1 中断入口
            ORG     0400H
MAIN:       MOV     SP, #40H
            MOV     TCON, #00H
            MOV     TMOD, #10H                  ; 选择定时器 T1，工作方式 1
            MOV     TH1, #3CH                   ; 设置定时器初值
            MOV     TL1, #0B0H
            SETB    ET1                         ; 允许定时器 T1 中断
            SETB    EA                          ; 开中断
            SETB    TR1                         ; 启动定时器 T1
            MOV     EWT, #25                    ; 东西显示初值
            MOV     SNT, #30                    ; 南北显示初值
            MOV     R0, #SEC1S
START:      ACALL   STAT1                       ; 东西亮绿灯，南北亮红灯
            ACALL   STAT2                       ; 东西亮黄灯，南北亮红灯
            ACALL   STAT3                       ; 东西亮红灯，南北亮绿灯
            ACALL   STAT4                       ; 东西亮红灯，南北亮黄灯
            SJMP    START
STAT1:      MOV     P1, #0EEH
            LCALL   EWDISP
            LCALL   NSDISP
            MOV     A, EWT
            CJNE    A,#00H, STAT1               ; 判断倒计时是否到零
            MOV     EWT, #5                     ; 设置下一状态东西显示初值
            RET
STAT2:      CLR     C
            MOV     A, #10
            SUBB    A, R0
            JC      STAT21                      ; 判断是否到 5s
            MOV     P1, #0FEH                   ; 东西灭黄灯，南北亮红灯
            AJMP    STAT22
STAT21:     MOV     P1, #0DEH                   ; 东西亮黄灯，南北亮红灯
STAT22:     LCALL   EWDISP
            LCALL   NSDISP
            CJNE    A, #00H, STAT2              ; 判断倒计时是否到零
            MOV     EWT, #30                    ; 设置下一状态东西显示初值
            MOV     SNT, #25                    ; 设置下一状态南北显示初值
            RET
STAT3:      MOV     P1, #0F5H
            LCALL   EWDISP
            LCALL   NSDISP
            CJNE    A, #00H, STAT3              ; 判断倒计时是否到零
            MOV     SNT, #5                     ; 设置下一状态南北显示初值
            RET
STAT4:      CLR     C
            MOV     A, #10
            SUBB    A, R0
            JC      STAT41
            MOV     P1, #0F7H                   ; 东西亮红灯，南北灭黄灯
            AJMP    STAT42
STAT41:     MOV     P1, #0F3H                   ; 东西亮红灯，南北亮黄灯
```

```
STAT42:  LCALL   EWDISP
         LCALL   NSDISP
         MOV     A, SNT
         CJNE    A, #00H, STAT4
         MOV     EWT, #25            ; 设置下一状态东西显示初值
         MOV     SNT, #30            ; 设置下一状态南北显示初值
         RET
EWDISP:  MOV     R2, #0BH            ; 十位位选模式控制字
         MOV     A, EWT
         MOV     B, #10
         DIV     AB
         MOV     R1, A
         CALL    DISP                ; 显示十位数
         MOV     R2, #07H            ; 个位位选模式控制字
         MOV     R1, B
         CALL    DISP                ; 显示个位数
         RET
NSDISP:  MOV     R2, #0EH            ; 十位位选模式控制字
         MOV     A, SNT
         MOV     B, #10
         DIV     AB
         MOV     R1, A
         LCALL   DISP                ; 显示十位数
         MOV     R2, #0DH            ; 个位位选模式控制字
         MOV     R1, B
         LCALL   DISP                ; 显示个位数
         RET
DISP:    MOV     P2, R2              ; 位选线有效
         MOV     A, R1               ; 查找显示字型码
         MOV     DPTR, #TAB
         MOVC    A, @A+DPTR
         MOV     P0, A               ; 字型码输出
         LCALL   DELAY
         MOV     P0, #0FFH           ; 关闭显示
         RET
T1I:     MOV     TH1, #3CH
         MOV     TL1, #0B0H
         DJNZ    R0, EXIT            ; 是否到1s
         MOV     R0, #SEC1S
         DEC     EWT                 ; 倒计时数值减1
         DEC     SNT
EXIT:    RETI
DELAY:   MOV     R5, #01             ; 延时1ms子程序
DELAY3:  MOV     R6, #0AH
DELAY2:  MOV     R7, #32H
DELAY1:  DJNZ    R7, DELAY1
         DJNZ    R6, DELAY2
         DJNZ    R5, DELAY3
         RET
TAB:     DB      0C0H,0F9H,0A4H,0B0H,99H,92H,82H,0F8H
         DB      80H,90H,88H,83H,0C6H,0A1H,86H,8EH
         END
```

4. 思考题

1) 如何驱动大功率 LED 数码管？
2) 如何调整红、黄、绿灯亮的时间？

本 章 小 结

在 MCS-51 系列单片机内部有 2 个 16 位定时器/计数器 T0 和 T1,均可作为定时器或计数器使用。当它们对内部固定频率的机器周期进行计数时，称为定时器；当它们对外部事件计数时，称为计数器。具体由 TMOD 寄存器中 C/$\overline{T}$ 位的设置决定。

当设置 TCON 寄存器中的 TR1 或 TR0 为 1 时就启动 T1 或 T0，当加 1 计数计满时，自动置位 TF1 或 TF0，从而发出中断请求，TF1 或 TF0 也可以作为查询标志。定时器/计数器有 4 种工作方式，只要对 TMOD 寄存器的相应位进行设置即可。当工作于方式 0 时，是 13 位定时器/计数器，当工作于方式 1 时，是 16 位定时器/计数器，当工作于方式 2 时，是可自动重装载的 8 位定时器/计数器，当工作于方式 3(只适用于 T0)时，变为 2 个 8 位的定时器/计数器，一般将 T1 用作串行口的波特率发生器时，T0 才工作在方式 3，以便于增加 1 个 8 位的定时器/计数器。

定时器/计数器往往不是从 0 开始加 1 计数，因此要设置初值。文中给出了几个应用实例能帮助读者更好地掌握初值的计算以及编程方法。

在本章的最后给出了 3 个实验与实训，以帮助读者深入地了解定时器/计数器的使用和编程方法。

习 题

1. 填空题

(1) 51 系列单片机定时器/计数器 T0 有_____种工作方式,定时器/计数器 T1 有_____种工作方式。

(2) 当定时器工作在方式 0 时，如果系统晶振频率为 6MHz，则最大定时时间为_____。

(3) 若把系统晶振频率经 12 分频后得到的信号作为加法计数器的时钟脉冲，则定时器/计数器是工作在_____方式；若把芯片引脚 T0(P3.4)或 T1(P3.5)上输入的脉冲作为加法计数器的时钟脉冲，则定时器/计数器是工作在_____方式。

(4) 51 系列单片机的定时器/计数器工作在方式 0 时，相当于_____位计数器,工作在方式 1 时，相当于_____位计数器，工作在方式 2 时，相当于_____位计数器。

(5) 51 系列单片机的_____作为串行接口的波特率发生器。

2. 选择题

(1) 在下列寄存器中，与定时器/计数器无关的是_____。
    A. TCON   B. TMOD   C. SCON   D. IE

(2) 如果以查询方式进行定时应用，则应用程序中的初始化内容应包括_____。

  A．系统复位、设置工作方式、设置计数初值

  B．设置计数初值、设置中断方式、启动定时

  C．设置工作方式、设置计数初值、打开中断

  D．设置计数初值、设置工作方式、禁止中断

(3) 下列各组控制信号中，能启动定时器/计数器 T0 的是_____。

  A．GATE=1，$\overline{INT0}$=1，TR0=1

  B．GATE=1，$\overline{INT0}$=0，TR0=1

  C．GATE=0，TR0=0

  D．GATE=0，$\overline{INT0}$=1，TR0=1

(4) 51 单片机的定时器 T1 工作于方式 0，系统晶振频率为 12MHz，现欲定时 1ms，则计数初值为_____。

  A．TH1=18H，TL1=E0H   B．TH1=E0H，TL1=18H

  C．TH1=18H，TL1=1CH   D．TH1=1CH，TL1=18H

(5) 51 单片机系统晶振频率为 12MHz，现欲定时 10ms，若采用 T1 定时，则其需要工作于_____。

  A．方式 0   B．方式 1   C．方式 2   D．方式 3

3．简答题

(1) 51 单片机片内设有几个定时器/计数器？它们由哪些特殊功能寄存器组成？

(2) 说明若要扩展定时器/计数器的最大定时时间，可采用哪些方法？例如单片机的晶振频率为 12MHz，要求定时 1s，试提出解决方案。

(3) 51 单片机的定时器/计数器在什么情况下是定时器，什么情况下是计数器？

(4) 定时器工作在方式 2 时有什么特点？适用于什么场合？

4．设计题

(1) 使用 89C51 片内定时器编写一个程序，从 P1.0 口输出 100Hz 的对称方波(f_{osc}=12MHz)。试确定计数初值、寄存器 TMOD 的内容，并编写程序。

(2) 设单片机的晶振频率为 6MHz，试利用定时器 T0 定时中断的方法，使 P1.0 输出周期为 500μs，占空比为 3∶2 的矩形脉冲。

(3) 设计一个监测 P1.0 引脚电平状态的程序，要求每隔 1s 读一次 P1.0，如果所读的状态为"1"，则将片内 RAM 的 40H 单元内容加 1，如果所读的状态为"0"，则将片内 RAM 的 41H 单元内容加 1。设单片机的晶振频率为 12MHz。

第6章
MCS-51 系列单片机的串行接口

教学提示

近年来由于硬件技术的进步，串行方式传输速度有了很大幅度的提高。为了能够满足现代通信的要求，所以现在在远距离通信中，如果对传送速度要求不是很高，大都采用串行方式。这种方式在单片机应用系统中显得越来越重要。

学习目标

➤ 了解串行通信的方式；
➤ 理解串行接口的内部结构；
➤ 理解并掌握串行接口的使用方法；
➤ 理解并掌握串行接口的波特率设置、结构、控制字和工作方式；
➤ 理解并掌握串行接口的波特率设计。

知识结构

本章知识结构如图 6.1 所示。

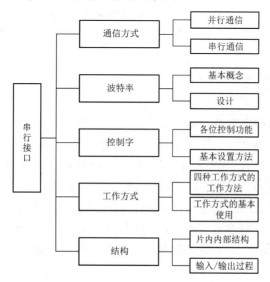

图6.1 本章知识结构图

6.1 串行通信基础

6.1.1 通信方式

在实际应用中，不但计算机与外部设备之间常常要进行信息交换，而且计算机之间也需要交换信息，所有这些信息的交换均称为"通信"。

通信的基本方式分为并行通信和串行通信两种。

并行通信是构成 1 组数据的各位同时进行传送，例如 8 位数据或 16 位数据并行传送。其特点是传输速度快，但当距离较远、位数又多时导致了通信线路复杂且成本高。

串行通信是数据一位接一位地顺序传送。其特点是通信线路简单，只要一对传输线就可以实现通信(如电话线)，从而大大地降低了成本，特别适用于远距离通信。缺点是传送速度慢。

如图 6.2 所示以上两种通信方式的示意图。如图 6.2 所示可知，假设并行传送 N 位数据所需时间为 T，那么串行传送的时间至少为 NT，实际上总是大于 NT 的。

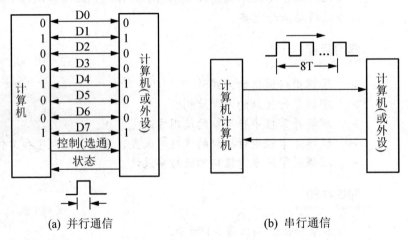

(a) 并行通信　　　　　　　　　(b) 串行通信

图 6.2　通信的两种基本方式

6.1.2 串行通信方式

1. 串行通信的两种基本通信方式

(1) 异步通信

在异步通信中，数据或字符是一帧一帧地传送的。帧定义为一个字符的完整的通信格式，一般也称为帧格式。在帧格式中，一个字符由 4 个部分组成：起始位、数据位、奇偶校验位和停止位。首先是一个起始位"0"表示字符的开始；然后是 5～8 位数据，规定低位在前，高位在后；接下来是奇偶校验位(该位可省略)；最后是一个停止位"1"，用以表示字符的结束，停止位可以是 1 位、1.5 位、2 位，不同的计算机规定有所不同。如图 6.3 所示。

由于异步通信每传送一帧有固定格式，通信双方只需按约定的帧格式来发送和接收数据，所以，硬件结构比较简单；此外，它还能利用奇偶校验位检测错误，因此，这种通信方式应用比较广泛。

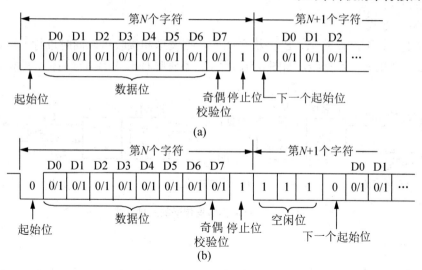

图 6.3　异步串行通信格式

(2) 同步通信

同步通信中，在数据开始传送前用同步字符来指示，同步字符通常为 1～2 个，数据传送由时钟系统实现发送端和接收端同步，即检测到规定的同步字符后，下面就连续按顺序传送数据，直到通信告一段落。同步传送时，字符与字符之间没有间隙，不用起始位和停止位，仅在数据块开始时用同步字符 SYN 位(即同步字符 8 位)来指示，同步传送格式如图 6.4 所示。

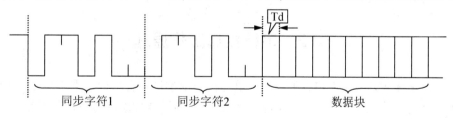

图 6.4　同步串行通信格式

同步通信中数据块传送时去掉了字符开始和结束的标志，因而其速度高于异步传送，但这种通信方式对硬件的结构要求比较高。

2. 串行通信的传送方向

在串行通信中，数据是在两机之间进行传送的。按照数据传送的方向，串行通信可以分为单工方式、半双工方式和全双工方式。如图 6.5 所示。

(1) 单工方式

单工方式的数据传送是单向的。如图 6.5(a)所示，通信双方中一方固定为发送端，另一方固定为接收端。单工方式的串行通信，只需要一条数据线。

例如：计算机与打印机之间的串行通信就是单工方式，因为只能由计算机向打印机传递数据，而不可能有相反方向的数据传递。

(2) 半双工方式

在半双工方式下，设备 A、B 两机之间只有一个通信回路，接收和发送不能同时进行，只能分时接收和发送，即在任一时刻只能由两机中的一方发送数据，另一方接收数据。因而两机之间只需一条数据线即可，如图 6.5(b)所示。

(3) 全双工方式

在全双工方式下，设备 A、B 两机之间的数据发送和接收可以同时进行，全双工方式的串行通信必须使用两根数据线，如图 6.5(c)所示。不管哪种形式的串行通信，两机之间均应有共地线。

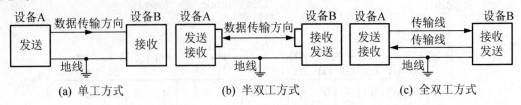

图 6.5　串行通信数据传送的三种方式

6.1.3　波特率

传送速率是指数据传送的速度。在串行通信中，数据是按位进行传送的，因此传送速率用每秒钟传送数据的位数来表示，称之为波特率(baud/s)。例如数据传送速率是 120 字符/s，每个字符由 1 个起始位、8 个数据位和 1 个停止位构成，则其传送波特率为

$$10 \times 120 = 1200 \text{baud/s}$$

异步通信的传送速度一般在 50～19200baud/s 之间，常用于计算机低速终端以及双机或多机之间的通信等。在波特率选定之后，对于设计者来说，就是如何得到能满足波特率要求的发送时钟脉冲和接收时钟脉冲。

6.2　串行接口工作原理

对于单片机来说，为实现串行通信，在单片机内部都设计有串行口电路。MCS-51 系列单片机的串行口是一个可编程的全双工串行通信接口，通过软件编程可以用作通用异步接收和发送器，也可以用作同步移位寄存器。其帧格式有 8 位、10 位和 11 位，并能设置各种波特率，使用灵活方便。

6.2.1　串行接口结构

MSC-51 系列单片机的串行口主要由 2 个数据缓冲器(SBUF)、1 个输入移位寄存器、1 个串行控制寄存器(SCON)和 1 个波特率发生器 T1 等组成，其结构如图 6.6 所示。

串行口数据缓冲器(SBUF)是可以直接寻址的专用寄存器。在物理上，一个作发送缓冲器，一个作接收缓冲器。两个缓冲器共用一个口地址 99H，由读写信号区分，CPU 写 SBUF 时为发送缓冲器，读 SBUF 时为接收缓冲器。接收缓冲器是双缓冲的，它是为了避免在接收下一帧数据之前，CPU 未能及时响应接收器的中断，把上帧数据读走，而产生两帧数据重叠的问题而设置的双缓冲结构。对于发送缓冲器，为了保持最大传输速率，一般不需要双缓冲，这是因为发送时 CPU 是主动的，不会产生写重叠的问题。

特殊功能寄存器(SCON)用来存放串行口的控制和状态信息。T1 作串行口的波特率发生器，其波特率是否增倍可由特殊功能寄存器 PCON 的最高位控制。

串行通信的过程如下。

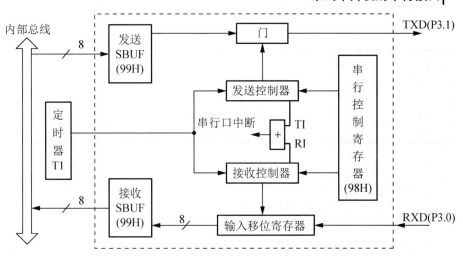

图 6.6　串行口结构框图

1. 接收数据的过程

在进行通信时，当 CPU 允许接收时(即 SCON 的 REN 位置 1 时)，外界数据通过引脚 RXD(P3.0)串行输入，数据的最低位首先进入输入移位器，一帧接收完毕再并行送入缓冲器 SBUF 中，同时将接收中断标志位 RI 置位，向 CPU 发出中断请求。CPU 响应中断后，用软件将 RI 位清除同时读走输入的数据(MOV　A，SBUF)。接着又开始下一帧的输入过程。重复直至所有数据接收完毕。

2. 发送数据的过程

CPU 要发送数据时，即将数据并行写入发送缓冲器(SBUF)中(MOV SBUF，A)，同时启动数据由 TXD(P3.1)引脚串行发送，当一帧数据发送完即发送缓冲器空时，由硬件自动将发送中断标志位 TI 置位，向 CPU 发出中断请求。CPU 响应中断后，用软件将 TI 位清除，同时又将下一帧数据写入 SBUF 中。重复上述过程直到所有数据发送完毕。

6.2.2　串行接口的控制

MCS-51 系列单片机的串行口是可编程接口,通过对两个特殊功能寄存器 SCON 和 PCON 的初始化编程，可以实现对串行口的控制。

1. 串行口控制寄存器(SCON)

SCON 是一个可位寻址的专用寄存器，用于串行数据通信的控制。其单元地址为 98H，位地址为 98H～9FH。其内容及位地址表示如表 6-1 所示。

表 6-1　串行口寄存器(SCON)各位

位　序	D7	D6	D5	D4	D3	D2	D1	D0
位地址	9FH	9EH	9DH	9CH	9BH	9AH	99H	98H
位　名	SM0	SM1	SM2	REN	TB8	RB8	TI	RI

SM0、SM1 为串行口工作方式选择位。其状态组合所对应的工作方式如表 6-2 所示。

表 6-2　串行口工作方式

SM0	SM1	工作方式	功　　能	波　特　率
0	0	方式 0	移位寄存器方式，用于并行 I/O 扩展	$f_{osc}/12$
0	1	方式 1	8 位通用异步接收器/发送器	可变
1	0	方式 2	9 位通用异步接收器/发送器	$f_{osc}/32$ 或 $f_{osc}/64$
1	1	方式 3	9 位通用异步接收器/发送器	可变

SM2：多机通信控制位。

因多机通信是在方式 2 和方式 3 下进行，因此 SM2 主要用于方式 2 和方式 3。当串行口以方式 2 或方式 3 接收时，若 SM2=1，只有当接收到的第九位数据(RB8)为 1，才将接收到的前 8 位数据送入 SBUF，并置接收中断标志(RI=1)，产生中断请求；否则，将接收到的前 8 位数据丢弃。而当 SM2=0 时，则不论第九位数据(RB8)为 0 还是 1，都将前 8 位数据装入 SBUF 中，并产生中断请求。在方式 0 中，SM2 必须为 0。

REN：接收使能位。

REN 位用于对串行口数据的接收进行控制，该位由软件置位或清除。当 REN=0 时，禁止接收；REN=1 时，允许接收。

TB8：发送数据的第九位。

在方式 2 和方式 3 中，根据需要由软件进行置位和复位。双机通信时该位可作奇偶校验位；在多机通信中可作为区别地址帧或数据帧的标识位。一般约定 TB8=1 时为地址帧，TB8=0 时为数据帧。

RB8：接收数据的第九位。

在方式 2 和方式 3 中，RB8 存放接收到的第九位数据。其功能类似于 TB8(例如，可能是奇偶位，或是地址/数据帧标识)。

TI：发送中断标志位。

在方式 0 中，发送完 8 位数据后，由硬件置位；在其他方式中，在发送停止位之前由硬件置位。TI=1 时，表示帧发送结束，其状态既可申请中断，也可供软件查询使用。TI 位必须由软件清 0。

RI：接收中断标志位。

在方式 0 时，接收完 8 位数据后，由硬件置位；在其他方式中，在接收停止位的中间，由硬件置位。RI=1 时，表示帧接收结束，其状态既可申请中断，也可供软件查询使用。RI 位必须由软件清 0。

2. 电源控制寄存器(PCON)

PCON 主要是为 CHMOS 型单片机的电源控制而设的专用寄存器，单元地址为 87H，其格式如下。

位序	D7	D6	D5	D4	D3	D2	D1	D0
位名	SMOD	—	—	—	GF1	GF0	PD	IDL

在 HMOS 单片机中，该寄存器中除最高位之外，其他位都是虚设的。最高位 SMOD 是串行口波特率倍增位。当 SMOD=1 时，串行口波特率加倍。系统复位时，SMOD=0。

6.2.3 串行接口的 4 种工作方式

1. 方式 0

在工作方式 0 下，SBUF 作为同步移位寄存器，其波特率是固定的，为 f_{osc}(振荡频率)的 1/12。数据由芯片的 RXD(P3.0)引脚进行发送和接收，移位同步脉冲由 TXD(P3.1)引脚输出。发送/接收的是 8 位数据。低位在先，顺序发送。帧格式如下。

...	D0	D1	D2	D3	D4	D5	D6	D7	...

在方式 0 中，由于 SCON 的 SM2、RB8 和 TB8 不用，均置成 0。串行接口方式 0 的结构如图 6.7 所示。

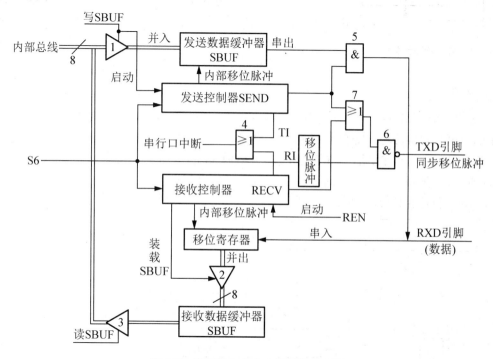

图 6.7 串行接口方式 0 的结构示意图

当 CPU 执行一条写 SBUF 的指令，如 MOV SBUF，A，就启动了发送过程。指令执行期间写 SBUF 信号打开三态门 1，将内部总线送来的 8 位并行数据写入发送数据缓冲器 SBUF。写信号同时启动发送控制器。经过一个机器周期，发送控制端 SEND 有效(高电平)，打开门 5，允许 RXD 引脚发送数据，同时打开门 6，允许 TXD 引脚输出同步移位脉冲。在时钟信号 S6 触发产生的内部移位脉冲作用下，发送数据缓冲器中的数据逐位串行输出。每一个机器周期从 RXD 上发送一位数据，故波特率为 f_{osc}/12。S6 同时形成同步移位脉冲，从 TXD 上输出。8 位数据(一帧)发送完毕后，发送控制器(SEND)恢复低电平状态，停止发送数据，且发送控制器硬件置发送中断标志 TI=1，向 CPU 申请中断。CPU 响应中断后，先用软件将 TI 清 0，并再次执行写 SBUF 指令。发送时，SBUF(发)相当于一个并入串出的移位寄存器。

接收过程是在 RI=0，REN(SCON.4)置 1 的条件下启动的。此时 RXD 为串行数据接收端，TXD 依然输出同步移位脉冲。

REN 置 1 启动接收控制器。经过一个机器周期，接收控制端 RECV 有效(高电平)，打开门 6，允许 TXD 输出同步移位脉冲。该脉冲控制外接芯片逐位输入数据，波特率为 $f_{osc}/12$。在内部移位脉冲作用下，RXD 上的串行数据逐位移入移位寄存器。当 8 位数据(一帧)全部移入移位寄存器后，接收控制器使 RECV 失效，停止输出移位脉冲，并发出装载 SBUF 信号，三态门 2 导通，8 位数据并行传入接收缓冲器 SBUF(收)中保存。与此同时，接收控制器硬件置接收中断标志 RI=1，向 CPU 申请中断。CPU 响应中断后，用软件使 RI=0，使移位寄存器开始接收下一帧信息，然后通过读接收缓冲器的指令，例如 MOV A, SBUF，在执行这条指令时，CPU 发出的读 SBUF 信号打开三态门 3，数据经内部总线进入CPU。此时，SBUF(收)相当于一个串入并出的移位寄存器。

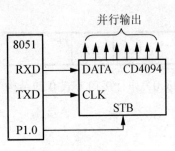

图 6.8　串行转换为并行

串行接口工作在方式 0 时，并非是一个同步通信方式。它的主要用途是与外部同步移位寄存器(如 CD4094 或 CD4014 等)连接，达到扩展并行口的目的。例如将串行接口作为并行输出口使用时，可采用如图 6.8 所示的方法。

2．方式 1

在方式 1 时，串行接口被设置为波特率可变的 8 位异步通信接口。其波特率取决于定时器 T1 的溢出率和特殊功能寄存器 PCON 中 SMOD 的值，即方式 1 的波特率=$(2^{SMOD}/32)\times$定时器 T1 的溢出率。引脚 TXD(P3.1)发送数据、RXD(P3.0)接收数据，为全双工接收/发送方式。其结构如图 6.9 所示。在方式 1 时，发送/接收一帧信息共 10 位：1 位起始位(0)、8 位数据位($D_0\sim D_7$)和一位停止位(1)。帧格式如下。

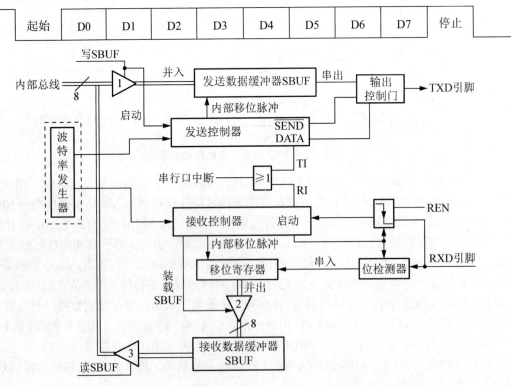

图 6.9　串行接口方式 1、2、3 结构示意图

当 CPU 执行一条写 SBUF 指令便启动了串行接口发送，在指令执行期间，CPU 发出的写 SBUF 信号将并行数据送入 SBUF，同时通知发送控制器启动发送。发送控制器在发送时钟的作用下自动在发送字符前添加起始位，发送控制端的 $\overline{\text{SEND}}$、DATA 相继有效，通过输出控制门从 TXD 上逐位输出数据。写 SBUF 信号同时将 1 装入发送移位寄存器的第 9 位(D 触发器)，即停止位 1 的自动插入，一帧信息发送完毕后，$\overline{\text{SEND}}$、DATA 失效，发送控制器硬件置发送中断标志 TI=1，向 CPU 申请中断。

允许接收控制位 REN=1 和 RI=0，就启动了接收过程，跳变检测器以所选波特率的 16 倍速率采样 RXD 引脚上的电平。当采样到从 1 到 0 的负跳变时，启动接收控制器接收数据。由于发送、接受双方各自使用自己的时钟，两者的频率总有少许差异。为了避免这种情况所带来的影响，控制器将 1 位的传送时间分成 16 等份，位检测器在 7、8、9 三个状态，也就是在信号中央采样 RXD 三次。而且，三次采样中至少两次相同的值被确认为数据，这是为了减少干扰的影响。如果接收到的起始位的值不是 0，则起始位无效，复位接收电路；如果起始位为 0，则开始接收本帧其他各位数据。控制器发出内部移位脉冲将 RXD 上的数据逐位移入移位寄存器，当 8 位数据及停止位全部移入后，根据以下状态，进行相应操作。

1) 如果 RI=0、SM2=0，接收控制器发出装载 SBUF 信号，将 8 位数据装入接收数据缓冲器 SBUF，停止位装入 RB8，并将 RI 置 1，向 CPU 申请中断。

2) 如果 RI=0、SM2=1，那么只有停止位为 1 才发生上述操作。

3) RI=0、SM2=1 且停止位 0，所接收的数据不装入 SBUF，数据将会丢失。

4) 如果 RI=1，则所接收的数据在任何情况下都不装入 SBUF，即数据丢失。

无论出现哪一种情况，跳变检测器将继续采样 RXD 引脚的负跳变，以便接收下一帧信息。

3. 方式 2

串行接口工作于方式 2 时，被定义为 9 位异步通信接口。发送数据由 TXD(P3.1)引脚输出，接收数据由 RXD(P3.0)引脚引入，其结构如图 6.9 所示。其发送/接收一帧信息为 11 位，其中 1 位起始位(0)、8 位数据位(先低位后高位)、1 位可编程位(1 或 0)和 1 位停止位。帧格式如下。

起始	D0	D1	D2	D3	D4	D5	D6	D7	D8	停止

方式 2 的波特率=$(2^{\text{SMOD}}/64)\times f_{\text{osc}}$，可编程位数值取决于 SCON 中的 TB8，它可由软件置位或清 0，在实际应用中该位可作为多机通信中地址/数据信息的标志位，也可作为数据通信的奇偶校验位。下面是一个实际的以 TB8 作为奇偶校验位的发送中断服务程序，R0 中存放着发送数据区起始地址。

```
PIPL:   PUSH    PSW             ; 保护现场
        PUSH    A
        CLR     TI              ; 清发送中断标志
        MOV     A, @R0          ; 取数据
        MOV     C, P            ; 奇偶位送 C
        MOV     TB8, C          ; 奇偶位送 TB8
        MOV     SBUF, A         ; 数据写入发送缓冲器,启动发送
        INC     R0              ; 数据指针加 1
```

```
POP     A                    ; 恢复现场
POP     PSW
RETI                         ; 中断返回
```

4. 方式 3

方式 3 为波特率可变的 9 位异步通信方式，除了波特率有所区别之外，其余方式都与方式 2 相同。方式 3 的波特率=$(2^{SMOD}/32)\times$定时器 T1 的溢出率。

方式 2 与方式 3 都是 9 位异步通信接口，发送或接收一帧 11 位的信息。方式 2 与方式 3 的不同之处仅在于波特率，方式 2 的波特率与振荡器频率有关，为 $f_{osc}/32$(SMOD=1 时)或 $f_{osc}/64$(SMOD=0 时)，而方式 3 的波特率由定时器/计数器 T1 及 SMOD 决定。

在方式 2、方式 3 时，发送、接收数据的过程与方式 1 基本相同，有所不同的仅在于对第 9 位数据的处理上。发送数据时，第 9 位数据由 SCON 中的 TB8 提供。接收数据时，当第 9 位数据移入移位寄存器后，将 8 位数据装入 SBUF，第 9 位数据装入 SCON 中的 RB8。

串行接口工作方式的比较如表 6-3 所示。

表 6-3　串行接口工作方式的比较表

特性 方式	引脚功能	一帧数据格式	波特率	应　用
方式 0 8 位移位寄存器输入输出方式	TXD 引脚输出 $f_{osc}/12$ 频率的同步脉冲 RXD 引脚作为数据输入、输出端	8 位数据	波特率固定为 $f_{osc}/12$	常用于扩展 I/O 口
方式 1 10 位异步通信方式波特率可变	TXD 数据输出端 RXD 数据输入端	10 位数据，包括: 1 个起始位(0) 8 个数据位 1 个停止位(1)	波特率可变，取决于 T1 的溢出率和 PCON 中的 SMOD 波特率 $=(2^{SMOD}/32)\times$ T1 的溢出率 $=(2^{SMOD}/32)\times f_{osc}/(12\times(256-X))$	常用于双机通信
方式 2 11 位异步通信方式波特率固定	TXD 数据输出端 RXD 数据输入端	11 位数据，包括: 1 个起始位(0) 9 个数据位 1 个停止位(1)	波特率固定为 $(2^{SMOD}/64)\times f_{osc}$	多用于多机通信
方式 3 11 位异步通信方式波特率可变	TXD 数据输出端 RXD 数据输入端	发送的第 9 位数据由 SCON 的 TB8 提供 接收的第 9 位数据存入 SCON 的 RB8	波特率可变，取决于 T1 的溢出率和 PCON 中的 SMOD 波特率$=(2^{SMOD}/32)\times$ T_1 的溢出率 $=(2^{SMOD}/32)\times f_{osc}/(12\times(256-X))$	多用于多机通信

6.2.4　波特率设计

在串行通信中，收发双方对发送或接收的数据速率(即波特率)要有一定的约定。通过软件对串行口编程可约定为 4 种工作方式，其中方式 0 和方式 2 的波特率是固定的，而方式 1 和方式 3 的波特率是可变的，由定时器 1 的溢出率来控制。

对于方式 0，波特率是固定的，为单片机时钟频率的 1/12，即 $f_{osc}/12$。

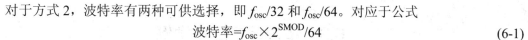

对于方式 2，波特率有两种可供选择，即 $f_{osc}/32$ 和 $f_{osc}/64$。对应于公式

$$波特率=f_{osc}\times 2^{SMOD}/64 \tag{6-1}$$

用户通过对 PCON 中的 SMOD 位的设置来选择确定波特率值。

对于方式 1 和方式 3，波特率都由定时器 T1 的溢出率来决定，对应于公式

$$波特率=(2^{SMOD}/32)\times 定时器 T1 的溢出率 \tag{6-2}$$

其中，T1 的溢出率取决于计数速率和定时器的预置值。计数速率与 TMOD 寄存器中的 $C/\overline{T}$ 位的状态有关。当 $C/\overline{T}=0$ 时，计数速率＝ $f_{osc}/12$；当 $C/\overline{T}=1$ 时，计数速率取决于外部输入时钟频率。

当定时器 T1 作波特率发生器使用时，通常是选用自动重新装载方式，即工作方式 2。在工作方式 2 下，TL1 作为计数器，而自动重新装入的初值放在 TH1 中。设计数初值是 X，那么每过 256-X 个机器周期，定时器 T1 就会产生一次溢出。为了避免因溢出而引起中断，此时应禁止 T1 中断。这时 T1 的溢出周期是

$$T=(256-X)\times \frac{12}{f_{osc}} \tag{6-3}$$

溢出率为溢出周期的倒数，所以有

$$波特率=\frac{2^{SMOD}}{(256-X)\times 32}\times \frac{f_{osc}}{12} \tag{6-4}$$

此时定时器 1 在工作方式 2 时的初始值为

$$X=256-\frac{SMOD+1}{384\times 波特率}\times f_{osc} \tag{6-5}$$

表 6-4 列出了各种常用的波特率及其初值。

表 6-4 常用波特率及其参数选择

波特率(baud/s)	f_{osc}(MHz)	SMOD	定时器 T1		
			$C/\overline{T}$	模式	初值
方式 0: 1×106	12	X	X	X	X
方式 2: 37 500	12	1	X	X	X
方式 1/3:62 500	12	1	0	2	0FFH
方式 1/3:19 200	11.0592	1	0	2	0FDH
9600	11.0592	0	0	2	0FDH
4800	11.0592	0	0	2	0FAH
2400	11.0592	0	0	2	0F4H
1200	11.0592	0	0	2	0E8H
110	6	0	0	2	72H
110	12	0	0	1	0FFE8H

【例 6-1】设 8051 单片机的振荡频率为 11.0592MHz，选用定时器 T1、工作方式 2 作为串行口的波特率发生器，求定时器的初值，使波特率为 2400baud/s。

解：设波特率倍增位 SMOD=0，则初值为

$$X=256-\frac{SMOD+1}{384\times 波特率}\times f_{osc}=256-\frac{1}{384\times 2400}\times 11.0592\times 10^{6}=244=F4H$$

6.3　串行接口应用举例

通过对串行口的 SCON 编程可以选择 4 种工作方式，各种方式使用方法分述如下。

6.3.1　方式 0 应用

MCS-51 系列单片机串行口的方式 0 为同步移位寄存器式输入输出，8 位数据由 RXD(P3.0) 引脚输入输出，由 TXD(P3.1)引脚输出移位时钟使系统同步，波特率固定为 $f_{osc}/12$。即每一个机器周期输出或输入一位数据。

1.　方式 0 发送

如图 6.10 所示为例说明串行口方式 0 发送的基本连线方法、工作时序(只画出了 RXD、TXD 的波形)以及基本软件的编程方法。

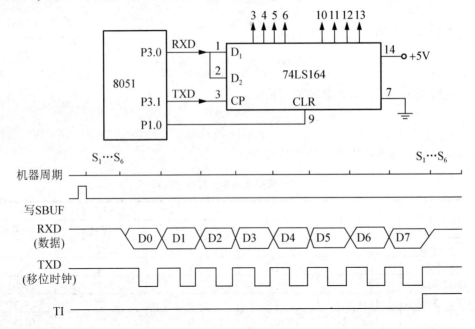

图 6.10　方式 0 发送连线及时序

如图 6.10 所示中采用一个 74LS164 串入并出移位寄存器，串行口的数据通过 RXD 引脚加到 74LS164 的输入端，串行口输出移位时钟通过 TXD 引脚加到 74LS164 的时钟端。使用一条 I/O 线 P1.0 控制 74LS164 的 CLR 选通端(也可以将 74LS164 的选通端直接接高电平)。

根据以上硬件的连接方法，对串行口方式 0 发送数据过程进行编程：

```
        MOV     SCON, #00H      ; 选方式 0
        SETB    P1.0            ; 选通 74LS164
        MOV     A, #DATA        ; 置要发送的数据
        MOV     SBUF, A         ; 数据写入 SBUF 并启动发送
WAIT:   JNB     TI, WAIT        ; 一个字节数据发送完吗？
        CLR     TI              ; 清除 TI 中断标志
        CLR     P1.0            ; 关闭 74LS164 选通
```

若还要继续发送新的数，只要使程序返回到第二条指令处即可。

2. 方式 0 接收

方式 0 接收，如图 6.11 所示串行口方式 0 接收的基本连线方法、工作时序及编程。

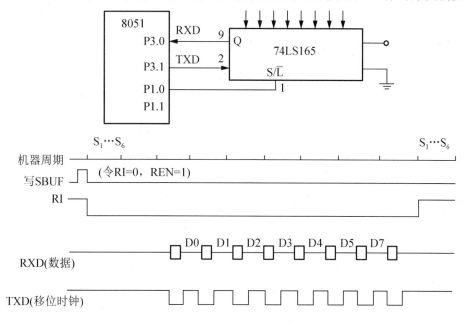

图 6.11　方式 0 接收连线及时序

如图 6.11 所示中采用一个 74LS165 8 位并入串出移位寄存器，74LS165 的串行输出数据接到 RXD 端作为串行口的数据输入，而 74LS165 的移位时钟仍由串行口的 TXD 端提供。端口线 P1.0 作为 74LS165 的接收和移位控制端 S/$\overline{\text{L}}$，当 S/$\overline{\text{L}}$=0 时，允许 74LS165 置入并行数据，S/$\overline{\text{L}}$=1 时允许 74LS165 串行移位输出数据。当编程选择串行口方式 0，并将 SCON 的 REN 位置位允许接收，就可开始一个数据的接收过程。根据以上硬件的连接方法，对串行口方式 0 接收数据过程编程如下：

```
        MOV    R0, #50H      ; R0 作片内 RAM 地址指针
        MOV    R7, #02H      ; 接收字节计数
RQ:     CLR    P1.0          ; 允许置入并行数据
        SETB   P1.0          ; 允许串行移位
        MOV    SCON, #10H    ; 设串行口方式 0, 开放接收允
        JNB    RI, $         ; 等待接收一帧数据
        CLR    RI            ; 清 RI 中断标志
        MOV    A, SBUF       ; 读 SBUF
        MOV    @R0, A        ; 存入片内 RAM
        INC    R0
        DJNZ   R7, RQ        ; 所有字节未接收完循环
        ...
```

6.3.2　方式 1 应用

当串行口定义为方式 1 时，可作为异步通信接口，一帧为 10 位：1 个起始位、8 个数据

位、1 个停止位。波特率可以改变，由 SMOD 位和 T1 的溢出率决定。串行口方式 1 的发送/接收时序如图 6.12 所示。

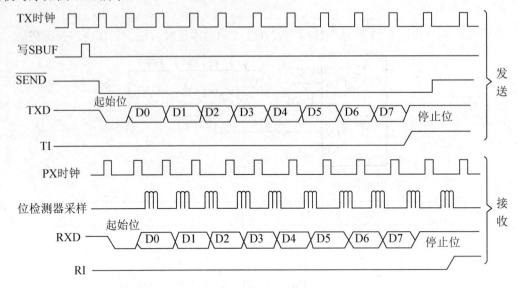

图 6.12　方式 1 发送/接收时序

1. 发送时序

任何一条"写入 SBUF"指令，都可启动一次发送。使发送控制器的 $\overline{\text{SEND}}$(送数)端有效即 $\overline{\text{SEND}}$ =0，同时自动添加一个起始位向 TXD 端输出，首先发送一个起始位 0。此后每经过一个时钟周期产生一个移位脉冲，并且由 TXD 输出一个数据位，当 8 位数据全部送完后，使 TI 置 1，可申请中断，置 TXD=1 作为停止位，再经一个时钟周期撤销 $\overline{\text{SEND}}$ 信号。

2. 接收时序

什么时候开始接收过程呢？方式 1 是靠检测 RXD 来判断的，CPU 不断采样 RXD，采样速率为波特率的 16 倍。一旦采样到 RXD 由 1 至 0 的负跳变时，16 分频器立刻复位，启动一次接收。同时接收控制器把 1FFH(9 个 1)写入移位寄存器(9 位)。计数器复位的目的是使计数器满度翻转的时刻恰好与输入位的边沿对准。

计数器的 16 个状态把每一位的时间分为 16 份，在第 7、8、9 状态时，位检测器对 RXD 端采样，这 3 个状态理论上对应于每一位的中央段，若发送端与接收端的波特率有差异，就会发生偏移，只要这种差异在允许范围内，就不至于产生错位或漏码。在上述 3 个状态下，取得 3 个采样值，用 3 取 2 的表决方法，即 3 个采样值中至少有 2 个值是一致的，这种一致的值才被接收。如果所接收的第一位若不是 0，说明它不是一帧数据的起始位，该位被放弃，接收电路被复位，再重新对 RXD 进行上述采样过程。若起始位有效即为 0 时，则被移入输入移位寄存器，并开始接收这一帧中的其他位。当数据位逐一由右边移入时，原先装在移位寄存器内的 9 个 1 逐位由左边移出，当起始位 0 移到最左边时，就通知接收控制器进行最后一次移位，并把移位寄存器 9 位内容中的 8 位数据并行装入 SBUF(8 位)；第 9 位则置入 RB8(SCON.2)位，并将 RI 置 1，向 CPU 申请中断。

串行移位接收到一帧数据时，装入 SBUF 和 RB8 位以及 RI 置位的信号，只有在产生最后一个移位脉冲时，同时满足以下 2 个条件才会产生。

1) RI=0，即上一帧数据接收完成后发出的中断请求已被响应，SBUF 中的数据已被取走。

2) SM2=0 或接收到的停止位为 1。

这 2 个条件任一个不满足，所接收的数据帧就会丢失，不再恢复。两者都满足，停止位进入 RB8 位，8 位数据进入 SBUF，RI 置 1。此后，接收控制器又将重新采样测试 RXD 出现的负跳变，以接收下一帧数据。

3. 方式 1 用法

串行口方式 1 适用于点对点的异步通信。若假定通信双方都使用 8051 的串行口。两者的硬件连接如图 6.13 所示。

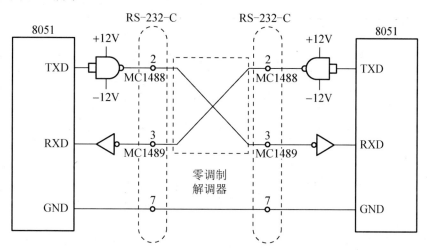

图 6.13　点对点的异步通信连接

要实现双方的通信还必须编写双方的通信程序，编写程序应遵守双方的约定。

通信双方的软件约定为如下。

发送方：应知道什么时候发送信息、内容，对方是否收到，收到的内容是否错误，要不要重发，怎样通知对方发送结束等。

接收方：必须知道对方是否发送了信息，发的是什么，收到的信息是否有错，如果有错怎样通知对方重发，怎样判断结束等等。

这些约定必须在编程之前确定下来，这种约定叫做"规程"或"协议"。发送和接收双方的数据帧格式、波特率等必须一致。按这些协议可以编写出程序。

6.3.3　方式 2 和方式 3 的应用

串行口方式 2 和方式 3 除了波特率规定不同之外，其他的性能完全一样，都是 11 位的帧格式。方式 2 的波特率只有 $f_{osc}/32$ 和 $f_{osc}/64$ 两种，而方式 3 的波特率是可变的，前面已述。

串行口方式 2 和方式 3 的发送/接收时序如图 6.14 所示。

方式 2、方式 3 的发送，接收时序与方式 1 相比主要区别在第 9 个数据位上。

1. 发送时序

任何一条"写入 SBUF"指令，都可启动一次发送，并把 TB8 的内容装入发送寄存器的第 9 位，使 $\overline{SEND}$ 信号有效，发送开始。在发送过程中，先自动添加一个起始位放入 TXD，然后每经过一个 TX 时钟(由波特率决定)产生一个移位脉冲，并由 TXD 输出一个数据位。当最后一个数据位(附加位)送完之后，撤销 $\overline{SEND}$，并使 TI 置位，置 TXD=1 作为停止位，使TXD 输出一个完整的异步通信字符的格式。

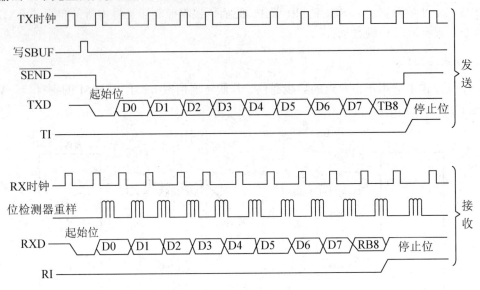

图6.14　方式2和方式3的发送/接收时序

2. 接收时序

接收部分与方式 1 类似，只要在置 REN=1 之后，硬件自动检测 RXD 信号，当检测 RXD由 1 至 0 的负跳变，就开始一个接收过程。首先，判断是否为一个有效的起始位，对 RXD 的检测是以波特率的 16 倍速率进行采样，并在每个时钟周期的中间(第 7、8、9 计数状态)，对RXD 连续采样 3 次，取两次相同的值进行判决。若不是起始位，则此次接收为无效，重新检测 RXD；若是有效起始位，就在每一个 RX 时钟周期里接收一位数据，在 9 位数据收齐后，如果下列 2 个条件成立，RI 置位。

1) RI=0。

2) SM=0 或接收到的第 9 位数据为 1，则把已收到的数据装入 SBUF 和 RB8，并将 RI 置 1。

如果不满足上述两个条件则丢失已收到的一帧信息，不再恢复，也不置位 RI。两者都满足时，第 9 位数据就进入 RB8，8 位数据进入 SBUF。此后，无论哪种情况都将重新检测 RXD的负跳变。

注意: 与方式 1 不同之处，方式 2 和方式 3 中进入 RB8 的是第 9 位数，而不是停止位。接收到的停止位的值与 SBUF、RB8 或 RI 是无关的。这一个特点可用于多处理机通信。

3. 用第 9 位数据作奇偶校验位

方式 2、方式 3 也可以像方式 1 一样用于点对点的异步通信。在数据通信中由于传输距离较远，数据信号在传送过程中会产生畸变，从而引起误码。为了保证通信质量，除了改进硬件之外，通常要在通信软件上采取纠错的措施。常用的一种简单方法就是用"检查和"作为第 9 位数据，称其为奇偶校验位，将其置入 TB8 位一同发送。在接收端可以用第 9 位数据来核对接收的数据是否正确。具体用法如下:

例如，发送端发送一个数据字节及其奇偶校验位的程序段:

```
TT:      MOV      SCON, #80H       ; 串口方式 2
         MOV      A, #DATA         ; 取待发送的数据→A
         MOV      C, PSW.0         ; 奇偶标志位置入 TB8 中
         MOV      TB8, C
         MOV      SBUF, A          ; 启动一次发送,数据连同奇偶校验位一块被发送
LOOP:    JBC      TI, NEXT
         SJMP     LOOP
NEXT:    ...
```

方式 2、方式 3 的发送过程中，将数据和附加的 TB8 中的奇偶校验位一块发送出去。因此，作为接收的一方应设法取出该奇偶位进行核对，相应的接收程序段应为

```
RR:      MOV      SCON, #90H       ; 方式 2 允许接收
LOOP:    JBC      RI, RECN         ; 等待接收
         SJMP     LOOP
RECN:    MOV      A, SBUF          ; 读入接收的一帧数据
         JB       PSW.0, ONE       ; 判断接收端的奇偶值
         JB       RB8, ERR         ; 判断发送端的奇偶值
         SJMP     REXT
ONE:     JNB      RB8, ERR
REXT:    ...                       ; 接收正确处理
ERR:     ...                       ; 接收有错处理
```

当接收到一个字符时，从 SBUF 转移到 ACC 中时会产生接收端的奇偶值，而保存在 RB8 中的值为发送端的奇偶值，两个奇偶值应相等，否则接收字符有错。发现错误要及时通知对方重发。

6.4　实验与实训

6.4.1　74LS164 串转并实验

1. 实验目的

学会使用串入并出移位寄存器 74LS164 的使用方法，并结合程序，深入理解。

2. 实验原理

如图 6.15 所示利用 74LS164 扩展 16 位输出口线的实用电路。由于 74LS164 无并行输出控制端，在串行输入过程中，其输出端的状态会不断变化，故在某些使用场合，应在 74LS164 与输出装置之间，加上输出可控制的缓冲器级(74LS244 等)，以便串行输入过程结束后再输出。图中的输出装置是 2 位共阳极七段 LED 显示器，采用静态显示方式。由于 74LS164 在低电平输出时，允许通过的电流可达 8mA，故不需要再加驱动电路。与动态扫描显示方式比较起来，静态显示方式的优点是 CPU 不必频繁地为显示服务，软件设计比较简单，很容易做到显示不闪烁。

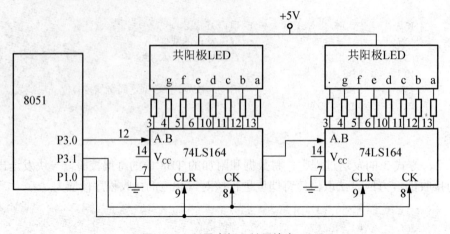

图 6.15　利用串行口扩展输出口

用图 6.15 编程把片内 RAM 20H 开始的显示缓冲区数据取出由串行口输出显示。

3.　实验要求

利用单片机串行口外接两片 74LS164 对共阳极数码管进行显示控制，程序写入后可实现数码管任意数字的点亮。

4.　参考程序

```
DISP:    MOV    R7, #2            ; 设置显示位数
         MOV    R0, #20H          ; 指向显示数据缓冲区
         MOV    SCON, #00H        ; 设置串行口方式 0
DISP0:   MOV    A, @R0            ; 取待显示的数据
         ADD    A, #0DH           ; 设置偏移值
         MOVC   A, @A+PC          ; 取显示数据的段码
         MOV    SBUF, A           ; 启动串行口发送数据
         JNB    TI, $             ; 等待一帧发送结束
         CLR    TI                ; 清串行口中断标志
         INC    R0                ; 指向下一个数据
         DJNZ   R7, DISP0
         RET
TAB: DB  0C0H,0F9H,0A4H,0B0H,99H  ; 数字 0~4 的段码
     DB  92H,82H,0F8H,80H,98H     ; 数字 5~9 的段码
```

5.　实验步骤

1) 利用单片机试验箱或设计数码显示外围电路。

2) 进行电路连接。

3) 下载程序至单片机中，观察显示是否符合要求。

4) 调试，直至成功。

6.　思考题

利用 74LS164 控制 4 个共阳极数码管的电路及编程。

6.4.2　74LS165 并转串实验

1.　实验目的

学会使用并入串出移位寄存器 74LS165 的使用方法，并结合程序，深入理解。

2.　实验原理

如图 6.16 所示是利用 3 根口线扩展为 16 根输入口线的实用电路。从理论上讲，利用这种方法可以扩展更多的输入口，但扩展得越多，口的操作速度会越低。

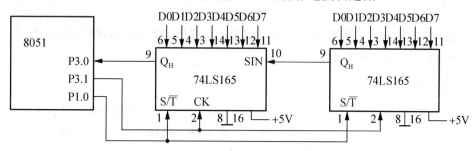

图 6.16　利用串行口扩展输入口

编程从 16 位扩展输入口读入 20 个字节数据并把它存入片内 40H 开始的单元中。

3.　实验要求

利用单片机串行口扩展两片 74LS165，实现输入数据的串行接收(向 74LS165 输入数据的可以是键盘或其他的并行设备)。

4.　参考程序

```
           MOV     R7, #20        ; 设置读入字节数
           MOV     R0, #40H       ; 设置内部 RAM 地址指针
           SETB    F0             ; 设置读入字节奇偶数标志
RCV0:      CLR     P1.0           ; 并行置入 16 位数据
           SETB    P1.0           ; 允许串行移位
RCV1:      MOV     SCON, #10H     ; 设置串口方式 0 启动接收过程
           JNB     RI, $          ; 等待接收一帧数据结束
           CLR     RI             ; 接收结束，清 RI 中断标志位
           MOV     A, SBUF        ; 读取缓冲器接收的数据
           MOV     @R0, A         ; 存入片内 RAM 中
           INC     R0
           CPL     F0
           JB      F0, RCV2       ; 接收完偶数帧则重新并行置入数据
           DEC     R7
           SJMP    RCV1           ; 否则再接收一帧
RCV2:      DJNZ    R7, RCV0       ; 预定字节数没有接收完则继续
           ...                    ; 对读入数据进行处理
```

程序中的 F0 用来作读入字节数的奇偶性标志，因为每次由扩展口并行置入到移位寄存器的是 16 位数据，即 2 个字节，每置入一次数据，串行口应接收 2 帧数据，故已接收的数据字节数为奇数时(F0=0)，不需要再并行置入数据就直接启动接收过程；若已接收的数据字节数

为偶数(F0=1)时，应该再向并行移位寄存器中置入新的数据。

若 f_{osc}=12MHz，则方式 0 下的串行波特率为 1Mb/s，速度较快，此程序对串行接收过程采用查询等待的控制方式，有必要时，也可以采用中断控制方式。

5．思考题

实现单片机只扩展一个 74LS165 的编程。

6.4.3 单片机间的多机通信

1．实验目的

利用单片机串行接口实现多片单片机之间的相互通信，学会使用串行通信中的方式 2 和方式 3 的应用以及控制字的设置。

2．实验内容

MCS-51 系列单片机串行口的方式 2 和方式 3 有一个专门的应用领域，即多机通信。这一功能使它可以方便地应用于集散式分布系统中。多机通信的连接方法如图 6.17 所示。这里仍以主从式的多机通信结构为例说明多机通信的应用。

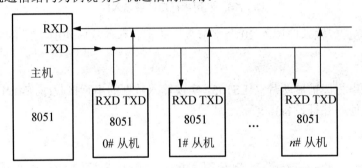

图 6.17　主从式多机通信系统的连接方法

对于不同的应用场合，人们制定了各种通信协议(前已讲述)，有些协议是很复杂的。在单片机多机通信中规定如下几条简单的协议。

1) 系统中允许接有 255 台从机，它们的地址分别为 00H～0FFH。

2) 地址 FFH 是对所有从机都起作用的一条控制命令：命令各从机恢复 SM2=1 的状态。

3) 主机发送的控制命令代码为

00H：要求从机接收数据块

01H：要求从机发送数据块

其他：非法命令

4) 数据块长度：16 个字节

5) 从机状态字格式为

D7	D6	D5	D4	D3	D2	D1	D0
ERR	0	0	0	0	0	TRDY	RRDY

其中，若 ERR=1，表示从机接收到非法命令

若 TRDY =1，表示从机发送准备就绪

若 RRDY=1，表示从机接收准备就绪

下面给出串行口通信程序，主程序部分是以子程序的方式给出，要进行串行通信时，可以直接调用这个子程序。主机在接收或发送完一个数据块后可返回主程序，完成其他任务。从机部分以串行口中断服务程序的方式给出，若从机未作好接收或发送数据的准备，就从中断程序中返回，在主程序中做好准备。故主机在这种情况下不能简单地等待从机准备就绪，而要重新与从机联络，使从机再次进入串行口中断。系统可以采用 T1 作为波特率发生器，也可以采用固定的波特率。主机和从机中对 T1 初始化的程序在此例中从略。多机串行通信主机程序流程图如图 6.18 所示。

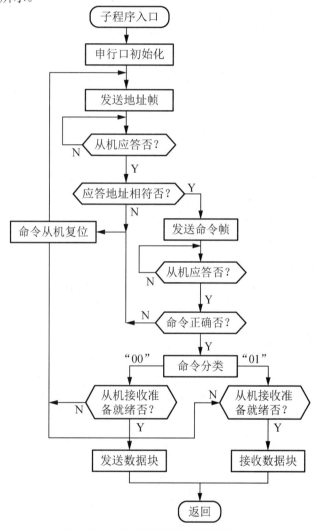

图 6.18　多机串行通信主机程序流程图

3. 实验要求

利用单片机扩展主从式单片机之间的通信。编程实现主机向从机发送数据，从机接收数据。

4. 参考程序

(1) 主机串行通信子程序

入口参数：R2←被寻址从机的地址

　　　　　R3←主机命令

　　　　　R4←数据块长度

　　　　　R0←主机发送的数据块首地址

　　　　　R1←主机接收的数据块首地址

```
MS10:   MOV    SCON, #0D8H      ; 串口方式 3,允许接收,TB8=1
MS11:   MOV    A, R2            ; 发送地址帧
        MOV    SBUF, A
        JNB    RI, $            ; 等待从机应答
        CLR    RI
        MOV    A, SBUF
        XRL    A, R2            ; 判断应答地址是否相符
        JZ     MS13             ; 相同转发送命令
MS12:   MOV    SBUF, #0FFH      ; 不相同重新联络
        SETB   TB8
        SJMP   MS11
MS13:   CLR    TB8              ; 地址符合，清地址标志
        MOV    SBUF, R3         ; 发送主机命令
        JNB    RI, $            ; 等待从机应答
        CLR    RI
        MOV    A, SBUF
        JNB    ACC.7, MS14      ; 判命令是否出错
        SJMP   MS12             ; 从机接收命令出错重新联络
MS14:   CJNE   R3, 00H, MS15    ; 不是要求从机接收数据则转
        JNB    ACC.0, MS12      ; 从机接收数据未准备好转重新联络
LPT:    MOV    SBUF, ,@R0       ; 主机发送数据块
        JNB    TI, $            ; 等待发送一帧结束
        CLR    TI
        INC    R0
        DJNZ   R4, LPT
        RET
MS15:   JNB    ACC.1, MS12      ; 从机发送数据准备好吗？
LPR:    JNB    RI, $            ; 主机接收数据块
        CLR    RI
        MOV    A, SBUF
        MOV    @R1, A
        INC    R1
        DJNZ   R4, LPR
        RET
```

若主机向 10 号从机发送数据块，数据存入片内 RAM 的 40H～4FH 单元中，则任务程序中调用上述子程序的方法是

```
MOV R2, #0AH
MOV R3, #01H
MOV R4, #10H
MOV R0, #40H
```

```
LCALL    MS10
...
```

前面所列出的主机串行通信子程序并不完善，在实际的应用中，还应将出错处理等考虑进去，故此程序仅供读者参考。

(2) 从机串行通信的中断服务程序

从机串行通信采用中断控制启动方式，串行口中断服务程序利用工作寄存器区 1。但在串行通信启动后，仍采用查询方式来接收或发送数据块。从机的背景程序中应包括定时器 T1 和串行口初始化以及开中断等内容，T1 初始化和开中断部分从略。程序中用 F0 作发送准备就绪标志，PSW.1 作接收准备就绪标志。如图 6.19 所示多机串行通信从机程序流程图。

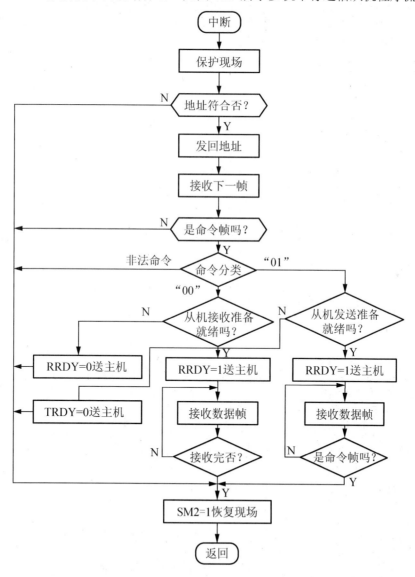

图 6.19 多机通信从机程序流程图

从机串行通信程序片段如下。

```
MOV   SP, #1FH              ; 设置堆栈指针
MOV   SCON, #0F0H           ; 串行口方式 3，SM2=1
MOV   08H, #40H             ; 接收缓冲区首地址第一区工作寄存器 R0
MOV   09H, #50H             ; 发送缓冲区首地址第一区工作寄存器 R1
MOV   0AH, #10H             ; 发送/接收字节送数 R2
...
```

串行口中断服务程序(由 0023H 单元转来):

```
SS10:   CLR    RI                     ; 保护现场
        PUSH   A
        PUSH   PSW
        SETB   RS0                    ; 选择第一区工作寄存器
        CLR    RS1
        MOV    A, SBUF
        XRL    A, #SLAVE              ; SLAVE 为本从机地址
        JZ     SSI1
RE1:    POP    PSW
        POP    A
        CLR    RS0
        RETI
SSI1:   CLR    SM2                    ; 地址相符,清 SM2 位
        MOV    SBUF, #SLAVE           ; 从机地址回送主机
        JNB    RI, $                  ; 等待接收一帧结束
        CLR    RI
        JNB    RB8, SSI2              ; 是命令帧转
        SETB   SM2                    ; 是复位信号,SM2 置 1 后返回
        SJMP   RE1
SSI2:   MOV    A, SBUF                ; 命令分析
        CJNE   A, #01H, S0            ; 要求从机发送数据命令否?
        SJMP   CMD1
S0:     JZ     CMD0                   ; 要求从机接收数据吗?
        MOV    SBUF, #80H             ; 非法命令,ERR 位置 1
        SJMP   RE1
SSI3:   JZ     CMD0
CMD1:   JB     F0, SSI4               ; F0 为发送准备就绪标志
        MOV    SBUF, #00H             ; 回答未准备就绪信号
        SJMP   RE1
SSI4:   MOV    SBUF, #02H             ; RDY=1,发送准备就绪
        CLR    F0
LOOP1:  MOV    SBUF, @R0              ; 发送数据块
        JNB    TI, $
        CLR    TI
        INC    R0
        DJNZ   R2, LOOP1
        SETB   SM2                    ; 发送完,SM2 置 1 后返回
        SJMP   RE1
CMD0:   JB     PSW.1, SS15            ; PSW.1 为接收准备就绪标志
        MOV    SBUF, #00H             ; 送回答未准备好信号
        SJMP   RE1
SSI5:   MOV    SBUF, #01H             ; RRDY=1 接收准备就绪
        CLR    PSW.1
```

```
LOOP2:    JNB       RI, $                      ; 接收数据块
          CLR       RI
          MOV       @R1, SBUF
          INC       R1
          DJNZ      R2, LOOP2
          SETB      SM2                        ; 接收完，SM2 置 1
          SJMP      RE1
```

上述简化程序描述了多机串行通信中从机的基本工作过程，实际应用系统中还应考虑更多的因素，如：命令的种类可以更多些，若波特率较低且 CPU 还要完成其他实时任务，发送和接收过程还可能要采用中断控制方式等。

5. 思考题

主机调用一数据串，并发送至从机接收并存储的程序。编写程序，使整个系统正常工作。

本 章 小 结

单片机串行通信有同步通信和异步通信。串行通信的数据通路形式有单工、半双工、全双工三种方式。与 MCS-51 系列单片机串行通信有关的控制寄存器共有 3 个：SBUF、SCON 和 PCON。MCS-51 系列单片机的串行接口有 4 种通信方式。

方式 0 为同步通信方式，其波特率是固定的，为单片机晶振频率的 1/12，即波特率=f_{osc}/12。

方式 2 为异步通信方式，其波特率也是固定的，有两种。一种是晶振频率的 1/32，另一种是晶振频率的 1/64，即波特率=(2^{SMOD}/64)×f_{osc}。

方式 1 和方式 3 的波特率是可变的，其波特率由定时器 1 的计数溢出来决定，公式为

$$波特率=2^{SMOD}×T_d/32$$

设置定时器 1 为波特率发生器工作方式，定时器 1 的溢出脉冲经 16 分频后作为串行口发送脉冲、接收脉冲。发送脉冲、接收脉冲的频率为波特率。其计算公式为

$$波特率=\frac{2^{SMOD}}{(256-X)×32}×\frac{f_{osc}}{12}$$

方式 1 是 10 位为一帧的异步串行通信方式。方式 2 和方式 3 是 11 位为一帧的异步串行通信方式，而第 9 位数据 D8 即可作为奇偶校验位使用，也可作为控制位使用。在多机通信方式中经常把该位用作数据帧和地址帧的标志。SM2 为多机通信控制位，当 SM2=1 时，MCS-51 系列单片机只接收第 9 个数据为 1 的地址帧，而对第 9 位数据为 0 的数据帧自动丢弃；当 SM2=0 时地址帧和数据帧全部接收。利用此特性可实现多机通信。

习　　题

1. 填空题

(1) 计算机有两种数据传送方式，即：_____和_____，其中具有成本低特点的是_____数据传送。

(2) 异步串行数据通信的帧格式由_____、_____、_____和_____四个部分组成。

(3) 串行通信有_____、_____和_____三种通信模式。

(4) 在串行通信中，收、发双方对波特率的设定应该是____的。

(5) 异步通信方式比同步通信方式传送数据的速度____。

(6) 把定时器 1 设置为串行口的波特率发生器时。应把定时器 1 设定在工作方式_____
____，即_____方式。

(7) 要启动串行口发送一个字符只需执行一条____指令。

2. 选择题

(1) 串行通信传送速率的单位是波特率，而波特率的单位是_____。

    A．B/s   B．b/s   C．帧/s   D．字符/s

(2) 8051 有一个全双工的串行口，下列功能中该串行口不能完成是_____。

    A．网络通信   B．异步串行通信

    C．作为同步移位寄存器   D．位地址寄存器

(3) 在 MCS-51 系列单片机的串行通信方式中，帧格式为 1 位起始位、8 位数据位和 1 位
停止位的异步串行通信方式是_____。

    A．方式 0   B．方式 1   C．方式 2   D．方式 3

(4) 以下有关第 9 位数据位的说法中，错误的是_____。

    A．第 9 位数据位的功能可由用户定义

    B．发送数据的第 9 位内容在 SCON 寄存器的 TB8 位中预先准备好

    C．帧发送时使用指令把 TB8 位的状态送入发送 SBUF 中

    D．接收到的第 9 位数据送 SCON 寄存器的 RB8 中保存

3. 简答题

(1) 什么是异步串行通信？它有哪些特点？有哪几种制式？

(2) MCS-51 系列单片机的串行口设有几个控制寄存器？它们的作用各是什么？

(3) MCS-51 系列单片机的串行口有哪几种工作方式？各有什么特点和功能？

(4) MCS-51 系列单片机四种工作方式的波特率如何确定？

(5) 简述串行口接收和发送数据的过程。

4. 编程题

(1) 设计一个 8031 单片机的双机通信系统。工作方式 1，波特率为 1200b/s，以中断方式
发送和接收数据，编程实现将甲机片外 RAM 的 3400H～3500H 中的数据块传送到乙机的片外
RAM 的 4400H～5400H 单元中去。

(2) 利用 8031 串行口控制 8 位发光二极管工作，使得发光二极管每隔 0.5s 交替亮、灭，
画出硬件电路图并编写程序。

(3) 编写程序用于 MCS-51 系列单片机的串行口发送程序，自行选择工作方式和波特率，
并将存于 30H～3FH 内存单元的 16 个数据依次发出。

第7章

MCS-51 系列单片机的扩展技术

教学提示

MCS-51 系列单片机的片内资源较为丰富,但是在实际应用中还不能完全满足所有应用的要求,为此,针对不同的应用,往往要进行一些资源的扩展。如程序存储器、数据存储器及定时器/计数器等。通过本章的学习,同学可以掌握单片机的扩展技术,使单片机的应用更加广泛。

学习目标

➢ 单片机最小系统构成;
➢ 掌握 MCS-51 系列单片机的存储器、定时器/计数器扩展方法;
➢ 掌握简单的 I/O 口扩展;
➢ 掌握串行接口的扩展。

知识结构

本章知识结构如图 7.1 所示。

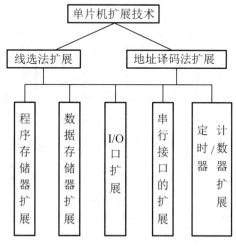

图 7.1 本章知识结构图

7.1 单片机最小系统

较早期的 MCS-51 系列单片机，多是 8031 或是 8751 等型号，其中以 8031 应用得较多，这个芯片的内部是没有 ROM 的，所以，在应用时，必须要与其他的芯片配合使用，如程序存储器、I/O 接口芯片等。51 系列单片机在硬件本身的设计上，具有很强的扩展功能。所谓扩展，就是按照芯片自身的设计要求，将 CPU 的数据线、地址线、控制线引脚连接其他芯片的相关引脚上，使其他芯片发挥设计作用，这种增加系统资源的方法就是扩展。扩展也可以通过 CPU 的 I/O 口的工作特性来实现。

利用各种方法实现的系统资源的扩展，就称为接口技术，接口技术可以实现程序存储器、数据存储器、I/O 接口、定时器、显示电路或模块、A/D 转换、D/A 转换、专用芯片等诸多功能器件的扩展。

MCS-51 系列单片机是由 Intel 公司于 1980 年推出的，随着 Intel 公司的战略转移，Intel 公司将此项技术或通过技术交换，或以技术出让的方式授权给多家半导体生产商，各家又根据自身公司的技术优势，开发出了许多种 51 单片机的衍生品种。目前的 51 单片机衍生品种中，几乎都不用扩展程序存储器，如 STC 的品种中，程序存储器片内可达 63KB。在其他的资源方面，有的产品在片内扩展了 RAM、PCA、PWM、SPI、看门狗、A/D、D/A 等等。尽管 CPU 中的资源很丰富，但在具体的单片机机系统中，扩展还是常常用到的，如需要显示的场合中，显示单元电路的扩展；在需要大量数据存储器时，扩展 RAM 芯片等。

可以满足最简单应用的单片机系统，就是常说的单片机最小系统。不同型号的单片机的 CPU 芯片，最小系统也不相同。

7.1.1 8031 单片机的最小系统

8031 单片机目前已经没有人使用，但社会上的原有产品中还是存在的，所以，在此做简单介绍。8031 的最小系统如图 7.2 所示。

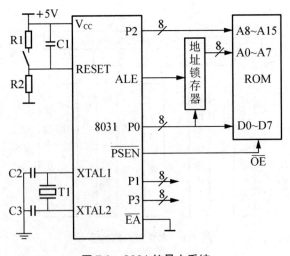

图 7.2 8031 的最小系统

因为 8031 不含程序存储器，所以，在使用时，必须为其扩展 ROM；同时，为使 CPU 工作，还要为系统配置复位电路及振荡电路。复位电路由本电路中的 R1、R2、C1 及按键构成，单片机可靠复位的条件是在 RESET 引脚上出现两个机器周期的高电平。通常 R2 取 8.2kΩ，C1 取 10μF，在 6MHz 时就能可靠复位。振荡电路由 CPU 内部电路及芯片外的电容 C2、C3 及晶体振荡器 T1 构成，电容的容量一般选择 20pF～50pF 之间。

此电路中，$\overline{\text{EA}}$ 必须接地，使扩展的程序存储器有效。从本最小系统中可以看出，真正用于输入及输出的端口只有 P1 口和 P3 口，I/O 口的数量因扩展的需要减少了。

7.1.2 具有片内程序存储器的单片机最小系统

如图 7.3 所示，因片内有 ROM，所以，简单应用时无须扩展，此时的 P0～P3 口均可用做 I/O 口使用。这类单片机构成的最小系统只有 CPU 本身及复位电路和振荡电路，其他元件不需要，电路在连接时注意 $\overline{\text{EA}}$ 端一定要接高电平即+5V 电源上。

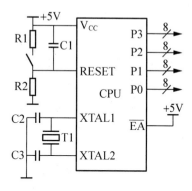

图 7.3 具有片内程序存储器的单片机最小系统

7.2 系统扩展原理

MCS-51 系列单片机芯片内部资源可以满足简单应用场合的需要，尤其是当今的基于 MCS-51 系列单片机内核的衍生品，因其内部全部都有程序存储器，因而一块单片机电路就可以构成一个最小的微机系统。但对于一些较复杂的应用场合，或是系统中要求有其他功能要求，而该功能利用单片机内部资源不能解决的情况下，则最小系统就不能满足应用系统的要求，为此，必须在该系统中扩展一些芯片。

MCS-51 系列单片机具有较强的扩展能力，外围接口电路的设计比较灵活、方便。MCS-51 系列单片机的寻址空间为 64KB，可以最大同时扩展 64KB 的程序存储器和 64KB 的数据存储器。需要注意的是，该单片机的数据存储器与扩展的输入/输出接口统一编址，即它们占用相同的地址空间，当同时扩展数据存储器及输入/输出接口时，地址不能重叠。在 MCS-51 系列单片机进行程序存储器或数据存储器扩展的情况下，单片机本身可以提供给用户使用的输入/输出口线只有 P1 口和部分 P3 口线，因此，这种情况下，MCS-51 系列单片机应用系统设计中因 I/O 口数量的问题，一般要进行 I/O 接口的扩展。由于 MCS-51 系列单片机扩展 I/O 口时，使用的是外部数据存储空间，所以单片机就可以像访问外部 RAM 存储器那样访问外部接口芯片，对其进行读/写操作(实质上对应的是数据的输入或输出)。

MCS-51 系列单片机系统进行扩展时，对芯片的主要要求是接口必须兼容 TTL 电平。但因 MCS-51 系列单片机为 Intel 公司开发设计的产品，Intel 公司为之配套了一些外围接口芯片，当使用这些芯片进行 MCS-51 系列单片机系统扩展时，电路最为简单、可靠、方便。如可编程外围并行接口 8255A、可编程 RAM/IO 接口 8155/8156、可编程串行接口 8251、可编程定时器/计数器接口 8253/8243、可编程键盘显示接口 8279 等。另外，74LS 系列的 TTL 电路或 MOS 电路等，也可以作为 MCS-51 系列单片机的扩展 I/O 接口使用。

在 MCS-51 系列单片机进行扩展应用时，如果采用总线扩展的方式进行的，P0 口和 P2 口就作为扩展总线口使用。此时，P2 口作为高 8 位地址(A8～A15)输出口，P0 口作为低 8 位地址(A0～A7)和数据总线 (D0～D7)使用。MCS-51 系列单片机的程序存储器与数据存储器地址可重叠使用。这是因为单片机访问这两类存储器时，使用不同的控制信号。访问外部数据存储器用 $\overline{RD}$、$\overline{WR}$ 作为读写选通信号，而访问外部程序存储器用 $\overline{PSEN}$ 作为读选通信号。当 MCS-51 系列单片机访问外部数据存储器时，$\overline{RD}$ 或 $\overline{WR}$ 有效(输出负脉冲)而 $\overline{PSEN}$ 无效(保持高电平)，当 MCS-51 系列单片机访问外部程序存储器时，$\overline{PSEN}$ 有效(输出负脉冲)而 $\overline{RD}$、$\overline{WR}$ 无效(保持高电平)。MCS-51 系列单片机是不会同时访问这两个外部存储空间的。外围 I/O 接口芯片与数据存储器是统一编址，在进行扩展时，使用控制线 $\overline{RD}$、$\overline{WR}$ 作为读写选通信号，所以，它不仅占用数据存储器地址单元编号，而且使用数据存储器的读写控制指令。P0 口是如何实现数据和地址复用的呢？这是由于在进行芯片的设计时，采用了地址和数据的分时传送。在传送地址时，单片机的 ALE 引脚输出一个负脉冲，利用该引脚与地址锁存器芯片配合，将 P0 口输出的地址低 8 位数据锁存到锁存器的输出端，然后，P0 口再进行数据传输(输入数据或输出数据)。

MCS-51 系列单片机系统扩展示意图如图 7.4 所示。

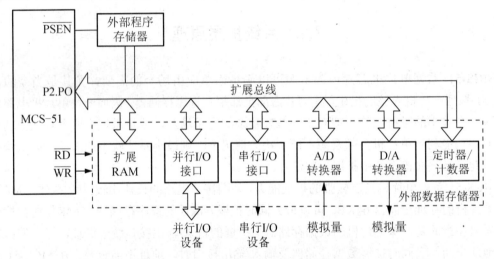

图 7.4　MCS-51 系列单片机系统扩展示意图

单片机进行读写操作时，每次只能对一个单元进行。为了保证唯一地选中外部某一存储单元(I/O 接口芯片已作为数据存储器的一部分)，必须进行两种选择：一是必须选择出该存储器芯片(或 I/O 接口芯片)，称为片选；二是必须选择出该芯片中的某一存储单元(或 I/O 接口芯片中的寄存器)，称为字选。相比较而言，字选的问题比较容易解决，一般是将存储器芯片的全部地址线与系统地址总线最低的相应各线一一相连便可，而片选的问题复杂一些。常用的选址方法有两种：线选法和译码法，其中译码法又分为全译码和部分译码两种，这部分内容将在数据存储器的扩展中加以介绍。

7.3 程序存储器的扩展

MCS-51 系列单片机的程序存储器的寻址能力可达 64KB，在使用 8031 芯片或芯片本身的程序存储空间不能满足使用要求时，就要扩展程序存储器。

7.3.1 程序存储器

用作存储程序的只读存储器常见的有三种形式：EPROM、E^{2}PROM 及 Flash。

1. EPROM

EPROM 为紫外线擦除的程序存储器，在这种芯片的顶部有个玻璃窗口，采用紫外线光照射 20min，其存储的信息就会丢失，俗称为空，只有空的芯片，才可以向其内部写程序代码。由于此类芯片使用起来麻烦，所以在目前的单片机产品中，已经见不到其身影。即使购买此类产品，也不太容易，只在老旧产品中使用。常见的型号有 2716、2732、2764、27128 及 27256 等。

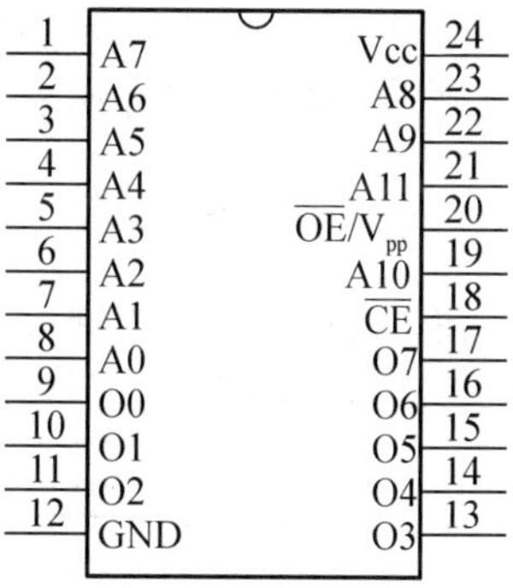

图 7.5 是 EPROM2732 的引脚排列图，其他芯片与此类似，主要的区别是地址线的增多。

引脚功能如下。

A0~A11：地址输入线。

图 7.5　EPROM2732 引脚排列图

O0~O7：三态数据线，读芯片时输出数据，编程时输入数据，其他状态时高阻。

Vpp：编程电压输入，这个电压会随生产厂的不同而有区别。

$\overline{OE}$：读选通信号线，低电平有效。当芯片被选中时，此引脚低电平，则此时地址线指明的地址单元的数据输出到数据线上。

$\overline{CE}$：片选信号，低电平有效，只有当这个引脚为低电平时，这个芯片才能被选中，才可对其进行读、编程操作，否则芯片无效。

Vcc、GND：这两个引脚为芯片的供电引脚，要求接+5V 电源及地。

2. E^{2}PROM

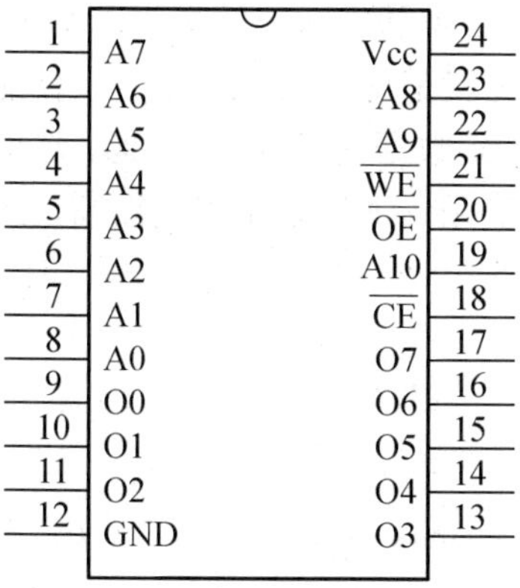

E^{2}PROM(Electrically Erasable PROM)为电擦除程序存储器，是在 EPROM 的基础上发展起来的一种只读存储器，与 EPROM 相比，它的优点是可以在系统中进行在线修改存储单元中的数据，使用起来方便了许多。E^{2}PROM 有两种形式，一种为传统的总线结构方式，另外一种为串行方式结构。不论哪种结构的 E^{2}PROM，它们均为单一+5V 电源供电。由于其可以在线进行修改，所以在智能化仪表及控制装置中，应用较多，主要用于存储一些设置参数等，目前串行方式的 E^{2}PROM 使用较为普遍。

图 7.6 为总线结构的 E^{2}PROM 2816 引脚排列图。

图 7.6　E^{2}PROM 2816 引脚排列图

这个芯片的引脚中，除 $\overline{WE}$ 外，其他引脚的含义与

EPROM 中相同，$\overline{WE}$ 为写允许控制端，当片选信号有效时，如果此引脚有效，则会将数据总线上的数据写入芯片内部的存储单元，该单元的地址由地址总线指出，这类芯片的写数据过程需要时间，为 9~15ms，所以，每写一个字节的数据，要进行延时，否则，数据将不能写入芯片中。

3. Flash ROM

Flash ROM 又称作闪速存储器，它具有掉电数据不丢失的特点，是目前非常流行的存储介质。在 20 世纪 80 年代，美国的 Atmel 公司用 E^2PROM 技术换取了 Intel 公司的 8031 内核的使用权后，又将其先进的 Flash 技术与 8031 技术相结合，生产出了目前仍在广为使用的 AT89C51 芯片。

使用了 Flash 技术的单片机具有片内程序存储器，所以，系统应用中基本上无须扩展程序存储器，又因其编程和擦除方便，在目前的单片机中，几乎无一例外地采用了该种技术。

7.3.2 地址锁存器

在单片机的系统扩展中，要用到地址锁存器，常用的锁存器为 74LS373，它是一款 8 位三态缓冲输出芯片。其引脚排列及真值表如图 7.7 所示。

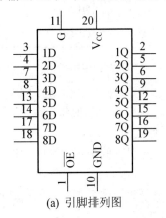

(a) 引脚排列图

74LS373 真值表

输出控制	使能 G	D	输出
L	H	H	H
L	H	L	L
L	L	X	Q_0
H	X	X	Z

(b) 真值表

图 7.7 74LS373 引脚排列图及真值表

引脚 1D~8D 为数据输入端，引脚 1Q~8Q 为数据输出端，从真值表中可以看出，当输出控制端 $\overline{OE}$ 为低电平的情况下，如果使能端 G=1，则输出端的数据随输入端的变化而变化，如果使能端 G=0，则输出端会保持前一个状态，与输入无关，也就是说，当 $\overline{OE}$ =0 时，使能端从高到低的变化，芯片可以将数据输入端 1D~8D 的状态锁存到数据输出端 1Q~8Q，这就是 8D 锁存器名字的由来。而当 $\overline{OE}$ =1 时，输出端的状态转为高阻，即其输出阻抗很高，此时它对总线的影响很小，可以认为没有。

7.3.3 程序存储器的扩展方法

1. EPROM 的扩展

图 7.8 为 EPROM 2732 与 74LS373 构成的 4KB 程序存储器的扩展电路原理图。首先，这两个芯片的 Vcc 及 GND 均要分别与+5V 电源、地相连，电源与地是绝大多数集成电路正常工作的必要条件。

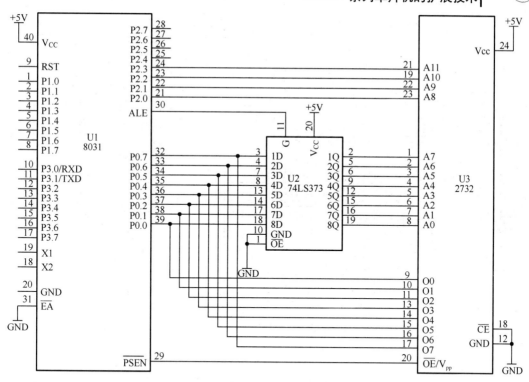

图 7.8　EPROM 2732 扩展电路

本电路中，8031 的 $\overline{EA}$ 端要接地，使得 CPU 的程序存储器扩展功能有效，否则，CPU 上电时，要从片内的程序存储器执行程序，而 8031 的片内又无程序存储器，所以，如果不将其接地，将使系统无法工作。2732 中的 $\overline{CE}$ 也必须接地，这样才能对 2732 进行数据读取。从图 7.8 中可见，8031 的 P0 口直接接到了 EPROM 的数据端口上，以进行数据的传输；同时，P0 口的 8 位数据线又接到了 8D 锁存器的输入端，在读程序存储器时序时，P0 口输出地址数据时，ALE 引脚出现一个正跳变，将低 8 位地址锁存到 74LS373 的输出端，而此时的 P2 口输出的为存储器的高 8 位地址，当程序存储器读选通引脚($\overline{PSEN}$)有效时，相应地址单元的数据就会送到数据总线上，由 P0 口读入 CPU 中。2732 的地址线共有 12 条，所以，其可寻址的单元数量为 $2^{12} = 4096$，为 4KB。因程序存储器只有 12 条地址线，而 8031 进行总线扩展时的地址线为 16 条，所以，P2.7、P2.6、P2.5、P2.4 没有使用，2732 存储单元的地址区间为 xxxx000000000000～xxxx111111111111，这当中的 x 为任意，所以，这种连接方式的存储器地址单元存在重叠问题，在程序的编写时要引起重视。

上面的这个例子是扩展一片 2732，在早期的单片机产品中，有时程序可能较大，所以，扩展的程序存储器可能不止一片，这时的扩展方法有如下两种。

1) 利用高 8 位地址线中的某一条，与扩展的程序存储器的 $\overline{CE}$ 端相连，利用该地址线来选择不同的 EPROM。

2) 利用地址译码器来实现片选。

关于这两种扩展方法，在后面的数据存储器扩展方法中详述。

如图 7.9 所示为利用地址线来实现片选的扩展方式，各芯片的存储单元的地址请自行分析。

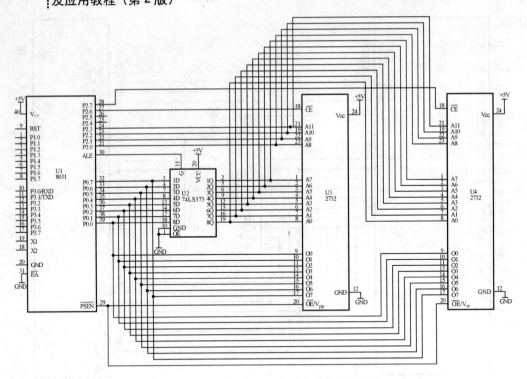

图 7.9 利用地址线片选的多片程序存储器扩展

2. E²PROM 的扩展

如图 7.10 所示为 E²PROM 扩展的原理图。

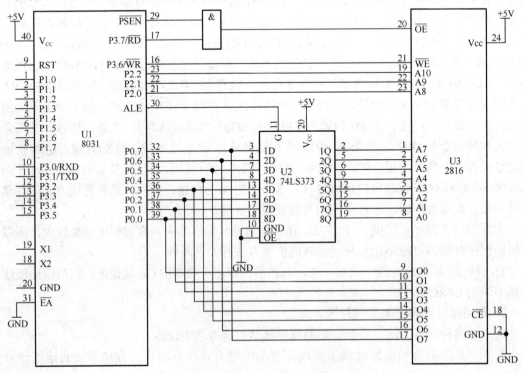

图 7.10 E²PROM 2816 扩展的原理图

因 E^2PROM 可以在线进行修改和读取，所以，2816 有写控制引脚，将该引脚与 CPU 的写引脚直接相连(因同为低电平有效)，这样就可以对 2816 进行写操作了；在编写写操作的程序时要注意，对 E^2PROM 写周期较长，为 9~15ms，P0 口输出的数据要经过这么长时间的延时，才能将数据写入存储单元中。

本例中，CPU 的 $\overline{PSEN}$ 及 P3.7($\overline{RD}$) 引脚相与后，与 2816 的数据输出控制端相连，使得可以用 MOVC 及 MOVX 指令从 2816 的存储单元中读取数据，在编写程序时可灵活使用。对 2816 的操作，可参见表 7-1 进行。

表 7-1　2816 工作方式选择

工作模式　引脚	$\overline{CE}$	$\overline{OE}$	$\overline{WE}$	O0~07
读	0	0	1	输出
写	0	1	0	输入
保持	1	x	x	高阻
擦除	数据写入时，将原有数据擦除			

7.4　数据存储器的扩展

MCS-51 系列单片机中，芯片内只有为数不多的数据存储单元，51 子系列有 128 个字节，52 子系列有 256 个字节，它们用作工作寄存器、堆栈、数据缓存等。当一个单片机应用系统中不需要大量数据时，可以满足应用，但在有的应用中，需要处理的数据量较大，CPU 本身的数据存储单元在数量上不能满足要求，此时就需要扩展 RAM。

MCS-51 系列单片机扩展外部数据存储器的方法与扩展程序存储器的方法相似，地址总线由 P2 口及 P0 口提供、数据总线由 P0 口提供；数据存储器的读写控制由 P3.7 和 P3.6 分别提供 $\overline{RD}$、$\overline{WR}$ 控制信号。

7.4.1　常用的数据存储器

数据存储器有静态和动态两种类型。动态存储器在应用时，要在一定的时间间隔内对其进行刷新，使用起来不太方便，而静态数据存储器则无须刷新，由于静态 RAM 使用方便，所以静态数据存储器被广泛采用。常用的静态 RAM 有 3 种，分别为 HM6116、HM6264 和 HM62256。随着微电子技术的发展，芯片的成本越来越低，这 3 种芯片的价格相关无几，目前以 HM62256 应用最多。

1. HM6116

HM6116 的具体型号有 3 种：HM6116-2、HM6116-3、HM6116-4，三者仅存取时间不同，其他相同。为单一+5V 电源供电，容量为 2KB 的静态型数据存储芯片，它采用 CMOS 工艺制作，多为 DIP24 封装(DIP 意为双列直插)，额定功耗 160mW，典型存取时间分别为 120 ns、150 ns、200ns。引脚排列如图 7.11 所示。

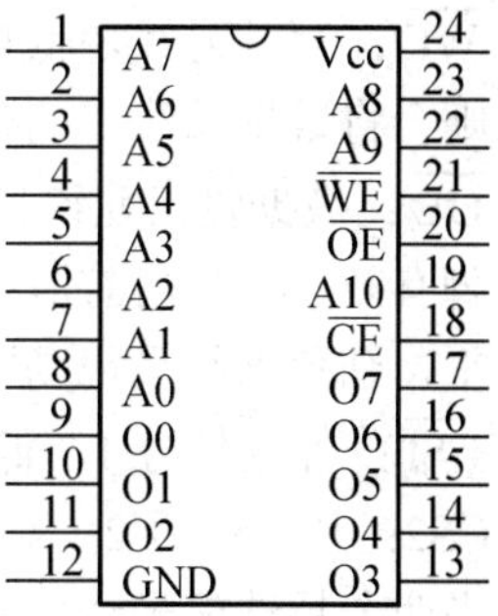

芯片引脚及功能如下。

图 7.11　HM6116 芯片引脚排列图

地址线 A0～A10，共 11 根，寻址空间为 $2^{11} = 2048 = 2KB$，故可寻址空间为 2KB，地址线要与 CPU 的地址总线的低 11 位直接或间接相连。

数据总线，O0～O7，共 8 根，数据总线要与 CPU 的数据总线直接相连。

控制线有 3 根，名称及功能如下。

$\overline{WE}$：写信号线，低电平有效，与系统 $\overline{WR}$ 控制线相连。当片选信号有效时，该引脚有效，则会将数据总线上的数据写入当前地址线指定的单元中。

$\overline{OE}$：数据输出允许控制端，低电平有效，与系统 $\overline{RD}$ 控制线相连。当片选信号有效时，该引脚有效，可将当前地址线指定单元中的数据送到总线上来，供 CPU 读取。该引脚为高电平时，数据线呈现高阻状态。

$\overline{CE}$：片选信号线，低电平有效，当该引脚有效时，可以对芯片进行读写，否则，芯片的数据线呈高阻状态。

电源引脚 VCC：为+5V 工作电源。

GND：接地端。

2. HM6264

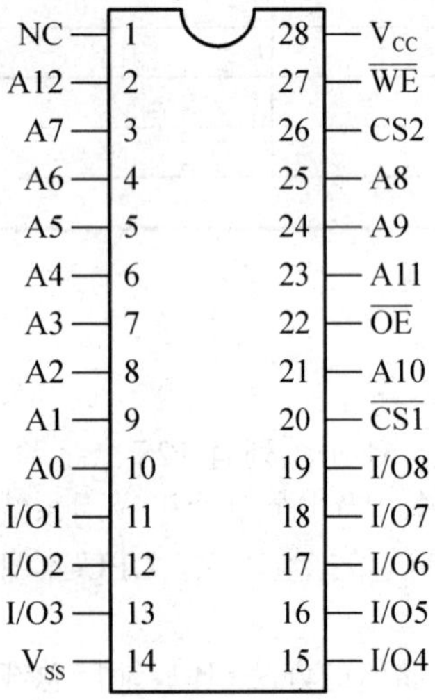

HM6264 有两种规格，具体型号为 HM6264BLP-8L 及 HM6264BLP-10L，前者的存取时间为 85ns，后者的存取时间为 100ns，属于高速型静态数据存储器。HM6264 有 13 条地址线，所以，可寻址的单元数量为 $2^{13} = 8096 = 8KB$。芯片采用 CMOS 工艺，单一+5V 电源供电，功耗较低，为 15mW。HM6264 的封装有 SOP28 和 DIP28 两种，关于 SOP、DIP，请参见 HM6264 的 PDF 格式说明文件，内有详细说明。所有的集成电路均有说明文件，一般为 PDF 格式，在说明文件中，有关于芯片的电气参数、典型用法、命令格式等，说明书可以到网络上查找，如 www.21ic.com 或 www.ic37.com 等。引脚排列如图 7.12 所示。

NC	1		28	V_{CC}
A12	2		27	$\overline{WE}$
A7	3		26	CS2
A6	4		25	A8
A5	5		24	A9
A4	6		23	A11
A3	7		22	$\overline{OE}$
A2	8		21	A10
A1	9		20	$\overline{CS1}$
A0	10		19	I/O8
I/O1	11		18	I/O7
I/O2	12		17	I/O6
I/O3	13		16	I/O5
V_{SS}	14		15	I/O4

图 7.12 HM6264 引脚排列图

芯片引脚及功能如下。

地址线 A0～A12，共 13 根，芯片使用时，地址线要与 CPU 的地址总线的低 13 位直接或间接相连。

数据总线，I/O0～I/O7，共 8 根，数据总线要与 CPU 的数据总线直接相连。

控制线有 4 根，名称及功能如下。

$\overline{WE}$：写信号线，低电平有效，与系统 $\overline{WR}$ 控制线相连。当片选信号有效时，该引脚有效，则会将数据总线上的数据写入当前地址线指定的单元中。

$\overline{OE}$：数据输出允许控制端，低电平有效，与系统 $\overline{RD}$ 控制线相连。当片选信号有效时，该引脚有效，可将当前地址线指定单元中的数据送到总线上来，供 CPU 读取。如果该引脚为高电平，则数据线呈现高阻状态。

$\overline{CS1}$：片选信号 1，低电平有效。

CS2：片选信号 2，高电平有效。

当两个片选信号线同时有效时，可以芯片进行读写，否则，芯片的数据线呈高阻状态。

电源引脚 VCC：为+5V 工作电源。

GND：接地端。

3. HM62256

HM62256 的引脚排列如图 7.13 所示。其地址线为 15 条，所以，其寻址能力为 2^{15}=32768=32 KB，是大容量的静态数据存储芯片，有 28 只引脚，封装形式有 DIP、SOP、TSOP 等，芯片采用 CMOS 生产工艺，单一+5V 电源供电。各引脚的功能同 HM6116 及 HM6264。

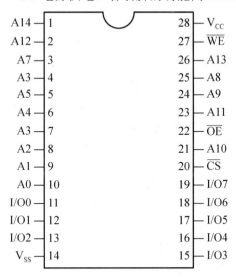

图 7.13　HM62256 引脚排列图

7.4.2　数据存储器的扩展方法

目前在扩展数据存储器时，常常使用 HM62256。为便于理解存储器的扩展方法，重点讲述 MH6264 的扩展原理，其他存储器的扩展，请参照 HM6264 的扩展方法。同时，对程序存储器的扩展方法，也有借鉴意义。

1. 线选法

这种方法是将地址线连接到扩展芯片的片选信号线上，某条地址线为低电平，就会选中与之相连的那片芯片，可以对该芯片进行操作。

线选法扩展 HM6264 的接线图如图 7.14 所示。

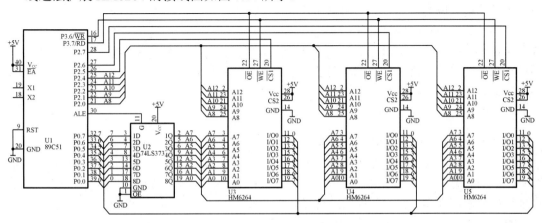

图 7.14　线选法 HM6264 的扩展电路图

图 7.14 中可见，P0 口连接 74LS373，进行低 8 位地址锁存，锁存后的低 8 位地址，连接到每片 HM6264 的低 8 位地址引脚上；所有 HM6264 的高 5 位地址均与 P2 口中的低 5 位相连，这样，地址中的低 13 位就被确定下来。但是，CPU 最终与哪一片 HM6264 进行读写操作呢？这还要看 CPU 送出的 16 位地址的高 3 位的情况，如果送出的 A15A14A13 = 011，则 CPU 是对 U5 进行操作，这是因为此时的所有数据存储器的 $\overline{CSI}$ 中，只有 U5 的为低，所以选中的芯片为 U5，同理，A15A14A13 = 101 时，选中的是 U4 芯片，A15A14A13 = 110 时，选中的是芯片 U3。可见，这种扩展芯片的方法是利用了地址线的状态来确定对某个具体芯片进行操作的。本例中，U3 的地址范围为 1100000000000000～1101111111111111，即 0C000H～0DFFFH；U4 的地址范围为 1010000000000000～1011111111111111，即 0A000H～0BFFFH；U5 的地址范围为 0110000000000000～0111111111111111，即 6000H～7FFFH。

U3、U4、U5 的数据总线与 P0 口直接相连，为数据的传送通道；三片 HM6264 的所有读控制线连到一起，再与 CPU 的读控制线相连；所有的写控制线与 CPU 的写控制线相连，通过上述连接，以实现对各 HM6264 的读写控制。

CPU 对外部扩展的数据存储器进行的操作有读和写两种，编程时要先确定地址，再使用传送指令 MOVX。如对本例中 U3 的 0 地址进行操作，可用下述两种法。

```
MOV    P2, #0C0H
MOV    R0, #00       ; 确定地址
MOVX   A, @R0        ; 读取 U3 中 0 地址的数据
MOVX   @R0, A        ; 将累加器 A 中的数据写到 U3 的 0 地址中
```

或

```
MOV    DPTR, @0C000H  ; 确定地址
MOVX   A, @DPTR       ; 读取 U3 中 0 地址中的数据
MOVX   @DPTR, A       ; 将累加器中的数据写到 U3 中的 0 地址内
```

线选法的优点是连线简单，电路实施方便，且不需要其他额外的任何芯片，在扩展存储容量较小的系统设计中多用这种方法。但由于被扩展的每一芯片的片选均需占用一根地址线，而每一地址线又有两种状态，只有一种状态被使用，所以，造成了地址线状态的浪费，这种浪费实质上造成了地址空间的空闲，地址空间在大多数情况下是不连续的。在线选法中，还易产生地址重叠的问题。假定本例中只扩展了两片 HM6264，则会有一地址线空闲，设空闲的地址线为 P2.7，即 A15，则最高三位地址 A15A14A13 = x01 或是 x10，两种状态分别选择两个芯片，最高位为 0 或为 1 不影响芯片的片选，所以，地址产生了重叠现象。

使用线选法进行扩展时，应时刻注意在系统中只能有一个片选信号有效，切不可使两个或两个以上的片选信号同时有效，否则将导致数据传输错误，最终造成系统不能正常工作。因地址可能会重叠，所以，在编程时要注意地址的一致性。另外，当片选信号比可用地址线多时，该法便不能使用。

2. 地址译码法

当一个单片机应用系统较小时，扩展的芯片较少，CPU 的地址线足够用，此时用线选法非常简单，但如果系统中需要扩展的芯片较多，就会造成地址线不足，用线选法就不能满足要求，此时就要采取另外一种扩展的方法——地址译码法。地址译码法是采用逻辑电路中的地址译码器芯片来实现的，常用的地址译码芯片有 74LS138，74LS139，以前者多见。

表 7-2 为 74LS138 的真值表。从真值表中可以看出，当使能端 G1 接高电平，使能端 G2(有两个，G2A 和 G2B)接低电平时，输入端 CBA=000，则只有输出端 Y0 为 0；输入端 CBA=001，

则只有输出端 Y1 为 0…，输入有 3 根线，共有 8 种状态，输出有 8 根线，有 8 种状态，故该芯片称作 3 线—8 线译码器。

表 7-2　74LS138 真值表

输入					输出							
使能		选择										
G1	G2(Note 1)	C	B	A	Y0	Y1	Y2	Y3	Y4	Y5	Y6	Y7
X	H	X	X	X	H	H	H	H	H	H	H	H
L	X	X	X	X	H	H	H	H	H	H	H	H
H	L	L	L	L	L	H	H	H	H	H	H	H
H	L	L	L	H	H	L	H	H	H	H	H	H
H	L	L	H	L	H	H	L	H	H	H	H	H
H	L	L	H	H	H	H	H	L	H	H	H	H
H	L	H	L	L	H	H	H	H	L	H	H	H
H	L	H	L	H	H	H	H	H	H	L	H	H
H	L	H	H	L	H	H	H	H	H	H	L	H
H	L	H	H	H	H	H	H	H	H	H	H	L

在单片机的系统扩展电路中，将某些地址线经地址译码器译码后，去控制扩展芯片的片选控制端的形式，就是地址译码法扩展。图 7.15 就是用地址译码方式进行的 HM6264 的扩展。地址总线的低 8 位仍然使用 74LS373 锁存器，经锁存后去连接每片 HM6264 的 A0～A7，地址总线高 8 位的低 5 位并联到一起，再与每片 HM6264 的 A8～A12 相连，CPU 的读写控制线与扩展的 HM6264 的读写控制线并接到一起，CPU 的地址线的最高 3 位接到 3-8 线译码器的输入端，译码器的输出 Y0～Y7 分别接到各个 HM6264 的片选信号控制端。当 A15A14A13 = 000 时，Y0 = 0，此时选中的为 U4，则 U4 的地址范围为 0000H～1FFFH；当 A15A14A13 = 001 时，Y1 = 0，此时选中的为 U5，则 U5 的地址范围为 2000H～3FFFH；…；当 A15A14A13 = 111 时，Y7 = 0，此时选中的为 U11，则 U11 的地址范围为：0E000H～0FFFFH。其他控制线与线选法连接情况相同。

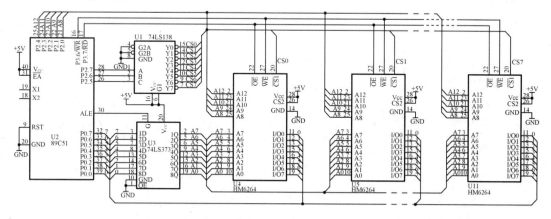

图 7.15　地址译码法数据存储器扩展

以地址译码方式的扩展，分为全地址译码法及部分地址译码法。全地址译码是将地址线中所有剩余未用的地址线，用作地址译码器的输入，地址译码器的输出则作为不同芯片的片选控制信号，这种方式地址无浪费，不会造成芯片的地址重叠问题。而部分地址译码法则是将地址线中的部分用作地址译码器的输入，这种方式仍可产生地址重叠的问题。地址译码法进行系统的扩展，可充分利用单片机的地址资源，地址可连续，但是这种方法要使用硬件，使电路复杂，成本提高。

7.5 I/O 口扩展

MCS-51 系列单片机的应用中，常因 I/O 口数量不足而进行扩展。常用于 I/O 口扩展的芯片有 TTL 系列芯片中的 74LS373，74LS273，74LS245，74LS244 等，总线形式的芯片有 8155，8255 等。

早期进入我国的 CPU 的型号为 8031 或 8751 等，因它们片内的 RAM 很少，8031 内部又无 ROM，所以，在应用时，要扩展 ROM 或 RAM，或者是同时扩展这两种芯片。这样，CPU 的 P0 口、P2 口以及 P3 口的部分被用于扩展总线及读写控制，造成 CPU 的可真正用于输入输出的端口减少，多不能满足应用的要求，这时就必须进行 I/O 口的扩展。随着电子技术的发展，在 MCS-51 系列单片机的内部，集成了程序存储器，所以，目前的单片机控制系统基本上无须扩展 ROM，如果在应用中，要用到数量较多的 RAM，也有相应的 MCS-51 系列单片机芯片可以选择(在芯片内部含有外部 RAM)。所以，目前扩展 RAM 及 ROM 的情况很少，P0、P2 及部分 P3 口引脚不用作系统扩展，I/O 口成了真正的 I/O 口，所以，多数的场合仅需要扩展少数或根本无须扩展 I/O 口。

7.5.1 用于 I/O 口扩展的常用 TTL 电路

1. 74LS244

74LS244 是三态总线驱动/缓冲器，常用作总线驱动器或并行输入口。其引脚排列图及内部结构图如图 7.16 所示。从其结构图中可以看出，它是由相同的两部分构成，1A1、1A2、1A3、1A4 为输入引脚，1Y1、1Y2、1Y3、1Y4 为输出端，当控制端 1G 为 0 时，输入端的状态经传输门传输到输出端，即输入为 0，则输出为 0，输入为 1，则输出为 1。当 $\overline{1G}$ 为高电平时，输出端呈高阻态，在单片机扩展中，用作输入接口。

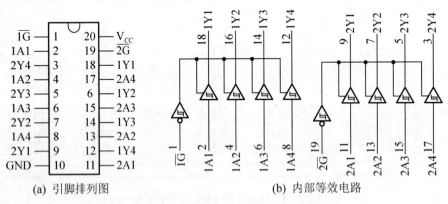

(a) 引脚排列图   (b) 内部等效电路

图 7.16 74LS244 引脚排列图及内部结构图

2. 74LS245

74LS245 为三态 8 位总线收发器，其引脚排列图及真值表如图 7.17 所示。当 $\overline{G}=1$ 时，芯片的所有 I/O 引脚呈高阻状态；当 $\overline{G}=0$ 时，芯片可实现数据的传输功能。可见，这个引脚是芯片的使能控制端。在使能端有效的情况下，方向控制端 DIR 引脚为高电平时，数据的传输方向是由 A 端传向 B 端；当 DIR 为低电平时，数据的传递方向是由 B 端传向 A 端的，该芯片可双向传输数据。

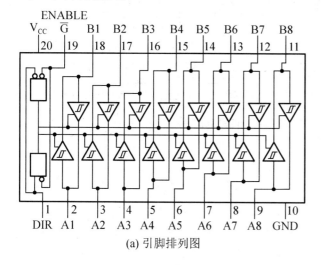

74LS245真值表

使能$\overline{G}$	方向控制 DIR	操作
L	L	B数据到A总线
L	H	A数据到B总线
H	X	隔离

H为高电平
L为低电平
X为任意电平

(a) 引脚排列图　　　　　(b) 真值表

图 7.17　74LS245 引脚排列图及其真值表

74LS245 在单片机扩展 I/O 接口时，可用作输入，也可用作输出。用作输出功能时，其输出是无锁存功能的，编程时要注意。

3. 74LS273

这是一片 8 位具有清零功能的锁存器，引脚排列图及真值表如图 7.18 所示。

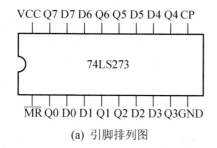

74LS273真值表

$\overline{MR}$	CP	D_X	Q_X
L	X	X	L
H	⌐	H	H
H	⌐	L	L

H为高电平　L为低电平　X为任意电平

(a) 引脚排列图　　　　　(b) 真值表

图 7.18　74LS273 引脚排列图及真值表

当清零端 $\overline{MR}$ =0 时，输出端 Qx 输出为零，即所有输出端均为低电平；当清零端 $\overline{MR}$ =1 时，芯片处于正常工作状态。在芯片工作时，要求清零端为高电平，此时，当时钟端 CP 的上升沿到来时，输入端的状态决定了输出端的电平高低。在单片机 I/O 器扩展应用中，用于输出接口的扩展。

4. 74LS377

74LS377 是具有使能控制端 $\overline{E}$ 的 8D 锁存器，其引脚图排列图和真值表如图 7.19 所示。

引脚 Dx 为输入端，Qx 为输出端。当 $\overline{E}$ =0 时，时钟端 CP 的上升沿到来时，将 8 位输入端数据打入输出锁存器，如果没有时钟端的上升沿，输出保持前一次锁存的内容不变。$\overline{E}$ 返回 1 时，数据锁存，此时输入端的变化不影响输出端。该芯片常用于单片机的输出端口扩展。

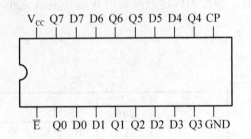

\overline{E}	CP	Dn	Qn	\overline{Qn}
H	⌐	X	不变	不变
L	⌐	H	H	L
L	⌐	L	L	H

74LS377真值表

H为高电平　L为低电平　X为任意电平

图 7.19　74LS377 引脚排列图及真值表

7.5.2　用 TTL 电路扩展的 I/O 接口

1. 用 74LS245 扩展的输入接口

图 7.20 为用 74LS245 扩展的输入接口，芯片的 DIR 控制端接地，使得该芯片的数据由 B 端向 A 端传输。B 端的每条输入端均为相同电路结构，当 DIP 开关中的某位闭合时，该位的电平为 0，否则为 1。数据由 B 端向 A 端传输时，要在使能控制端 $\overline{G}$ 的作用下才能完成。如果 $\overline{G}$ =0，因或门的作用，则必须 P2.7 与 $\overline{RD}$ 均为 0，所以，经 74LS245 扩展的输入端口的地址为 0xxxxxxxxxxxxxxx，x 可以为 0 或 1，我们且定义 x 为 1，则该输入端口的地址为 7FFFH。CPU 读取地址为 7FFFH 的数据时，就可以读入 74LS245 B 端的状态，可由下面的汇编程序实现。

```
R245:   MOV     DPRT, #7FFFH
        MOVX    A, @DPTR
```

或

```
R245:   CLR     P2.7
        MOVX    A, @R0
        SETB    P2.7
```

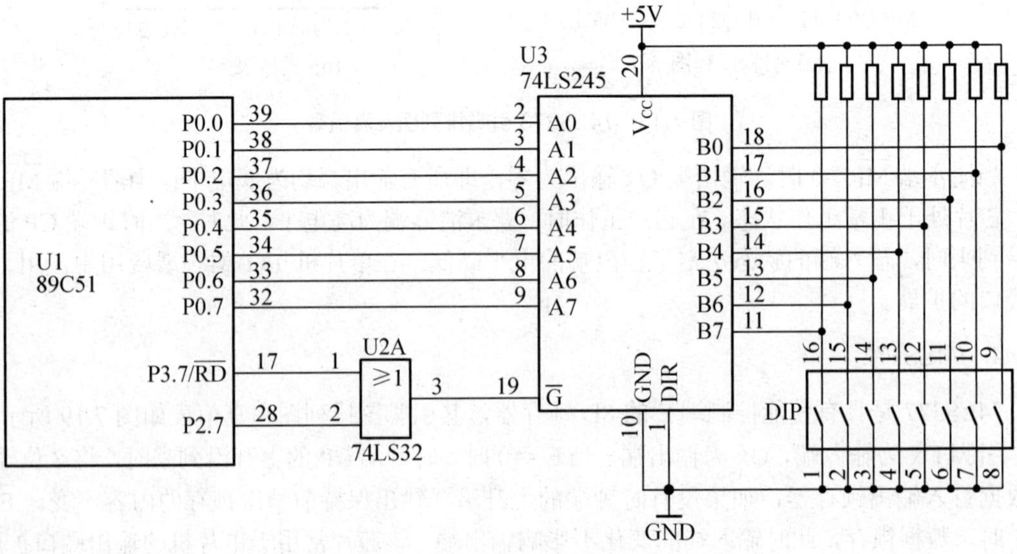

图 7.20　用 74LS245 扩展的输入接口

在执行上面的 MOVX 类指令时，CPU 读数据存储器引脚会出现低电平，该低电平与 P2.7(即 A15)相或，结果为 0，去控制使能端，使 B 端数据传输到 A 端，由 CPU 读入累加器中。

对于上面的扩展电路，可以将或门去掉，用 P2.7 直接接 74LS245 的使能端，也可达到扩展的目的，但此时的汇编程序应改为

```
R245:   CLR     P2.7
        MOV     A,P0
        SETB    P2.7
```

2. 用 74LS377 扩展的输出接口

在图 7.21 的电路中，CPU 的数据写控制端与 74LS377 的时钟端相连，当 CPU 对外部数据存储器写操作时，写控制端会出现一个低电平，在其上升时，将 P0 口的数据锁存到 74LS377 的输出。CPU 的 P2.7 与 74LS377 的使能端相连，则由本芯片扩展的输出端口的地址为 0xxxxxxxxxxxxxxx，x 可以为 0 或 1，我们且定 x 为 1，则该输入端口的地址为 7FFFH。本输出端的驱动汇编程序为

```
W377:   MOV     DPTR,#7FFFH
        MOVX    @DPTR,A
```

或

```
W377:   MOV     P2,#7FH
        MOVX    @R0,A
```

或

```
W377:   CLR     P2.7
        MOV     P0,A
        CLR     P3.6
        NOP
        SETB    P3.6
```

以上这三段程序的功能是相同的，只是实现的方法不同。前两段是利用指令系统中的对外部数据存储器的写操作来实现的，而最后一段程序实现的方法则是根据 74LS377 的工作原理，利用 CPU 的 I/O 口操作。

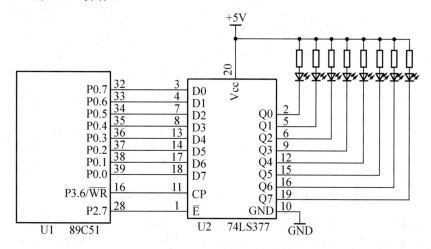

图 7.21　用 74LS377 扩展的输出接口

3. 利用 74LS244 和 74LS273 实现的输入/输出接口扩展

图 7.22 中利用 74LS244 作输入接口，74LS273 用作输出接口。74LS244 的控制端 $1\overline{G}$ 和 $2\overline{G}$ 并联后，与二输入或门相连，这个两输入或门的输入为 P2.7 和读控制端，当 P2.7 = 0 时，如果对外部数据存储器读操作，则这个或门输出为 0，使 74LS244 输入端的数据传送到输出端，CPU 将开关的状态读入。可见 74LS244 这个端口的口地址为 7FFFH。74LS273 的输出端接了 8 个发光二极管，输入端直接与 CPU 的数据端口相连。当 74LS273 的 CP 端出现上升沿时，将其输入端的数据传送到输出端，并锁存。74LS273 的 CP 端与一个二输入或门相连，或门的输入为 P2.7 和外部数据存储器写控制端，当 P2.7 = 0 时，对外部数据存储器写，则或门的输出为 0，当写周期过后，写控制端为 1，则或门的输出为 1，即 CP 端出现一个上升沿，将数据写入 74LS273 的输出端，芯片的输出口地址为 7EFFH。74LS273 与 74LS244 的地址问题，可参照前面 74LS377 的说明。

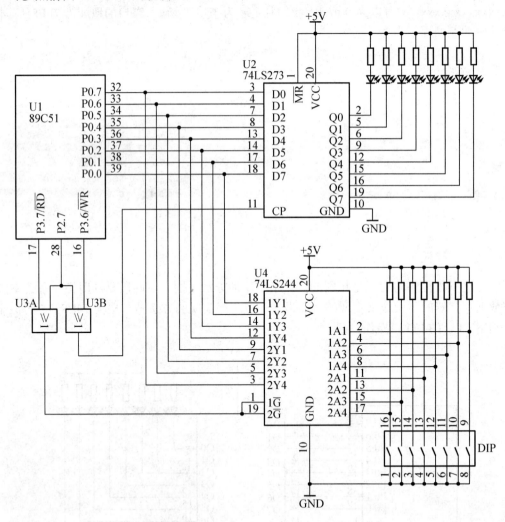

图 7.22　由 74LS244 及 74LS273 构成的输入/输出接口

通过上述的分析，本电路扩展的输入/输出接口的口地址是相同的。现将输出端口的口状态用发光二极管来表示，输入口的状态由 DIP 开关来决定，当开关闭合时，相应口线为 0，否则为 1；而输出口接了发光二极管，口线输出 0 时，发光管点亮，输出为 1 时，发光管灭，

用发光管点亮来表示 DIP 开关闭合。为实现上述功能，汇编程序为

```
DIS:    MOV     DPTR, #7FFFH
        MOVX    A, @DPTR
        MOVX    @DPTR, A
```

本例中的电路的扩展方式为总线形式，此时的 P2 端口及 P3.6，P3.7 均用于扩展，不能再用作其他功能，使用了较多的口线，同时也增加了其他的硬件。为实现本例的功能，可以利用 74LS244 及 74LS273 的真值表，通过 I/O 口操作实现，可将两个或门去掉，将 P3.6 直接连接 74LS273 的 CP 端，P3.7 直接接 74LS244 的两个控制端 1$\overline{G}$ 和 2$\overline{G}$，此时的汇编程序则为

```
DIS:    CLR     P3.7
        MOV     A,P0
        SETB    P3.7
        MOV     P0,A
        CLR     P3.6
        SETB    P3.6
```

7.5.3 可编程 I/O 芯片 8255 的扩展

8255 是 Intel 公司生产的 8 位可编程并行接口芯片，早期曾广泛地应用在 MCS-51 系列单片机系统中。它有三个 8 位并行接口 PA、PB 和 PC，并且有三种工作方式供选择。

1. 8255 的内部结构

8255 的内部结构如图 7.23 所示。

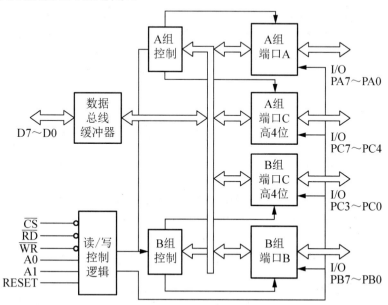

图 7.23 8255 内部结构图

从图 7.23 中可见，芯片共有三个端口，PA 口、PB 口及 PC 口。其中的 PA 和 PB 端口，均有一个 8 位的输出锁存器和缓冲器和一个 8 位的输入缓冲器；而 PC 口，则有一个 8 位的输出锁存器和一个 8 位的输入缓冲器。三个端口可用作一般的 I/O 口，也可通过向 8255 写入控制字，使 PA 和 PB 口工作在选通工作方式下，此时的 PC 口分为高 4 位和低 4 位，高 4 位与

PA 口组合在一起，称作 A 组，低 4 位与 PB 口组合在一起称为 B 组，分别起到 A 组和 B 组的应答控制作用。

A 组和 B 组的控制单元通过写入的控制字来实现对 8255 的工作方式控制。分别控制 PA 口及 PC 口的高 4 位和 PB 口及 PC 口的低 4 位。同时，通过写入的控制字，也可以对 PC 口的任一位实现位操作。

8255 的数据总线缓冲器为三态双向型，实现芯片与微处理器间的数据交换，如读取引脚的状态、向引脚输出控制电平、向芯片写入的控制字等。

读写/控制逻辑电路的输入为 8255 的控制引脚，通过对输入控制引脚的逻辑控制，实现对芯片的各种操作。如芯片本身的复位、读写操作、操作对象的区分等。各引脚的逻辑状态对应的操作如表 7-3 所示。

表 7-3 8255 端口操作选择表

A1	A0	$\overline{RD}$	$\overline{WR}$	$\overline{CS}$	工作状态
0	0	0	1	0	读端口 A：A 口数据→数据总线
0	1	0	1	0	读端口 B：B 口数据→数据总线
1	0	0	1	0	读端口 C：C 口数据→数据总线
0	0	1	0	0	写端口 A：总线数据→A 口
0	1	1	0	0	写端口 B：总线数据→B 口
1	0	1	0	0	写端口 C：总线数据→C 口
1	1	1	0	0	写控制字：总线数据→控制字寄存器
×	×	×	×	1	数据总线为三态
1	1	0	1	0	非法状态
×	×	1	1	0	数据总线为三态

2. 8255 的引脚功能

8255 的引脚共有 40 个，芯片有三种封装形式可供选择：DIP、PLCC 或 CLCC。常用的 DIP 封装的引脚排列如图 7.24 所示。

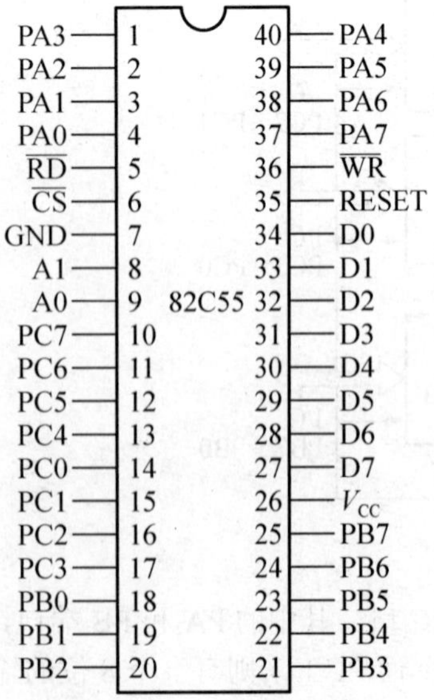

各引脚的功能如下。

PA0～PA7：PA 端口输入/输出引脚。

PB0～PB7：PB 端口输入/输出引脚。

PC0～PC7：PC 端口输入/输出引脚。

D0～D7：三态数据总线端口，用于与微处理器间的数据传递。

GND、Vcc：芯片供电端口，接地及+5V 直流电源。

A0、A1：地址线，用于选择芯片的操作对象。

RESET：复位引脚，高电平有效。

$\overline{CS}$：片选信号控制端，低电平有效，对 8255 的一切操作均要在该引脚有效的情况下进行。

$\overline{WR}$：写信号控制端，低电平有效，向控制寄存器及端

图 7.24　8255 引脚排列图

口写数据时，必须在这个引脚有效的情况下进行。

$\overline{\text{RD}}$：读信号控制端，低电平有效，读取端口的状态时，必须在该引脚有效的情况下进行。

3. 8255 控制字

该芯片的控制字有两个，一个为工作方式控制字，另外一个为 PC 端口位操作控制字。这两个控制字是通过对数据位的 D7 位来进行区分的，当控制字的最高位为 1 时，写入的控制字为工作方式控制字，最高位为 0 时，写入的控制字为 PC 端口的位操作控制字。

(1) 工作方式控制字

顾名思义，就是用于控制 8255 的端口的工作方式，其格式如图 7.25 所示。

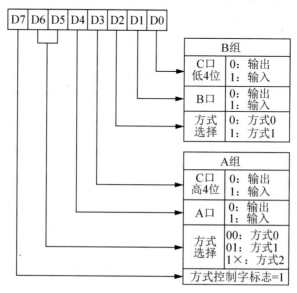

图 7.25　8255 工作方式控制字

D7 为工作方式控制字标志位，必须为 1。

D6 D5 位，为 A 组端口工作方式选择位，具体如图 7.25 所示。

D4 用于选择 PA 端口为输入还是输出。

D3 用于选择 PC 端口的高 4 位为输入还是输出。

D2 用于选择 B 组的工作方式，具体见图中所示。

D1 用于选择 PB 端口为输入还是输出。

D0 用于选择 PC 端口的低 4 位为输入还是输出。

(2) PC 端口位操作控制字

通过设定该控制字的数据，可以使 PC 端口中的某位输出 0 或 1。控制字的格式如图 7.26 所示。

D7 位为 PC 口位操作控制字标志位，必须为 0。

D6～D4 未用。

D3～D1 用于选择 PC 口的具体某引脚。

D0 为置 1 与清零位，当其为 0 时，对 D3～D1 选择的位清零，否则置 1。

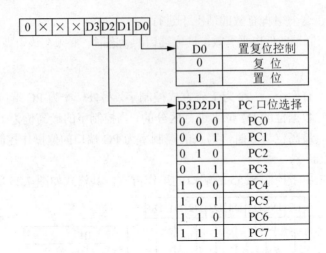

图 7.26　8255 的 PC 端口位操作控制字

4. 8255 的工作方式

(1) 方式 0

方式 0 为基本输入/输出方式，输入和输出不受任何限制，输入时直接读取端口，输出时，直接将数据写到相应端口。8255 的三个端口均可定义为此方式，且每个端口可根据需要进行独立设定，输出具有锁存功能。

如图 7.27 所示为 8255 通常的扩展接线图，在此图中，省略了 8255 的复位电路，具体应用时可与单片机的复位接到一起，因同为高电平复位。该电路同时也省略了 8255 的 PC 端口。

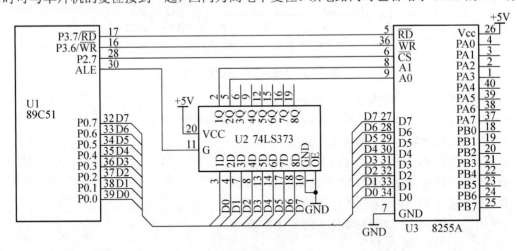

图 7.27　8255 的扩展接线简图

根据扩展原理及图 7.27 中连接关系，可以得出，控制字的端口地址为 7FFFH，PA 端口的地址为 7FFCH，PB 端口的地址为 7FFDH，PC 端口的地址为 7FFEH。以上这些地址不是唯一的，可以有其他值，只要满足 8255 的工作原理即可。

如果在这个电路上，8255 的 PA 端口接有 8 个开关，现要求将这 8 个开关的状态输出到 PB 端口，则相应的汇编程序为

```
INIT8255:    MOV    DPTR , #7FFFH
             MOV    A , #90H          ;定义 PA 端口为基本输入，PB 端口为基本输出
```

```
MOV      DPTR , #7FFCH
MOVX     A , @DPTR          ;读取 PA 口状态
INC      DPTR              ;数据指针指向 PB 端口
MOVX     @DPTR , A
```

通过这个例子我们看到，扩展的 8255 增加了 24 个 I/O 口，并且使用起来也非常方便。

(2) 方式 1

方式 1 为采用应答的输入/输出工作方式。仅 PA 端口及 PB 端口可以设置为此方式，此时的 PC 口用作了 PA 及 PB 端口的应答信号，每个 PC 端口的引脚功能被固定，高 4 位用于 PA 端口应答，低 4 位用于 PB 端口应答，如未用作应答功能，则仍可做 I/O 口使用。

1) 方式 1 输入。当 PA 及 PB 端口工作于方式 1 时，PC 端口的功能发生变化，如图 7.28 所示。

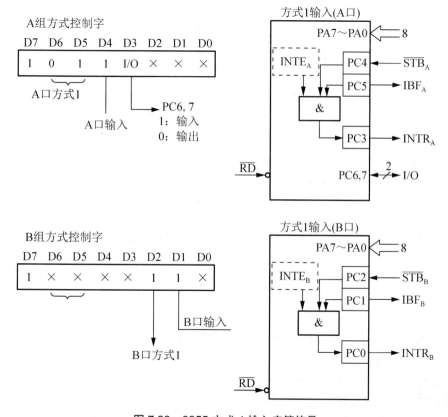

图 7.28　8255 方式 1 输入应答信号

由图 7.28 可见 PC4 和 PC2 变成了 $\overline{STB}$ 信号，PC5 和 PC1 变成了 IBF 信号，PC3 和 PC0 变成了 INTR 信号，只有 PC6 和 PC7 仍旧可以用作 I/O 端口。

此时的各应答引脚的功能如下。

$\overline{STB}$($\overline{STB}$ A 和 $\overline{STB}$ B)：由外设送来的输入选通信号，低电平有效，告知微处理器数据已送出，微处理器可以接收 PA 口或 PB 口的数据。

IBF(IBFA 和 IBFB)：这是由 8255 发出的信号，高电平有效，当 IBF = 1 时，表示 8255 输入缓冲器满，由外设送来的数据还没有被微处理器取走；而当 IBF = 0 时，表示 8255 输入缓冲器的数据已被微处理器取走，8255 可以接收下一数据。

INTR(INTRA 和 INTRB)：8255 发出的中断请求信号，高电平有效，用于请求微处理器

读取数据。当 8255 检测到 $\overline{STB}$ 由低电平变高电平、IBF 为 1，且 INTE(包括 INTEA 和 INTEB) 为 1 时(三者相与)，INTR 为 1。当 CPU 取走数据时，$\overline{RD}$ 的下降沿清零 INTR。

INTE 信号(INTEA 和 INTEB)：8255 内部的中断允许信号，当 INTE = 1 时，允许中断，否则不允许中断。这两个信号分别为 PC4 和 PC2 的置位和复位控制。

2) 方式 1 输出：当 PA 或 PB 端口工作于方式 1 的输出时，PC 端口的功能又发生变化，如图 7.29 所示。

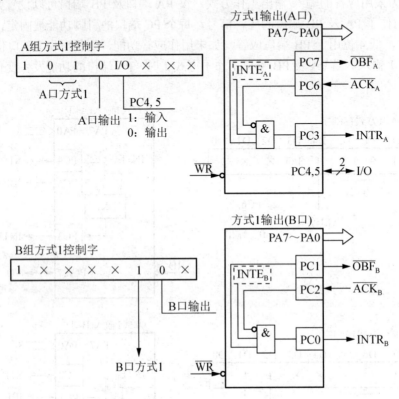

图 7.29　8255 方式 1 输出应答信号

此时的 PC7 和 PC1 变为 $\overline{OBF}$ 信号，PC6 和 PC2 为 $\overline{ACK}$ 信号，PC3 和 PC0 为 INTR 信号，而 PC4 和 PC5 仍为 I/O 口。

此时的各应答引脚的功能如下。

$\overline{OBF}$ ($\overline{OBF}$ A 和 $\overline{OBF}$ B)：由 8255 发出的"输出缓冲器满"信号，低电平有效。表示 8255 的输出端口有数据输出，外设可以读取该数据。

$\overline{ACK}$ ($\overline{ACK}$ A 和 $\overline{ACK}$ B)：由外设送来的应答信号，低电平有效，表示外设已接收 8255 的数据。

INTR(INTRA 和 INTRB)：8255 发出的中断请求信号，高电平有效，用于请求微处理器再次发送数据给 8255。当 8255 检测到 $\overline{ACK}$ 有效时，如检测到 $\overline{OBF}$ 为 1，且 INTE(包括 INTEA 和 INTEB)为 1 时，INTR 为 1。

INTE 信号(INTEA 和 INTEB)：8255 内部的中断允许信号，当 INTE = 1 时，允许中断，否则不允许中断。这两个信号分别为 PC6 和 PC2 的置位和复位控制。

(3) 工作方式 2

该方式仅对 PA 口有效，此时的 PA 端口可作应答方式的输入和输出使用，为双向 I/O 形式，实质上就是方式 1 的输入和方式 1 的输出组合。工作方式 2 的应答信号如图 7.30 所示。

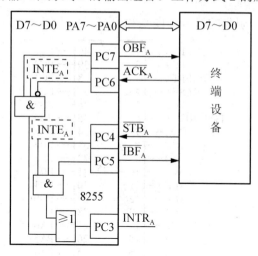

图 7.30　8255 方式 2 应答信号

作为输入使用时，使用 $\overline{STB}$ A、IBFA、INTEB 及 INTRA 四个信号，工作过程与方式 1 的输入相同。作为输出端口使用时，通信过程中使用 $\overline{ACK}$ A、$\overline{OBF}$ A、INTEA 及 INTRA，工作过程与方式 1 的输出方式相同。

7.5.4　可编程 IO/RAM 芯片 8155 的扩展

8155 芯片是单片机系统中经常扩展的芯片之一，在其内部有两个可编程的 8 位并行口 PA 和 PB，一个 6 位的并行接口 PC 以及一个 14 位的减 1 计数器，此外，还有一个 256B(即 256 个字节)的数据存储区。

在扩展性能方面，因其内部有地址锁存器，所以，在与 MCS-51 系列单片机进行扩展时，省略了地址锁存器，无须任何其他器件，扩展更容易。

1. 8155 内部结构

如图 7.31 所示为 8155 的内部结构框图，从图中可见其结构为 PA、PB、PC 三个端口，一个计数器及 256B 的 RAM。

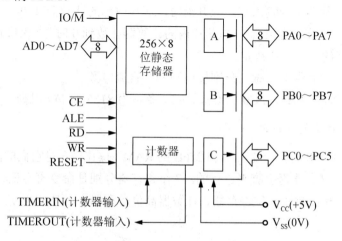

图 7.31　8155 内部结构框图

2. 8155 引脚

该芯片有 40 根引脚，引脚的排列如图 7.32 所示。

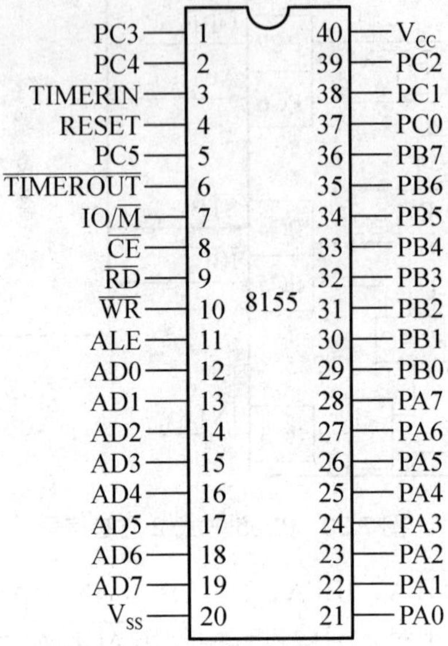

PC3	1		40	V$_{CC}$
PC4	2		39	PC2
TIMERIN	3		38	PC1
RESET	4		37	PC0
PC5	5		36	PB7
$\overline{TIMEROUT}$	6		35	PB6
IO/$\overline{M}$	7		34	PB5
$\overline{CE}$	8		33	PB4
$\overline{RD}$	9		32	PB3
$\overline{WR}$	10	8155	31	PB2
ALE	11		30	PB1
AD0	12		29	PB0
AD1	13		28	PA7
AD2	14		27	PA6
AD3	15		26	PA5
AD4	16		25	PA4
AD5	17		24	PA3
AD6	18		23	PA2
AD7	19		22	PA1
V$_{SS}$	20		21	PA0

图 7.32　8155 引脚排列图

各引脚的功能如下。

AD0～AD7，为 8 条地址数据线，分时传送地址和数据信息。

IO/$\overline{M}$，IO/RAM 选择引脚，当该引脚为低电平时，选择的操作对象为片内的 RAM，当该引脚为高电平时，操作的对象为端口、控制/状态寄存器或是计数器。

$\overline{CE}$，为 8155 的片选信号，低电平有效，当该引脚为 0 时，才能对 8155 进行操作。

ALE，为地址锁存信号，高电平有效，当这个引脚为高电平时，将此时的地址数据线上的数据锁存到片内的地址锁存器中，以选择操作对象。

$\overline{RD}$ 和 $\overline{WR}$，为读控制线和写控制线，用于微处理器对 8155 的数据进行读取和写入。

RESET，复位引脚，高电平有效，复位时，三个 I/O 端口均为输入状态，计数器停止计数。

TIMERIN，计数器脉冲输入端，上升沿时，芯片内部的计数器减 1。

$\overline{TIMEROUT}$，计数器输出端，当芯片内的计数器计数到 0 时，该引脚输出脉冲或方波，具体情况由计数器的工作方式决定。

Vss、Vcc，芯片的供电引脚，分别接地和+5V 直流电源。

PA0～PA7、PB0～PB7、PC0～PC5，共 22 条，为 8155 的 I/O 引脚。

3. 8155 操作对象的选择

在 8155 的内部，共有 7 个寄存器和 256B 的 RAM，操作时，对它们的区分是通过地址线及 IO/RAM 选择引脚、读写引脚来进行的。7 个寄存器分别是命令寄存器、状态寄存器、PA口、PB 口、PC 口和计数器低位寄存器、计数器高位寄存器。具体如表 7-4 所示。

表 7-4　8155 地址分配表

$\overline{CE}$	IO/$\overline{M}$	A7	A6	A5	A4	A3	A2	A1	A0	端口
0	1	×	×	×	×	×	0	0	0	命令/状态寄存器
0	1	×	×	×	×	×	0	0	1	A 口
0	1	×	×	×	×	×	0	1	0	B 口
0	1	×	×	×	×	×	0	1	1	C 口
0	1	×	×	×	×	×	1	0	0	计数器低 8 位
0	1	×	×	×	×	×	1	0	1	计数器高 6 位和定时器输出方式
0	0	×	×	×	×	×	×	×	×	RAM 单元

7 个寄存器中的命令寄存器和状态寄存器的地址是共用的，通过读写控制加以区分，当 IO/$\overline{M}$ =1 时，如果对地址 0 进行读操作，得到的是状态寄存器中的数据，如果对地址 0 进行写操作，则将数据线上的数据写入命令寄存器。其他寄存器或 RAM 的地址均不共用。

4. 8155 的命令/状态寄存器

(1) 命令寄存器

8155 的工作方式由命令寄存器中的数据来决定，当 IO/$\overline{M}$ =1 时，数据由微处理器写入地址 0。命令字的格式如图 7.33 所示。

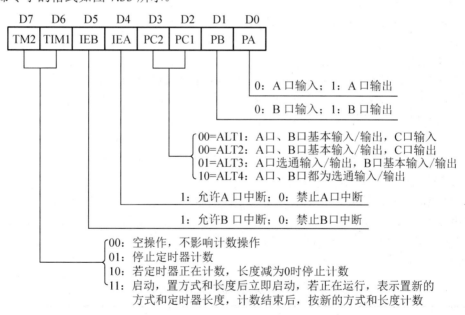

图 7.33　8155 命令字格式

(2) 状态寄存器

8155 的状态寄存器与命令寄存器为同一地址，当 IO/$\overline{M}$ =1 时，对地址 0 进行读取时，得到的数据即为 8155 的 PA 和 PB 端口的当前状态，状态数据的各位代表的意义如图 7.34 所示，该寄存器为只读型。

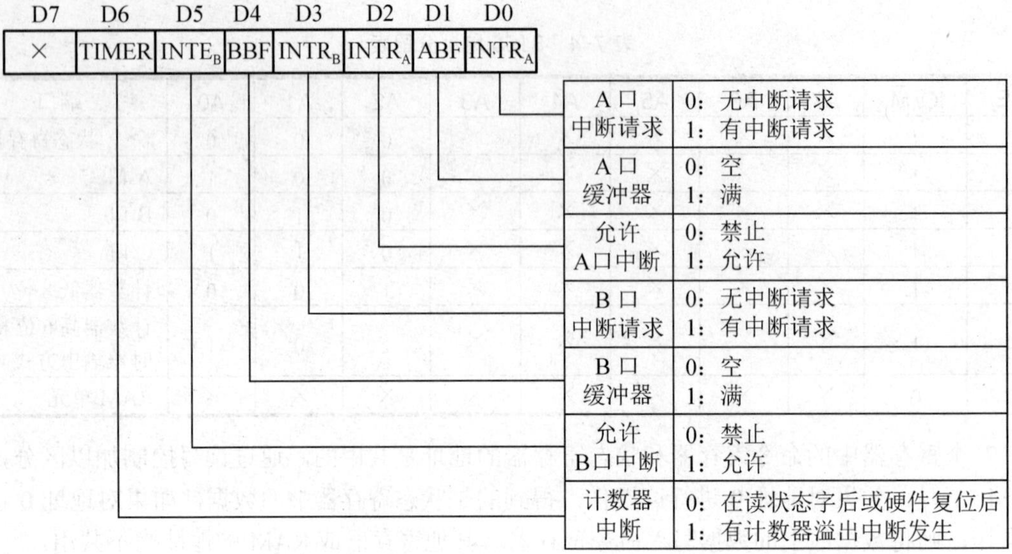

图 7.34　8155 状态寄存器的格式

5. 8155 的工作方式

(1) 存储器方式

从表 7-4 中可以看出，当 IO/$\overline{M}$ = 0，$\overline{CE}$ = 0 时，对芯片中的 RAM 区进行读写操作，此时，RAM 的地址和数据均由地址数据线传输，而地址则由 ALE 信号锁存，地址范围是 00H～0FFH。

(2) I/O 方式

图 7.33 中，给出了 8155 的命令字，命令字的 D3 和 D2 位确定了三个端口的工作方式组合，实质上端口的工作方式只有两种：基本输入/输出方式和选通输入/输出方式。命令字的地址为 0，向该地址写入数据，就是写入 8155 的控制命令。

1) 基本输入/输出方式。这种工作方式时，数据的输入与输出同其他引脚、寄存器等无关，只要读取某个端口，就会将该端口的状态读到微处理器中，而向某个端口写数据，则该端口的引脚就会锁定在数据中定义的高低电平。

2) 选通输入/输出方式。选通输入/输出方式由命令字的 D3 和 D2 位确定，既可定义 PA 端口工作在选通工作方式，也可以定义 PA、PB 全部工作在选通工作方式。具体设置见图 7.33。在选通工作方式时，PC 端口的部分或全部用作 PA、PB 口的应答信号，信号的分配如表 7-5 所示。

表 7-5　PC 端口在选通方式时的定义

C 口	基本 I/O 方式		选通 I/O 方式	
	ALT1	ALT2	ALT3	ALT4
PC0	输入	输出	AINTR(A 口中断)	AINTR(A 口中断)
PC1	输入	输出	ABF(A 口缓冲器满)	ABF(A 口缓冲器满)
PC2	输入	输出	$\overline{ASTB}$(A 口选通)	$\overline{ASTB}$(A 口选通)
PC3	输入	输出	输出	BINTR(B 口中断)
PC4	输入	输出	输出	BBF(B 口缓冲器满)
PC5	输入	输出	输出	$\overline{BSTB}$(B 口选通)

功能说明如下。

AINTR/BINTR，为中断请求线，高电平有效，当芯片的 PA/PB 端口的缓冲器收到外设的数据或是缓冲器中的数据被外设取走，且命令字中的相关中断允许位为 1 时，该引脚有效。当该引脚有效时，如果微处理器对 8155 进行一次相应端口读(输入时)写(输出时)操作，则该引脚输出为 0。

ABF/BBF，为 PA/PB 端口缓冲器满标志位，如果缓冲器中有数据，则引脚为高电平，否则为低电平。

$\overline{ASTB}$/$\overline{BSTB}$，设备选通输入，低电平有效，信号来自外设。用于告知 8155 有数据送到 PA 口或 PB 口。

(3) 计数器

8155 的内部有一个 14 位的计数器，对外部引脚 TIMERIN 输入的时钟信号进行减 1 计数。如果外来的时钟为固定频率，则利用该计数器可实现定时。计数器的工作方式及初值由计数器高、低位寄存器的值决定。寄存器的格式如图 7.35 所示。

	D7	D6	D5	D4	D3	D2	D1	D0
计数器低位寄存器 地址04H	T7	T6	T5	T4	T3	T2	T1	T0

	D7	D6	D5	D4	D3	D2	D1	D0
计数器高位寄存器 地址05H	M2	M1	T13	T12	T11	T10	T9	T8

图 7.35　8155 计数器寄存器格式

这两个寄存器中的 T13～T0 为计数器的初值，初值的范围为 0002H～3FFFH 之间；M2～M1 为计数器的输出方式设定。寄存器的设定可以在任何时刻，如果计数器在设定前，正在计数，则新设定的值只能在命令字中的 TM2、TM1 重新为 11 时，才能接收新的设定，并要等到计数完成，新的设定才能起作用。

计数器的工作模式有四种，如表 7-6 所示。

表 7-6　8155 计数器工作模式

M2 M1	方　式	定时器输出波形
0　0	单方波	
0　1	连续方波	
1　0	单脉冲	
1　1	连续脉冲	

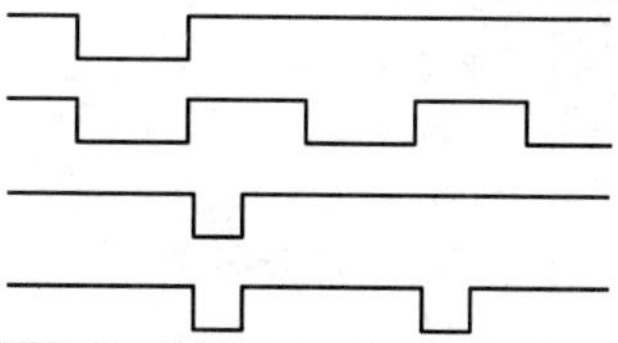

当计数设定为输出连续方波时，如果初值为奇数，则方波是不对称的。设 X 为奇数，则有 $n+n+1=X$，此时输出的连续方波中，高电平为 $n+1$ 个输入信号的周期，而低电平为 n 个输入信号的周期。

6. 8155 在 MCS-51 系列单片机中的扩展

8155 在 MCS-51 系列单片机中的扩展极为简单，无须其他任何器件就可以实现，如图 7.36 所示。

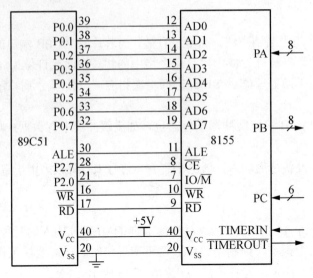

图 7.36   MCS-51 系列单片机与 8155 的扩展电路

图 7.36 中，单片机与 8155 的复位电路均省略，这两个引脚可以连接到一起，利用单片机的复位即可。8155 的 IO/$\overline{\text{M}}$ 引脚与单片机的 P2.0 连接，$\overline{\text{CE}}$ 与单片机的 P2.7 相连，所以，8155 的命令寄存器/状态寄存器的地址为 7F00H，PA 口地址为 7F01H，PB 口地址为 7F02H，PC 口地址为 7F03H，计数器低寄存器的地址为 7F04H，计数器高寄存器的地址为 7F05H，8155 内部的 RAM 的地址为 7E00H～7EFFH。

如果对 8155 的 I/O 口进行操作，则要先进行初始化，再进行读取或写入。可参考下面的程序进行。

```
INIT8155:    MOV     DPTR , #7F00H
             MOV     A , #01H            ; 设定 PA 为基本输出，PB 为基本输入，PC 为输入
             MOV     DPTR , #7F02H
             MOVX    A , @DPTR           ; 读取 PB 口的状态
             MOV     DPTR , #7F01H
             MOVX    @DPTR , A           ; 将累加器中的数据送到 PA 端口
```

如果对 8155 的 RMA 进行操作，则非常容易，见下面的程序。

```
             MOV     DPTR , #7E00H
             MOVX    A , @DPTR          ;读取 8155 中 RAM 地址为 00 中的数据
             INC     DPTR
             MOVX    @DPT , A           ; 将 A 中的数据送到地址为 1 的 RAM 中
```

7.6   串行接口的扩展

在 MCS-51 系列单片机中，有一个全双工的串行接口，这为应用系统提供了便利，如与计算机之间的通信，两个或多个单片机间的数据交换等，还可以在 I/O 口的数量不能满足要求时，如果对速度要求不高，通过串口，可以进行 I/O 口的扩展，用两根口线扩展多个端口。串行接口的扩展方式有多种，第一种是利用单片机本身的串口，使其工作在方式 0 的状态，在单片机的外部，扩展相应的串行芯片，如 74LS164、74LS165 等；第二种方式则是利用单

片机的 I/O 端口，根据串行器件的工作原理进行软件模拟；第三种方式，利用专用的串行接口扩展电路，如 INTEL 公司的 8251 等芯片，这种方式在单片机的早期应用中较多，但随着电子技术的发展，此方式已较少采用，因 8251 已不易购买，另外扩展的时候还要其他芯片配合，而一片具有串行接口的单片机仅人民币 2 元多，故在此不做此方面内容的介绍。第四种方式，利用两片单片机之间并行通信，这样系统就多了一个全双工的串口，应用起来很方便。另外，在 MCS-51 衍生产品中，有两个串口的芯片可供选择。

扩展串行接口的具体方式在此不作讲述，本内容只介绍常见的串行通信标准及相应的电路芯片等。

7.6.1　RS-232C 串行通信标准

RS-232C 通信标准是由美国电子工业协会制定的，其含义为：RS 表示协会推荐标准，232 为标识符，C 表示修改的版本号，以前的版本有 A 和 B。这个标准规定了通信时的连接电缆的排列，连接器的机械尺寸、结构，通信时的电气参数，通信过程等。在日常生活中常见的计算机中的 COM 口，就是 RS-232C 的形式。RS-232C 有两种形式，一种为 9 针的形式，另外一种为 25 针的形式，以 9 针最为常见。

1. 9 针 RS-232C 引脚定义

9 针 RS-232C 引脚定义如表 7-7 所示。

表 7-7　9 针 RS232C 引脚功能

引脚序号	标识符	功　能
1	CD	载波侦测
2	RXD	接收数据
3	TXD	发送数据
4	DTR	数据终端准备好
5	GND	地
6	DSR	数据发送准备好
7	RTS	请求发送
8	CTS	清除发送
9	RI	振铃指示

载波侦测(CD)：表示接收到载波信号，准备接收数据。

接收数据(RXD)：该线为接收数据端。

发送数据(TXD)：该线为发送数据端。

数据终端准备好(DTR)：当其为 1 时，表明数据终端可以接收数据。

地(GND)：为信号地。

数据发送准备好(DSR)：当其为 1 时，表明 Modem 可以使用。

请求发送(RTS)：当接收端需要接收数据时，将该线置 1，向 Modem 请求发送数据，用来控制 Modem 是否要进入发送状态。

清除发送(CTS)：当 Modem 准备好发送的数据，并在发送时，使该引脚有效，通知接收端接收数据。

振铃指示(RI)：当 Modem 接收到振铃呼叫信号时，该信号有效。

2. RS-232C 电气特性

RS-232C 串行通信标准对电气特性、逻辑电平及每条信号线都做出了明确的规定，其规定如下。

TXD 及 RXD 两个引脚的电平定义：逻辑 1 时，引脚上的电平为-3V～-15V；逻辑 0 时，引脚上的电平为+3V～+15V。

RTS、CTS、DSR、DTR、CD 等引脚电平定义：信号有效时，引脚上的电平为+3V～+15V，信号无效时，引脚上的电平为-3V～-15V。

当信号线上的电平在-3V～+3V 之间为模糊区，计算机无法正确判别，这样会出现大量的误码，使通信不能正常进行，在应用时，一定要避免此类现象出现。

最大负载电容：2500pF。

3. RS-232C 的通信距离及通信速度

因 RS-232C 中规定了最大负载电容不能超过 2500pF，该电容也就限制了传输距离及传输数据时的速度。在不使用调制解调器，即 Modem 时，可靠传输的最大通信距离为 15m，如果想以这种标准进行远距离传输数据，则必须通过 Modem 进行通信或以其他的通信形式。

标准串口能够提供的传输速度主要有以下波特率：1200b/s、2400b/s、4800b/s、9600b/s、19200b/s、38400b/s、57600b/s、115200b/s 等，在仪器仪表或工业控制场合，9600b/s 是最常见的传输速度，在传输距离较近时，可以使用最高传输速度。传输距离和传输速度的关系成反比，适当地降低传输速度，可以延长 RS-232C 的传输距离，提高通信的稳定性。

串行通信时的传输速度并不是必须按上面提到速度进行，可以自行定义，但实现通信的各个设备之间的速度必须相同，否则通信将不能可靠实现。相同的波特率，每传送一位数据时，所需的时间是相同的，这样才能保证发送端和接收端数据的一致性，否则，会因数据位的不能正确对齐而出错。如图 7.37 所示为串行通信时每帧数据的格式，首先发送一个起始位，然后再从字节的低位开始发送，字节的 8 位数据发送完毕后，还要发送一位作用奇偶校验或其他功能的数据，最后再发送一位停止位，一帧数据才发送结束，可见每一位数据是有严格的顺序的。在波特率一定的情况下，发送每一位的时间相同。

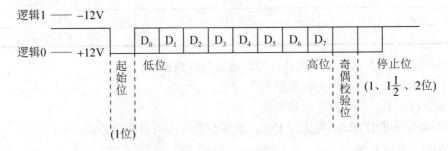

图 7.37 串行通信帧格式

4. RS-232C 电平转换芯片及电路

+5V 电源供电的单片机，其串行口发送的数据为 TTL 电平，即 0V 或 5V，如果将单片机串口的数据用 RS-232C 的标准进行发送或接收，就必须将 TTL 电平转换为 RS-232C 电平或是将 RS-232C 电平转换为 TTL 电平，这是由 RS-232C 电气参数规范决定的。转换可以使用分立元件构成的电路实现，也可以使用专用的 RS-232C 电平转换芯片来实现。分立元件构成的 RS-232C 转换电路如图 7.38 所示，由 10 个元件构成，成本较低，但应用时稍微复杂，需要为这些元件制作 PCB 板，并焊接调试，目前采用较少。

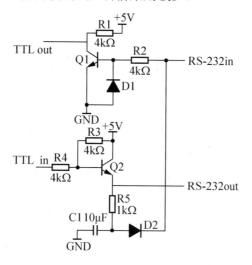

图 7.38 由分立元件构成的 RS-232C 转换电路

常用 RS-232C 电平转换的方法是采用集成电路的形式，如早期的 MC1488 与 MC1489，这两种电路中，前者是发送器，后者是接收器，电路在工作时要提供+5V、+12V 及-12V 电源，所以应用时并不方便。近几年来，这些芯片被广泛采用的转换芯片是 MAX232 取代，该芯片为单一+5V 电源供电，可实现两路收发，外围电路很简单，如图 7.39 所示。

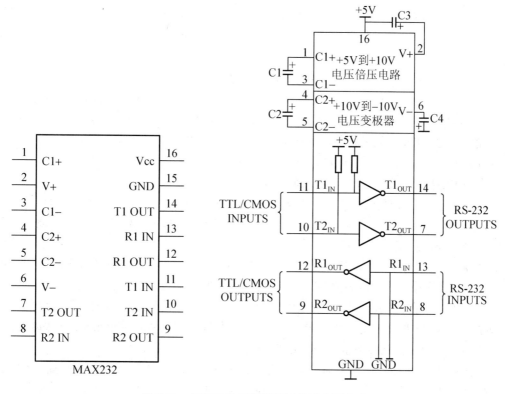

图 7.39 MAX232 引脚排列及典型应用电路

可实现 RS-232C 电平转换的集成电路还有很多，如 MAX222、MAX242、MAX225 等，国产的有 STC232、SP232。详细信息请到网站 china.maxim-ic.com 查询。

5. RS-232C 串口的接线方式

接线方式有两种，一种为全串口连接，这种方法是通过调制解调器来实现的，传输距离较远，但在实际应用中很少采用；第二种 RS-232C 的接线方式为三线连接形式，这种方法简单易行，传输可靠，但距离较近。接线方法如图 7.40 所示。

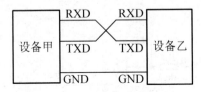

图 7.40　RS-232C 三线连线形式

7.6.2　RS-422/485 标准总线及应用

采用 RS-232C 通信标准进行的通信，负载能力不够强，通信范围较小，传送距离不大于 15m，使其应用范围受到很大的限制。在 1977 年，美国电子工业协会又制订了新的通信标准 RS-449，该标准支持较高的传输速率以及较远的传输距离。在 RS-449 的标准下，有 RS-423/422 子集，而 RS-485 标准则是 RS-422 标准的一个变形。

RS-485 因是在 RS-422 的基础上发展起来的，所以，它扩展了 RS-422 的性能。在标准中规定电缆为四线或两线，当电缆为四线时，为全双工通信，如电缆为两线，则为半双工通信。标准中还对发送器和接收器均作出了相关的规定，并规定了电气接口的形式，两线间的电位差等，但是对实现其电气特性所需的物理环境并未作出规定。标准中采用了差分信号负逻辑，线间电位差为+2V～+6V 表示 1，电位差为-6V～-2V 表示 0。

采用 RS-485 通信时，一般采用主从方式，也就是一个主机带多个从机。在大多数情况下，以 RS-485 通信方式进行通信时，连接时只是简单地使用一对双绞线将所有通信设备间通信接口的 A 端和 B 端并联起来，忽略信号地的连接。通信时的最大传输速率可达 10Mb/s，此时的最大传输距离为 300m，如果将传输速率降低，则传输距离可达 1200m。同时，采用 RS-485 通信标准时，一个发送器可驱动 32 个接收器。

在采用 RS-485 通信方式时，要注意以下几点。

1) RS-485 电缆：在传输速率低、传输距离短、且无干扰的场合，可以采用普通的双绞线；而在高速、长距离传输时，就必须采用阻抗匹配(一般为 120Ω)的 RS-485 专用电缆；在干扰强烈的环境下还应采用铠装型双绞屏蔽电缆。

2) 传输距离：在理论上，通信速率在 100Kbps 及以下时，RS-485 的最长传输距离可达 1200 m，而在实际应用中，传输的距离会因 RS-485 的发送器及接收器电路及电缆的传输特性而存在一定差异。在传输过程中可以采用增加中继的方法对信号进行放大，但中继的增加最多可以加 8 个中继，也就是说理论上 RS-485 的最大传输距离可以达到 9.6km。如果即便如此，仍不能满足用户的传输距离要求，则可以采用光纤为介质，进行传输。

3) 采用一根双绞线，将各个通信设备连接起来时，从总线到每个设备的距离应尽可能缩短，这样做可以有效地防止因引出线(即设备到总线间的导线)中的反射信号对通信的影响，提高整个通信网络的可靠性。

4) 关于 RS-485 通信网络的终端负载电阻：以 RS-485 的形式组成的通信网络，需要注意终端负载电阻问题。在通信设备少且距离短的情况下，不必加终端负载电阻，此时的网络能很好的工作。但随着距离的增加，网络的性能将降低，一般可采用增加终端匹配电阻的方法加以解决，RS-485 应在总线发送端和网络的末端都并接终端电阻，所接电阻取 120Ω。

RS-485 电平与 TTL 电平不同，如果单片机以 RS-485 的形式进行通信，就必须将 TTL 电平转换成 RS-485 电平，同时，也要将 RS-485 电平转换成 TTL 电平，这一功能可由专用器件来完成，较为常见的器件为 MAX485，MAX485 的引脚如图 7.41 所示。有 8 个引脚，引脚 A 为同相接收器输入和同相发送器输出；B 引脚为反相接收器输入和反相发送器输出；Vcc 和 GND 分别为电源正极和地，供电电压范围为 4.75～5.25V；RO 引脚为接收器的输出端，如 A 较 B 大 200mV，则 RO 为高，如 A 较 B 小 200mV，则 RO 为低；$\overline{\text{RE}}$ 引脚为接收器输出使能端，该引脚为低时，RO 有效，而当该引脚为高时，RO 为高阻状态；DE 引脚为 MAX485 功能选择端，当 DE 为 1 时，MAX485 为发送器，而 DE 为 0 时，如果 $\overline{\text{RE}}$ 为 0，芯片为接收器。DI 引脚为发送器输入端。

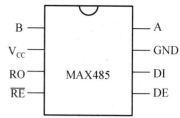

图 7.41　MAX485 引脚排列图

以 RS-485 形式通信的单片机系统图如图 7.42 所示，从图中可以看出，所有的设备，不论是发送还是接收，全部挂到 RS-485 总线上，并在总线的末端接有 120Ω 终端电阻。

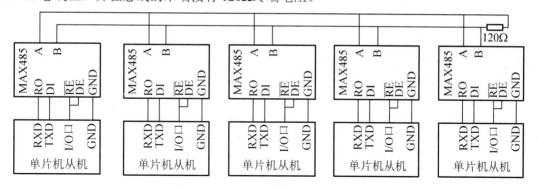

图 7.42　RS-485 通信的单片机系统

7.7　定时器/计数器扩展

在 MCS-51 系列单片机的内部，仅有 2～3 个定时器/计数器，在一般应用中，可以满足要求。但在有的应用中，可能要求更多的定时器/计数器，这时就要根据具体情况，对定时器/计数器的数量进行扩展。此时，在设计硬件电路时，可增加单片机的数量，也可增加专用的定时器/计数器芯片 8253，可视具体情况而定。本部分内容重点阐述 8253 的结构及应用。

8253 为 Intel 的产品，它内部有三个功能完全相同、使用方法也完全相同的定时器/计数器，计数器的计数长度、工作方式等，均由编程决定，与 MCS-51 系列单片机接口也非常方便。

7.7.1　8253 的结构及引脚

芯片的内部结构如图 7.43 所示。

由图中可见，其内部有三个计数器、一个总线缓冲器、读写逻辑控制器及控制字寄存器等。每个计数器有三个用作输入和输出的引脚，OUTx 为输出线，当计数器减为 0 时输出，该引脚电平的高低由计数器的状态及计数器的工作方式确定。CLKx 为计数器脉冲输入端，8253 的定时和计数是通过对外来的脉冲实现的。GATEx 为启动和停止计数控制端。D0～D7 为数据总线，用于实现 CPU 与 8253 的数据传输，为双向、三态结构。$\overline{CS}$ 为片选信号，该脚为低电平时，才能对 8253 进行操作。A0、A1 为地址线，用于选择芯片内部有三个计数器，还有控制字寄存器。对 8253 进行的操作是读还是写由 $\overline{RD}$、$\overline{WR}$ 决定。

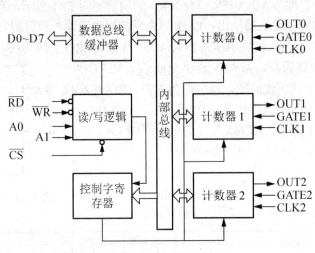

图 7.43　8253 内部结构图

对 8253 的各种操作由加到芯片各控制引脚上的电平来决定，请参见表 7-8。

表 7-8　8253 的操作

$\overline{CS}$	$\overline{RD}$	$\overline{WR}$	A1	A0	操　作
0	1	0	0	0	计数值写入计数器 0
0	1	0	0	1	计数值写入计数器 1
0	1	0	1	0	计数值写入计数器 2
0	1	0	1	1	写入控制字
0	0	1	0	0	读计数器 0
0	0	1	0	1	读计数器 1
0	0	1	1	0	读计数器 2
0	0	1	1	1	不操作
1	X	X	X	X	禁止
0	1	1	X	X	不操作

7.7.2　8253 的控制字及工作方式

在 8253 内部的控制字寄存器，用于存放 CPU 写入的控制字，并控制计数器的工作方式，控制寄存器为只写型的，不可读取。写控制字时，由字中的位来确定当前写的是哪一个控制寄存器。控制字的格式为

D7	D6	D5	D4	D3	D2	D1	D0
SC1	SC0	RL1	RL1	M2	M1	M0	BCD

各控制位的含义如下。

SC1 SC0   计数器选择位，有以下四种形式。

  00   计数器 0   01   计数器 1

  10   计数器 2   11   非法

RL1 RL0   设定对计数器的操作顺序，有如下四种顺序。

  00   计数器闩锁操作   01   只读/写高位字节

  10   只读/写低位字节   11   先读/写低位字节，再读/写高低字节

其中的闩锁操作用于计数过程中数据的读出操作。

M2 M1 M0   用此三位设定计数器的工作方式，共有 6 种方式。

  000   方式 0   001   方式 1

  010   方式 2   011   方式 3

  100   方式 4   101   方式 5

BCD   用于设定计数时的数制，为 1 时，为 BCD 码计数，为 0 时，则为二进制计数。

由控制字的形式，可知 8253 有 6 种工作方式，下面分别加以说明。

1. 方式 0

当方式控制位 M2M1M0=000 时，控制字写入控制寄存器后，输出端 OUTx 输出低电平，计数器初值写入，计数器就开始计数，输出端保持低电平，当计数器减为 0 时，输出端输出高电平，这个高电平会保持到新的控制字写入或新的计数初值写入之时。如果在计数的过程中，向计数器写入数据，则会在写入第一个数时，计数器停止计数，写第二个数据时，开始新的计数。

2. 方式 1

当方式控制位 M2M1M0=001 时，控制字写入控制寄存器后，计数器就会工作在方式 1 状态下，计数器初值写入后，输出端 OUTx 输出高电平，但计数器并不开始计数，等到 GATEx 由低电平向高电平跳变形成一个上升沿后，计数开始计数，同时，OUTx 输出由高电平变为低电平，当计数值计减到 0 时，OUTx 输出由低电平变为高电平，这样就形成输出负单脉冲，输出负单脉冲的宽度为 CLKx 周期的 n 倍，n 为计数器初值。

如果在减 1 计数过程中，如果 GATE 由高电平变为低电平，并不影响计数器工作，仍继续计数；但是，如果 GATE 的上升沿再次到来，则计数器从初值开始重新计数，其结果会使输出的负单脉冲加宽。在这种工作方式下，计数器初值一次有效，每输入一次计数初值，只产生一个负单脉冲。

3. 方式 2

计数器工作在方式 2 时，要求控制位 M2M1M0=010，此时，会在定时器/计数器的 OUTx 引脚输出连续的脉冲信号，输出的脉冲在低电平期间的时间长度为一个时钟周期，而 OUTx 引脚输出的脉冲周期则为时钟周期与计数初值的乘积，所以方式 2 被称作脉冲发生器方式。

方式 2 的工作过程：写入控制字、装入计数值后，OUTx 输出高电平，如果 GATEx 为低

电平，则输出一直保持高电平，计数器不计数；如果GATEx为高电平，则计数器立即开始计数，OUTx保持为高电平不变，当计数值减到1，OUTx将输出低电平，计数值减为0时，OUTx输出高电平，并自动重新装入计数初值，实现循环计数，周而复始，OUTx就会输出一定频率的负脉冲信号。GATEx引脚在本方式中起到了启动/停止计数的作用，如果在计数过程中，该引脚变成了低电平，则计数器停止计数。GATEx每次从无效变为有效，均会使计数器从初值开始计数。

如果在计数过程中，有新的初值写入，则定时器/计数器会在下一个周期时，按新的初值计数。

4. 方式3

计数器工作在方式3的前提条件是控制字中的M2M1M0 = 011，写入控制字、装入计数值后，OUTx输出高电平，如果GATEx为低电平，则输出一直保持高电平，计数器不计数；如果GATEx为高电平，则计数器立即开始计数，设计数器的初值为n，则在计数期间，前$n/2$(如n为奇数则为$(n+1)/2$)期间OUTx为高电平，而在后$n/2$(如n为奇数则为$(n-1)/2$)期间OUTx为低电平，当计数值减到0时，OUTx输出高电平，并自动重新装入计数初值，实现循环计数，周而复始，OUTx就会输出一个连续的方波信号。GATEx引脚在本方式中的作用同方式2。如果在计数过程中，有新的初值写入，则定时器/计数器会在下一个周期时，按新的初值计数。

5. 方式4

方式4又称作软件触发方式，此时的控制字中的M2M1M0 = 100。进入方式4后，OUTx输出高电平。计数器初值n写入后，如果GATEx为高电平，则立即开始计数，计数到0时，OUTx输出宽度为一个时钟周期的负脉冲。如果写入初值时，GATEx为低电平，则不进行计数。写入计数器的初值只是一次有效，如果要继续操作，则必须重新写入计数初值n。如果在计数的过程中，GATEx变为低电平，则计数停止，当GATEx再次有效时，计数器重新从初值开始减1计数。可见本方式虽称为软件触发方式，但GATEx的作用仍然存在。

6. 方式5

方式5又称为硬件触发方式，其控制字中的M2M1M0 = 101。写入控制字后，OUTx输出高电平，这时要求GATEx = 0，写入计数初值n后，计数器并不工作，当引脚GATEx出现一个正跳变时，计数开始，当计数值减到0，OUTx输出宽度为一个时钟周期的负脉冲，表示定时/计数次数到，然后系统将自动重新装入计数值n，并停止计数。在计数过程中，GATEx的负跳变并不影响计数，但如果该引脚再次出现正跳变，则计数器会重新开始计数。本方式下，计数的启动是由GATEx引脚的正跳变触发的。

7.7.3 8253的操作过程

对8253的操作有两种，一种为写操作，另外一种为读操作。

写操作有对计数器写和对控制寄存器写，应当先写控制寄存器，因为控制寄存器的内容中规定了对计数器写时的顺序，然后再根据控制字的情况，写计数器初值。每个计数器均有一个控制寄存器，控制寄存器在写的顺序上不分先后，而每个控制寄存器的区分则是由控制寄存器中的最高两位来确定的，只要向控制字地址写数据就可以区分。在向芯片内的计数器写初值时，因为初值为16位，而数据总线为8位，所以，初值的写入要经两次写操作才能完成。写的顺序则要根据控制寄存器中 RL1 和 RL0 的情况而定。

8253 定时器/计数器为减计数，所以，当向计数器中写入的初值为 0 时，得到的计数值为最大。

读操作只能对计数器进行，对控制字的读操作无效。读计数器操作有两种方式，一种是将计数器停止，然后去读计数器中的内容。停止计数器计数的方法可以通过控制 GATEx 或禁止外来时钟来实现。只有这样，读出的数据才是真实的计数器中的值，否则会因为在读的过程中，计数器计数而使得到的数据不正确。第二种方法是将定时器/计数器闩锁，做法是先向准备读取的计数器的控制寄存器写入控制节，使其中的 RL1 和 RL0 均为 0，这样，8253 就会将所选择的计数器的值锁存到一个专用的寄存器中，再由 CPU 读出。

7.7.4 8253 的扩展

在 MCS-51 系列单片机系统中进行 8253 的扩展很方便，只需增加一片 74LS373 锁存器即可，具体接线如图 7.44 所示。

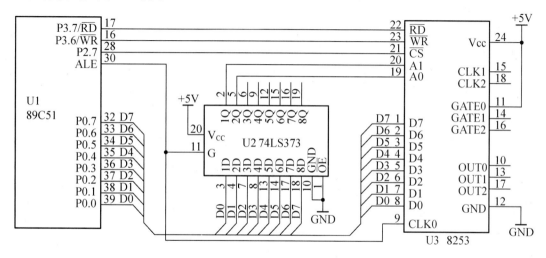

图 7.44 8253 的扩展电路

现利用这个电路，使用其输出频率为 100kHz 的方波，设 CPU 的晶体振荡器为 12MHz。由图中可知，8253 的 CLK0 与 CPU 的 ALE 直接相连，所以，时钟的频率为 2MHz。若要 8253 输出方波，则可使计数器 0 工作在方式 3，8253 的控制字应为 00110110，即 36H。根据前面所讲及电路情况(P2.7 接片选)，计数器 0 的地址为 7FFCH，控制字的地址为 7FFFH。初值的确定：8253 的方式 3 可以认为是一个可编程的分频器，分频系数为初值(偶数时)，根据前面分析，分频系数应为 2MHz/100kHz = 20，即初值为 20。为实现要求，汇编程序为

```
INIT:   MOV     DPTR, #7FFFH
        MOV     A, #36H
        MOVX    @DPTR, A        ; 设定 8253 的工作方式
        MOV     DPTR, #7FFCH
        MOV     A, #20
        MOVX    @DPTR, A        ; 先写低位
        MOV     A, #0
        MOVX    @DPTR , A       ; 后写高位
        RET
```

7.8 实验与实训

7.8.1 用 RS-232C 实现单片机与计算机间的通信

1．实验目的

1) 进一步掌握 51 单片机串行口的工作原理。
2) 掌握单片机与计算间通信的连接方式。

2．实验说明

51 单片机串行口经 RS-232C 电平转换后，与计算机串行相连。计算机使用"串口调试助手"(串口调试助手程序可到相关网站下载)应用程序，实现上位机与下位机的通信。本实验使用查询法接收和发送资料。上位机发出指定字符，下位机收到后返回原字符。波特率设为 9600b/s。

3．电路图

计算机上的串行接口为标准的 RS-232C，为使单片机与计算机间通信，就必须对单片机可接收及其发送的 TTL 电平进行电平转换，电路如图 7.45 所示。

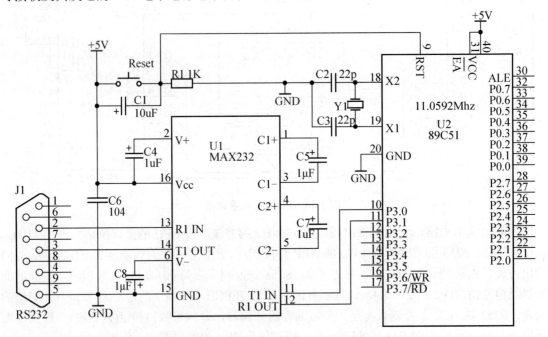

图 7.45 单片机与计算机间通信原理图

4．实验参考程序

```
        ORG     0000H
        AJMP    START
        ORG     0030H
START:                          ; 初始化串口及相关的定时器
        MOV     SCON, #0D0H     ; 定义串口工作在方式 2
        MOV     TMOD, #20H      ; 定义定时器 1 工作在方式 2
        MOV     TH1, #253
```

```
            MOV      TL1, #253          ; 定义串口波特率为 9600B/S
            SETB     TR1
A0:         JBC      RI, RESIVE
            SJMP     A0
RESIVE:     MOV      A, SBUF            ; 收到数据后的处理过程
            MOV      SBUF, A
A1:         JBC      TI, A0
            SJMP     A1
            END
```

5. 思考题

本参考程序采用了串口的查询方式，试采用串口的中断方法编程，实现相同的功能。

7.8.2　8255 可编程并行接口扩展实验

1. 实验目的

掌握芯片 8255 的结构及基本输入/输出使用、编程。

2. 实验说明

本实验要求单片机读取 8255 PB 口的状态，然后，将此状态送到 PA 端口上。因 PA 端口所接的发光二极管为低电平驱动，所以，当 PB 口的开关接低电平时，与之对应的 PA 口上的发光二极管会发光。在使用 8255 时，首先要对其进行初始化编程，由于实验中 PA 用作基本的输出，PB 用作基本的输入，所以，根据 8255 控制字的格式，确定控制字为 82H。

3. 实验电路

如图 7.46 所示为本实验的电路。

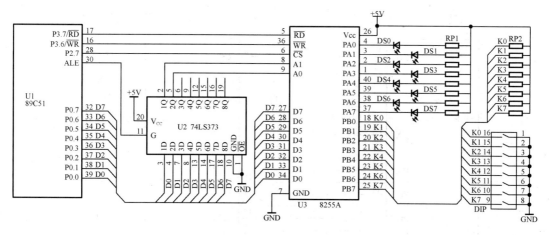

图 7.46　8255 扩展实验电路

4. 参考程序

```
            ORG      0000H
CTL         EQU      7FFFH
PA          EQU      7FFCH
PB          EQU      7FFDH
            MOV      A , #82H
            MOV      DPTR, #CTL
```

```
          MOVX      @DPTR, A        ; 初始化 8255
STAR:     MOV       DTRP, #PB
          MOVX      A, @DPTR        ; 读取开关状态
          MOV       DPTR, #PA
          MOVX      @DPTR, A        ; 将开关的状态送到 PA 端口
          SJMP      STAR
          END
```

5. 思考题

本实验中用 8255 芯片，使系统增加了 I/O 口的数量。请问与不扩展 8255 相比，本系统增加了多少根 I/O 口线。

7.8.3 8155 芯片扩展实验

1. 实验目的

掌握芯片 8155 的结构及其计数器的使用。

2. 实验说明

实验要求每 0.1s 对 PA0 进行求反，并利用 8155 的计数器，对 PA0 的时钟进行 4 分频。在实验中，利用单片机本身的定时器进行 0.1s 定时，然后，对标志位求反后，送到 PA 端口，利用 PA0 上所接的发光二极管进行指示，同时将 PA0 引脚与 8155 计数器的输入端相连，并利用计数输出连续方波的形式，对 PA0 上的时钟进行分频，用发光二极管指示。

3. 实验电路

为实现实验要求，设计电路如图 7.47 所示。

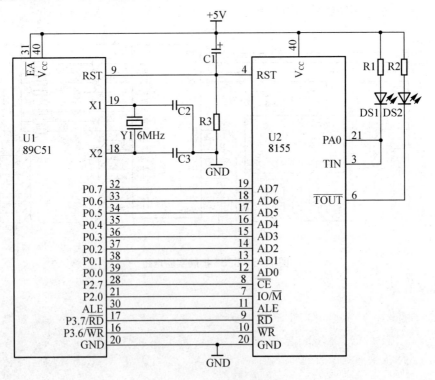

图 7.47 8155 扩展实验电路

4. 参考程序

```
         NH        EQU    3CH
         NL        EQU    0B0H
         ORG       0000H
         SJMP      INIT
         ORG       000BH
         LJMP      T0_ISA
INIT:    MOV       TMOD, #1          ; 定义 T0 工作在方式 1
         MOV       IE, #12H          ; 开放 T0 中断
         MOV       TH0, #NH
         MOV       TL0, #NL          ; 定时器定时 0.1s 初值
         MOV       DPTR, #7FF4H
         MOV       A, #4             ; 计数器赋初值
         MOVX      @DPTR, A
         INC       DPTR
         MOV       A, #60H           ; 设定计数器工作方式
         MOVX      @DPTR, A
         SETB      C
         MOV       ACC.0, C
         MOV       DPTR, #7FF1H
         MOVX      @DPTR, A          ; PA0 初始时输出高电平
         MOV       DPTR, #7FF0H
         MOV       A, #0C1H
         MOVX      @DPTR, A          ; 启动 8155 计数器
         SETB      TR0               ; 启动单片机定时器工作
HERE:    SJMP      HERE
T0_ISA:  MOV       TH0, #NH
         MOV       TL0, #NL          ; 定时器定时 0.1s 初值
         CPL C
         MOV       ACC.0, C
         MOV       DPTR, #7FF1H
         MOVX      @DPTR, A          ; PA0 求反
         RETI
         END
```

5. 思考题

在本实验中，如果对 PA0 上的时钟进行最大分频，则在 8155 的定时器输出端输出的脉冲周期是多长时间？

本 章 小 结

MCS-51 系列单片机的片内资源较为丰富，一块单片机电路就可以构成一个最小的微机系统。但是在一些较复杂的系统中，还不能满足应用的要求，为此，往往要进行一些资源的扩展。本章内容首先概括地介绍了系统扩展原理，然后详细地介绍了程序存储器的扩展、数据存储器的扩展、I/O 口的扩展以及定时/计数器的扩展。

MCS-51 系列单片机在采用总线扩展的方式时，P0 口和 P2 口就作为扩展总线口使用，P2

口作为高 8 位地址，P0 口作为低 8 位地址和数据总线。因此，MCS-51 系列单片机的寻址空间为 64KB，可以同时扩展 64KB 的程序存储器和 64KB 的数据存储器。程序存储器和数据存储器的地址可重叠使用，访问外部数据存储器用 $\overline{RD}$、$\overline{WR}$ 作为读写选通信号，而访问外部程序存储器用 $\overline{PSEN}$ 作为读选通信号。数据存储器与扩展的 I/O 接口采用统一编址方式，因此，通常采用线选法和地址译码法来区分外部的数据存储单元。线选法适合于扩展较少的外围芯片，其缺点是地址空间不连续，还易产生地址重叠的问题。地址译码法适合于扩展较多的外围芯片，该方法可充分利用单片机的地址资源，地址可连续。

本章详细地介绍了程序存储器的扩展、数据存储器的扩展、并行 I/O 口 8155 和 8255 的扩展、定时器/计数器 8253 的扩展及相应的编程方法，在串行接口扩展部分介绍了常用的串行通信标准 RS-232C 和 RS-422/485，并且在本章的最后还给出了三个实验与实训，以帮助读者更加深入地掌握单片机系统扩展的基本方法。

习　题

1. 填空题

(1) 芯片 8031 最小系统由芯片_____、_____、_____构成；芯片 89C51 的最小系统由_____ 电路 、_____ 电路和芯片本身构成。

(2) 在进行系统扩展时，地址总线由_____和 _____端口提供；数据总线由____端口提供，传送地址和数据是_____进行的。

(3) 在进行程序存储器扩展时，除了使用 CPU 的地址线和数据线以外，还要使用 CPU 的_____引脚和_____引脚。

(4) 在进行数据存储器扩展时，除了使用 CPU 的地址线和数据线以外，还要使用 CPU 的_____引脚、_____引脚和_____引脚。

(5) 在系统扩展时，即可以采用_____法，又可以采用_____ 法。

(6) 在单片机系统中，串行通信的距离较短，为此，可采用标准的 RS-232C 的形式，这种形式的最大传输距离为 _____m，如果这个距离仍不能满足要求，则可采用 RS-485 的通信形式，这种形式的最大传输距离为_____m。

2. 简答题

(1) 在单片机系统中，进行系统扩展时，为设计工作带来了哪些问题？对系统的成本有哪些影响？

(2) 芯片 8255 的片内资源有哪些？应其进行编程时，要做哪些事情？

(3) 芯片 8155 的资源有哪些？如何确定对其内部寄存器操作时的地址？

(4) 简述在以总线方式进行系统扩展时，低 8 位地址是如何实现锁存的。

(5) 在使用 74LS273 进行单片机系统的 I/O 口扩展时，能否用 74LS273 的输出端输出的高电平驱动发光二极管，为什么？正确的驱动方法应当怎样？

3. 设计与编程题

(1) 设计一个 MCS-51 系列单片机系统，要求利用 CPU 的 ALE 信号为信号源，并利用芯片 8155，产生一个 10Hz 的连续脉冲。请设计出硬件电路和相关程序。

(2) 在单片机系统中，利用定时器芯片 8253 设计一个时钟信号发生器，要求可以产生 10Hz、100Hz 及 1kHz 的脉冲信号。

(3) 在设计某单片机的应用系统时，发现如果不进行任何 I/O 口扩展，I/O 口引脚的数量不足，缺少 6 个输出口，请选用合适的 TTL 电路，为系统扩展足够数量的输出口，并写出相关的输出指令。

(4) 某 MCS-51 系列单片机控制系统中，分为一个主机和多个从机，从机与主机间相距可达 1000m，以串行方式进行通信。请对本系统中的串行通信的硬件进行设计，并编写主机与从机的通信程序。

(5) 利用单片机设计的报警装置中，使用 8255 的 PC 端口设计成布防状态指示(接发光二极管，发光时表示布防)。在程序设计时，已经设置 8 个标志位 flag0～flag7，为 0 时表示布防，它们的状态在程序中的相关位置做修改，现要求将 flag0～flag7 的状态输出到 PC 端口上。请用字节输出和位操作的方法分别编写相关程序。

第8章

MCS-51 系列单片机的接口技术

教学提示

在实际的单片机系统中，操作人员主要通过键盘、显示器和打印机等设备与单片机进行信息交换。而当被控制物理量为模拟量时，还需要用到 A/D 转换器将外部的模拟量转换成数字量送给单片机，而单片机输出的数字量也必须通过 D/A 转换器转换成模拟量去控制被控对象。因此，掌握常用的外设接口的扩展技术非常重要。

学习目标

➢ 掌握键盘的原理及编程；
➢ 掌握常用显示方式的接口扩展及编程技术；
➢ 掌握 ADC0809 芯片的工作原理及应用；
➢ 掌握 DAC0832 芯片的工作原理及应用。

知识结构

本章知识结构如图 8.1 所示。

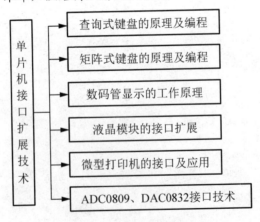

图 8.1　本章知识结构图

8.1 单片机与键盘的接口

键盘是单片机系统中最为常用的输入设备，一般由一个或多个常开型的按键构成。通过按键，可以对系统进行参数设定、功能设置等。单片机对键盘的识别可以通过专用的键盘芯片或通过软件的方法加以实现，通过专用芯片识别的方法称作编码键盘，而由软件实现的则为非编码键盘。

单片机系统中的键盘根据按键本身的连接方式及其与 CPU 的连接方式的不同，可分为独立式键盘与矩阵式键盘，如图 8.2 所示。

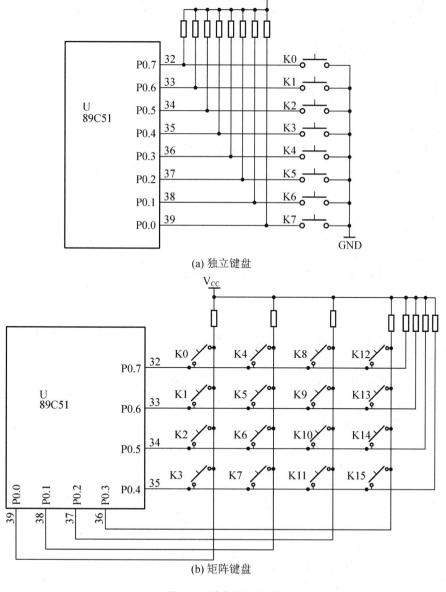

(a) 独立键盘

(b) 矩阵键盘

图 8.2　键盘接口电路

独立式键盘在单片机系统中应用得较多，它具有编程简单、占用 I/O 口数量多的特点(每个按键要用一根口线)，如果在具体应用的系统中，CPU 的 I/O 口数量可以满足应用，则尽量采取这类键盘。编程时，只要判断 I/O 口的状态即可。

矩阵式键盘由 I/O 口线构成若干行线和列线，在行线和列线的交叉点的位置放置按键，就构成了矩阵式键盘，这种键盘的特点是占用 I/O 口的数量较独立式键盘少，但编程较麻烦。如图 8.2 所示，同样用了 CPU 的 8 个端口，独立式键盘只有 8 个按键，而矩阵式键盘则有 16 个按键。可见，矩阵式键盘适用于需要更多的按键的单片机系统中。

对于独立式键盘，其原理较简单，在程序设计前，要设置一个存储单元，用于存储键值信息(其值不同，代表不同的键被按下)。在读取键盘时，由程序去判断哪一个端口为低电平，若为低电平，就说明该 I/O 口所接的按键闭合，并根据 I/O 口的不同，赋给存储单元不同的数值，这样在程序中，调用读取键盘的子程序，就可得到哪一按键被按下的信息，程序再根据这个信息，去执行相应的操作。

矩阵式键盘的工作原理较为复杂，其工作过程是这样的：键盘中的每一个按键均是接到行和列的交叉点上的，为方便说明，现假定行线和列线各只有一根，可以设定某线为输入，另一线为输出，如行为输入，列为输出，CPU 读取行的状态，如果该交叉点上的键闭合，行的状态由谁决定的呢？当然是列线的电平决定的，此时，如列线为高电平，则行线为高电平，如列线为低电平，则行线也为低电平，所以，读取键盘的做法就是让行线、列线中，一种为输入，另一种为输出，使输出为低电平，读取输入，如果输入为低电平，则有键闭合，如果输入为高电平，则无键闭合。但是，对于一个具体的矩阵式键盘，行线和列线均有多根，如 4×4、4×3 等，这时，对键盘又是如何处理的呢？以图 8.2(b)为例进行说明。处理的过程可分为两步进行，第一步，首先判断有无键按下，将行 P0.4～P0.7、列 P0.0～P0.3 分别定义为输入、输出，列线输出为 0，读取行线，如果行 P0.4～P0.7 输入的数据每位均为 1，则说明没有键按下；如果行线中某一线为 0，说明有键按下，第一步完成。第二步，进一步判断到底是哪一键按下了。使列线 P0.0～P0.3 中的 P0.0 输出为 0，其余为 1，读取行线，判断行线中是否均为 1，均为 1，说明被按下的键不在此列线上，则使下一条列线 P0.1 中的线为 0，其余为 1，如果读取的行线中有 0 的状态，说明与该列线相连的按键中有被按下的，进一步判断哪一行线为 0，判断后要赋键值。依次进行判断，这种逐行逐列地检查键盘状态的过程，称作键盘扫描。

按键一般是由机械开关构成的，其闭合与断开并非像想象的那样瞬间完成的，而是存在一个开关的过程，在此过程中，存在抖动的现象，如图 8.2 中的任一键的闭合与断开时的过程，都会像如图 8.3 所示的那样。

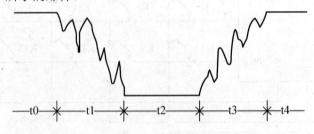

图 8.3　按键闭合与断开时行线电压波形

假定被操作的按键是 K0，从图中可以看出，在 t0 阶段，K0 并没有操作，此时 P0.7 上的电压是稳定的，K0 在被按下的过程中，处于图中的 t1 阶段，此时 P0.7 上的电压不稳定，如果 CPU 在此时读取 P0.7，则读出的状态可能是不稳定的，有时为 0，有时为 1，这一过程根据开关的质量和结构的不同，持续的时间也不尽相同，一般为 5～10ms，键盘程序对此要做出处理，来保证按键闭合一次时，仅做出一次反应。处理办法是作一个 10ms 左右的延时，经延时后，再对按键进行判断，以躲过抖动。按键闭合的稳定阶段是在 t2 阶段，程序要在这一阶段对按键是否闭合作判断；t3 为按键释放的过程。

单片机对键盘的控制有三种方式，第一种为程序控制方式，当 CPU 空闲时，主程序调用键盘子程序，判断键盘的状态。第二种为定时方式，就是每隔一定的时间，主程序就调用一次键盘子程序，间隔的时间由 CPU 内部的定时器来实现。第三种是中断方式，前两种形式是CPU 主动去查看键盘，浪费了 CPU 的处理时间，采用中断方式对键盘进行控制时，要在键盘上增加硬件，使有键按下时，引发 CPU 中断，在中断服务子程序中对键盘进行扫描，提高了CPU 的工作效率。

对于图 8.2(a)，可以调用下面的程序读取该键盘，如图 8.4 所示为本程序的流程图。

```
;************************************************
;子程序名称：KEYSCAN
;子程序功能：对 8 位利用 PX 端口的查询式键盘进行读取，返回值存放在 A 中，返回
;值分别为 1，2，3，4，5，6，7，8 如无键按下，则返回 0。
;出口参数：A
;适用机型：51 系列，11.0592MHZ
;************************************************
        KEY EQU P0
KEYSCAN:
        MOV     KEY, #0FFH
        MOV     A, KEY
        CJNE    A, #0FFH, YS
        SJMP    TC
YS:     ACALL   DELAY   ; 去抖
        MOV     A, KEY
        CJNE    A, #0FFH, CB
        SJMP    TC
CB:     MOV     R0, #0
A0:     RRC     A
        JNC     A1                      ; 如果 C 为 0，转到键值处理处。
        INC     R0
        CJNE    R0, #8, A0              ; 跳到无键按下处。
        SJMP    TC
A1:     MOV     A, KEY
        CPL     A
        JNZ     A1
        MOV     A, R0
        ADD     A, #1
        SJMP    A2
TC:     MOV     A, #0
A2:     RET
;************************************************
;子程序名称：DELAY
;子程序功能：延时子程序，在 12MHz 晶振时，定时约 10ms
```

```
;****************************************************
DELAY:
        MOV R4, #20
AA1:    MOV R5, #0F8H
AA:     DJNZ   R5, AA
        DJNZ   R4, AA1
        RET
```

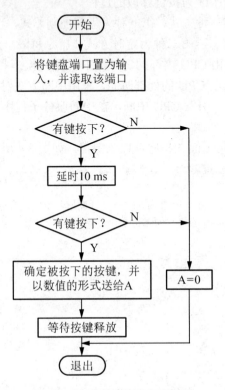

图 8.4 独立式键盘程序流程图

对于图 8.2(b)，可以调用下面的程序读取该键盘，图 8.5 为本程序的流程图。

```
;****************************************************
;子程序名称：READKEY
;子程序功能：读取某个端口做的 4×4 键盘，返回值为 0～F，无键按下时，返回值为 0ffh
;子程序出口：返回值存放在 A 中。
;存在单元的使用：A、B 及工作寄存器组 0 中的 R1，R2
;****************************************************
        KEY    EQU P0
READKEY:MOV    KEY, #0FH     ; 键盘高四位输出 0，低四位设置为输入
        MOV    A, KEY        ; 读取键盘状况
        CJNE   A,#0FH, K11   ; 有键按下
        AJMP   K10           ; 无键按下
K11:    ACALL  DELAY         ; 去抖动
        MOV    KEY, #0FH
        MOV    A, KEY        ; 再读键盘状况
        CJNE   A, #0FH, K12  ; 确有键盘按下
        SJMP   K10           ; 错误动作
K12:    MOV    B,A           ; 存列值
```

```
              MOV      KEY, #0EFH
              MOV      A, KEY
              CJNE     A, #0EFH, K13
              MOV      KEY, #0DFH
              MOV      A, KEY
              CJNE     A, #0DFH, K13
              MOV      KEY, #0BFH
              MOV      A, KEY
              CJNE     A, #0BFH, K13
              MOV      KEY, #7FH
              MOV      A, KEY
              CJNE     A,#7FH, K13
              AJMP     K10
K13:          ANL      A, #0F0H
              ORL      A, B
              MOV      B, A                    ; 暂存键值
              MOV      R1, #16                 ; 16 个键
              MOV      R2, #0                  ; 键码初值
              MOV      DPTR,#K1TAB             ; 键码表首址
K14:          MOV      A,R2
              MOVC     A, @A+DPTR              ; 从键值表中取键值
              CJNE     A, B, K16               ; 与按下键键值比较,
              MOV      KEY,#0FH                ; 相等, 则完成以下步骤
K15:          MOV      A, KEY
              CJNE     A, #0FH, K15            ; 等释放
              ACALL    DELAY                   ; 去抖动
              MOV      A, R2                   ; 得键码
k17:          RET
K16:          INC      R2                      ; 不相等,则继续访问键值表
              DJNZ     R1,K14
k10:          MOV      A,#0ffh                 ; 无键或多键同时按下处理
              AJMP     k17
K1TAB:        DB       0EEH, 0DEH, 0BEH, 7EH   ; 键值表
              DB       0EDH, 0DDH, 0BDH, 7DH
              DB       0EBH, 0DBH, 0BBH, 7BH
              DB       0E7H, 0D7H, 0B7H, 77H
;*********************键盘子程序结束***************************
;*********************************************
;子程序名称：DELAY
;子程序功能：延时子程序，在12MHz 晶振时，定时约10ms
;*********************************************
DELAY:        MOV      R4, #20
AA1:          MOV      R5, #0F8H
AA:           DJNZ     R5, AA
              DJNZ     R4, AA1
              RET
```

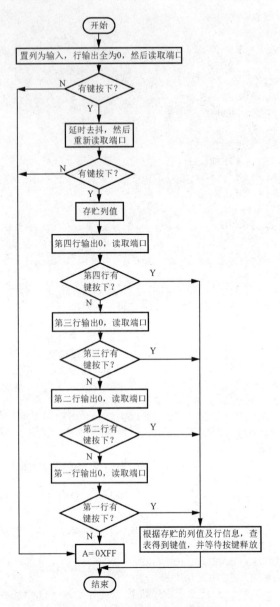

图 8.5　矩阵式键盘程序流程图

以上这两个读取键盘程序均是经过验证的，可以参照使用。

8.2　单片机与显示器的接口

8.2.1　LED 数码管显示器

数码管是单片机系统中应用较为广泛的显示器件，用于显示系统的测量数据、系统状态等信息。该器件与单片机之间的接口非常方便，功耗不高，价格低廉。

1. 数码管的结构及参数

数码管的内部有 8 个 LED 发光二极管，分别取名为 a、b、c、d、e、f、g、dp，笔画及引脚排列如图 8.6 所示。从笔画上看，如果想显示 0，则要求 a、b、c、d、e、f 点亮，如果要显示 1，则要求 b、c 点亮，……

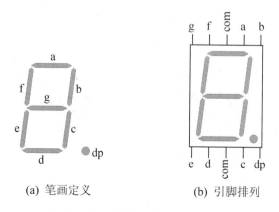

(a) 笔画定义　　　　　　　　　　(b) 引脚排列

图 8.6　数码管笔画定义及引脚排列

数码管内部结构如图 8.7 所示，有两种结构：共阳极(所有二极管的阳极接到一起)与共阴极(所有二极管的阴极接到一起)。数码管的公共端在器件上均有两个引脚引出，即有两个 COM 端。

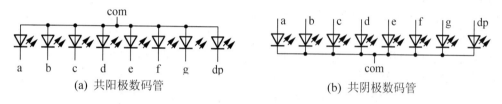

(a) 共阳极数码管　　　　　　　　　　(b) 共阴极数码管

图 8.7　数码管内部结构

从发光效率上看，数码管有两种，一种为普通亮度，另外一种为高亮度，前者发光时的电流较后一种大，实践证明，高亮度数码管在电流为 2mA 时，就已经很亮了。因发光二极管的发光电流为 10mA，所以，只要流过发光管的电流有效值不超过该值，数码管就不会损坏，且电流越大，发光亮度越高。在数码管的外形尺寸上，数码管有多种规格，形式上也是多种多样，如有将四个数码管做到一起的，一个半做到一起的，两个做到一起的形式，等等。

2. 数码管的显示类型

在单片机应用系统中采用数码管进行显示时，按驱动方式，显示类型可分为静态显示和动态显示两种形式。

显示时，将显示的数据送到数码管上后，就再不去理会它，显示的内容一直存在，直到有新的数据到来时，再送新的数据到显示器件上，这种显示形式就是静态显示，在静态显示方式中，一定有锁存器。使用这种显示方式时，显示的数据稳定，占用 CPU 的时间较少，程序简单；但是，采用这种方式时，数码管上的每一笔画，均要有一个 I/O 口线(或是扩展的 I/O 口线)对应，占用的硬件资源较多，线路较复杂。静态显示电路参如图 8.8 所示。

从图中可以看出，数码管为共阳型。CPU 通过串口送出的四个数据经 74LS164 转换为并行的形式，接到四个数码管上，因 74LS164 的锁存作用，送完四个数据后，CPU 就不用理会显示电路了，显示电路会一直显示 CPU 送来的内容，直到有新的内容送来为止。

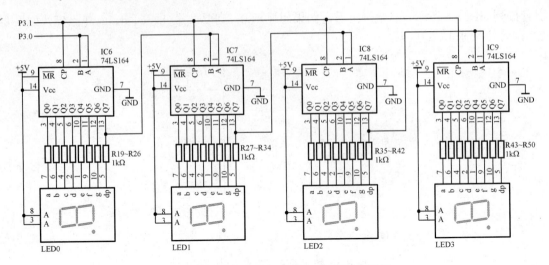

图 8.8　利用单片机串口扩展实现的静态显示

　　动态显示又称作动态扫描显示，具体电路如图 8.9 所示。这种方法中，是将所有数码管的相同笔画并接到一起，再接到相关的输出端口上；而数码管的公共端，则要单独地受控，只有段及公共端均有效时，相应的数码管才能被点亮，如图 8.9 所示，若使 LED0 显示，编程时先送出欲显示的内容的代码到 a～dp 上，此时所有的 LED 均有段的信息，但是却没有 LED 显示，此时，CPU 使 P0.0 为低电平，则电源经电子开关 Q0 加到 LED0 的阳极上，LED0 显示，而其他的 LED 因其阳极上没有电压而不能显示。在下一时段，CPU 使 P0.0 为 1，关闭显示，然后送 LED1 显示的代码，再使 P0.1 为低电平，点亮 LED1，……。从点亮 LED0 到点亮 LED3 为一次扫描，如果在 1s 内扫描的次数大于等于 50，则看上去四个 LED 是一起亮的，从而实现了显示的目的。如果扫描的频率不能达到 50Hz，则显示器看上去是闪烁的。

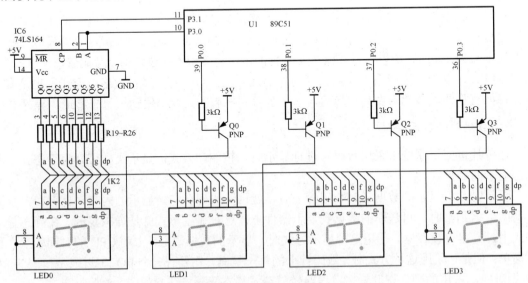

图 8.9　利用单片机串口扩展实现的动态显示

　　从图 8.9 上看，动态显示电路较为简单，所用的硬件较少，但通过动态显示的原理可知，CPU 要经常去扫描显示，否则就不能很好地达到显示效果，可见其占用 CPU 较多的时间，如果单片机系统中对实时性要求较高，使用这种显示方法会使编程的难度加大。

3. 显示代码

在单片机的数码管系统中，如果准备将一个存储单元中的数据显示在数码管上，是不是直接将这个数据送到数码管的 a～dp 段上就可以呢？这是不可以的，因为从显示的原理上看，二者之间根据不存在对应关系，怎么办呢？可通过查表方式来实现。如存储单元中的内容为 0，现欲在数码管上显示 0，则根据存储单元中的数据 0，来查找能够使数码管显示 0 的一个代码，该代码称为显示代码，再将这个代码送到与数码管相连的 I/O 口上。显示代码从何而来呢？很多书上都有相关的表格，但这种表格一定要与硬件相对应，它才能是正确的，因为硬件的接线不同，则此时的显示代码也是不同的。显示代码可经分析得到。

现以图 8.9 为例，说明显示代码的由来。图中所用的数码管为共阳极类型，如果某一笔画发光，则该笔画一定要低电平才能点亮，低电平对应二进制数中的 0。再看这个电路，显示的代码是由 CPU 的串口发送，并由 74LS164 转换为并行接口的形式，发送时，低位在前，高位在后，由 74LS164 接收后，低位在其 Q7 的位置，高位在其 Q0 位置，也就是说数据的 D0 位对应数码管的 dp，D7 对应数码管的 a，则欲在数码管上显示 0、1、2、3、4、5、6、7、8、9 等字型，则要向 74LS164 发送 03H、9FH、25H、0DH、99H、49H、1FH、01H、09H。如果显示其他信息，则可通过分析，得出显示代码的值。如果图中数码管的接法发生变化，则显示代码发生变化。

4. 数码管显示电路设计要点

在进行此类电路设计时，要考虑的方面较多。在数码管的选择上，要考虑数码管的尺寸，是否高亮(一般均为高亮)，数码管的形式(单独还是多个连到一起的)，共阴共阳的选择；在电路上选择是动态显示还是静态显示，以上这些要根据系统的设计要求来确定。另外，在元件的选择上还要加以注意以下几点：

1) 流过数码管每个笔画的电流，原则上这个电流不能超过 10mA(对于高亮型数码管，1～2mA 就能满足亮度要求)，但如果是动态显示的情况，这个电流可以大些，此时只要有效值不超过 10mA 即可，为此，在数码管的每一笔画上均要有限流电阻。

2) 数码管均是由集成电路驱动的，不同的集成电路其驱动能力不同，高电平与低电平的驱动能力也不同，如 74LS164,其高电平的驱动能力仅为 400μA,而低电平的驱动能力为 8mA,显然，直接用这个芯片的引脚高电平去驱动数码管是不合理的。

5. 显示电路的驱动程序

在设计显示程序时，一般要设置显示缓冲区，如图 8.8 及图 8.9 所示，有四位 LED，设置四个存储单元为显示缓存，显示程序将显示缓存中的内容进行显示，而系统中的主程序或其他子程序只修改显示缓存中的内容，这样，需要显示的内容就会随时显示了。

下面是图 8.8 的显示驱动程序，供学习参考。

```
        ORG     0000H
        DBUF    EQU 30H          ; 置存储区首址
        MOV     30H,#1
        MOV     31H,#2
        MOV     32H,#3
        MOV     33H,#4
        MOV     SCON,#0          ; 串口工作于方式为 0
```

```
            LCALL    DISP
HERE:   AJMP     HERE
;**************************************************
;子程序名称：DISP
;子程序功能：对要显示的数通过串口发出，进行显示
;入口参数：    显示缓存放在以 DBUF 开始的 4 个单元中。串口工作于方式 0,
;                    在显示缓存中存入 0～F，则在 LED 上显示 0～F，存入 10H 及 11H 时,
;                    显示"一"及不显示。
;适用机型：  51 系列，11.0592MHz
;**************************************************
            DBUF     EQU 30H
            ORG      0400H
DISP:   PUSH     ACC
            PUSH     PSW
            SETB     RS1
            MOV      R0, #DBUF
            MOV      R1, #0
            MOV      DPTR, #SEGTAB
DP10:   MOV      A, @R0
            MOVC     A, @A+DPTR
            MOV      SBUF, A
AGAIN:  JBC      TI, LOOP1          ;判断代码是否发送完毕
            JMP      AGAIN
LOOP1:  INC      R0
            INC      R1
            CJNE     R1, #4, DP10
            POP      PSW
            POP      ACC
            RET
SEGTAB: DB  03H,9FH,25H,0DH,99H,49H,41H,1FH,01H,09H,11H,0C1H
            DB  63H,85H,61H,71H,0FDH,0FFH
            END
;*******************显示子程序结束*******************
```

因图 8.8 为静态显示的形式，所以，在主程序中只调用了一次显示子程序，如果在一个具体应用中，需要显示的内容发生了变化，则每发生变化，均要调用一次显示子程序，以显示最新的信息。

图 8.9 的显示电路为动态显示，其显示驱动程序如下。

```
            ORG      0000H
            DBU      EQU 30H                ; 置存储区首址
            MOV      30H, #1
            MOV      31H, #2
            MOV      32H, #3
            MOV      33H, #4
            MOV      SCON, #0               ; 串口工作于方式为 0
HERE:   LCALL    DISP
```

```
            AJMP    HERE
;**********************************************************
;子程序名称：DISP
;子程序功能：对要显示的数通过串口发出，进行显示
;入口参数：显示缓存放在以 DBUF 开始的 4 个单元中。串口工作于方式 0
;          在显示缓存中存入 0～F，则在 LED 上显示 0～F，存入 10H 及 11H 时，
;          显示 "一" 及不显示。
;适用机型：51 系列，11.0592MHz
;**********************************************************
            DBUF    EQU  30H
            ORG     0400H
DISP:       PUSH    ACC
            PUSH    PSW
            SETB    RS1
            MOV     R2, #0F7H        ; 存放位显示代码
            MOV     R0, #DBUF
            MOV     R1, #0
            MOV     DPTR, #SEGTAB
DP10:       MOV     A, @R0
            MOVC    A, @A+DPTR
            MOV     SBUF, A
AGAIN:      JBC     TI, LOOP1        ; 判断代码是否发送完毕
            JMP     AGAIN
            MOV     P0, R2
            MOV     A, R2
            RR  A
            MOV     R2, A            ; 修改位显示代码
            ACALL   DEL              ; 延时
            MOV     P0, #0FFH        ; 关闭显示
LOOP1:      INC     R0
            INC     R1
            CJNE    R1, #4, DP10
            POP     PSW
            POP     ACC
            RET
SEGTAB:
            DB   03H,9FH,25H,0DH,99H,49H
            DB   41H,1FH,01H,09H,11H,0C1H
            DB   63H,85H,61H,71H,0FDH,0FFH
;*************显示子程序结束*************
;*****************************************
;子程序名称：DELAY
;子程序功能：延时子程序，在 12MHz 晶振时，定时约 10ms
;*****************************************
DELAY:      MOV     R4, #20
AA1:        MOV     R5, #0F8H
AA:         DJNZ    R5, AA
```

```
        DJNZ    R4, AA1
        RET
        END
```

本程序说明：在主程序中，可以看到主程序总是调用显示子程序，只有调用的频率达到 50Hz 以上，才能在数码管上看到稳定的信息。在动态显示子程序中，显示任一位时，应有延时，否则会因点亮数码管的时间过短而亮度很低，延时的长短应根据 CPU 的工作状态来定，如果 CPU 不是有很多事要去处理，延时的时间可稍长一点，否则，延时的时间就应短一点。

8.2.2 LCD 液晶显示器

液晶是介于固体和液体之间的物质，被放置在两个电极之间，通过控制电场，使液晶中的晶体的排列方向发生改变，在电极的部位出现黑色，来达到显示信息的目的。早期的液晶器件仅是显示器件本身，应用起来较为复杂，所以应用不是很多。随着技术发展及社会分工的细化，目前的液晶显示器将显示器件及驱动、字库、背光等制做到一个组件上，形成一个显示模块，简称 LCM，中文的意思就是液晶模块。

液晶显示具有体积相对较小，功耗小，显示内容多等优点。根据显示内容的方式的不同，液晶可分为数码液晶模块、点阵字符模块、图形液晶模块等。其中的数码液晶模块显示的形式与数码管的形式相同，显示的内容为段式结构的数字或是一些标识符号；点阵字符模块是由点阵型液晶显示器件和驱动器、控制器构成，用于显示数字和西文字符；图形液晶模块是由点阵型液晶显示器件及驱动器、控制器、字库等构成，可用于显示数字、西文字符、中文汉字等，还可以通过编写程序，使其显示个性化的图形。

下面通过金鹏 OCMJ2X8 模块的介绍，来讲述液晶模块的使用方法。

1. 引脚

模块 OCMJ2X8 的引脚如表 8-1 所示，其中数据线有 8 条，用于将 CPU 发出的命令与数据送给模块；背光电源有 2 条线，直接接+5V 电源，显示背光，也可通过电子开关实现背光的开关控制；电源和地为模块工作的前提条件，本模块的功耗很小，工作时的电流仅为 2mA；REQ 为请求信号，该信号为 CPU 发出，告知模块数据发送完毕；BUSY 信号为模块发出，当模块正在处理收到的数据时，BUSY=1，当模块目前空闲时，BUSY=0。

表 8-1 OCMJ2X8 引脚

引脚	名称	方向	说　　明	引脚	名称	方向	说　　明
1	LED+	I	背光源正极(LED+5V)	8	DB1	I	数据 1
2	LED-	I	背光原负极(LED-0V)	9	DB2	I	数据 2
3	VSS	I	地	10	DB3	I	数据 3
4	VDD	I	+5V	11	DB4	I	数据 4
5	REQ	I	请求信号，高电平有效	12	DB5	I	数据 5
6	BUSY	O	应答信号=1：已收到数据并正在处理中 应答信号=0：模块空闲，可接收数据	13	DB6	I	数据 6
7	DB0	I	数据 0	14	DB7	I	数据 7

2. 时序

对模块写数据时序如图 8.10 所示，写数据时序的时间参数如表 8-2 所示。

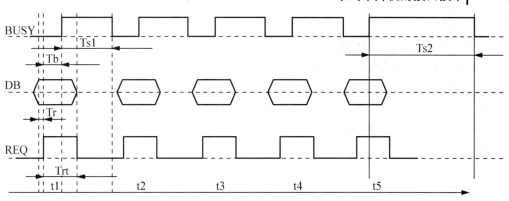

图 8.10　OCMJ2X8 液晶模块写数据操作时序

表 8-2　OCMJ2X8 写数据时间参数

编号	名称	单位	值		说明
			最小值	最大值	
1	Tr	μs	0.4	—	数据线上数据稳定时间
2	Tb	μs	2	20	最大模块响应时间
3	Trb	μs	11	—	最小 REQ 保持时间
4	Ts1	μs	20	45	最大数据接收时间
5	Ts2	ms	—	0.1～30	最大命令指令处理时间

对 OCMJ2X8 进行写数据时，要严格遵守各信号线间的时间关系，即所谓的时序。当对其写数据前，首先要对引脚 BUSY 进行检测，只有为低电平时，才能写数据。从图 8.10 中可以看出，CPU 将数据送到数据线后，经过 Tr 后，CPU 要发出 REQ 信号(高电平)，并至少保持 Trt，当发出 REQ 信号后，经过 Tb 后，模块开始接收数据，同时，模块的 BUSY 引脚输出高电平，表示当前模块正在接收并处理数据。当模块处理结束后，BUSY 回到低电平。

在写数据过程中，经过的 Tr、Trt、Tb 等时间参数，可通过表 8-2 获得。

3. OCJM2X8 的控制命令

OCMJ2X8 模块可以显示两行，每行 8 个汉字，它的命令有 10 条，用以控制模块实现一些功能。命令是由操作码和操作数据两部分构成，操作数为 0～4 个。可实现的功能有显示国标汉字、8X8ASCII 字符、8X16ASCII 字符、位点阵、字节点阵，清屏、上移、下移、左移、右移。屏幕的坐标原点在左上角，向右、向下为正方向，以显示的汉字或 ASCII 码或点为单位，单位视命令的操作对象而定。

(1) 显示国标汉字

命令格式：F0　XX　YY　QQ　WW

XX：以汉字为单位的屏幕横坐标值，取值范围 00～07。

YY：以汉字为单位的屏幕纵坐标值，取值范围 00～01。

QQ、WW：汉字的 GB2312 区位码。区位码可到网络上搜索。

(2) 显示 8X8ASCII 字符

命令格式：F1　XX　YY　AS

XX：以 8X8ASCII 字符为单位的屏幕横坐标值，取值范围 00～0F。

YY：以点阵为单位的屏幕纵坐标值，取值范围 00～1F。屏幕在垂直方向上有 32 行点阵，

ASCII 字符的最顶端可以显示在任意一行处。

AS：欲显示的字符的 ASCII 码。

(3) 显示 8X16ASCII 字符

命令格式：F9　XX　YY　AS

XX：以字符为单位的屏幕横坐标值，取值范围 00～0F。

YY：以点阵为单位的屏幕纵坐标值，取值范围 00～1F。

AS：欲显示的字符的 ASCII 码。

(4) 显示位点阵

命令格式：F2　XX　YY

XX、YY 是以点阵为单位的点的行列坐标值，使用该指令可使指定点显示黑色。

(5) 显示字节点阵

命令格式：F3　XX　YY　BT

XX：以 8 个水平点阵为单位的行坐标值，取值范围为 00～0F。

YY：以点为单位的列坐标值，取值范围为 00～1F。

BT：字节像素值，BT=0 时，显示白点；BT=1 时，显示黑点。

(6) 清屏

命令格式：F4

该指令可使屏幕的所有显示内容清除。

(7) 上移

命令格式：F5

该命令将显示的内容上移一个点阵行。

(8) 下移

命令格式：F6

该命令将显示的内容下移一个点阵行。

(9) 左移

命令格式：F7

该命令将显示的内容左移一个点阵列。

(10) 右移

命令格式：F8

该命令将显示的内容右移一个点阵列。

4. 模块的复位

模块是由一些芯片构成的，内有字库、控制器等，当模块上电时，要有一个约 15ms 的复位时间，在此时间内对模块的写操作是无效的，应用时要加以注意。对模块的写操作要在复位之后，且要求 BUSY=0 的状况下进行。

5. 应用举例

以 OCMJ2X8 及 89C51 为主要器件，在屏幕上显示"沈阳大学信息学院"8 个汉字。硬件连接如图 8.11 所示。图中显示，CPU 的 P0 口与模块的数据口直接相连，P1.5 接 REQ，P1.6 接 BUSY，而 P1.0 则控制液晶模块的背光灯，当其为 0 时，背光灯点亮。

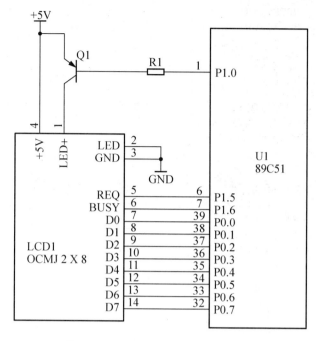

图 8.11　OCMJ2X8 与 MCS-51 接口

汇编程序:

```
; 本程序适用于 11.0592MHz 晶振的 51 单片机
        REQ     EQU P1.5
        BUSY    EQU P1.6
        LAMP    EQU P1.0
        count   EQU 30h
        _DB     EQU P0
        ORG     0000H
        AJMP    START
        ORG     30H
DELAY:                              ; 产生约 15ms 延时
        MOV     R0, #30
DELAY1: MOV     R1, #250
        DJNZ    R1, $
        DJNZ    R0, DELAY1
        RET
WRITE_BYTE:                         ; 将 A 中的数据写入 LCD
        JB      BUSY, WRITE_BYTE    ; 确认 LCD 不忙，则向下执行，写数据
        MOV     _DB,A
        NOP
        SETB    REQ
WAITE:  JNB     BUSY, WAITE         ; 等待 CPU 响应
        CLR     REQ
        RET
WRITE_HZ:                           ; 向 LCD 中写汉字，字的个数由 R0 指出，字的坐标由地址为
                                    ; XY 的标号指出，汉字的区位码由标号为 HZ_CODE 指出
        MOV     COUNT, #0           ; 写汉字的个数计数初值为 0
R_WRITE:
```

```
            MOV      DPTR, #XY
            MOV      A, #0F0H              ; 写汉字命令
            ACALL    WRITE_BYTE
            MOV      A, COUNT
            RL       A
            MOV      R1, A
            MOVC     A, @A+DPTR            ; 取出第 N 个汉字的 X 坐标
            ACALL    WRITE_BYTE
            INC      DPTR
            MOV      A, R1
            MOVC     A, @A+DPTR
            ACALL    WRITE_BYTE            ; 写完第 N 个汉字的坐标信息
            MOV      DPTR, #HZ_CODE
            MOV      A, COUNT
            RL       A
            MOV      R1, A
            MOVC     A, @A+DPTR
            ACALL    WRITE_BYTE
            INC      DPTR
            MOV      A, R1
            MOVC     A, @A+DPTR
            ACALL    WRITE_BYTE            ; 写完汉字的区位码信息
            INC      COUNT
            DJNZ     R0, R_WRITE           ; 如未写完全部汉字, 再次写汉字
            RET
XY:         DB                0,0,1,0,2,0,3,0,4,0,5,0,6,0,7,0
            HZ_CODE: DB       41,82,49,84,20,83,49,07, 48,37, 47,02,49,07,52,26
START:      CLR      REQ
            SETB     BUSY
            LCALL    DELAY
            MOV      R0, #8
            ACALL    WRITE_HZ
            CLR      LAMP
            MOV      R0, #10
YS2:        MOV      R1, #250
YS1:        MOV      R2, #250
            DJNZ     R2, $
            DJNZ     R1, YS1
            DJNZ     R0, YS2
            SETB     LAMP
            MOV      A, #0F4H
            ACALL    WRITE_BYTE
            MOV      R0, #10
YS4:        MOV      R1, #250
YS3:        MOV      R2, #250
            DJNZ     R2, $
            DJNZ     R1, YS3
            DJNZ     R0, YS4
            AJMP     START
            END
```

模块 OCMJ2X8 更详细的信息, 请到网站 www.gpt.com.cn 查询。

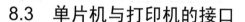

8.3 单片机与打印机的接口

微型打印机的应用很广泛，在排队机、存包柜自助终端、加油机、医疗仪器、消防控制柜、商场的 POS 机等方面均有应用。这种打印机的体积小，打印的票据窄，有针式、热敏式和喷墨式。目前市场上的微型打印机的型号有多种，用户可根据需要进行选择，下面以 RD-DH 型热敏式微型打印机为例，对微型打印机与单片机的接口技术，微型打印机本身的性能及单片机驱动程序作以说明。

8.3.1 RD-DH 型微型打印机简介

RD-DH 型热敏微型打印机的打印宽度为 48mm；分辨率为 8dpi，384 点/行；打印的内容可为 ASCII 码、希腊文、德文、俄文、法文、日文等 448 个字符；国标一、二级汉字；其接口的形式有几种可供选择：标准并行接口、RS-232C 接口、TTL 电平串口、485 接口、USB 接口，甚至还可以选用红外线无线接口，其接口只能选择其一，很方便。该型号的打印机为单一+5V 供电，电源的容量要求大于等于 3A。

RD-DH 型微型打印机的使用也很简便，面板上有两个按键"SET"和"LF"及一个绿色发光管，发光管为状态指示灯，当其发光时，表示打印机在线，发光管灭，表示打印机离线。按一下"SET"键，再按"LF"键不放，按"SEL"键，松手后，微型打印机进入自检状态，此时打印机会打出一张纸条，上有微型打印机的型号等信息，打印结束后，进入在线状态。在微型打印机的打印过程中，按一次"SEL"键，打印暂停，再次按"SEL"键，继续打印。在离线状态下，按下"LF"键，打印机空走纸，再次按"LF"键，停止走纸。

8.3.2 接口说明

关于 RD-DH 型微型打印机的并口，其为 26 线的形式，与 CENTRONICS 标准兼容，外形及引脚如图 8.12 所示，引脚定义如表 8-3 所示。

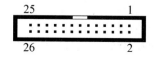

图 8.12 RD-DH 型微型打印机并行接口排列

表 8-3 RD-DH 型微型打印机引脚定义

26 线并口引脚号	信号	方向	说明	PC 机 25 芯并口线
1	STB	入	数据选通触发脉冲，上升沿时读入数据	1
3	DATA1	入		2
5	DATA2	入		3
7	DATA3	入	这些信号分别代表并行数据的第一位至第八位信号；每个信号当其逻辑为"1"时为"高"电平，逻辑为"0"时为低电平	4
9	DATA4	入		5
11	DATA5	入		6
13	DATA6	入		7
15	DATA7	入		8
17	DATA8	入		9

续表

26线并口引脚号	信号	方向	说明	PC机25芯并口线
19	ACK	出	回答脉冲，低电平表示数据已被接受	10
21	BUSY	出	高电平表示打印机正忙不接收数据	11
23	PE	—	接地	—
25	SEL	出	经电阻上拉高电平表示打印机在线	13
4	ERR	出	经电阻上拉高电平表示无故障	15
2，6，8、26	NC	—	未接	—
10，12，14，16，18、20，22，24	GND	—	接地	25、12

注：① "入"表示输入到打印机，"出"表示从打印机输出。

② 信号的逻辑电平为 TTL 电平。

单片机与本型号微型打印机的数据传输时序如图 8.13 所示。由时序图及并口引脚定义中可知，当单片机与它进行通信时，首先，单片机要检测 BUSY 是否为 0，只有其为 0，微型打印机才可以接收打印数据，否则，打印机内部正在对数据进行处理，不能接受外来数据。检测 BUSY 为 0 后，再将数据送到数据线上，经不少于 0.5μs 的延时后，将 STB 引脚拉低，当打印机检测 STB 引脚为 0，则其 BUSY 引脚输出高电平，并处理总线上的数据，STB 引脚的低电平至少要保持 0.5μs，然后再回到高电平。打印机接收数据完毕后，引脚 ACK 输出一个 10μs 左右的负脉冲，告知 CPU 数据已接收并处理完成，同时，BUSY 变低，表示当前可以接收并口来的数据。实际应用中，ACK 信号可以不用。

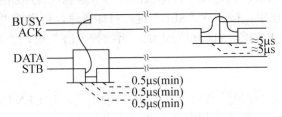

图 8.13　RD-DH 型微型打印机并口时序图

当选用串口形式的微型打印机时，要注意以下几点：首先，RD-DH 型微型打印机的串口与标准的 RS-232C 是兼容的，接口为 10 线的插座，引脚定义等符合 RS-232C，可参见厂方的说明书进行接线。其次是使用串口微型打印机时，要注意串口的波特率及校验形式，微型打印机上有 DIP 开关用于选择，在设计驱动程序时，要与微型打印机上的设置相符，否则将无法正常使用。再次则是当微型打印机与控制的 CPU 距离很近，为一个整体设备时，微型打印机可以以 TTL 电平输出的形式与单片机进行通信，此时可以将微型打印机上的跳线 W1、W2、W3 短接并取下微型打印机上的 RS-232C 芯片。

8.3.3　RD-DH 型微型打印机控制命令

RD-DH 型微打的打印命令共有 39 条，下面就常用命令作以介绍。

1. 汉字打印命令

格式：1BH　38H　*n*

n 为 0～7，将这三个数依次送给打印机后，打印机将根据 *n* 值的不同，打印不同点阵的汉字或 ASCII 字符。

当 $n=0$ 时，选择 16×16 点阵汉字打印

当 $n=1$ 时，选择 8×16 点阵汉字打印

当 $n=2$ 时，选择 16×8 点阵汉字打印

当 $n=3$ 时，选择 8×8 点阵汉字打印

当 $n=4$ 时，选择 12×12 点阵汉字打印

当 $n=5$ 时，选择 6×12 点阵汉字打印

当 $n=6$ 时，选择 8×16 点阵 ASCII 字符打印

当 $n=7$ 时，选择 8×12 点阵 ASCII 字符打印

打印的具体内容在本命令之后。当打印汉字时，区位码在命令后面。如果打印的是 ASCII 字符，则当输入代码为 20H～A0H 时，选择字符集 1；而当输入的代码大于 A0H，下一个代码小于 A1H，则选择国标 ASCII 码进行打印，否则打印汉字。

2. 行距设置命令

格式：1BH　31H　　n

本命令为后面的换行命令设置 n 点行间距，n 的取值在 0～255 之间，默认为 3。

3. 字间距设置命令

格式：1BH　20H　　n

n 的取值在 0～128 之间，当打印字符时，字符的右侧加入的空白点数，当打印汉字时，则空白点数为 $2n$ 个。

4. 打印空格或空行命令

格式：1BH　66H　　M　　n

$M=0$ 时，打印机打印 n 个空格，空格的宽度为 12+字间距，n 值在行宽范围内。

$M=1$ 时，打印机打印 n 个空行，空行的高度为 16+行间距，n 值在 0～255 之内。

5. 初始化命令

格式：1BH　40H

该指令使打印机恢复出厂设置，并清空当前缓冲区内容。

6. 数据控制命令

格式：0DH

当打印机收到本命令后，对缓冲区中的命令和数据进行处理，并开始打印。

关于 RD-DH 型微型打印机的其他控制命令，请参考其说明书或到网站 www.rd-cn.com 上查找。

8.3.4　打印示例

利用并口型的 RD-DH 型微型打印机，与单片机结合，打印"沈阳大学信息学院"。电路如图 8.14 所示。

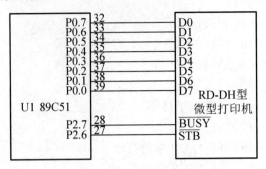

图8.14 并行接口微型打印机与单片机接口

从图上看，这个连接非常简单，只用了 CPU 的 P0 口和 P2 口的两个引脚，就可以实现打印机的扩展功能。如果使用串口型的打印机，连接则只有两根线，但是，占用了单片机的串口资源。

```
        BUSY    EQU P2.7
        STB     EQU P2.6
        ORG     100
        MOV     DPTR , #TAB
LOP1:   CLR     A
        MOVC    A , @A+DPTR
        INC     DPTR
        CJNE    A , #0FFH , LOP2
        SJMP    $
LOP2:   ACALL   OUTDATA
        SJMP    LOP1
OUTDATA:SETB    BUSY
        JB      BUSY , OUTDATA          ; 等待打印机空闲
        MOV     P0 , A
        CLR     STB
        NOP
        NOP
        SETB    STB
        RET
TAB:    DB  1BH,38H,0, '沈', '阳', '大', '学', '信', '息', '学'
        DB  '院',0DH,0FFH               ;汇编器可将汉字字符转成区位码
        END
```

程序中的 1BH,38H,0 为控制命令，控制打印机打印 16×16 点阵汉字，0DH 也为控制命令，启动微型打印机开始打印，0FFH 为结束标志。

8.4 数模与模数转换器接口

在单片机的具体应用中，经常遇到对一些连续变化的物理量进行采集或控制的情况。这些连续变化的量被称作模拟量，如温度、压力、速度、流量等。计算机内部的数据的每一位只有 0 和 1 两种情况，称作数字量。单片机对这些物理量采集时，要将其转化为单片机可以识别的多位数字量，而对这些模拟量进行模拟控制时，由于计算机内部为多位数字量，不能直接对其控制，所以，要将计算机内部输出的数字量转换成模拟量，再去控制相应的执行机

构动作，来达到控制这些物理量的目的。在系统中，将模拟量转化为数字量的器件，称为模数转换器，简写为 ADC；而将数字量转化为模拟量的器件，则称作数模转换器，简称 DAC。

8.4.1 常用性能指标

在选用 ADC 或 DAC 时，首先要根据应用的要求，再根据器件的性能指标进行选择。合理选择转换器件，即可满足应用要求，又可有效地降低系统的硬件成本。转换器件的常用性能指标如下。

1. 分辨率

对于模数转换器件，分辨率是指输出的数字量变化量为 1 时，输入的模拟量的变化量，也就是说分辨率为满刻度时的输入电压除以 2^n，n 为模数转换器的位数。如满刻度电压为 5V 的 8 位的 ADC，其分辨率为 19.53mV，而满刻度电压为 10V 的 12 位 ADC 的分辨率为 2.44mV。可见，模数转换器的位数越多，分辨率也就越高，但器件的成本也越高，通常用转换器转换模拟量后，得到的数字量的位数来表示模数转换器的分辨率。

对于数模转换器件，分辨率是指输入的数字量变化 1 时，输出的模拟量的变化量，当输入的数字量为满刻度时，输出的模拟量就为最大值，常用数字量的位数表示 DAC 的分辨率，分辨率越高，元件成本也越高。

2. ADC 的量化误差

图 8.15(a)是 ADC 的转换特性曲线，水平方向的单位为分辨率，在 ADC 中，一个有限分辨率的转换特性曲线与无限分辨率的转换特性曲线(实质上就是直线，图中对应的虚线)之间的最大偏差，称为 ADC 的量化误差。根据定义，图 8.15(a)中的量化误差为-1LSB。现将图 8.15(a)中的转换特性曲线前移 1/2 个分辨率单位，得到图 8.15(b)。在图 8.15(b)中，量化误差则为±1/2LSB，转换特性曲线更接近虚线的无限分辨率曲线，使得误差减小。

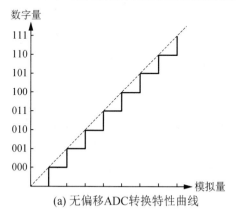

(a) 无偏移ADC转换特性曲线

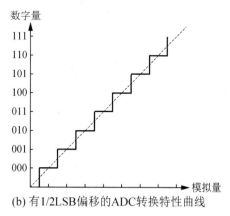

(b) 有1/2LSB偏移的ADC转换特性曲线

图 8.15 ADC 转换特性曲线

3. 偏移误差

对于 ADC 和 DAC 来说，都有输入和输出，当输入为 0 时，输出也应当为 0，但对于任意一个转换器来说，均不可能做到输入为 0，输出也为 0，这种偏差就称作偏移误差，它是由于硬件制造过程中，元件参数的偏差及使用环境的因素造成的，可用软件或硬件进行消除。

4. 转换速率

转换速率是指模数转换或数模转换时，每秒钟可转换的次数。

5. 基准电压

在进行 A/D 或 D/A 转换时，转换电路的核心单元要求一个参考电压，该电压就是基准电压，对于高精度的转换器，往往要求一个单独的高精度稳压电源来提供。

6. DAC 的稳定时间

当 DAC 稳定状态时，如果输入的数字量发生了变化，则输出的电压(或电流)也要发生变化，输出要经过一定的时间才能稳定，这段时间就是稳定时间。稳定时间越短，DAC 处理速度越快。

7. 绝对精度

对于一个转换器来说，每一个输入，均有一个输出与之对应，输出数据的实际值与理想值之间的差的最大值，被称作绝对精度。

8. 相对精度

将绝对精度除以满刻度的百分比，就是相对精度。

8.4.2 数模转换器 DAC0832

1. DAC0832 的性能

1) 有三种输入方式：单缓冲输入、双缓冲输入及直接输入。
2) 单一电源供电，供电电压范围为+5～+15V，功耗 20mW。
3) 逻辑输入与 TTL 兼容。
4) 稳定时间 1μs。
5) 分辨率为 8 位。

2. 芯片内部结构及引脚

如图 8.16 所示为 DAC0832 片内结构图。其内部有两个寄存器，一个 8 位的 D/A 转换器，还有三个与门电路，对寄存器的工作起控制作用。

ILE 引脚：数据允许锁存信号，高电平有效。

$\overline{\text{CS}}$ 引脚：片选信号，低电平有效。

$\overline{\text{WR1}}$、$\overline{\text{WR2}}$ 引脚：写信号 1、写信号 2，低有效，用于锁存数字信号。

$\overline{\text{XFER}}$ 引脚：数据传送控制信号，与 $\overline{\text{WR2}}$ 的作用完全相同，可互换。

Vcc、GND 引脚：芯片的电源供电引脚。

AGND 引脚：模拟地，为芯片转换后，输出模拟量的地。

Rfb 引脚：反馈输入端，该引脚直接与外接的运算放大器的输出端相连。

IOUT1、IOUT2 引脚：模拟电流输出端。

V_{REF} 引脚：基准电源输入引脚，该引脚电源的精度影响 DA 转换的精度，极限范围可达 ±25V，通常所加基准电压在 ±10V。

DI0～DI7 引脚：数字信号输入端。

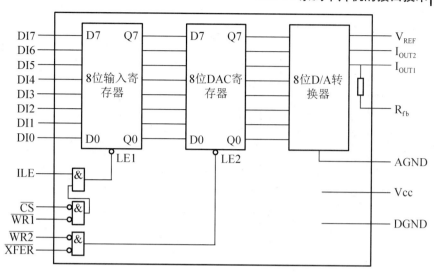

图 8.16　DAC0832 内部结构图

3. DAC0832 的工作过程

在芯片的内部，有一个 8 位输入寄存器和一个 8 位 DAC 寄存器，它们都有一个控制脚 $\overline{\text{LE}x}$，当其为 1 时，各寄存器的输出随着输入的变化而变化；而当其为 0 时，则寄存器的输入被锁存到输出端。对于输入寄存器，它的锁存与否由 ILE、$\overline{\text{CS}}$ 和 $\overline{\text{WR1}}$ 控制，CPU 没有对 DAC0832 写数据时，$\overline{\text{WR1}}=1$，$\overline{\text{LE1}}=0$，8 位输入寄存器的输出为上次数据，不会随着 DI0～DI7 的数据变化而变化；当这三个引脚均有效时，$\overline{\text{LE1}}$ 为 1，输入寄存器的输出与输入相同，如果写控制信号过去后，$\overline{\text{WR1}}=1$，则 $\overline{\text{LE1}}=0$，就将 CPU 送来的 8 位二进制数锁存到 8 位输入寄存器的输出端。8 位 DAC 寄存器的工作过程与前者相似，控制引脚为 $\overline{\text{WR2}}$ 和 $\overline{\text{XFER}}$；当由 CPU 送来的 8 位二进制数到达 8 位 DAC 转换器时，就会由转换器对数字量进行模拟量转换，转换后的输出为

$$I_{\text{OUT1}} = \frac{V_{\text{REF}}}{15} \times \frac{Digital}{256}$$

$$I_{\text{OUT2}} = \frac{V_{\text{REF}}}{15} \times \frac{255 - Digital}{256}$$

4. 应用示例

如图 8.17 所示的设计为 DAC0832 单缓冲形式的扩展方法。其中的 U3 为 LM336-5.0，是 5V 的基准源，RP1 和 R1 为 U3 的相关外围元件，通过调节 RP1，可人为地、准确地调节 U3 的输出电压，为 DAC0832 提供基准电压。运算放大器 U4 的作用是使 DA 转换后输出的电流转化为电压。控制引脚 $\overline{\text{WR2}}$ 和 $\overline{\text{XFER}}$ 直接接地，实现了单缓冲功能。芯片的 $\overline{\text{CS}}$ 和 $\overline{\text{WR1}}$ 分别与 CPU 的 P2.7、P2.6 相连，通过 I/O 口对 DAC0832 进行片选和写控制。本电路输出电压为

$$U_{\text{OUT}} = \frac{Digital}{256} V_{\text{REF}}$$

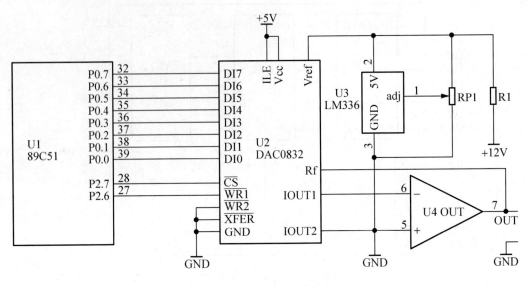

图 8.17　DAC0832 单缓冲扩展

```
CS      EQU     P2.7
_WR     EQU     P2.6
DAC: CLR        CS
        MOV     P0 , A
        CLR     _WR
        NOP
        SETB    _WR
        SETB    CS
        RET
```

这个程序段的功能是对累加器 A 中的内容进行 DA 转换。

8.4.3　模数转换器 ADC0809

1．ADC0809 的性能

ADC0809 为逐次逼近型 A/D 转换器，其分辨率为 8 位；供电电压为+5V；输入模拟电压为 0～5V，有 8 路输入，可通过输入地址的选择进行切换；除输入引脚以外，其余的均与 TTL 电平兼容，最高工作频率可达 500kHz；转换时间为 100μs，功耗低，仅为 15mW。

2．内部结构及引脚功能

内部结构如图 8.18 所示。

ADC0809 有 8 路模拟量输入 IN0～IN7，每次 A/D 转换只能是其中的某一路输入，输入的选择是由地址线 A、B、C 选择的，A、B、C 输入的地址信号要由 ALE 锁存。A/D 转换器的转换是有条件的，要求有时钟信号，该时钟信号的频率不高于 500kHz，加在 CLOCK 引脚，同时，还要有基准电压加在 REF+及 REF-引脚间，一般为+5V，在以上情况下，引脚 START 的典型宽度为 100ns 的高电平，启动一次 A/D 转换，转换完成，则引脚 EOC 输出高电平，可以供 CPU 查询或引发 CPU 中断；转换完成后，结果并不送到数据总线上，当允许输出使能 OE 引脚为高电平时，结果才送到数据总线上，供 CPU 读取。

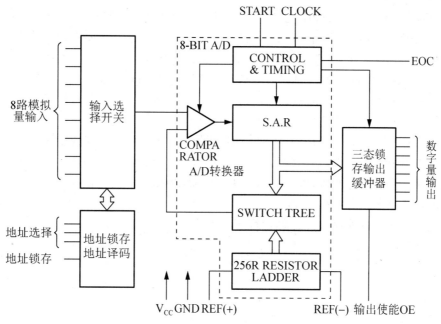

图 8.18　ADC0809 内部结构

3. ADC0809 应用示例

ADC0809 的应用很普遍，其扩展的电路形式可以根据具体应用而定，可采用总线扩展的形式，也可以采取根据 ADC0809 的工作时序，进行引脚控制。如图 8.19 所示是常用的总线扩展电路。

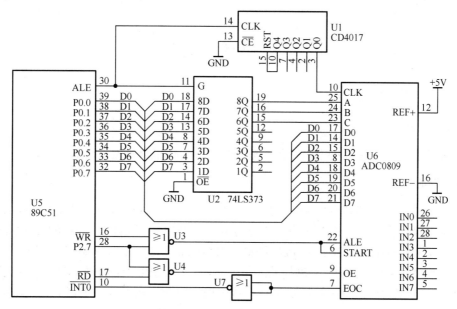

图 8.19　ADC0809 常用的总线方式扩展

在这个扩展电路中，ADC0809 的时钟是由 CPU 的 ALE 经分频得到的，ALE 的频率约为 CPU 晶体振荡器的 1/6，如果系统晶体振荡器为 12MHz，则 ALE 的频率约为 2MHz，CD4017

的 RST 与 Q4 短接，则经 CD4017 分频后的频率约为 500kHz，刚好满足 ADC0809 对时钟的要求。ADC0809 的基准源直接接至+5V 电源，如果有更高要求，则要由稳压效果好的芯片来提供。CPU 的写信号与 P2.7 相或非后，接 ADC0809 的 ALE 及 START，当对地址为 011111111111000(7FF8H)～011111111111111(7FFFH)写数据(可任意值)时，ADC0809 的 ALE 及 START 引脚出现一个高电平的脉冲，将其第 0～7 路输入端的模拟量传送到内部的 ADC 转换器进行模数转换，当转换结束时，ADC0809 的 EOC 引脚输出高电平，经输入端并联的或非门后，与 CPU 的 P3.0(即 INT0)引脚相连，则 CPU 可以采用查询或中断的方式进行 A/D 转换。当 ADC0809 转换结束后，CPU 读取数据时，可对地址为 7FF8H～7FFFH 读操作，此时的 P2.7 为 0，读引脚也为 0，则或非后为 1，接 ADC0809 的 OE 引脚，控制 ADC0809 的数据送到数据总线上来，由 CPU 读取。

下面是以中断方式进行的 A/D 转换程序，供参考。

```
          ORG    0000H
          LJMP   INTI
          ORG    0003H
          LJMP   INT0_ISA
INIT:     SETB   EX0
          SETB   IT0
          SETB   EA              ; 对外部中断 0 进行设置，边沿触发，开放
          MOV    DPTR , #7FF8H
          MOVX   @DPTR , A       ; 启动 A/D 转换
          …                      ; 其他处理程序
INT0_ISA:MOV     DPTR , #7FF8H
          MOVX   A , @DPTR
          RETI
```

8.5 实验与实训

8.5.1 99.99s 秒表的设计

1. 实验目的

通过本实验，掌握单片机定时器的正确使用，定时的准确性及其综合应用。

2. 实验说明

从题目上看，定时的精度到 10ms 级，所以，选择定时器的定时时间为 10ms，这样做能简单一些。为此，可使定时器工作在方式 1 的 16 位定时模式，这样，如果系统的晶体振荡器为 6MHz，每个机器周期为 2μs，则最长可定时 131072μs，即 131.072ms，可以满足应用要求。定时器每定时 10ms 时间到，则可以使其产生中断，在中断服务子程序中，对定时器重新赋值，以进行下次定时，然后，对定时次数进行计数，退出中断。在主程序中，对定时次数进行显示。秒表的工作应当有启动和停止及清零的功能。

3. 实验电路

如图 8.20 所示电路为满足本实验设计的硬件电路，图中采用了四位动态显示，共阳极方

式，并为定时的启动、停止及计数清零设置了两个按键，详见图 8.20。

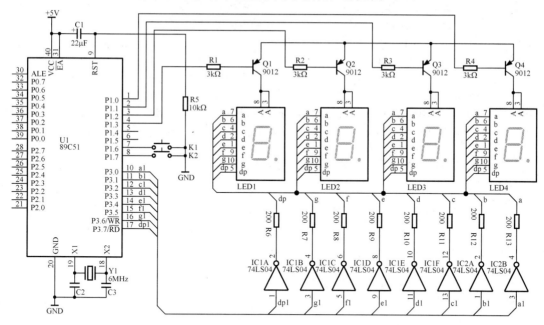

图 8.20　秒表电路原理图

4. 实验参考程序

```
            ORG     01000H
    NH      EQU     0ECH
    NL      EQU     78H
    S0      EQU     30H
    S1      EQU     31H
    S2      EQU     32H
    S3      EQU     33H
            LJMP    START
            ORG     000BH
            LJMP    T0_ISA
    START:  CLR     TR0
            MOV     SP, #60H              ; 设定堆栈指针
            MOV     30H, #0               ; 存入数据
            MOV     31H, #0
            MOV     32H, #0
            MOV     33H, #0
            MOV     TH0, #NH
            MOV     TL0, #NL
            MOV     TMOD, #1              ; 定义定时器工作在方式 1
            MOV     IE, #82H              ; 中断设置
    WORK:   LCALL   DISPLAY
            LCALL   KEYSCAN              ; 读取键盘
            CJNE    A,#1, TO_2
            CPL     TR0                  ; 启动/停止计数
```

```
        SJMP    WORK
TO_2:   CJNE    A,#2, TO_0          ; 无键按下，则跳转到 TO_0 处。
        SJMP    START               ; 清零键按下时，跳转到 START 处。
TO_0:   SJMP    WORK
        ORG     0400H
```
;**
; 子程序名称：DISPLAY
; 入口参数： 显示缓存放在 30H 开始的 4 个单元，向其中送入 0～F 可在 LED 上显示 0～F，
;   向其中送入 10H，11H 时，显示 "一" 及不显示。子程序中使用了工作寄存器
;   组 2 中的 R0、R1。
```
_SEG EQU P3
_BIT EQU P1
DEBUF   EQU 30H                     ; 置存储区首址
DISPLAY:PUSH PSW
        PUSH    ACC
        SETB    RS1                 ; 选择工作寄存器组 2
        MOV     R0, #DEBUF
        MOV     R1,#0
DIS0:   MOV     DPTR, #SEGTAB
        MOV     A, @R0
        MOVC    A, @A+DPTR
        MOV     _SEG, A             ; 将查表得到的段码送 P3 口
        MOV     A,R1
        MOV     DPTR, #BITTAB
        MOVC    A, @A+DPTR
        MOV     _BIT, A             ; 将查表得的位选择码送 P1 口
        INC     R0
        INC     R1
        ACALL   DELAY
        CJNE    R1, #4, DIS0
        POP     ACC
        POP     PSW
        RET
SEGTAB:DB  3FH,06H,5BH,4FH,66H      ; 0,1,2,3,4
       DB  6DH,7DH,27H,7FH,6FH      ; 5,6,7,8,9
       DB  77H,7CH,39H,5EH,79H,71H,40H,0  ; A,B,C,D,E,F,一及灭
BITTAB:DB 0FEH,0FDH,0FBH,0F7H,0EFH,0DFH
```
;**
; 子程序名称：DELAY
; 子程序功能：利用软件实现延时。6MHz 晶振时，延时约 1ms
;   子程序中使用了工作寄存器组 2 中的 R4、R5。
```
DELAY:  PUSH    PSW
        SETB    RS1                 ; 选择工作寄存器组 2
DELAY0: MOV R4, #1
DELAY1: MOV R5, #0FFH
DELAY2: DJNZ    R5, DELAY2
        DJNZ    R4, DELAY1
        POP     PSW
```

```
            RET
;************************************************************
;子程序名称: DELAY10MS
;子程序功能: 10ms 定时子程序
DELAY10MS:PUSH   ACC
            MOV    35H ,#10
DELAY3: ACALL   DELAY
            DJNZ   35H , DELAY3
            POP    ACC
            RET
;************************************************************
;子程序名称: KEYSCAN
;子程序功能: 键盘读程序, 当 KEY1 或 KEY2 被按下, 返回 1 或 2 到 A 中
;            如无键按下, 返回 A 中的值为 0
KEY EQU P1
KEYSCAN:
            MOV    A, KEY
            ANL    A, #3FH
            ORL    A, #0C0H
            MOV    KEY, A                    ; KEY 端口的高两位置 1,其他位不变
            MOV    A, KEY
            ANL    A, #0C0H                  ; 屏蔽掉低 6 位
            CJNE   A, #0C0H, YS              ; 有键按下, 跳转到 YS
            SJMP   TC                        ; 无键按下, 则退出
YS:     ACALL   DELAY10MS                    ; 去抖
            MOV    A, KEY
            ANL    A, #0C0H                  ; 屏蔽掉低 6 位
            CJNE   A, #0C0H, CB              ; 根据按键的情况判断哪个键按下
            SJMP   TC
CB:     CJNE   A, #80H, _1                   ; 跳转到 KEY1 按下
            MOV    A, #2                     ; KEY2 按下时
            SJMP   A2
_1:     MOV    A, #1
            SJMP   A2
TC:     MOV    A, #0
A2:     PUSH   ACC
A3:     LCALL   DISPLAY                      ; 调用显示子程序,等待键释放
            MOV    A, KEY
            ANL    A, #0C0H
            CJNE   A, #0C0H, A3
            POP    ACC
            RET
;************************************************************
;子程序名称: T0_ISA
;子程序功能: 对定时次数进行计数, 实现秒计数。
T0_ISA: PUSH   ACC
            MOV    TH0, #NH
            MOV    TL0, #NL
```

```
        INC     S0
        MOV     A, S0
        CJNE    A, #10, T0_OUT          ; 如果 S0 位置小于 10, 退出中断
        MOV     S0, #0
        INC     S1                      ; S1 位置加 1
        MOV     A, S1
        CJNE    A, #10, T0_OUT          ; 如果 S1 位置小于 10, 退出中断
        MOV     S1, #0
        INC     S2
        MOV     A, S2
        CJNE    A, #10, T0_OUT          ; 如果 S2 位置小于 10, 退出中断
        MOV     S2, #0
        INC     S3
        MOV     A, S3
        CJNE    A, #10, T0_OUT          ; 如果 S3 位置小于 10, 退出中断
        MOV     S3, #0
T0_OUT: POP     ACC
        RETI
        END
```

5. 思考题

这个设计是秒表功能，如果将本设计改为以 s 为单位，进行计数，应如何修改这段程序？

8.5.2 矩阵式键盘接口及应用

1. 实验目的

1) 掌握矩阵式键盘的硬件组成和软件编程方法。
2) 键盘的具体应用。

2. 实验说明

本实验提供了一个 4×4 小键盘，利用 CPU 的某一 I/O 口的低四位做输出，高四位做输入。Px 口的低四位逐个输出低电平，如果有键盘按下，则高四位中的某位读入时为低，如果没有键按下，则高四位读入时，均为高。通过输出的列码和读取的行码来判断按下什么键。有键按下后，要有一定的延时，防止由于键盘抖动而引起误操作，然后对具体是哪一个按键被按下进行判断，最后将键值返回。

上电时显示"—"；当有键按下时，显示当前的键值在 LED 上，当无键按下时，原有显示内容不变。"

3. 实验电路

本实验的电路如图 8.21 所示，利用了 P1 口接 4×4 键盘，利用 P3 口实现表示显示。

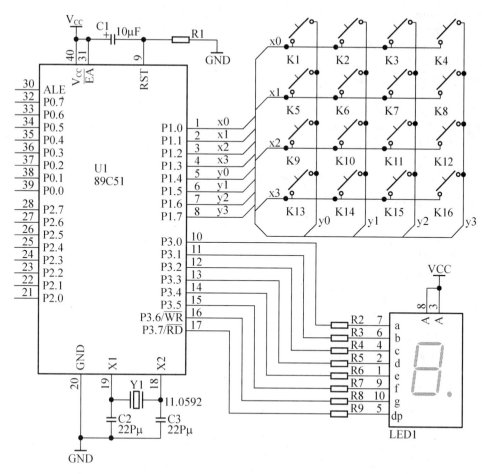

图 8.21 矩阵式键盘电路

4. 实验参考程序

```
            ORG      0000H
            MOV      30H, #10H                   ; 对显示缓冲区赋初值
MAIN:       LCALL    DISP
            ACALL    READKEY
            CJNE     A, #10H, NEXT               ; 无键按下向下执行,否则跳转
            SJMP     MAIN
NEXT:       MOV      DBUF, A
            SJMP     MAIN
;*********************************************************
;子程序名称:READKEY
;子程序功能:读取利用某个端口做的 4×4 键盘,返回值为 1~F,当无键按
;            下时,返回值为 10H。
;子程序出口:返回值存放在 A 中。
;存在单元的使用:A、B 及工作寄存器组 0 中的 R1,R2
;*********************************************************
KEY EQU P1
READKEY:MOV KEY, #0FH                            ;设置端口的低 4 位为输入,高 4 位输出 0
        MOV      A, KEY                           ;读取键盘状况
```

```
                CJNE    A, #0FH, K11            ;有键按下
                AJMP    K10                     ;无键按下
        K11:    ACALL   DELAY                   ; 去抖动
                MOV     KEY, #0FH
                MOV     A, KEY                  ; 再读键盘状况
                CJNE    A, #0FH, K12            ; 确有键盘按下
                SJMP    K10                     ; 误动作
        K12:    MOV     B, A                    ; 存列值
                MOV     KEY, #0EFH
                MOV     A, KEY
                CJNE    A, #0EFH, K13
                MOV     KEY, #0DFH
                MOV     A, KEY
                CJNE    A, #0DFH,K13
                MOV     KEY, #0BFH
                MOV     A, KEY
                CJNE    A, #0BFH,K13
                MOV     KEY, #7FH
                MOV     A, KEY
                CJNE    A, #7FH, K13
                AJMP    K10                     ; 多键同时按下
        K13:    ANL     A, #0F0H                ; 得行值
                ORL     A, B                    ; 得按下键的行列值
                MOV     B, A                    ; 暂存键值
                MOV     R1, #16                 ; 16 个键
                MOV     R2, #0                  ; 键码初值
                MOV     DPTR, #K1TAB            ; 键码表首址
        K14:    MOV     A, R2
                MOVC    A, @A+DPTR              ; 从键值表中取键值
                CJNE    A, B, K16               ; 与按下键，键值比较
                MOV     KEY,#0FH                ; 相等，则完成以下步骤
        K15:    MOV     A, KEY
                CJNE    A, #0FH, K15            ; 等释放
                ACALL   DELAY                   ; 去抖动
                MOV     A, R2                   ; 得键码
        K17:    RET
        K16:    INC     R2                      ; 不相等，则继续访问键值表
                DJNZ    R1, K14
        K10:    MOV     A, #10H                 ; 无键或多键同时按下处理
                AJMP    K17
        K1TAB:  DB  0EEH, 0DEH, 0BEH, 07EH      ; 键值表
                DB  0EDH, 0DDH, 0BDH, 07DH
                DB  0EBH, 0DBH, 0BBH, 07BH
                DB  0E7H, 0D7H, 0B7H, 077H
;**********************键盘子程序结束**************************
;*********************************************
;子程序名称：DELAY
;子程序功能：延时子程序，在 12MHz 晶振时，定时约 10ms
;*********************************************
DELAY:  MOV     R4, #20
AA1:    MOV     R5, #0F8H
AA:     DJNZ    R5, AA
```

244

```
            DJNZ    R4, AA1
            RET
;****************************************************
;子程序名称：DISP
;子程序功能：利用 P3 口扩展的一位 LED 静态显示驱动
;入口参数：   在显示缓存中存入 0～F,则在 LED 上显示 0～F,存入 10H 时，显示—.
DBUF EQU 30H
DISP:   PUSH    ACC
        MOV     A, DBUF
        MOV     DPTR, #SEGTAB
        MOVC    A, @A+DPTR
        MOV     P3, A
        POP     ACC
        RET
SEGTAB: DB   0C0H,0F9H,0A4H,0B0H,99H,92H
        DB   82H,0F8H,80H,90H,88H,83H
        DB   0C6H,0A1H,86H,8EH,0BFH
;*******************显示子程序结束********************************
        END
```

5. 思考题

在这个程序段中，有子程序 DELAY，请说出这个程序的作用，它的定时时间是由哪些因素确定的？

8.5.3　A/D 转换器接口及应用——PWM 电机控制

1. 实验目的

1）掌握 A/D 转换芯片 ADC0809 的使用方法。

2）了解单片机 PWM 技术。

2. 实验说明

单片机的控制系统中，常常遇到对直流电机的转速进行控制。直流电机的转速与其电枢电压成正比，通过对电压的调节就可以达到对电机的转速进行控制的目的。电压有两种调节方法：一是通过单片机控制系统，提供一个线性可调的直流电源，二是通过 PWM 技术的应用，对电源进行调压。单片机中的 PWM 技术是用微处理器的数字 I/O 口输出宽度可调的脉冲波，来实现的。PWM 的理论依据是面积相等原理，即面积相等而形状不同的窄脉冲作用在有惯性的环节上，表现出来的作用是相同的。这样，通过控制单片机输出脉冲的一个周期内的宽度，可以得到电路的输出电压的平均值，该平均值与以直流电压为该值的电压在控制惯性对象上具有相同的作用。而单片机的控制系统中，对直流电机转速的给定，则可以采用按键或利用电位器的方法加以实现。利用电位器的方法是对电位器的中心抽头的电压进行 A/D 转换，利用转换值，控制直流电机的电源电压或 PWM 中的脉冲占空比。本实验就是基于这种方法设计的。

3. 实验电路

ADC 芯片选用 ADC0809，电路采用总线扩展形式。通过对 ADC0809 的 IN0 端口输入的模拟量进行模数转换来获取电机速度的给定。再利用获得的数字量，控制 P1.0 引脚输出信号的占空比，来实现 PWM 调速。具体电路结构，如图 8.22 所示。

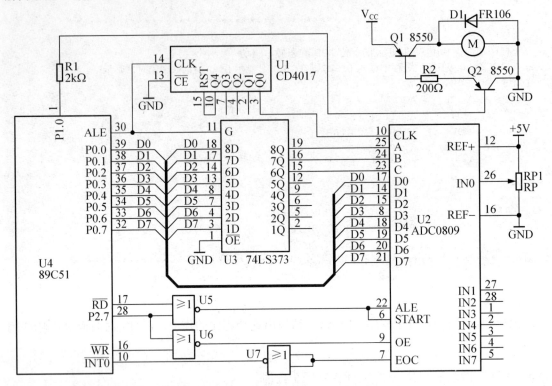

图 8.22 利用 A/D 转换实现的电机转速控制

4. 实验参考程序

```
COUNT     EQU     30H
COUNT1    EQU     31H
FLAG      BIT     F0
          ORG     0000H
          LJMP    INIT
          ORG     0003H
          LJMP    INT0_ISA
          ORG     000BH
          LJMP    T0_ISA
INIT:     CLR     FALG
          MOV     DPTR, #7FF8H
          MOVX    @DPTR, A              ; 启动输入 0 的 A/D 转换
WAIT:     JNB     P3.2, NEXT
          SJMP    WAIT
NEXT:     MOVX    A, @DPTR
          MOV     COUNT, A
          MOV     A, #255
          SUBB    A, COUNT
          MOV     COUNT1, A
          MOV     TMOD, #2             ; 定义定时器 0 工作在方式 2
          MOV     TH0, #255
          MOV     TL0, #255
```

```
            SETB      TR0
            SETB      EX0
            SETB      IT0
            SETB      ET0
            SETB      EA                   ; 对外部中断 0 进行设置，边沿触发，开放
HERE:       SJMP      HERE
T0_ISA:     JB        FLAG, HLEVE          ; 跳转到输出应为高电平处
            DJNZ      COUNT, LLEVE         ;输出应为低电平的处理过程
            SETB      P1.0
            SETB      FLAG
HLEVE:      DJNZ      COUNT1, RETUN
            MOV       DPTR, #7FF8H
            MOVX      @DPTR, A
            CLR       FLAG
            CLR       TR0
LLEVE:      CLR       P1.0
RETUN:      RETI
INT0_ISA:   MOV       DPTR, #7FF8H
            MOVX      A, @DPTR
            SETB      TR0
            MOV       COUNT, A
            MOV       A, #255
            SUBB      A, COUNT
            MOV       COUNT1, A
            RETI
            END
```

5. 思考题

本实验中，对电机可以进行多少级的速度调节？为什么？如果不需要进行这么多级的速度，应在软件上或硬件上如何处理？

8.5.4 D/A 转换器接口及其应用——直流电机调速

1. 实验目的

1) 掌握 D/A 芯片的硬件接口及软件编程。

2) 了解直流电机调速的方法。

2. 实验说明

利用 D/A 转换芯片 DAC0832 及运算放大器，使运算放大器输出 0～+5V 电压，再经一级增益为 2 的运算放大器，则可使输入的二进制为 00～0FFH 变化时，输出的直流电压在 0～10V 的范围内变化，再经 Q1、Q2 组成的达林顿结构的晶体管驱动，在直流电机的两端可以得到 0～10V 的直流电压，以达到直流电机调速的目的。

3. 实验电路

图 8.23 为本实验的电路图，通过对 DAC0832 的控制，最终可使电机上得到 0～10V 的直流电压，实现对电机速度的调节。

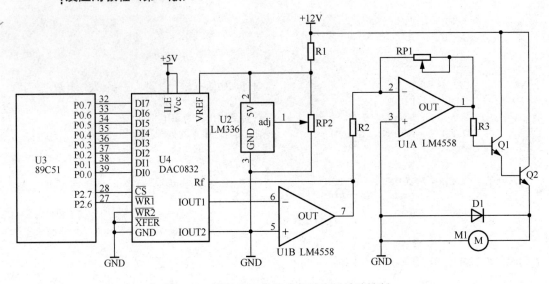

图 8.23　利用 D/A 转换实现的电机转速控制

4. 实验参考程序

```
            ORG     0000H
CS      EQU     P2.7
_WR     EQU     P2.6
        MOV     A, #0
RE:     ACALL   DAC
        ACALL   DELAY
        INC     A
        CJNE    A, #255, RE
RE1:    ACALL   DAC
        ACALL   DELAY
        DEC     A
        CJNE    A, #0, RE1
        SJMP    RE
DAC:    CLR     CS
        MOV     P0, A
        CLR     _WR
        NOP
        SETB    _WR
        SETB    CS
        RET
DELAY:  MOV     R0, #25         ;定时约 2s
LOP0:   MOV     R1, #200
LOP1:   MOV     R2, #200
LOP2:   DJNZ    R2, LOP2
        DJNZ    R1, LOP1
        DJNZ    R0, LOP0
        RET
        END
```

执行本程序，会使直流电机 M1 的转速逐渐上升，升到最快后，又逐渐下降，周而复始地进行。

5. 思考题

试比较采用本实验的直流电机调速的方法与 PWM 的方法各有什么优缺点。

本 章 小 结

键盘、显示器和打印机是操作人员与单片机进行信息交换的主要设备。文中详细地介绍了键盘、显示器和打印机的工作原理与接口技术。

按照单片机对键盘的识别方式分为编码键盘和非编码键盘。按照按键与 CPU 的连接方式的不同，可分为独立式键盘与矩阵式键盘。独立式键盘具有编程简单、占用 I/O 口数量多的特点，适用于 CPU 的 I/O 口数量较多的场合。矩阵式键盘的特点是占用 I/O 口的数量较少，但编程较麻烦。因此在需要较多的按键而 CPU 的 I/O 口数量有限时可以采用矩阵式键盘。

常用的显示器分为 LED 数码管显示器和 LCD 液晶显示器两种。LED 数码管显示器的显示类型分为静态显示和动态显示两种形式。静态显示方式显示的数据稳定，编程简单，占用 CPU 的时间较少，但占用的硬件资源较多，线路较复杂；动态显示电路较为简单，但其占用 CPU 较多的时间，适用于单片机系统中对实时性要求不高的场合。液晶显示器具有体积较小、功耗小、显示内容多等优点。文中通过金鹏 OCMJ2X8 模块的介绍讲述了液晶模块的使用方法。

微型打印机具有体积小，打印的票据窄等特点，应用非常广泛。文中以 RD-DH 型热敏式微型打印机为例，介绍了微型打印机与单片机的接口技术。

在对模拟量进行控制时必然要用到 A/D 和 D/A 转换器。文中介绍了 DAC0832 和 ADC0809 的结构、工作原理及编程方法。

在本章的最后又提供了相关扩展方面的实验，如果对本内容能够理解并加以验证，对掌握常用接口的扩展技术很有帮助。

习　　题

1. 填空题

(1) 按键一般是由机械开关构成的，其闭合与断开并非像想象的那样＿＿＿＿＿完成的，而是存在一个开关的过程，在此过程中，存在＿＿＿＿＿的现象。这一过程根据开关的质量和结构的不同，持续的时间也不尽相同，一般为＿＿＿＿＿ms。

(2) 单片机系统中，采用数码管进行显示时，按驱动方式，显示类型可分为＿＿＿＿＿显示和＿＿＿＿＿显示两种形式。

(3) 将模拟量转化为数字量的器件，称为＿＿＿＿＿转换器，用其英文字头简写为＿＿＿＿＿；而将数字量转化为模拟量的器件，则称作＿＿＿＿＿转换器，简称＿＿＿＿＿。

(4) 模数转换器的分辨率是指输出的数字量变化量为 1 时，输入的模拟量的＿＿＿＿＿量，也就是说分辨率为满刻度时的输入电压除以 2^n，n 为模数转换器的位数。可见模数转换器的位数＿＿＿＿＿，分辨率也就＿＿＿＿＿，但器件的成本也＿＿＿＿＿，通常用转换器转换模拟量后，得到的数字量的＿＿＿＿＿来表示模数转换器的分辨率。

(5) 在采用动态显示方式的单片机系统中，主程序调用显示子程序时，调用的频率达到 _____Hz 以上，才能在数码管上看到稳定的信息。在动态显示子程序中，显示任一位时，应有_____，否则会因点亮数码管的时间过短而_____。

2. 选择题

(1) 在一个单片机系统中，如果应用的按键较多，不宜采用的方案是_____。

　　A．采用查询式键盘　　　　　　　　B．采用矩阵式键盘

　　C．采用专用的扩展芯片　　　　　　D．扩展 I/O 口，再采用矩阵键盘的形式

(2) 关于数码管的描述中，不正确的是_____。

　　A．数码管有共阳极和共阴极两种形式

　　B．对于共阳极和共阴极形式的数码管，其驱动显示代码不同

　　C．数码管一般分为普通亮度和高亮度两种

　　D．可以用单片机的 I/O 口的高电平直接驱动数码管的笔画，使其高电平点亮

(3) 下面的表示方法中，属于字符的是 _____。

　　A．R　　　　　　B．'R'　　　　　C．"R"　　　　　D．"RR"

(4) 下面的关于 A/D、D/A 说法中，不正确的是_____。

　　A．A/D 是模数转换

　　B．D/A 是数模转换

　　C．A/D 转换和 D/A 转换都有一个重要参数——分辨率，分辨率越高，器件越贵

　　D．A/D 和 D/A 是一样的，只是字母的顺序不同而已

3. 简答题

(1) 如果利用单片机的 P0 口做一个 8 位的查询式键盘，请简述一下硬件的连接方法和软件的编写过程。

(2) 在一个单片机系统中，常常用到数码管显示器，有动态显示方式和静态显示方式，请回答出这两种方式的各自优缺点。

(3) 简述查询式键盘的编写过程。

(4) 简述动态显示方式的程序编写过程，及动态显示方式应用时的注意事项。

(5) 矩阵式键盘的工作原理是什么？

4. 设计与编程题

(1) 本章节中的图 8.8 是一个利用单片机的串口实现静态显示的硬件设计，在此设计中，有一点不足：当需要显示的内容变化频繁时，数码管的显示变化不够干净，有的笔画不应当亮时，却有点微亮，这是由于在进行显示时，每送一个显示代码，前一位的显示代码就会移到后一位造成的，请在硬件上加以改进，并编写相应的驱动程序。

(2) 请利用本章中图 8.20 电路，设计一个数字钟，数字钟可以显示小时和分钟，小时为 24h 的形式。当 K1 和 K2 同时按下时，进入/退出设定时钟状态；当 K1 按下时，对设定时钟的小时和分钟进行切换；当 K2 按下时，所设定的内容加 1，并且对小时进行设定时，只能从 0 加到 23，对分钟进行设定时，只能从 0 增加到 59。

(3) 在单片机系统中，有时要求的 A/D 转换器的分辨率比较高。请查阅相关书籍或相关

网站，查找 AD574 的资料，并在 MCS-51 系列单片机上扩展，画出扩展电路图，根据此电路，编写 A/D 转换程序。

(4) 在单片机系统中，常常会遇到对电机的转向进行控制，请利用芯片 L298 或 TA7267 设计一款电机控制电路，并编写相关驱动程序。资料请查阅相关书籍或到网络上查找。

(5) 设计一个单片机系统，使用其可以输出锯齿波和三角波电路。要求利用 MCS-51 单片机，DAC0832 及一些相关芯片，系统中设置两个按键、两个指示灯，其中一个按键按下时，输出锯齿波，并用一个发光管指示；当另外一个按键按下时，输出三角波，用另外一个发光管指示。画出电路图，并根据此电路编程。

第9章 ---- C51 程序设计

教学提示

　　用 C 语言作为单片机应用系统开发语言是近年来国内外普遍使用的一种形式。C 程序设计语言功能丰富，表达能力强，使用灵活，应用面广，目标程序效率高，可移植性好，而且能直接对计算机硬件进行操作。既有高级语言使用方便的特点，也有汇编语言直接面向硬件的特点。

学习目标

> 了解 C51 语言的基本特点；
> 了解 C51 语言的基本书写方法；
> 掌握 C51 语言的基本使用；
> 理解并掌握 C51 语言的基本结构和语句、构造数据类型；
> 理解并掌握 C51 语言函数。

知识结构

　　本章知识结构如图 9.1 所示。

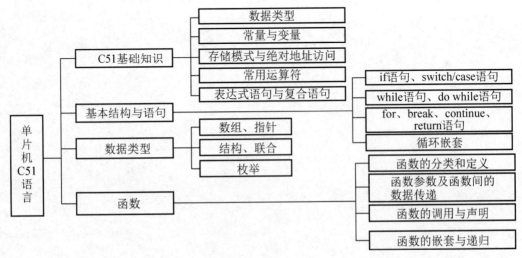

图 9.1　本章知识结构图

9.1 C51 程序设计基础

单片机开始应用的初期，因为受开发工具的限制，只能使用汇编语言，但是汇编语言可读性比较差，用汇编语言编制的一组程序，通常只能为一个系统所使用，建立新系统时很难移植，大都必须重新开发，在系统规模较大的情况下，开发历时长、难度大。因此随着开发工具及集成电路技术的发展，单片机开始使用高级语言，其中也包括 C 语言。C 语言是目前国际上广泛使用的程序设计语言之一，它具有以下特点。

1) C 语言是一种编译型程序设计语言，具有功能丰富的库函数、运算速度快、编译效率高、可移植性好，与汇编语言相比可读性强。

2) C 语言具有完善的模块程序结构，便于改进和扩充。设计程序时，可以按模块分别开发，分开调试，大大缩短了开发周期。

3) 现在随着编译器的发展，汇编语言产生的目标代码一般比 C 语言多些。以目前程序存储器的发展水平来衡量，多占用一点存储空间，已经不成什么问题。而 C 语言在提高程序的开发速度方面，则是汇编语言所无法做到的。

4) 在有优良的仿真器支持下，可以通过人工优化其中的关键部分，基本上能接近到汇编语言的运行速度水平。

C51 具有的优点包括如下几点。

1) C51 自动管理存储器的分配，无需考虑不同存储器的寻址和数据类型等细节。

2) 程序由函数构成，便于进行模块化程序设计。

3) 子程序库丰富，大大减轻了编程的工作量。

4) 可以与汇编语言交叉编程，使编程更加灵活方便，便于提高程序的性能。

9.1.1 C51 基础知识

C51 的程序由若干函数组成。函数与子程序或过程具有相同的性质。主函数是规定的程序开始部分，是主模块。其他函数都是主函数的子模块。

```
C 语言程序的基本结构如下。
全局变量说明                    /*可被程序中所有函数引用的变量*/
main( )                         /*主函数，程序入口*/
{局部变量说明                   /*只能在本函数体内引用的变量*/
C 执行语句，包括可能的函数调用语句等
}
function1(形参列表)             /*函数 1*/
形参说明
{局部变量说明
C 执行语句，包括可能的函数调用语句等
}
…
functionN(形参列表)             /*函数 N*/
{
形参说明
{局部变量说明
C 执行语句，包括可能的函数调用语句等
}
```

C 语言的规则如下。

1) 变量必须先说明后引用，所有符号对大小写敏感。

2) 每条语句必须以分号";"结尾，一行可以写多条语句，一条语句也可以写多行。

3) 注释用/*...*/表示。

4) 花括号必须成对出现，书写位置不限。

9.1.2 C51 数据类型

与标准 C 语言一样，C51 的数据也分为常量和变量。

常量是在程序的运行过程中不能被改变的量，可以是字符、十进制数或十六进制数。十六进制数的开始以"0x"表示。

常量有数值型常量和符号型常量。对于符号型常量，必须用宏定义指令定义，如：

```
#define PI  3.1415926
```

则定义了符号常量 PI，编译时只要出现符号常量 PI 的位置都以 3.1415926 进行取代。

变量是在程序运行过程中可以被改变的量。变量由变量名和变量的内容构成。变量名指出了变量的存放位置，其内容就是变量的值。

无论变量还是常量，其实都是一个容器，其名字是容器的地址，其内容是容器的值。常量的值是不能修改的，变量的值是可以改变的，而它们在存储器中具体的存储位置则是由编译器自动进行安排的。

指针型变量：在 51 汇编语言中，操作数的存取可以用直接寻址方式，也可以用寄存器间接寻址方式。在 C51 中，可以用变量名直接存取变量，也可以用一个指向变量的指针来存取变量，这个指针就是指针型变量。例如，对于一个变量 x，其地址为&x，一个指针型变量 P 可以保存这个地址 P=&x。所以 P 的内容是地址。如果要取变量 x 的内容，则 y=*P。

指针型数据类型：51 单片机中不同的存储空间其地址范围不同，可间接寻址的寄存器长度也不同，所以在指针类型的定义中，必须说明被指的变量的数据类型、存储类型和指针变量本身的数据类型、存储类型。例如指针变量类型定义为 data 或 idata 表示指针指示内部数据存储器的 8 位指针。定义为 pdata 表示指向外部数据存储器的 8 位指针，而 code 和 xdata 表示指向外部程序存储器和外部数据存储器的 16 位指针。对于通用类型的指针其长度为 3 个字节，第 1 字节存放存储器类型编码，第 2、3 字节分别表示所指地址的高位和低位。

9.1.3 C51 常量与变量

程序运行过程中，其值不改变的量称为常量。对于常量的语法规定，标准 C 和 C51 没有什么不同，都可以用一个标识符代表一个常量，称其为符号常量。

常量分为以下几种类型。

1. 整型常量

整型常量即整型常数，包括十进制、八进制和十六进制的整数。十进制整型常数可用常规方法表示，如 123，-456，0；为与十进制相区别，八进制整型常数以 0 开头，如 0123 或写成$(123)_8$；十六进制数则以 0x 开头，如 0x123、0x3F。

2. 实型常量

实型常量即实型常数，又称浮点数。它由数字和小数点组成，可以用十进制形式表示，如写成 0.123，−1.23，23.0，0.0。也可以用指数形式表示如 1.23e3 或 1.23E3 都代表 1.23×10^3。注意字母 e(或 E)之前必须有数字，且 e 后面指数必须为整数。如写成 e3，在 e 之前无数字，或写成 e3.5，在 e 之前既无数字，e 之后又非整数，则都是不合法的指数形式。

3. 字符常量

C51 的字符常量是指用单引号括起来的单个字符。如'a'，'x'，'D'，'?'都是字符常量。注意'a'和'A'是不同的字符常量。

C51 还有一种特殊形式的字符常量，就是以一个"\"开头的字符序列。例如在 printf 函数中的'\n'，它代表一个"换行"符。这种非显示字符难以用一般形式的字符表示，故规定用这种特殊方式。

4. 字符串常量

C51 还有另一种字符数据即字符串。字符串常量与字符常量不同，字符串常量可能是由一大串字符组成，并用一对双引号括起来的字符序列。如"You are welcome."、"CHINA"、"八"、"123.45"等都是字符串常量。而字符常量则不同，字符常量由单个字符组成，并用一对单引号括起来。printf 语句可以输出一个字符串，如 printf("How do you do.")，也可以只输出一个字符。

凡数值可以改变的量称为变量，变量由变量名和变量值构成。在单片机内部，变量名实际上代表存储器地址，变量值代表存储器内容。C51 规定变量名只能由字母、数字和下划线组成，且不能以数字开头。变量分成以下几种类型，如表 9-1 所示。

表 9-1　变量类型表

变量名称	符号	类型	数据长度/b	值域范围
位型量		bit	1	0，1
有符号字符型	有	signed char	8	−128～127
无符号字符型	无	unsigned char	8	0～255
有符号参数型	有	signed int	16	−32768～+32767
无符号参数型	无	unsigned int	16	0～65535
有符号长整型	有	signed long	32	$-2^{31} \sim 2^{31}-1$
无符号长整型	无	unsigned long	32	$2^{32}-1$
浮点型		floot	32	
指针型		指针	8～24	对象地址
特殊位型		sbit	1	0 或 1
8 位特殊功能寄存器型		sfr	8	0～255
16 位特殊功能寄存器型		sfr16	16	0～65535

(1) 位型变量

定义为位型的变量，其值可以是 0 或 1，它可以存放在可位寻址的存储单元。

(2) 字符型变量

字符型变量用来存放字符，但只能放一个字符。字符变量的定义形式为

```
char c1, c2;
```

一个字符变量在内存中占一个字节。将一个字符放到一个字符变量中，实际上是将该字符的 ASCII 代码放到存储单元中。例如将字符'a'和'b'分别赋予 c1 和 c2，字符'a'和'b'的 ASCII 代码分别为 97 和 98，在内存中变量 c1 和 c2 的值就分别为 97 和 98。字符数据存储形式与整数的存储形式相类似，正因为这样，C 语言中的字符型数据和整型数据之间可以通用。一个字符数据既可以以字符形式输出，也可以以整数形式输出，以输出时所带的格式符为准。以字符形式输出时，需要先将存储单元中的 ASCII 码转换成相应字符，然后输出。以整数形式输出时，直接将 ASCII 码作为整数输出。也可以对字符数据进行算术运算，此时相当于对它们的 ASCII 码进行算术运算。若最高位为 1，则代表是负数，数据一般用补码表示。但要注意如果 c 被定义为字符变量，例如 char c，则 c='a' 是正确的赋值，而 c= "a" 则是错误的。因为字符串的结尾有一个"字符串结束标志"，系统据此判断字符串是否结束。所以字符串"a"实际上在内存占用两个字节，不能赋予只有一个字节的字符变量。

(3) 整型变量

从表 9-1 可知，整型变量又分为 signed int、unsigned int、signed long、unsigned long 4 种类型，因此在程序中使用整型变量时，必须详细定义。例如：

```
int i, k；/*指定变量 i, k 为整型*/
unsigned int  m；/*指定变量 m 为无符号整型*/
unsigned long  p；/*指定变量 p 为无符号长整型*/
signed long  q, s；/*指定变量 q, s 为有符号长整型*/
```

16 位整型变量放在存储器中，先放高位，后放低位。如存储 0x1234，如图 9.2 所示。

(4) 长整型变量

长整型为 32 位，如图 9.3 所示方式存放。

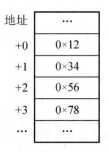

图 9.2　保存整型变量的内存结构图　　　图 9.3　保存长整型变量的内存结构图

(5) 浮点型变量

浮点型变量长度为 32 位占 4 个字节，其中 1 位为符号位(用 s 表示)，8 位为指数位(用 E 表示)，23 位为尾数(用 M 表示)，如表 9-2 所示。

表 9-2　浮点型变量表

地址	+3	+2	+1	+0
内容	SEEE EEEE	EMMM MMMM	MMMM MMMM	MMMM MMMM

(6) 指针

指针变量是指用于表示存放某个变量的地址，不同类型的变量，其数据长度不同，占用的地址也不同，所以指针数据的长度随其对象而定。

9.1.4　C51 存储模式与绝对地址访问

1. 存储模式

(1) 数据的存储器类型

C51 在定义变量类型时，必须定义它的存储器类型。存储器类型与 MCS-51 系列单片机的存储结构是对应的。C51 的变量的存储器类型如表 9-3 所示。

表 9-3　C51 的变量的存储器类型

存储器类型	描　　述
data	直接寻址内部数据存储区，访问变量速度最快(128B)
bdata	可位寻址内部数据存储区，允许位与字节混合访问(16B)
idata	间接寻址内部数据存储区，可访问全部内部地址空间(256B)
pdata	分页外部数据存储区(256B)，由操作码 MOVX　@Ri 访问
xdata	外部数据存储区(64KB)，由操作码 MOVX　@DPTR 访问
code	程序存储区(64KB)，由操作码 MOVC　@A＋DPTR 访问

如果用户不对变量的存储器类型进行定义，则编译器采用默认的存储器类型。默认的存储器类型由编译器控制命令指定。

(2) 存储器模式

存储器模式决定了变量的默认存储器类型、参数传递区和无明确存储区类型的说明。C51 的存储器模式如表 9-4 所示。

表 9-4　存储器模式

存储器模式	描　　述
SMALL	参数及局部变量放入可直接寻址的内部存储器(最大 128B，默认存储器类型为 data)
COMPACT	参数及局部变量放入分页外部数据存储器(最大 256B，默认存储器类型为 pdata)
LARGE	参数及局部变量直接放入外部数据存储器(最大 64KB，默认存储器类型为 xdata)

设定存储器模式可使用两种方法。第一种方法是在编译命令行中加入参数，如 C51 PROGRAM1.C COMPACT，PROGRAM1 是要编译的程序文件名；第二种方法是在程序的第一行加预处理命令#pragma compact。

(3) 绝对地址访问

1) 特殊功能寄存器的定义

C51 使用一种专用的关键字 sfr 对 SFR 进行定义。例如：

```
sfr  SCON=0x98;      /*定义串行通信控制寄存器地址*/
sfr  TMOD=0x89;      /*定义定时器模式寄存器地址*/
sfr  Acc=0xC0;       /*定义累加器地址*/
```

程序中可以直接引用所定义的寄存器名。

2) 位变量的定义。

C51 中有 3 种位变量的定义方法。

① 用定义符 bit 将变量定义为位类型变量。例如：

```
bit  xx;
```

② 用字节寻址变量的位定义。

例如：

```
idata int yy;              /*yy 定义为内部 8 位整型变量*/
sbit zz=yy^15;             /*zz 定义为 yy 的第 15 位*/
```

③ 特殊功能寄存器的位定义。

方法 1：使用头文件及 sbit 定义符。例如：

```
#include <reg51.h>
sbit P2_7=P2^7;            /*P2_7 定义为 P2 的第 7 位*/
sbit acc_0=ACC^0;          /*acc_0 定义为 A 的第 0 位*/
```

方法 2：使用头文件，再直接使用位名称。例如：

```
#include<reg51.h>
RS1=0;
RS0=0;
```

方法 3：用字节地址位表示。例如：

```
sbit OV=0xe0^2;
```

方法 4：用寄存器名的位地址表示。例如：

```
sfr PSW=0xd0;              /*定义 PSW 地址*/
sbit CY=PSW^7;             /*CY 为 PSW 的第 7 位*/
```

(4) 对存储器和外接 I/O 接口地址的访问

1) 对存储器的访问。

头文件 absacc.h 可对不同的存储区的绝对地址进行访问，该文件包括的函数有

```
CBYTE    (访问 code 区字符型)      CWORD(访问 code 区 int 型)
DBYTE    (访问 data 区字符型)      DWORD(访问 data 区 int 型)
PBYTE    (访问 pdata 或 I/O 区字符型)  PWORD(访问 pdata 区 int 型)
XBYTE    (访问 xdata 或 I/O 区字符型)  XWORD(访问 xdata 区 int 型)
```

例如：

```
#include    <absacc.h>
#define com PBYTE[0xff]
```

程序中出现 com 的地方就是对地址为 ff 的外部 RAM 或 I/O 访问的绝对地址。

```
DWORD[0]=0x1234
```

将 1234H 送到内部 RAM 的 00、01 两个单元。

2) 对外部 I/O 接口的访问。

MCS-51 系列单片机 I/O 接口与外部数据存储区是统一编址的，因此对 I/O 接口地址可用 XBYTE 或 PBYTE。例如：

```
XBYTE[0x7fff]=0x30
```

将 30H 输出到地址为 7fffH 的接口。

9.1.5 C51 常用运算符

1. 算术运算符及其表达式

C 语言的基本算术运算符有

+(加法运算符或正值运算符。如 2+7、+2)

-(减法运算符或负值运算符。如 7-2、-2)

*(乘法运算符。如 3*7)

/(除法运算符。如 7/2)

%(模运算符，或称求余运算符，要求两侧均为整型数据。如 8%5 的值为 3)

用算术运算符和圆括号将运算对象包括常量、变量、函数、数组等连接起来，并符合 C 语法规则的式子称为算术表达式。如 a*(b-c)+2.3+'a'就是一个合法的算术表达式。

C 语言还规定了运算符的优先级和结合性，其中优先级规定：先乘除模(模运算又称求余运算)后加减，括号最优先。结合性规定为"自左至右"，即运算对象两侧的算术运算符优先级相同时，先与左边运算符结合。

如果一个运算符两侧的数据类型不同，则必须转换成同一类型数据，再进行运算。转换方式有自动转换(默认)和强制转换。强制转换的形式为

(类型名)(表达式)；

例如：(int) (m+n)；(将 m+n 的值强制转换成整型)

(double) x；(将 x 强制转换成双精度型)

强制转换只转换表达式的值，并不改变其中的变量类型。上例中的 x 的类型不会变。

2. 关系运算符及其表达式

C 语言的关系运算符有 6 种：>(大于)，<(小于)，>=(大于或等于)，<=(小于或等于)，!=(不等于)，==(等于)。

关系运算符的优先级规定为

1) 前 4 种运算符(>、<、>=、<=)优先级相同，后 2 种也相同，前 4 种高于后 2 种。

2) 关系运算符的优先级低于算术运算符。

3) 关系运算符的优先级高于赋值(=)运算符。

用关系运算符将两个表达式(算术表达式、关系表达式、逻辑表达式等)连接起来的式子称为关系表达式。关系表达式的结果是逻辑值，即"真"或"假"。C 语言没有逻辑型数据，以 1 代表真，以 0 代表假。例如：a=1，b=2，c=3，则

c>b 的值为"真"，表达式的值为 1；

b>=(a+c)的值为"假"，表达式的值为 0；

x=a>b，因 a>b 的值为"假"，所以 x 的值为 0。

3. 逻辑运算符及其表达式

C 的逻辑运算符有三种。

&& 逻辑与(两个操作数都为真时，结果才为真，否则为假)；

|| 逻辑或(只要两个操作数中有一个为真，结果便为真，否则为假)；

! 逻辑非(对操作数的值取反)。

&&和||要求有两个操作对象，而！是单目运算符，只要求有一个运算对象。

逻辑运算符的优先级规定为

$$! (非) \rightarrow \&\&(与) \rightarrow || (或)$$

当表达式中同时出现不同类型的运算符时，！(非)运算符优先级最高，算术运算符次之，关系运算符再次之，其后是&&和||，最低为赋值运算符。

用逻辑运算符将关系表达式或逻辑量连接起来的式子称为逻辑表达式。逻辑表达式的值只能是 0(假)或 1(真)。例如：a=2，b=3，则

！a 的表达式的值为 0(假)(因 a=2 为非 0，所以！a 为 0)；

a&&b 的表达式的值为 1(真)；

！a&&b 的表达式的值为 0(假)(因先执行!a，值为 0，而 0&&b 为 0)。

4. 位操作运算符及其表达式

   &   按位与

   | 按位或

   ∧   按位异或

   ～   按位取反

   <<   位左移

   >>   位右移

除按位取反运算符"～"外，其余位操作运算符都是两目运算符，要求运算符两侧各有一个运算对象。位运算符操作的对象只能是整型或字符型数据。

下面简单介绍位运算符的运算规则。

(1) 按位与&

参与运算的两操作数，只有双方相应的位都为 1，结果中该位为 1，否则为 0。即

$$0\&0=0，0\&1=0，1\&0=0，1\&1=1$$

例如：若

$$a=0x37=00110111B$$
$$b=0x7A=01111010B$$

则 a&b 的值为 00110010B，即 0x32。

(2) 按位或 |

参与运算的两操作数只要双方相应的位中有 1，其结果该位便为 1，否则为 0，即

$$0|0=0，0|1=1，1|0=1，1|1=1$$

例如：

$$a=0x31=00110001B$$
$$b=0x56=01010110B$$

则 a|b 的值为 011101I1B，即 0x77。

(3) 按位取反～

对操作数的二进制值按位取反，即 0 变 1，1 变 0。例如：

$$a=0x3FH=00111111B$$

则～a 的值为 11000000B，即 0xC0H。

(4) 按位异或∧

参与运算的两操作数，按位进行异或运算，如果对应位的值不同，运算结果该位为 1，否则为 0，即

$$0∧0=0，0∧1=1，1∧0=1，1∧1=0。$$

例如：

$$a=0x31=00110001B$$
$$b=0x56=01010110B$$

则 a∧b 的值为 01100111B，即 0x67。

(5) 位左移和位右移

移位运算有两个操作数，例如：a<<2

移位时将左操作数 a 的各二进制位全部左移若干位，所移位数由右操作数决定。式中右操作数为 2，表示移 2 位，移位后留出的空白位补 0，溢出的位舍弃。例如：

若 a=0x3E=00111110B

则 a<<2 的值为　<u>00</u>1111<u>1000</u>，即 0xF8。

　　　　　　　舍弃　　补进

例如：

若 a=0x3E=00111110B

则 a>>2 的值为 <u>00</u>001111 <u>10</u>，即 0x0F。

　　　　　补进　　　舍弃

9.1.6 C51 表达式语句与复合语句

1. 自增减运算符及其表达式

自增减运算符的作用是使变量的值增 1 或减 1，例如：

++i (使用 i 之前，先使 i 值增 1)

--i　(使用 i 之前，先使 i 值减 1)

i++ (使用 i 之后，使 i 值增 1)

i-- (使用 i 之后，使 i 值减 1)

例如：

若 i=5

i= i ++;　　 i 的值为 5，执行后 i 的值变为 6

i=++ i;　　 i 的值为 6，执行后 i 的值也为 6

printf("%d"，i++);　　 输出 5，然后的 i 值变为 6

printf("%d"，++i);　　 输出 6

显然，自增减运算符只能用于变量，不能用于常量或表达式。

2. 复合运算符及其表达式

C 语言中的两目运算符都可以和赋值运算符"="一起组成复合赋值运算符。C 语言规定使用的复合赋值运算符有以下 10 种。

+=，-=，*=，/=，%=，<<=，>>=，&=，|=，～=

例如：

a+=2　　等价于 a=a+2

m*=n+1　等价于 m=m*(n+1)(注意，不是 m=m*n+1)

k<<=2　　等价于 k=k<<2

3. 对指针操作的运算符

&　　取地址运算符

*　　取内容运算符

&　　又能用于按位与，但作为"按位与"的时候，"&"的两边必须是变量或常量

*　　又能作为指针变量的标志，但作为指针变量的标志一定出现在对指针定义中。C51 编程中有关算术运算符和表达式的使用方法，完全遵循以上标准 C 的所有规定。

9.2　C51 基本结构和语句

9.2.1　C51 基本结构

C 语言程序采用函数结构，每个 C 语言程序由一个或多个函数组成。在这些函数中至少应包含一个函数 main()，也可以包含一个 main()函数和若干个其他的功能函数，不管 main()函数放于何处，程序总是从 main()函数开始执行，执行到 main()函数结束则结束。在 main()函数中调用其他函数，其他函数也可以互相调用，但 main()函数只能调用其他功能函数，而不能被其他函数所调用。功能函数可以是 C 语言编译器提供的库函数，也可以是由用户定义的定义函数。在编制 C 程序时，程序的开始部分一般是预处理命令、函数说明和变量定义等。

C 语言程序结构一般如下。

预处理命令　　include < >

函数说明　　　long　fun1()

　　　　　　　float　fun2()

int x，y;

float z;

功能函数 1　fun1()

{

　　函数体…

}

{

主函数　　　main()

{

主函数体…

}

功能函数 2　fun2()

{

函数体…

}

其中，函数往往由"函数定义"和"函数体"两部分组成。函数定义部分包含有函数类型、函数名、形式参数说明等，函数名后面不许跟一个圆括号()，形式参数在()内定义。函数体由一对花括号{}将函数体的内容括起来。如果一个函数内有多个花括号，则最外层的一对{}内为函数体的内容。函数体内包含若干语句，一般由两个部分组成：声明语句和执行语句。声明语句用于对函数中用到的变量进行定义，也可能对函数体中调用的函数进行声明。执行语句由若干语句组成，用来完成一定功能。当然也有的函数体仅有一对{}，其内部既没有声明语句，也没有执行语句，这种函数称为空函数。

C 语言程序在书中书写格式十分自由，一条语句可以写成一行，也可以写成几行，还可以一行内写多条语句，但每条语句后面必须以分号作为结束。C 语言程序对大小字母比较敏感。在程序中，同一个字母的大小写系统是作不同处理的。在程序中可以用"/*…*/"或"//"对 C 语言程序中的部分作注释，以增加程序的可读性。

C 语言本身没有输入/输出语句。输入和输出是通过输入函数 scanf()输出函数 printf()来实现的。输入/输出函数是通过标准库函数形式提供给用户。

9.2.2 if 语句

if(表达式) 语句

if 语句的执行步骤：首先判断 if 后的表达式条件是否成立；若条件成立(为真)则执行表达式后面的语句部分，否则执行下一条语句。由于 if 语句后面有一个分号作为结束标志，所谓下一条语句就是指分号后的语句。单分支流程图如图 9.4 所示。

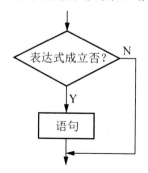

图 9.4　单分支流程图

【例 9-1】从键盘输入两实数，然后按值的大小顺序输出。

```
#include"stdio.h"
main()
{
float a,b,t;                        /*定义三个实型变量*/
scanf("%f,%f",&a,&b);               /*从键盘输入两实数至 a, b*/
if(a>b)                             /*判断 a 大于 b 否*/
{t=a;a=b;b=t;}                      /*交换 a, b 两变量的值*/
printf("%5.2f,%5.2f",a,b);         /*按格式输出 a, b 的值*/
}
```

程序运行后屏幕显示为

3.5, 2.5

2.50, 3.50

9.2.3 switch/case 语句

```
   switch(表达式)
 {
 case  常量表达式 1:          语句 1;break;
 case  常量表达式 2:          语句 2;break;

 …
 case  常量表达式 n:          语句 n;break;
 default:                     语句 n+1;break;
 }
```

要注意：

1) 当 switch 括号内的表达式的值与某一个 case 后面的常量表达式的值相等时，就执行 case 后面的语句，若所有的 case 中的常量表达式值都没有与表达式的值匹配时，就执行 default 后面的语句。

2) 每个 case 的常量表达式的值必须互不相同，否则将会出现互相矛盾的现象(对表达的同一个值，有两种或多种执行方案)。

3) 各个 case 和 default 的出现次序不影响执行结果。

4) 一个 case 分支的语句执行完之后,若它的后面没有 break 语句,程序将移到下一个 case 分支或 default 语句，而且不管该 case 分支的表达式条件是否成立，都要继续执行该 case 分支的语句。如果每一个分支的语句执行完之后，仍没有 break 语句，将会一直执行到后。为了使执行一个 case 分支后，能跳出 switch 结构，可以在每个 case 分支语句后面加个 break 语句来实现。

【例 9-2】给定一个百分制成绩，要求转换为五级记分制的成绩，并规定 90 分以上为‘A’，80～89 分为‘B’，70～79 分为‘C’，60～69 分为‘D’，60 分以下为‘E’。

```
#include"stdio.h"
main()
{
  int   score,c;
  char g;
  printf("请输入学生成绩": );
  scanf("%d", &score);
  if((score>100)||(score<0))
  prinf("\n 输入错误! ");
  else
  {
    c=(score-score%10)/10;
    switch(c)
    {
      case  10 :
      case  9 :   g='A';break;
      case  8:    g='B';break;
      case  7:    g='C';break;
      case  6:    g='D';break;
      case  5:
      case  4:
      case  3:
```

```
        case  2:
        case  1:
        case  0:    g='E';
        }
    prinf("成绩:%d,等级成绩为%c",score,g);
        }
    }
```

程序中有的 case 语句后有 break 语句，有的没有。可以分析出：输入 90 分以上的成绩，变量 c 的值为 10 或 9 时都执行 g='A' 语句；输入 60 分以下成绩时，即变量 c 的值为 5、4、3、2、1 或 0 时，程序都将顺序执行最后一句的 case 0：g='E' 语句。

9.2.4 while 语句

while 语句

while 语句的一般形式为

while(表达式) 循环体

while 语句的执行步骤是：先判断 while 后的表达式是否成立，若成立(其值为非 0)则重复执行 while 语句中的循环体，否则(其值为 0)退出循环去执行 while 语句的下一条语句。但应注意如果循环体含一个以上的语句，应用花括号括起来。while 语句流程图如图 9.5 所示。

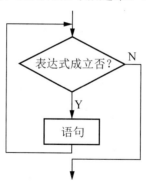

图 9.5　while 语句流程图

【例 9-3】求 1+2+3+⋯+100 的和。

```
#include <reg51.h>              //包含特殊功能寄存器库
#include <stdio.h>              //包含 I/O 函数库
void  main(void)               //主函数
{
    int i,s=0;                 //定义整型变量 x 和 y
    i=1;
    SCON=0x52;                 //串行口初始化
    TMOD=0x20;
    TH1=0xF3;
    TR1=1;
    while(i<=100)              //累加 1~100 之和在 s 中
      {s=s+i;
       i++;
      }
    prinf("1+2+3+4+…+100=%d\n",s);
```

```
    while(1);
}
```

9.2.5 do while 语句

do…while 语句

do…while 语句的一般形式为

do 循环体 while(表达式);

这种形式是先执行 do 后面的循环体，后判断表达式是否成立，当表达式的值为非零时，返回重新执行循环体，直至表达式值为零，则停止循环。Do while 语句流程图如图 9.6 所示。

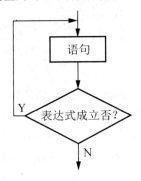

图 9.6 do while 语句流程图

【例 9-4】将上例改用 do while 语句实现。

```
#include <reg51.h>              //包含特殊功能寄存器库
#include <stdio.h>              //包含 I/O 函数库
  void  main(void)             //主函数
  {
    int i, s=0;                //定义整型变量 x 和 y
    i=1;
    SCON=0x52;                 //串行口初始化
    TMOD=0x20;
    TH1=0xF3;
    TR1=1;
    do                         //累加 1～100 之和在 s 中
    {s=s+i;
    i++;
    }
    while(i<=100)
    prinf("1+2+3+4+…+100=%d\n",s);
    while(1);
}
```

9.2.6 for 语句

for 语句

for 语句的一般形式为

for(表达式 1；表达式 2；表达式 3)循环体

这种形式的执行步骤是：先求解表达式 1，并作为循环变量的初值，再判断是否满足表达式 2 的条件，若其值为真(非 0)，则执行循环体，然后求解表达式 3，按表达式 3 的要求对循环变量进行修改后返回。如此反复，直到表达式 2 的条件不满足，即其值为假(0)时，则退出循环，执行 for 语句的下一条语句。for 语句流程图如图 9.7 所示。

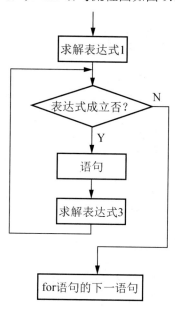

图 9.7 for 语句流程图

【例 9-5】用 for 语句实现计算，并输出 1～100 的累加和。

```
#include <reg51.h>              //包含特殊功能寄存器库
#include <stdio.h>              //包含 I/O 函数库
void  main(void)               //主函数
  {
    int i,s=0;                 //定义整型变量 x 和 y
    SCON=0x52;                 //串行口初始化
    TMOD=0x20;
    TH1=0xF3;
    TR1=1;
    for(i=1;i<=100;i++)s=s+i;   //累加 1～100 之和在 s 中
    prinf("1+2+3+4+…+100=%d\n",s);
  }
```

9.2.7 循环嵌套

多重循环即循环嵌套，在循环嵌套中外层的循环称为外循环，处于循环嵌套中的内层的循环称为内循环，可以将多重循环等效为时钟的走针，由三重循环构成内层循环，分针对应中层循环，秒针对应最内层循环。显然时针走的最慢，对应外层循环变量的变化速度最低，其次是分针，对应中间层循环变量的变化，在此时秒针，对应内层循环变量的变化，最内层循环变化最快。

【例 9-6】编程统计用 100 元面值的人民币换成面值为 1 元、2 元、5 元的所有兑换方案。
分析：本例中借助两重循环实现兑换方案的排列组合。

```
#include"stdio.h"
void main()
{
  int i,j,k,i=0,n=0;
  for(i=0;i<=20;i++)
  for(j=0;j<=50;j++)
  {
    k=100-5*i-2*j;
    if(k>=0)
    {
      n++;
      printf("%3d  %3d  %3d",i,j,k);
      l+=l;
      if(l%5==0)
      printf("\n");
    }
  }
  printf("\n  n=%d",n);
}
```

9.2.8 break 和 continue 语句

　　break 语句通常用在循环语句和开关语句(switch)中。当 break 用于 switch 中时，可使程序跳出 switch 块而执行 switch 以后的语句；当 break 语句用于 do—while、for、while 循环语句中时，可使程序终止循环而执行循环后面的语句。通常 break 语句总是与 if 语句联在一起，即满足条件时便跳出循环。

　　请注意 break 语句的使用要点如下。

　　1) break 语句对 if—else 的条件语句不起作用。

　　2) 在多层循环中，一个 break 语句只向外跳一层，即 break 只跳出当前循环。

　　【例 9-7】计算 $r=1$ 到 $r=10$ 的圆面积，当面积大于 100 时结束循环。

　　分析：将循环结束的条件化为 break 语句，和 if 配对使用。

```
#include<stdio.h>
#define  PI  3.1415
void main()
{
  double r,area;
  for(r=1;r<=10;r++)
  {
    area=PI*r*r;
    if(area>100) break;
    printf("%lf\n",area);
  }
}
```

　　continue 语句的作用是跳过本轮次循环体中剩余的语句,根据条件决定是否执行下一轮循环。continue 语句只用在 for、while、do—while 等循环体中，常与 if 条件语句一起使用，用来优化循环。

　　【例 9-8】对自然数 1～100 中不能被 5 除尽的数求和。

```
…
s=0;
for(i=1;i<=100;i++)
  {
  if(!(i%5)) continue;
  s+=i;
  }
printf("SUM=%d\n",s);
…
```

分析：当 i 能够被 5 整除时，执行 continue 语句，结束本轮次循环(即跳过 s+=i；语句)，只有 i 不能被 5 整除时才执行 s+=i；语句。

该例中的循环体也可以一个语句处理：if(i%5)　s+=i;，在程序中用 continue 语句是为了说明 continue 语句的作用。

9.2.9　return 语句

return 语句一般放在函数的最后位置，用于终止函数的执行，并控制程序返回调用该函数时所处的位置。返回时还可以通过 return 语句带回返回值。return 语句格式有两种：

1) return;
2) return(表达式);

如果 return 语句后面带有表达式，则要计算表达式的值，并将表达式的值作为函数的返回值。若不带表达式，则函数返回时将返回一个不确定的值。通常用 return 语句把调用函数取得的值返回给主调用函数。

9.3　C51 构造数据类型

9.3.1　数组

数组的定义格式：

存储类型 类型说明符 数组标识符[常量表达式]

例如：

int a[10];

static char b[20],c[30];

说明：

1) 存储类型：说明数组元素存储的方式，可以是自动型(auto)，也可以是静态型(static)或者是外部型(extern)。

2) 类型说明符：用来说明该数组应具有的数据结构类型，其可以是简单类型、指针类型或结构、联合等构造类型。

3) 数组标识符：用来说明数组的名称，如上例中的 a，b，c 均为数组名，定义数组名的规则与定义变量名相同。

4) [常量表达式]：用来说明数组元素的个数，即数组的长度，其可以是正整型常量、字符常量或有确定值的表达式。其中方括号不可省略，也不能用圆括号代替。

5) 数组元素的下标值由 0 开始，如由 10 个元素组成的 a 数组,其下标值的顺序为：

a[0],a[1],a[2],…, a[9]

6) 数组名表示数组存储区的首地址，即数组第一个元素存放的地址。

7) 本目同类型的数组可在同一语句行中定义，数组之间用逗号分隔符。

8) C 语言中不允许定义动态数组，即数组的长度不能依赖运行过程中变化着的变量。

例如：

下面这样定义数组是不允许的。

int i;

scanf(" %d",&i);

int data[i];

从数组的定义不难看出，定义数组时必须给数组取一个名字，即数组的标识符名称；其次要说明数组的数据类型，即确定类型说明符，表明数组的数据性质；另外还要说明数组的结构，即规定数组的维数和数组元素的个数；必要时还要确定数组的存储类别，它关系到数组所占存储位置的作用域和生存期。这是定义数组的 4 个方面。

【例 9-9】计算 fibonacci 数列的前 15 个数。

fibonacci 数列具有以下特点：它的第 1 个数和第 2 个数分别是 0 和 1，从第 3 个数开始每个数是它前两个数之和，即

```
                    0  1  1  2  3  5  8  13  21  34
#include"stdio.h"
void main()
{
  int f[15],i;
  f[0]=0;
  f[1]=1;
  printf("%4d%4d ",f[0],f[1]);
  for(i=2;i<15,i++)
  {
    f[i]=f[i-1]+f[i-2];
    printf("%4d",f[i]);
    }
}
```

程序运行结果：0   1   1   2   3   5   8   13   21   34   55   89   144   233   377

9.3.2 指针

指针变量和其他变量一样，指针变量必须在使用前定义。简单的指针变量定义的一般形式为

类型说明符 *变量名；

其中，*此时不是间接访问运算符，它表示定义的是指针变量；变量名即为定义的指针变量名；类型说明符表示本指针变量所指向的变量的数据类型。例如：

int *pi; 表示 pi 是一个指针变量，它指向整型变量。

通过下列语句：

```
int   i=3;
pi=&i;
```

可以使指针 pi 指向整型变量 i。

再如：

```
int      *p1;              /*p1 是指向整型变量的指针变量*/
char     *p2;              /*p2 是指向字符型变量的指针变量*/
float    *p3;              /*p3 是指向单精度浮点型变量的指针变量*/
double   *p4;              /*p4 是指向双精度浮点型变量的指针变量*/
```

应该注意的是，定义指针时的类型说明符指出了指针变量所指向对象的数据类型。一般情况下，一旦指针变量的数据类型被确定后，其只能指向同一类型的数据对象。指针的操作都是基于指针类型的，例如，当定义一个指向整型数据的指针时，编译程序假定它所保存的任何地址都是指向一个整数，而无论实际上是否如此。所以在定义指针时，必须保证它的类型与要指向的对象的类型一致。

【例 9-10】输入 a 和 b 两个整数，按先大后小的顺序输出 a 和 b。

```
#include<stdio.h>
void main(void)
{
  int a,b,*pa=&a,*pb=&b,*p;              /*指针变量 pa 指向 a, pb 指向 b*/
  scanf("%d%d",&a,&b);
  if(a<b)                                /*如果 a 小于 b*/
  {
    p=pa;
    pa=pb;
    pb=p;
    }                                    /*交换指针变量 pa 和 pb 的指向*/
  printf("a=%d,b=%d\n",a,b);
  printf("max=%d,min=%d\n",*pa,*pb);
}
```

程序运行如下：

```
输入 23   45
a=23,b=45
max=45,min=23
```

9.3.3 结构

在 C 语言中定义结构体类型的一般形式为

```
                    struct    结构体名
                        {成员表};
```

其中 struct 是用于定义具体结构体类型的关键字，此关键字告诉编译系统，准备定义一个结构。结构体名是由用户自己定义的标识符。在"成员表"中可以定义该类型中有哪些成员，各成员属于什么数据类型。例如：

定义"学生记录"的结构体如下。

```
struct student
{
  int   num;
```

```
    char   name[10];
    char   sex;
    int    age;
    float  score;
};
```

这个定义说明了在名为 student 的结构体类型中有 5 个成员，分别是 num(学号)为整型，name(姓名)是一个具有 10 个元素的字符型数组，sex(性别)为字符型，age(年龄)为整型，score(成绩)为单精度实型。

9.3.4 联合

联合和结构一样，也是一种构造的数据类型，又称为共用体。它的特点是所有的成员共享同一存储单元。

到目前为止，已介绍过的所有数据类型的变量在任何时刻都只能存放该类型的值。例如，一个 int 变量只能存放整数，当赋值运算符右边的操作数为 int 以外的其他简单类型时，编译程序将它们强制转换成左边的变量的类型后再存入接收赋值的变量。在实际程序设计过程中，为了方便处理，有时需要在不同的时刻将不同类型的值存放在同一个变量中，而在任一时刻该变量仅含有一个特定类型的值。这时候就要用到联合类型的变量。在实际问题中有很多类似这样的例子，学校的教师和学生填写以下表格：姓名、年龄、职业、单位。职业一项可分为"教师"和"学生"两类；对单位一项，学生应填入班级编号，教师应填入院系教研室，班级可用整型量表示，教研室只能用字符类型，要求把这两种类型不同的数据都填入"单位"这个变量中，就必须把"单位"定义为包含整型和字符型数组这两种类型的"联合"

除用关键字 union 代替 struct 外，联合类型的定义和联合变量的说明与结构体类型定义和结构体变量说明的形式完全相同。定义联合类型的一般形式为

union   联合标识符
{ 类型成员 1;
类型成员 2;
类型成员 3;
};

例如：

假定一个常量可能是 int、double 或字符串，为了用同一个存储区来存放一个常量可以说明如下联合。

```
union  utag
{
  int    ivar;
  double dvar;
  char   str[10];
};
```

该程序定义了一个名为 utag 的联合类型，它在不同的时刻可以拥有 int、double 和字符数组中任一个。编译程序按联合的成员中存储空间最大的那一个类型为联合变量分配存储空间。

联合变量可以先定义再说明，既可以定义时同时说明也可以直接说明。以 utag 类型为例，说明如下。

```
union   utag
{
  int   ivar;
  double  dvar;
  char  str[10];
};
union   utag a,b;
```

或者说明为

```
union   utag
{int   ivar;
  double  dvar;
  char  str[10];
}a,b;
```

或直接说明为

```
{int   ivar;
  double  dvar;
  char  str[10];
}a,b;
```

经说明后的 a，b 变量均为 utag 类型。a，b 变量的长度应等于 utag 的成员中最长的长度，即等于 str 数组的长度，共 10 个字节。a，b 变量如果赋予整型值时，只使用了 2 个字节，而赋予双精度值时，可用 4 个字节，赋予字符串时，使用了 10 个字节。

联合变量的引用与结构体变量也一样，只能逐个引用联合变量的成员。例如，访问联合变量 a 各成员的格式为：a.ivar，a.dvar，a.str。不允许只用联合变量名作赋值或其他操作，也不允许对联合变量进行初始化。要特别强调的是，一个联合变量在每一瞬时只允许一个成员有值，所以在某一个时刻，起作用的是最后一次存入的成员值。例如，执行 a.ivar=1，a.dvar=3.14，a.str="Exce" 后，a.str 才是有效的成员。

换言之，一个联合变量的值就是联合变量的某个成员值。因此联合变量与其各成员的地址相同，即&a，&a.ivar，&a.dvar，&a.str 的值都是相等的。

【例 9-11】假设学生信息管理系统中一个学生的信息表包括学号、姓名和一门课的成绩。而成绩通常又可以采用 3 种表示方法：一种是五分制，采用的是整数形式；另一种是百分制，采用的是浮点数形式；还有一种是等级制，采用的是字符串形式。要求编一程序，输入一个学生信息并显示出来。

```
#include<stdio.h>
struct   stu
{
  int   num;
  char name[20];
  int   type;    /*type 值为 0 时五分制，type 值为 1 时百分制，type 值为 2 时等级制*/
  union   maxed
{
  int   iscore;
  float  fscroe;
  char  grade[10];
}score;
```

```
};
void main()
{
  struct  stu  stud1;
  printf("please  input  num,name,type:\n");
  scanf("%d%s%d",&stud1.num,stud1.name,&stud1.type);
  switch(stud1.type)
{
case 0:printf("please  input  iscore:");
  scanf("%d",&stud1.score.iscore);
  printf("\n%d,%s, %d",stud1.num,stud1.name,&stud1.score.iscore);
  break;
case 1:printf("please  input  fscore:");
  scanf("%f",&stud1.score.fscroe);
  printf("\n%d,%s,%d",stud1.num,stud1.name,&stud1.score.fscroe);
  break;
case 2:printf("please input grade:");
  scanf("%s",stud1.score.grade);
  printf("\n%d,%s,%s",stud1.num,stud1.name,&stud1.score.grade);
  break;
default:printf("input error!\n")break;
  }
}
```

本例程序定义了结构类型 stu，该结构共有 4 个成员。其中成员项 score 是一个联合类型，这个联合又由 3 个成员组成，一个为整型量 iscore，一个为浮点型变量 fscore，一个为字符数组 grade。在程序开始，输入一个 stu 变量的各项数据，先输入结构类型的前 3 个成员 num、name 和 type，然后判别 type 成员项，如为 0 则对联合 score.iscore 输入，如为 1 则对 score.fscore 输入，如为 2 则对 score.grade 输入。

9.3.5 枚举

一个变量的值如果是有限的，如月份、星期等，这时可以定义该变量为枚举类型。所谓"枚举"就是将变量的值一一列举出来。变量的值只限于列举出来的值的范围内。枚举类型是由一系列标识符组成的集合，其中每个标识符代表一个整数值，因此，枚举可以看成定义符号常量的另外一个方法。

1. 枚举类型的定义和枚举变量的定义

定义枚举变量之前，先定义枚举类型。枚举类型定义格式如下。

enum   枚举标识符 {枚举元素表};

其中 enun 是关键字，枚举元素表是一个个由用户自行定义的标识符，也称为枚举值。

例如：

```
enum  day{sun,mon,tue,wed,thu,fri,sat};
```

枚举名为 day，它的枚举元素依次为 sun，mon，tue，wed，thu，fri，sat。

枚举类型变量或数组的定义，和结构体类似可用不同的方式说明，可先定义后说明，在定义时同时说明或直接说明。

定义两个具有 day 枚举类型的枚举变量 d1 和 d2 可以采用以下任意一种方式。

```
enum  day{sun,mon,tue,wed,thu,fri,sat};
enum  day d1,d2;
```

或者为

```
enum  day{ sun,mon,tue,wed,thu,fri,sat }d1,d2;
```

或者为

```
enum{ sun,mon,tue,wed,thu,fri,sat }d1,d2;
```

2. 枚举类型变量的赋值和使用

在使用枚举类型时，需要注意以下几点。

1) 在 C 语言中，对枚举元素是按常量处理的，它们不是变量，不能被赋值。

2) 枚举元素作为常量，它们是有值的，C 语言编译时按定义的顺序依次对它们从 0 开始赋值。例如在上面的定义中 sun 值为 0，mon 值为 1，…，sat 值为 6。对于赋值语句 d1=sun：d1 的值为 0，这个数值是可以参加运算的。枚举元素的值也可以由程序员指定，例如：

emm day{sun=5，mon，tue，wed，thu，fri，sat}；

sun 以后的元素就依次加 1，mon 的值是 6，tue 的值是 7，wed 的值是 8 等。

3) 一个整数值不能直接赋予一个枚举变量。例如：

day1=2；day1 和 2 属于不同的类型，应先进行强制类型转换：day1=(enum day)2；

4) 编译器给枚举变量分配的存储单元的大小与整型量相同，枚举变量在输出时，只能输出对应的枚举元素的值(序号)。

枚举变量可以通过 printf()函数输出其枚举元素的值,即整型数值,而不能直接通过 printf()函数输出其标识符。要想输出其标识符,可以通过数组或 switch 语句将枚举值转换为相应的字符串进行输出。

【例 9-12】枚举类型变量的赋值和输出。

```
#include"stdio.h"
void main()
{
  enum day{ sun,mon,tue,wed,thu,fri,sat }day1,day2,day3;
  char   *name[7]={"sun","mon","tue","wed","thu","fri","sat"};
  day1=sun;
  day2=mon;
  day3=tue;
  printf("%d,%d,%d\n",day1,day2,day3);
  printf("%s,%s,%s\n",name[(int)day1],name[(int)day2],name[(int)day3]);
}
```

输出数据为

```
0,1,2
sun,mon,tue
```

5) 枚举变量可以进行加减整型数运算，可以进行比较运算。例如：

```
enum day{sun,mon,tue,wed,thu,fri,sat}day1,day2;
day1=(enum day)(sun+2);
day2=(enum day)(sat-2);
…
if(day1!=day2)
…
if(day1)sun)
…
```

9.4 C51 函数

在程序设计过程中，对于较大的程序一般采用模块化结构。通常将其分成若干个子程序模块，每个子程序模块完成一种特定的功能。在 C51 中，子程序模块是用函数来实现的。前面介绍了 C51 的程序结构，C51 的程序是由一个主函数和若干个子函数组成，每个子函数完成一定的功能。在一个程序中只能有一个主函数，主函数不能被调用。程序执行时从主函数开始，到主函数最后一条语句结束。子函数可以被主函数调用，也可以被其他子函数或其本身调用形成子程序嵌套。在 C51 中，系统提供了丰富的功能函数放于标准函数库中以供用户调用。如果用户需要的函数没有包含在函数库中，用户也可以根据需要自己定义函数以便使用。

9.4.1 函数的分类和定义

用户用 C51 进行程序设计过程中，既可以使用系统提供的标准库函数，也可以使用用户自己定义的函数。对于系统提供的标准库函数，用户使用时需在之前通过预处理命令#include将对应的标准函数库包含到程序开始。而对于用户自定义函数，在使用之前必须对它进行定义，定义之后才能调用。函数定义的一般格式如下。

函数类型 函数名(形式参数表)[reentrant][interrupt m][using n]
形式参数说明
{
局部变量定义
函数体
}

前面部分称为函数的首部，后面部分称为函数的尾部，格式说明如下。

1. 函数类型

函数类型说明了函数返回值的类型。它可以是前面介绍的各种数据类型，用于说明函数最后的 return 语句送回给被调用处的返回值的类型。如果一个函数没有返回值，函数类型可以不写。实际处理中，这时一般把它的类型定义为 void。

2. 函数名

函数名是用户为自定义函数取的名字，以便调用函数时使用。它的取名规则与变量的命名一样。

3. 形式参数表

形式参数表用于列举在主调函数与被调用函数之间进行数据传递的形式参数。在函数定义时形式参数的类型必须说明，可以在形式参数表的位置说明，也可以在函数名后面，函数体前面进行说明。如果函数没有参数传递，在定义时，形式参数可以没有或用 void，但括号不能省。

【例 9-13】定义一个返回两个整数最大值的函数 max( )。

```
int max(int x, int y)
{
int z;
z=x>y?x:y;
return(z);
}
也可以为
int max(x, y)
int x, y;
{
int z;
z=x>y?x:y;
return(z);
}
```

4. reentrant 修饰符

在 C51 中，这个修饰符用于把函数定义为可重入函数。所谓可重入函数就是允许被递归调用的函数。函数的递归调用是指当一个函数正被调用尚未返回时，又直接或间接调用函数本身。一般的函数不能做到这样，只有可重入函数才允许递归调用。在 C51 中，当函数被定义为可重入函数，C51 编译器编译时将会为可重入函数生成一个模拟栈，通过这个模拟栈来完成参数传递和局部变量存放。关于可重入函数，注意以下几点。

(1) 用 reentrant 修饰的可重入函数被调用时，实参表内不允许使用 bit 类型的参数。函数体内也不允许存在任何关于位变量的操作，更不能返回 bit 类型的值。

(2) 编译时，系统为可重入函数在内部或外部存储器中建立一个模拟堆栈区，称为可重入栈。可重入函数的局部变量及参数被放在可重入栈中，使可重入函数可以实现递归调用。

(3) 在参数的传递上，实际参数可以传递给间接调用的可重入函数。无可重入属性的间接调用函数不能包含调用参数，但是可以使用定义的全局变量来进行参数传递。

5. interrupt m 修饰符

interrupt m 是 C51 函数中非常重要的一个修饰符，这是因为中断函数必须通过它进行修饰。在 C51 程序设计中经常将中断函数用于实现系统实时性，提高程序处理效率。

在 C51 程序设计中，当函数定义时用了 interrupt m 修饰符，系统编译时把对应函数转化为中断函数，自动加上程序头段和尾段，并按 MCS-51 系列单片机系统中断的处理方式自动把它安排在程序存储器中的相应位置。在该修饰符中，m 的取值为 0～31，对应的中断情况如下。

```
0——外部中断 0;
1——定时器/计数器 T0;
```

2——外部中断 1；
3——定时器/计数器 T1；
4——串行口中断；
5——定时器/计数器 T2；

其他值预留。

编写 MCS-51 系列单片机中断函数注意如下。

1) 中断函数不能进行参数传递，如果中断函数中包含任何参数声明都将导致编译出错。

2) 中断函数没有返回值，如果企图定义一个返回值将得不到正确的结果，建议在定义中断函数时将其定义为 void 类型，以明确说明没有返回值。

3) 在任何情况下都不能直接调用中断函数，否则会产生编译错误。因为中断函数的返回是由 8051 单片机的 RETI 指令完成的，RETI 指令影响 8051 单片机的硬件中断系统。如果在没有实际中断情况下直接调用中断函数，RETI 指令的操作结果会产生一个致命的错误。

4) 如果在中断函数中调用了其他函数，则被调用函数所使用的寄存器必须与中断函数相同，否则会产生不正确的结果。

5) C51 编译器对中断函数编译时会自动在程序开始和结束处加上相应的内容，具体如下：在程序开始处对 ACC、B、DPH、DPL 和 PSW 入栈，结束时出栈。中断函数未加 using n 修饰符的，开始时还要将 R0～R1 入栈，结束时出栈。如中断函数加 using n 修饰符，则在开始将 PSW 入栈后还要修改 PSW 中的工作寄存器组选择位。

6) C51 编译器从绝对地址 $8m+3$ 处产生一个中断向量，其中 m 为中断号，也就是 interrupt 后面的数字。该向量包含一个到中断函数入口地址的绝对跳转。

7) 中断函数最好写在文件的尾部，并且禁止使用 extern 存储类型说明。防止其他程序调用。

【例 9-14】编写一个用于统计外中断 0 的中断次数的中断服务程序。

```
extern   int x;
void  int0( ) interrupt 0  using 1
{
x++;
}
```

6. using n 修饰符

在前面单片机基本原理介绍中，介绍了 MCS-51 系列单片机有四组工作寄存器：0 组、1 组、2 组和 3 组。每组 8 个寄存器，分别用 R0～R7 表示。修饰符 using n 用于指定本函数内部使用的工作寄存器组，其中 n 的取值为 0～3，表示寄存器组号。

对于 uing n 修饰符的使用，注意以下几点。

1) 加入 using n 后，C51 在编译时自动的在函数的开始处和结束处加入以下指令。

```
{
PUSH PSW                          ; 标志寄存器入栈
MOV  PSW, #08H                    ; 选中第 1 组工作寄存器
POP  PSW                          ; 标志寄存器出栈
}
```

(2) using n 修饰符不能用于有返回值的函数，因为 C51 函数的返回值是放在寄存器中的。如寄存器组改变了，返回值就会出错。

9.4.2 函数参数及函数间的数据传递

在函数定义时，函数名后面圆括号内的参数称为形式参数，简称形参。下例中的 a，b 均为形参。

```
int hust(a,b);
```

或

```
int hust(int a,int b)
int a,b;
```

注意，下面对形参的定义是错误的。

```
int hust(int a,b)
```

或

```
int hust(int a,b)
int b;
```

在函数调用时，函数名后面圆括号内的参数称为实际参数，简称实参。实参可以是常量、已赋值的变量或表达式。实参在次序、类型和个数上应与相应形参表中的形参保持一致。通常，当需要从调用函数中传值(或传地址)到被调用函数中的形参时应设置实参。下例中的 x，y 均为实参。

```
…
s=hust(x,y);
…
```

对于实参，在调用函数中对其进行定义时，不仅指明它的类型，而且系统还为其分配存储单元。而对于形参，定义时仅仅只是指明它的类型，并不在内存中为它们分配存储单元，只是在调用时才为其分配临时存储单元标志，函数执行结束返回调用函数后，该存储单元标志立即撤销。

C 语言中传递形参值有两种方法。第一种方法是"值的传递"，使用这种方法时，调用函数将实参(常数、变量、数组元素或可计算的表达式)的值传递到被调用函数形参设置的临时变量存储单元中，被调用函数形参值的改变对调用函数的实参没有影响。调用结束后，形参存储单元被释放，实参仍保持原值不变。该方法只能由实参向形参传递数据，即单向传递。

【例 9-15】值的传递程序举例。

```
#include"stdio.h"
void  main()
{
int  i=25;
printf("The value of i in main()before calling sqr(x)is %d\n",i);
printf("Calling sqr(x):sqr(%d)=%d\n",I,sqr(i));
printf("The value of i in main()after calling sqr(x)is %d\n",i);
}
sqr(int  x)
```

```
{
x=x*x;
return(x);
}
```

程序运行结果：

The value of i in main()before calling sqr(x)is 25

Calling sqr(x):sqr(25)=625

The value of i in main()after calling sqr(x)is 25

通过这个例子再次说明，在值的传递调用中，只是实参的复制值被传递，被调用函数中的操作不会影响实参的值。

9.4.3 函数的调用与声明

1. 函数的调用

函数调用的一般形式如下。

函数名(实参列表);

对于有参数的函数调用，若实参列表包含多个实参，则各个实参之间用逗号隔开。主调函数的实参与形参的个数应该相等，类型一一对应。实参与形参的位置一致。调用时实参按顺序一一把值传递给形参。在 C51 编译系统中，实参表求值顺序为从左到右。如果调用的是无参数函数，则实参也不需要，但是圆括号不能省略。

按照函数调用在主调函数中出现的位置，函数调用方式有以下 3 种。

1) 函数语句。把被调用函数作为主调用函数的一个语句。

2) 函数表达式。函数被放在一个表达式中，以一个运算对象的方式出现。这时的被调用函数要求带有返回语句，以返回一个明确的数值参加表达式的运算。

3) 函数参数。被调用函数作为另一个函数的参数。

C51 中，在一个函数中调用另一个函数，要求被调用函数必须是已经存在的函数，可以是库函数，也可以是用户自定义函数。如果是库函数，则要在程序的开头用#include 预处理命令将被调用函数的函数库包含到文件中；如果是用户自定义函数，在使用时，应根据定义情况作相应的处理。

2. 自定义函数的声明

在 C51 程序设计中，如果一个自定义函数的调用在函数的定义之后，在使用函数时可以不对函数进行说明；如果一个函数的调用在定义之前，或调用的函数不在本文件内部，而是在另一个文件中，则在调用之前需对函数进行声明，指明所调用的函数在程序中有定义或在另一个文件中，并将函数的有关信息通知编译系统。函数的声明是通过函数的原型来指明的。

在 C51 中，函数原型一般形式如下。

[extern] 函数类型 函数名(形式参数表);

函数声明的格式与函数定义时函数的首部基本一致，但函数的声明与函数的定义不一样。函数的定义是对函数功能的确立，包括指定函数名、函数值类型、形参及类型和函数体等，它是一个完整的函数单位。而函数的声明则是把函数的名字、函数类型以及形参的类型、个数和顺序通知编译系统，以便调用函数时系统进行对照检查。函数的声明后面要加分号。

如果声明的函数在文件内部，则声明时不用 extern，如果声明的函数不在文件内部，而在另一个文件中，声明时需带 extern，指明使用的函数在另一个文件中。

【例 9-16】函数的使用。

```
#include<reg52.h>                    //包含特殊功能寄存器库
#include<stdio.h>                    //包含 I/O 函数库
int  max(int x,int y);               //对 max 函数进行声明
void  main(void)                     //主函数
{
  int  a,b;
  SCON=0X52;                         //串口初始化
  TMOD=0X20;
  TH1=0XF3;
  TR1=1;
  scanf("please  input  a,b:%d,%d",&a,&b);
  printf("\n");
  printf("max  is:%d\n",max(a,b));
  while(1);
}
int  max(int x,int y)
{ int  z;
   z=(x>=y?x:y);
   return(z);
}
```

9.4.4 函数的嵌套与递归

1. 函数的嵌套

在 C51 语言中，函数的定义是相互平行，互相独立的。在函数定义时一个函数体能包含另一个函数，即函数不能嵌套定义。但是在一个函数的调用过程中可以调用另函数，即允许嵌套调用函数。C51 编译器通常依靠堆栈来进行参数传递，由于 C51 的堆栈设在片内 RAM 中，而片内 RAM 的空间有限，因而嵌套的深度比较有限，一般在几层以内。如果层数过多，就会导致堆栈空间不够而出错。

【例 9-17】函数的嵌套调用。

```
#include<reg52.h>                    //包含特殊功能寄存器库
#include<stdio.h>                    //包含 I/O 函数库
extern serial_initial();
int max(int a, int b)
{
int z;
z=(a>=b?a:b);
return(z);
}
int  add(int c,int d,int e,int f)
{
int  result;
result=max(c,d)+max(e,f);            //调用函数 max
return(result);
```

```
}
main()
{
int  final;
serial_initial();
final=add(7,5,2,8);
printf("%d",final);
while(1);
}
```

在主函数中调用了函数 add，而在函数 add 中又调用了函数 max，形成了两层嵌套调用。

2. 函数的递归

递归调用是嵌套调用的一个特殊情况。如果在调用一个函数过程中又出现了直接或间接调用该函数本身，则称为函数的递归调用。

在函数的递归调用中要避免出现无终止的自身调用，应通过条件控制结束递归调用，使得递归的次数有限。

下面是一个利用递归调用求 $n!$ 的例子。

【例 9-18】递归求数的阶乘 $n!$。

在数学计算中，一个数 n 的阶乘等于该数本身乘以数 $n\sim1$ 的阶乘，即 $n!=n\times(m-1)!$，用 $n-1$ 的阶乘来表示 n 的阶乘就是一种递归表示方法。在程序设计中通过函数递归调用来实现。

```
#include<reg52.h>              //包含特殊功能寄存器库
#include<stdio.h>                //包含 I/O 函数库
extern serial_initial();
int  fac(int n)reentrant
{
int result;
if(n==0)
result=1;
else
result=n*fac(n-1);
return(result);
}
main()
{
int  fac_result;
serial_initial();
fac_result=fac(11);
printf("%d\n",fac_result);
}
```

使用 fac(n)求数 n 的阶乘时，当 n 不等于 0 时调用函数 fac($n-1$)，而求 $n-1$ 的阶乘时，当 $n-1$ 不等于 0 时调用函数 fac($n-2$)，依次类推，直到 n 等于 0 为止。在函数定义时使用了 reentrant 修饰符。

9.5 编 程 举 例

9.5.1 用 C 语言实现输入/输出编程

【例 9-19】实现输入/输出函数的例子。

```c
#include <reg52.h>                      //包含特殊功能寄存器库
#include <stdio.h>                      //包含 I/O 库函数
void main(void)                         //主函数
{
  int  x,y;                             //定义整型变量 x 和 y
  SCON=0x52;
  TMOD=0x20;
  TH1=0xF3;
  TL1=1;
  printf("input  x,y:\n");              //输出提示信息
  scanf("%d%d",&x,&y);                  //输入 x 和 y 的值
  printf("\n");                         //输出换行
  printf("%d+%d=d",x,y,x+y);            //按十进制形式输出
  printf("\n");                         //输出换行
  printf("%xH+%xH =%xH ",x,y,x+y);      //按十六进制形式输出
  while(1);                             //结束
}
```

9.5.2 用 C 语言实现逻辑运算

【例 9-20】逻辑运算符的使用。

```c
#include<stdio.h>
void main()
{
int a,b,c;                             //声明 3 个整型变量 a,b,c
a=b=c=1;                               //为 3 个变量均赋值为 1
++a&&++b‖--c;                          //进行逻辑运算
printf("%4d,%4d,%4d\n",a,b,c);         //通过终端设备输出变量 a,b,c 的值
--a‖++b&&c++;                          //进行逻辑运算
printf("%4d,%4d,%4d\n",a,b,c);         //通过终端设备输出变量 a,b,c 的值
}
```

9.5.3 用 C 语言实现数据转换

【例 9-21】编写一个实现将十六进制数转换成相应十进制数的函数。

```c
#include<stdio.h>
int  HexToInt(Char*s)
{
  int  n=0,t;
  char  c;
  while(c=*s++)
  {
```

```
      t=0;
      if('0'<=c&&c<='9')
        t=c-'0';
      if('A'<=c&&c<='F')
        t=c-'A'+10;
      if('a'<=c&&c<='f')
        t=c-'a'+10;
      n=n*16+t;
    }
    return  n;
}
void  main( )
{
  char*s="A00D";
  printf("%d",HexToInt(s));
}
```

9.5.4　用 C 语言实现公式的编辑

【例 9-22】编写程序，实现由主函数输入 m，n，按下述公式计算并输出 C_m^n 的值。

$$C_m^n = \frac{m!}{n!(m-n)!}$$

```
#include <stdio.h>
int func(int n)
{
  int i,s=1;
  for (i=1;i<=n;i++)
  {
    s=s*i;
  }
  retun s;
}
void main( )
{
  int m,n;
  scanf ("%d %d",&m,&n);
  printf("&d",func(m)/(func(n)*func(m-n)));
}
```

9.6　实验与实训

9.6.1　简单矩阵运算

1. 实验目的

掌握 C51 语言编写矩阵运算的方法，并进一步掌握及扩展。

2. 实验说明

数学公式中矩阵是一种至关重要的表达式，在很多数学模型中都有矩阵之间的运算。所以要实现数据的运算，首先要学会利用 C 语言编写矩阵，其次要实现矩阵之间的运算。包括矩阵之间的转换，矩阵之间的相乘，矩阵的转置，整形矩阵的行列式的值等。

3. 实验要求

将已知矩阵转换成另外一种相关形式。

4. 参考程序

试编写一个程序，把下面的矩阵 a 转置成矩阵 b 的形式。(用两种算法完成)

$$a = \begin{bmatrix} 1 & 2 & 5 \\ 3 & 4 & 8 \\ 6 & 7 & 9 \end{bmatrix} \qquad b = \begin{bmatrix} 9 & 7 & 6 \\ 8 & 4 & 3 \\ 5 & 2 & 1 \end{bmatrix}$$

```c
#include<stdio.h>
void main( )
{
  int a[3][3]={1,2,5,3,4,8,6,7,9};
  int i,j,k;
  for(i=0;i<3;i++)
  {
    for(j=0;j<3;j++)
    printf("%3d",a[i][j]);
    printf("\n");
  }
  printf("\n");
  /*method 1*/
  for(i=0;i<3;i++)
    {
    k=a[0][i];
    a[0][i]=a[2][i];
    a[2][i]=k;
    }
  for(i=0;i<3;i++)
    {
    k=a[i][0];
    a[i][0]=a[i][2];
    a[i][2]=k;
    }
/*method 2*/
for(i=0;i<3;i++)
  {
  k=a[0][i];
  a[0][i]=a[2][2-i];
  a[2][2-i]=k;
  }
  k=a[1][0];
  a[1][0]=a[1][2];
  a[1][2]=k;
  for(i=0;i<3;i++)
{
  for(j=0;j<3;j++)
```

```
printf("%3d",a[i][j]);
printf("\n");
}
printf("/n");
}
```

5. 实验步骤

1) 建立新工程。
2) 创建新的汇编源文件，并添加到工程中。
3) 编写能够满足实验要求的 C51 程序，并调试。
4) 如果所编程不能实现要求，对其进行修改或重新编写。

6. 思考题

编写程序，求矩阵 a 的转置矩阵。

9.6.2 数据排序

1. 实验目的

掌握数据排序编写方法，熟练应用 C51 语言。

2. 实验说明

在各种程序中，数据串是经常使用的一种调用方式。但是在编写数据串的时候，由于各种原因可能存在误差。如需要精确使用数据串的使用，需使用程序进行重新排序。

3. 实验要求

从键盘输入一个字符串，然后按照字符顺序从小到大进行排列，并删除重复的字符。

4. 参考程序

程序如下。

```c
#include<stdio.h>
#include<string.h>
void main(void)
{
 char str[100],*p,*q,*r,c;
 printf("输入字符串:");
 gets(str);
 for(p=str;*p;p++)
   {
   for(q=r=p;*q;q++)
   if(*r>*q)r=q;
   if(r!=p)
   }
 c=*r;
 *r=*p;
 *p=c;
 }
}
```

```
for(p=str;*p;p++)
{
for(q=p;*p==*q;q++);
if(p!=q)  strcpy(p+1,q);
}
printf("结果字符串是:%s\n",str);
}
```

5. 思考题

键盘中随机输入一个字符串，要求利用冒泡法实现数据由大到小的排序。

9.6.3 延时程序的设计

1. 实验目的

掌握利用 C51 语言编写延时程序的方法。

2. 实验说明

在单片机使用过程中，由于波特率的关系，每条语句的运行时间较短。如要实现等待、显示时间停留、波形输出等的实现，必须要延时一段时间。延时程序作为一个固定的使用方法和程序块显得十分重要。

3. 实验要求

利用 C 语言编写一段延时程序。

4. 参考程序

```
#include <reg51.h>
#include <stdio.h>
void delay(unit);
void main(void)
{
while(1)
  {
  delay(2000);
  }
}
void delay(unit i)                      /*延时函数*/
{ int i,j;
    for(i=0;i<250;i++)                  /*用双重空循环实现延时*/
    for(j=0;j<250;j++);
}
```

由于用 C 语言编写的程序，最后还要转换为机器码，因此以上程序延迟的时间，要看机器码的执行时间而定，又因为不同的编译器转换出来的机器码会略有不同，所以要从 C 语言程序本身计算延时，只能作大体估算，执行一次空循环，要 4~10 个机器周期，若时钟为 12MHz，一个空循环为 4~10μs，250 次空循环为 1~2.5ms，以上程序延时为 250~1000ms。

5. 思考题

利用三重循环实现 5s 的延时程序。

9.6.4 用 C 语言实现定时器/计数器的编程

1. 实验目的

1) 掌握定时计数器的使用，并利用 C51 程序进行编程。
2) 进一步学习 C51 语言在单片机中的具体应用。

2. 实验说明

MCS-51 系列单片机的定时器/计数器是可编程的，可以设定为对机器周期进行计数实现定时功能，也可以设定为对外部脉冲计数实现计数功能。有 4 种工作方式，使用时可根据情况选择其中一种。MCS-51 系列单片机定时器/计数器初始化过程如下。

1) 根据要求选择方式，确定方式控制字，写入方式控制寄存器 TMOD。
2) 根据要求计算定时器/计数器的计数值，再由计数值求得初值，写入初值寄存器。
3) 根据需要开放定时器/计数器中断(后面需编写中断服务程序)。
4) 设置定时器/计数器控制寄存器 TCON 的值，启动定时器/计数器开始工作。
5) 等待定时器/计数时间到，到则执行中断服务程序；如用查询处理则编写查询程序判断溢出标志，溢出标志等于 1，则进行相应处理。

通常利用定时器/计数器来产生周期性的波形。利用定时器/计数器产生周期性波形的基本思想是：利用定时器/计数器产生周期性的定时，定时时间到则对输出端进行相应的处理。例如产生周期性的方波只需定时时间到，对输出端取反一次即可。不同的方式定时的最大值不同，如定时的时间很短，则选择方式 2。方式 2 形成周期性的定时不需重置初值；如定时比较长，则选择方式 0 或方式 1；如时间很长，则一个定时器/计数器不够用，这时可用两个定时器/计数器或一个定时器/计数器加软件计数的方法。

3. 实验要求

设系统时钟频率为 12MHz，用定时器/计数器 T0 编程实现从 P1.0 输出周期为 500μs 的方波。

分析：从 P1.0 输出周期为 500μs 的方波，只需 P1.0 每 250μs 取反一次则可。当系统时钟为 12MHz，定时器/计数器 T0 工作于方式 2 时，最大的定时时间为 256μs，满足 250μs 的定时要求，方式控制字应设定为 00000010B(02H)。系统时钟为 12MHz，定时 250μs，计数值 N 为 250，初值 X=256-50=6，则 $TH0=TL0$=06H。

4. 参考程序

采用中断处理方式的程序

```c
#include <reg51.h>
sbit p1_0=p1^0;
void main( )
{
  TMOD=0X02;
  TH0=0X06;TL0=0X06;
```

```
    EA=1;ET0=1;
    TR0=1;
    while(1);
}
    void time0_int(void) interrupt 1            //中断服务程序
{
    p1_0=!p1_0;
}
```

5. 思考题

采用查询方式处理的程序，如何编程。

9.6.5 用 C 语言实现中断的编程

1. 实验目的

1) 掌握中断的使用，并利用 C51 程序进行编程。
2) 进一步学习 C51 语言在单片机中的具体应用。

2. 实验说明

不同的中断源，解决的问题不一样，这里仅就实际中经常遇到的多个外中断源问题加以阐述。

3. 实验要求

某工业监控系统，具有温度、压力、PH 值等多路监控功能，中断源的连接如图 9.8 所示。对于 PH 值，在小于 7 时向 CPU 中请中断，CPU 响应中断后使 P3.0 引脚输出高电平，经驱动，使加碱管道电磁阀接通 ls，以调整 PH 值。

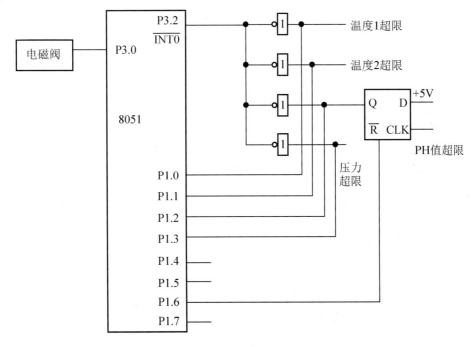

图 9.8　多个外中断源的连接

系统监控通过外中断 $\overline{INT0}$ 来实现，这里就涉及多个中断源的处理，处理时往往通过中断加查询的方法来实现。连接图中把多个中断源通过"线或"接于 $\overline{INT0}$(P3.2)引脚上，那么无论哪个中断源提出请求，系统都会响应 $\overline{INT0}$ 中断。响应后，进入中断服务程序，在中断服务程序中通过对 P1 口线的逐一检测来确定哪一个中断源的提出了中断请求，进一步转到对应的中断服务程序入口位置执行对应的处理程序。在 PH 值超限中断请求线路后加了一个 D 触发器，PH 值超限中断请求从 D 触发器的 CLK 输入，用于对 PH 值超限中断请求撤除。这里只针对 PH<7 时的中断构造了相应的中断服务程序 int02，接通电磁阀延时 1s 的延时子程序 DELAY 已经构造好了，只需调用即可。

4. 参考程序

```
#include<reg51.h>
sbit  P10=P1^0;
sbit  P11=P1^1;
sbit  P12=P1^2;
sbit  P13=P1^3;
sbit  P16=P1^6;
sbit  P30=P3^0;
void  int0( )  interrupt  0  using1
{
  void  int00( );
  void  int01( );
  void  int02( );
  void  int03( );
  if (P10==1) {int00( );}          //查询调用对应的函数
  else  if(P11==1) {int01( );}
  else  if(P12==2) {int02( );}
  else  if(P13==1) {int03( );}
}
  void  int02( )
{
unsigned  char  i;
P30=1;
for(i=0;i<255;i++);
P30=0;
P16=0;P16=1;
}
```

5. 思考题

如扩展 8 个中断源，程序该如何改写？

9.6.6 用 C 语言实现串行接口的编程

1. 实验目的

1) 掌握串行接口的使用，并利用 C51 程序进行编程。
2) 进一步学习 C51 语言在单片机中的具体应用。

2．实验内容

用 8051 单片机的串行接口外接串入并出的芯片 CD4094 扩展并行输出口控制一组发光二极管，使发光二极管从右至左延时轮流显示。

CD4094 是一块 8 位的串入并出的芯片，带有一个控制端 STB。当 STB=0 时，打开串行输入控制门，在时钟信号 CLK 的控制下，数据从串行输入端 DATA 一个时钟周期一位依次输入；当 STB=1，打开并行输出控制门，CD4094 中的 8 位数据并行输出。使用时，8051 串行口工作于方式 0，8051 的 TXD 接 CD4094 的 CLK，RXD 接 DATA，STB 用 P1.0 控制，8 位并行输出端接 8 个发光二极管，如图 9.9 所示。

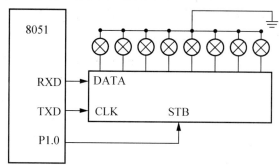

图 9.9　用 CD4094 扩展并行输出口

3．实验要求

利用 C51 语言编写相应的程序，实现该题目的操作。

4．参考程序

```
#include <reg51.h>              //包含特殊功能寄存器库
sbit  P1_0=P1^0;
void  main( )
{
  unsigned  char i,j;
  SCON=0X00;
  j=0X01;
  for( ; ; )
{
  P1_0=0;
  SBUF=j;
  while (!TI) { ; }
  P1_0=1;TI=0;
  for(i=0;i<=254;i++) { ;}
  j=j*2;
  if (j==0X00) j=0X01;
}
  }
```

5．思考题

本实验只对一个 CD4094 进行控制，若先要扩展两个 CD4094，程序该如何编写？

本 章 小 结

C51 语言即 MCS-51 系列单片机的 C 语言。操作数对应 C51 中的变量(常量)，采用 C51 程序设计语言编程者只需了解变量(常量)的存储类型与 MCS-51 系列单片机存储空间的对应关系，而不必深入了解其寻址方式，C51 语言编译器会自动完成变量(常量)的存储单元的分配，并产生最为适合的目标代码。

C51 语言规定变量必须先定义后使用，C51 语言对变量进行定义格式如下。

[存储种类]　数据类型　[存储器类型]　变量名表

存储种类是可选项，有 4 种，分别为自动(auto)、外部(extern)、静态(static)和寄存器(register)。如果省略存储种类，则该变量默认为自动(auto)变量。自动变量作用范围在定义它的函数体或复合语句内部，在定义它的函数体或复合语句被执行时，C51 语言才为该变量分配内存空间，当函数调用结束返回或复合语句执行结束时，自动变量所占用的内存空间被释放，这些内存空间又可被其他的函数体或复合语句使用。使用自动变量能最有效地使用 MCS-51 系列单片机内存。

存储器类型指明该变量所处的内存空间。应把频繁范文的变量放在内部数据区，这样可使 C51 语言编译器产生的程序代码最短，运行速度最快。

MCS-51 系列单片机机器指令只支持字节和位变量，尽可能选择的变量类型是 char 或 bit，它们只占用 1B 或 1b。除了根据变量长度来选择变量类型外，还需要考虑该变量是否会用于负数的场合，如果程序中可以不需要负数，那么可把变量类型定义为无符号类型的。

习　　题

1. 填空题

(1) float 型变量的精度可达＿＿＿＿位，double 型变量的精度可达＿＿＿＿位。

(2) 若 int x=1，y=2，w；则执行 w=x>y?++x:++y；后 w 的值是＿＿＿＿。

(3) while 语句的特点是先＿＿＿＿条件，后决定是否执行循环体。

(4) break 语句用来中断＿＿＿＿语句和＿＿＿＿语句。

(5) 函数类型是指函数返回值的＿＿＿＿，使用＿＿＿＿语句将这个返回值给主调函数。

(6) 结构变量的指针成员常通过＿＿＿＿内存分配获得一个有效地址。

2. 选择题

(1) unsigned 类型变量的取值范围是＿＿＿＿。

　　A. 0～255　　　　　B. 0～65535　　　　C. −256～255　　　　D. −32768～32767

(2) 若 int a=3,b=10;，则合法的表达式是＿＿＿＿。

　　A. a=5*b=7　　　　B. b=−−a　　　　　C. a+=−1　　　　　D. a%(−5)

(3) 循环体的执行次数是_____。

```
int x=10;
        while(x++<20)
        x+=2;
```

    A．4   B．3   C．10   D．11

(4) 指出标有/*　*/语句的执行次数是_____。

```
    int i,y=0;
    for(i=0;i<20;i++)
      {if(i%2==0)continue;
      y+=i;  /*   */
        }
```

    A．20   B．19   C．10   D．9

(5) 下面对函数的叙述中，_____是不正确的。

    A．函数不能嵌套定义，可以嵌套调用

    B．一个函数只能有一个 return 语句

    C．函数的返回值通过 return 语句获得

    D．viod 类型函数没有返回值

(6) 一结构定义如下，_____。

```
    student   student
    {long   num;
     char   name[20]
     char   sex;
     float  score;
       }
```

    A．stuct 是 C 语言关键字   B．student 是结构变量

    C．x 是结构变量   D．p 是结构指针变量

3．简答题

(1) C51 特有的数据类型有哪些?

(2) C51 中存储器类型有几种? 它们分别表示的存储器区域是什么?

(3) 在 C51 中，通过绝对地址来访问存储器有几种?

(4) 在 C51 中，中断函数与一般函数有什么不同?

(5) 按给定存储类型和数据类型，写出下列变量的说明形式。

1) 在 data 区定义字符变量 val1。

2) 在 idata 区定义整型变量 val2。

3) 在 xdata 区定义无符号字符型数组 val3[4]。

4) 在 xdata 区定义一个指向 char 类型的指针 px。

5) 定义可寻址位变量 flag。

6) 定义特殊功能寄存器变量 P3。

7) 定义特殊功能寄存器变量 SCON。

8) 定义 16 位的特殊功能寄存器 T0。

4. 读程序

(1) 写出下列关系表达式或逻辑表达式的结果，设 a=3，b=4，c=5。

① a+b>c&&b==c

② a‖b+c&&b-c

③ !(a>b)&&!c‖1

④ !(a+b)+c-1&&b+c/2

(2) 写出下列 C51 程序的执行结果。

```c
#include<stdio.h>
extern serial_initial( );
main( )
{
int x,y,z;
serial_initial( );
x=y=8;z=++x;
printf("\n %d %d %d",y,z,x);
x=y=8;z=x++;
printf("\n %d %d %d",y,z,x);
x=y=8;z=--x;
printf("\n %d %d %d",y,z,x);
x=y=8;z=x--;
printf("\n %d %d %d",y,z,x);
printf("\n");
while(1);
}
```

5. 编程题

(1) 用分支结构编程实现，当输入"1"显示"A"，输入"2"显示"B"，输入"3"显示"C"，输入"4"显示"D"，输入"5"结束。

(2) 输入 3 个无符号字符数据，要求按由大到小的顺序输出。

(3) 用 3 种循环结构编写程序实现输出 1 到 10 的平方之和。

(4) 对一个 5 个元素的无符号字符数组按由小到大顺序排序。

(5) 用指针实现，输入 3 个无符号字符数据，按由大到小的顺序输出。

(6) 有 3 个学生，每个学生包括学号、姓名、成绩，要求找出成绩最高的学生的姓名和成绩。

第10章
单片机应用系统的设计与实例

教学提示

目前，MCS-51系列单片机以其独特的优越性，在智能仪表、工业测控、数据采集、计算机通信等各个领域得到极为广泛的应用。不同用户根据所要完成的不同任务，可选用不同型号的MCS-51系列单片机衍生产品进行单片机应用系统的设计工作。本章将对应用系统的软、硬件设计和调试等各个方面做进一步的分析和讨论，并给出具体应用实例，以便设计者能更迅速地完成单片机应用系统的开发与研制。

学习目标

➢ 了解单片机应用系统的设计与开发的全过程；
➢ 综合运用单片机的软、硬件技术，分析并解决实际问题，初步具备应用单片机进行系统设计与开发的能力。

知识结构

本章知识结构如图10.1所示。

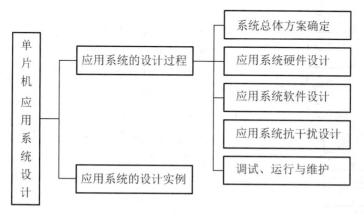

图 10.1   本章知识结构图

10.1　单片机应用系统的设计方法

单片机应用系统的设计既是一个理论问题，又是一个实际工程问题。它包括自动控制理论、计算技术、计算方法，还包括自动检测技术与数字电路，是一个多学科的综合运用。

单片机系统设计要具备以下几方面的知识和能力。

首先，必须掌握一定的硬件基础知识。这些硬件不仅包括各种单片机、存储器及 I/O 接口，而且还包括对仪器或装置进行信息设定的键盘及开关、检测各种输入量的传感器、控制用的执行装置，单片机与各种仪器进行通信的接口，以及打印和显示设备等。还应掌握系统常用的 I/O 口扩展、A/D 转换器及 D/A 转换器扩展、高电压、大电流负载接口电路的设计方法等。

其次，需要具备一定的软件设计能力。能够根据系统的要求，灵活地设计出所需要的程序，主要有数据采集程序、A/D 转换程序、D/A 转换程序、数码转换程序、数字滤波程序，以及各种控制算法及非线性补偿程序等。

再次，具有综合运用知识的能力。必须善于将一台智能化仪器或装置的复杂设计任务划分成许多便于实现的组成部分。特别是对软件、硬件的折中问题能够恰当地运用。设计单片机应用系统的一般原则是根据用户的设计要求，先选择和组织硬件构成应用系统，并充分分析硬件的可行性及与之相配的软件设计的可行性。然后当硬件、软件之间需要折中协调时，进行折中协调。这是由于在通常情况下，硬件实时性强，但将使仪器增加投资，且结构复杂；软件可避免上述缺点，但实时性比较差。为保证系统能可靠工作，在软、硬件的设计过程中还包括系统的抗干扰设计。

最后，还应当了解生产过程的工艺性能及被测参数的测量方法，以及被控对象的动、静态特性，必要时建立被控对象的数学模型。

为了更好地应用单片机，还应当有良好的自学能力。在电子领域，新的器件层出不穷，各种功能及性能良好的器件不断涌现。利用新器件，不但可以简化系统，还可以减小软件方面的开销，提高系统的稳定性等。要做到用中学，学中用。

单片机应用系统设计的一般过程如图 10.2 所示。

单片机应用系统设计主要包括下面几方面内容。

1) 应用系统总体方案设计。总体方案设计包括系统的要求、应用方案的选择，以及工艺参数的测量范围等。

2) 选择各参数检测元件及变送器。

3) 建立数学模型及确定控制算法。

4) 选择单片机，并决定是自行设计还是购买成套设备。

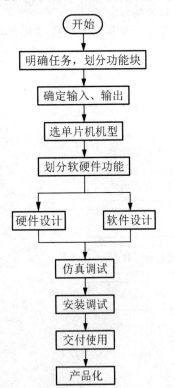

图 10.2　单片机应用系统设计的一般过程

5) 系统硬件设计，包括接口电路、逻辑电路及操作面板。

6) 系统软件设计，包括管理、监控程序以及应用程序的设计。

7) 系统的调试与实验。

本节将就单片机应用系统设计的几个主要方面进行阐述。

10.1.1 系统总体方案的确定

确定单片机应用系统总体方案，是进行系统设计最重要、最关键的一步，总体方案的好坏，直接影响整个应用系统的投资、调节品质及实施细则。总体方案的设计主要是根据被控对象的工艺要求而确定的。由于被控对象多种多样，要求单片机完成的任务也千差万别，所以确定应用系统的总体方案也不完全相同。尽管如此，在总体设计方案中还是有一定的共性。

1. 可行性调研

在选择课题时，必须首先进行可行性分析和经济技术论证，基本原则如下。

1) 技术效果好和经济效益(或社会效益)高。

2) 技术先进，造价较低。

3) 可靠性高，维修方便。

4) 研制周期短。

5) 操作简便，容易掌握。

可行性调研的目的，是分析完成这个项目的技术、应用及市场的可能性。进行这方面的工作，可参考国内外有关资料，看是否有人进行过类似的工作。若有，则可分析如何进行这方面工作的，有什么优点和缺点，有什么是值得借鉴的；若没有，则需要进一步调研，此时的重点应放在能否实现这个环节，首先从理论上进行分析，探讨实现的可能性，所要求的客观条件(如环境、测试手段、仪器设备、资金等)是否具备，然后结合实际情况，确定能否立项的问题。

2. 系统总体方案设计

在进行可行性调研后，如果可以立项，下一步工作就是系统总体方案的设计。首先确定出是采用开环系统还是闭环系统，或是数据处理系统。如果是闭环控制系统，则还要确定出整个系统是采用直接数字控制(DDC)，还是采用计算机监督控制(SCC)，或者采用分布式控制(DCS)等。工作的重点应放在该项目的技术难度上，此时可参考有关这一方面更详细、更具体的资料，根据系统的不同部分和要实现的功能，参考国内外同类产品的性能，提出合理而可行的技术指标，编写出设计任务书，从而完成系统总体方案设计。

3. 设计方案细化

一旦总体方案确定下来，下一步的工作就是将该项目细化，即需明确哪些部分用硬件来完成，哪些部分用软件来完成。由于硬件结构与软件方案会相互影响，因此，从简化电路结构、降低成本、减少故障率，提高系统的灵活性与通用性方面考虑，提倡软件能实现的功能尽可能由软件来完成。但也应考虑以软件代硬件的实质是以降低系统实时性、增加处理时间为代价的，而且软件设计费用、研制周期也将增加，因此系统的软、硬件功能分配应根据系统的要求及实际情况而合理安排，统一考虑。在确定软、硬件功能的基础上，设计者的工作开始涉及一系列的具体问题，如仪器的体积、与具体技术指标相对应的硬件实现方案及软件的总体规划等。在确定人员分工、安排工作进度、规定接口参数后，就必须考虑硬件、软件的具体设计问题了。系统软、硬件设计工作可分开进行，也可同时并进。

在讨论具体设计问题之前，这里还要强调一下，对于一个具体应用系统的设计，上面这几部分工作是必不可少的，否则，可能导致设计方案的整体更改，甚至可能导致方案无法实现，造成人力、物力的浪费。对于设计者来讲，这一点，应加倍注意。

10.1.2 应用系统的硬件设计

单片机应用系统的硬件设计包括两大部分内容：一是单片机系统的扩展部分设计，它包括存储器扩展和接口扩展；二是各功能模块的设计，如信号测量功能模块、信号控制功能模块、人机对话功能模块、通信功能模块等，根据系统功能要求配置相应的 A/D 转换器、D/A 转换器、键盘、显示器、打印机等外围设备。

在进行应用系统的硬件设计时，首要问题是确定电路的总体方案，并需要进行详细的技术论证。

所谓硬件电路的总体设计，即为实现该项目全部功能所需要的所有硬件的电气连线原理图。初次接触这方面工作的设计人员，往往急于求成，在设计总体方案上不愿花时间，过于仓促地开始制板和调试。这种方法不仅不妥当，而且常常得不偿失。因为就硬件系统来讲，电路的各部分都是紧密相关、互相协调的，任何一部分电路的考虑不充分，都会给其他部分带来难以预料的影响，轻则使系统稳定性差，这种情况通过简单修改可以满足应用要求，重则导致系统在理论上不能正常工作，甚至损坏，此时则要对硬件总体大返工，由此造成的后果是可想而知的。因此，设计者不要吝啬在硬件总体方案上花费的时间。从时间上看，硬件设计的绝大部分工作往往是在最初方案的设计阶段完成的，一个好的设计方案常常会达到事半功倍的效果。一旦硬件总体方案确定下来，下一步工作就能很顺利进行，即使需要做部分修改，也只是在此基础上进行一些完善工作，不会造成整体返工。

在进行硬件的总体方案设计时，所涉及的具体电路可借鉴他人在这方面进行的工作。因为经过别人调试和实验过的电路往往具有一定的合理性(尽管这些电路常与书籍或手册上提供的电路不完全一致，但这也可能正是经验所在)。如果在此基础上，结合自己的设计目的进行一些修改，则是一种简便、快捷的做法。当然，有些电路还需自己设计，完全照搬是不太可能的。

在参考别人的电路时，需对其工作原理有较透彻的分析和理解，根据其工作原理了解其适用范围，从而确定其移植的可能性和需要修改的地方。对于有些关键和尚不完全理解的电路，需要仔细分析，在设计之前先进行试验，以确定这部分电路的正确性，并在可靠性和精度等方面进行试验，尤其是模拟电路部分，更需要进行这方面的工作。

为使硬件设计尽可能合理，系统的电路设计应注意以下几个方面。

1) 尽可能选择标准化、模块化的典型电路，提高设计的成功率和结构的灵活性。

2) 在条件允许的情况下，尽可能选用功能强、集成度高的电路或芯片。因为采用这种器件可能代替某一部分电路，不仅元件数量、接插件和相互连线减少，体积减小，使系统可靠性增加，而且成本往往比用多个元件实现的电路要低。

3) 注意选择通用性强、市场货源充足的器件，尤其对需大批量生产的场合，更应注意这方面的问题。其优点是：一旦某种元器件无法获得，也能用其他元器件直接替换或对电路稍作改动后用其他器件代替。

4) 在对硬件系统总体结构考虑时，同样要注意通用性的问题。对于一个较复杂的系统，设计者常常希望将其模块化，即对中央控制单元、输入接口、输出接口、人机接口等分块进行设计，然后采用一定的连接方式将其组合成一个完整的系统。在这种情况下，连接方式就显得非常重要，有时可选用通用接口方式，因为它对于这些总线结构的连接来说，目前应用比较广泛，不少厂家已开发出适合于这些总线结构的接口板，如输入板、输出板、A/D 板等。在必要的情况下，选用现成的模板作为系统的一部分，尽管成本有些偏高，但会大大缩短研制周期，提高工作效率。当然，在有些特殊情况和小系统的场合，用户必须自行设计接口，定义连线方式。此时要注意接口协议，一旦接口方式确定下来，各个模块的设计都应遵守该接口方式。

5) 系统的扩展及各功能模块的设计在满足应用系统功能要求的基础上，应适当留有余地，以备将来修改、扩展之需。实际上，电路设计一次成功而不做任何修改的情况是很少的，如果在设计之初未留有任何余地，后期很可能因为一点小小的改动或扩展而被迫进行全面返工。举例来说，在进行 ROM 扩展时，尽量选用 2764 以上的芯片，这样不仅将来升级方便，成本也会降低；在进行 RAM 扩展时，为使系统升级或增加内存方便，系统的 RAM 空间应留足位置，哪怕多设计一个 RAM 插座，不插芯片也好；在进行 I/O 接口扩展时，也应给出一定的余量，这样对临时增加一些测量通道或被控对象就极为方便了。另外在电路板设计时，可适当安排一些机动布线区，在此区域中安排若干集成芯片插座和金属化孔，但不布线，这样在样机研制过程中，若发现硬件电路有不足之处，需增加元器件时，可在机动布线区临时连线完成，从而避免整个系统返工。在进行模拟信号处理电路设计时，尤其要注意这一点，因为在调试这类电路时，经常会增加一些电容、电阻等元器件。当然，一旦试验完成，制作电路板时，可以去掉机动布线区。

6) 设计时应尽可能多做些调研，采用最新的技术。因为电子技术发展迅速，器件更新换代很快，市场上不断推出性能更优、功能更强的芯片，只有时刻注意这方面的发展动态，采用新技术、新工艺，才能使产品具有最先进的性能，不落后于时代发展的潮流。

7) 在电路设计时，要充分考虑应用系统各部分的驱动能力。一些经验欠缺者往往忽视电路的驱动能力及时序问题，认为原理上可行就行了，其实不然。因为不同的电路有不同的驱动能力，对后级系统的输入阻抗要求也不一样。如果阻抗匹配不当，系统驱动能力不够，将导致系统工作不可靠甚至无法工作。值得注意的是，这种不可靠很难通过一般的测试手段确定，而排除这种故障往往需要对系统做较大地调整。因此，在电路设计时，要注意增加系统驱动能力或减少系统的功耗。

8) 工艺设计，包括机箱、面板、配线、接插件等，这也是一个实际进行系统设计人员容易疏忽但又十分重要的问题。在设计时要充分考虑到安装、调试、操作及维修的方便。

9) 系统的抗干扰设计。这个问题在硬件设计中也是十分重要的，有关这方面的内容，将在 10.1.4 节专门讨论。

除了上述几点之外，在应用系统的硬件设计过程中，还需注意以下几方面。

1) 选择测量元件，它是影响控制系统精度的重要因素之一。测量各种参数如温度、流量、压力、液位、成分、位移、重量、速度等的传感器，种类繁多、规格各异，因此，要正确选择测量元件。

2) 执行机构是单片机控制系统的重要组成部件之一。执行机构的选择一方面要与控制算法匹配，另一方面要根据被控对象的实际情况决定，常用的执行机构有 4 种：电动执行机构，这种机构具有响应速度快、与单片机接口容易等优点，成为单片机应用系统的主要执行机构；气动调节阀装置，它具有结构简单、操作方便、使用可靠、维护容易、防火防爆等优点，广泛用于石油、冶金、电力系统中；步进电机，该电机的驱动电路可以直接接收数字量，而且具有动作速度快、精度高等优点，所以用步进电机作为执行机构的控制系统越来越多；液压执行机构(如油缸和油马达)，将油液的压力能转换成机械能，驱动负载直线或回转运动，能方便地进行无级调速，且调速范围大，控制和调节简单、方便、省力、易于实现自动控制和过载保护。

3) 过程通道的选择应考虑以下一些问题：被控对象参数的数量，各输入/输出通道是串行操作还是并行操作，各通道数据的传递速率，各通道数据的字长及选择位数，过程通道的结构形式等。

根据系统的复杂程度，MCS-51系列单片机应用系统有3种典型结构。

1) 最小应用系统。

2) 小规模扩展系统：只扩展少量的RAM和I/O接口，地址在00H～0FFH之间。

3) 大规模扩展系统：需要扩展较大量的ROM、RAM和I/O接口，连接多片扩展芯片。
硬件设计的具体步骤如下。

1) 确定各输入输出数据的传送方式是中断方式、查询方式还是无条件方式等。

2) 根据系统需要，确定使用何种结构，确定系统中核心电路是最小系统，还是扩展系统。除单片机外，系统中还需要哪些扩展芯片、模拟电路等。

3) 资源分配：各输入/输出信号分别使用哪个并行口、串行口、中断、定时器/计数器及扩展系统时地址资源的分配等。

4) 电路连接：根据以上各步完成完整的线路连接图。

10.1.3 应用系统的软件设计

在进行应用系统的总体设计时，软件设计和硬件设计应统一考虑，相结合进行。当系统的电路设计定型后，软件的任务也就明确了。

系统中的应用软件是根据系统功能要求设计的。一般来说，单片机中的软件功能可分为两大类：一类是执行软件模块程序，它能完成各种实质性的功能，如测量、计算、显示、打印、输出控制等；另一类是监控软件主程序，它专门用来协调各执行模块程序和操作者的关系，充当组织调度角色，也称为Debug程序，是最基本的调试工具。开发监控程序是为了调试应用程序。监控程序功能不足会给应用程序的开发带来麻烦，反之，用大量精力研究监控程序会贻误开发应用程序进度，因此把监控程序控制在适当的规模是明智的。由于应用系统种类繁多，程序编制者风格不一，因此应用软件因系统而异、因人而异。尽管如此，作为优秀的应用软件还是有其共同特点及其规律的。设计人员在进行程序设计时应从以下几个方面加以考虑。

1) 根据软件功能要求，将系统软件分成若干个相对独立的部分。根据它们之间的联系和时间上的关系，设计出合理的软件总体结构，使其清晰、简洁、流程合理。

2) 培养结构化程序设计风格，各功能程序实现模块化、子程序化。这样既便于调试、链接，又便于移植、修改。

3) 建立正确的数学模型。即根据功能要求，描述出各个输入和输出变量之间的数学关系，它是关系到系统性能好坏的重要因素。

4) 为提高软件设计的总体效率，以简明、直观的方法对任务进行描述，在编写应用软件之前，应绘制出程序流程图。这不仅是程序设计的一个重要组成部分，而且是决定成败的关键部分。从某种意义上讲，多花一份时间来设计程序流程图，就可以节约大量的源程序编辑调试时间。

5) 要合理分配系统资源，包括 ROM、RAM、定时器/计数器、中断源等。其中最关键的是片内 RAM 分配。例如，对 89C51 来讲，片内 RAM 指 00H～7FH 单元，这 128 个字节单元的功能不完全相同，分配时应充分发挥其特长，做到物尽其用，在工作寄存器的 8 个单元中，R0 和 R1 具有指针功能，是编程的重要角色，当作为指针使用时，应避免作为他用；20H～2FH 这 16 个字节单元具有位寻址功能，可用来存放各种标志位、逻辑变量、状态变量等；设置堆栈区时应事先估算出子程序和中断嵌套的级数及程序中栈操作指令使用情况，其大小应留有余量。若系统中扩展了 RAM 存储器，应把使用频率最高的数据缓冲器安排在片内 RAM 中，以提高处理速度。当 RAM 资源规划好后，应列出一张 RAM 资源详细分配表，以备编程查用方便。

6) 注意在程序的有关位置处写上功能注释，提高程序的可读性。

7) 加强软件抗干扰设计，是提高单片机应用系统可靠性的有力措施。

实时测控程序一般包括以下几方面。

1) 初始化部分，包括设置工作模式、中断方式、堆栈指针、工作单元初始化等。

2) 参数设定部分，包括设定采样周期、控制参数和给定量等。

3) 中断请求管理，如有时需定时中断请求，CPU 转去执行相应的数据采集服务程序，运行测控算法等。

4) 测控算法，根据系统的要求及被控对象的具体情况而选用不同的控制策略与算法。

5) 终端管理模块，包括修改参数、重新初始化、中止程序等工作。

软件开发大体包括以下几个方面。

1) 划分功能模块及安排程序结构。例如，根据系统的任务，将程序大致划分成数据采集模块、数据处理模块、非线性补偿模块、报警处理模块、标度变换模块、数据控制模块、计算模块、控制器输出模块、故障诊断模块等，并规定了每个模块的任务及其相互间的关系。

2) 画出各程序模块详细流程图。

3) 选择合适的语言(如高级语言或汇编语言)编写程序。编写时尽量采用现有模块子程序，以提高程序设计速度。

4) 将各个模块连结成一个完整的程序。

通过编辑软件编辑出的源程序，必须用编译程序汇编生成目标代码。如果源程序有语法错误则返回编辑过程，修改源文件后再继续编译，直到无语法错误为止。然后利用目标码进行程序调试，在运行中发现设计上的错误再重新修改源程序，如此反复直到成功。

10.1.4 应用系统的抗干扰设计

用于现场的单片机应用系统，易受各种干扰侵袭，直接影响系统的可靠性。因此，单片机应用系统的抗干扰设计已经成为设计人员关注的重要课题。

由于各应用系统所处环境不同，面临的干扰源也不同，相应采取的抗干扰措施也不尽相同。在单片机应用系统中，主要考虑以下各方面的问题。

1) 电压检测及掉电保护技术。若单片机系统的供电电源瞬间断电或电压突然下降，将使单片机系统陷入混乱状态，此时，即使单片机恢复正常，系统也很难恢复正常状态，掉电保护就是解决此类问题的。掉电保护必须通过硬件电路检测到系统供电电源的瞬间断电和电压突然下降，然后将检测信号加到单片机的外部中断输入端，使系统及时地对掉电做出反应。掉电引起的中断应作为高级中断。

2) 切断来自传感器、各功能模块部分的干扰。采取的措施有：模拟电路通过隔离放大器进行隔离，数字电路通过光电耦合器进行隔离，模拟地和数字地分开，或采用提高电路共模抑制比等手段。

3) 对空间干扰(来自于系统内部和外部的电磁场在线路、导线、壳体上的辐射、吸收与调制)的抗干扰设计主要考虑地线设计、系统的屏蔽与布局设计。

4) 地线设计是一个很重要的问题。在单片机应用系统中，地线结构大致有系统地、机壳地(屏蔽地)、数字地、模拟地等。在设计时，数字地和模拟地要分开，分别与电源端地线相连；当系统工作频率小于 1MHz 时，屏蔽线应采用单点接地；当系统工作频率在 1MHz～10MHz 时，屏蔽线应采用多点接地。

5) 在印刷电路板设计中，要将强、弱电路严格分开，尽量不要把它们设计在一块印刷电路板上，电源线的走向应尽量与数据传递方向一致，接地线应适当加粗，在印刷电路板的各个关键部位应配置去耦电容。

6) 对系统中用到的元器件要进行筛选，要选择标准化以及互换性好的器件或电路。对硬件电路存在的故障可通过常规的电平检测、信号检测或编制自诊断程序来加以诊断。

7) 电路设计时要注意电平匹配。如 TTL 的 1 电平是 2.4～5V，0 电平是 0～0.4V；而 CMOS 的 1 电平是 4.99～5V，0 电平是 0～0.01V。因此，当 CMOS 器件接受 TTL 输出时，其输入端就要加电平转换器或上拉电阻，否则，CMOS 器件就会处于不确定状态。

8) 单片机进行扩展时，不应超过其驱动能力，否则将会使整个系统工作不正常。如果要超负载驱动，则应加上总线驱动器，如 74LS244、74LS245 等。

9) CMOS 电路不使用的输入端不允许浮空，否则会引起逻辑电平不正常，易接受外界干扰产生误动作。在设计时可根据实际情况，将多余的输入端与正电源或地相连接。

10) 软件的抗干扰设计是应用系统抗干扰设计的一个重要组成部分。在许多情况下，应用系统的抗干扰不可能完全依靠硬件来解决。而对软件采取抗干扰设计，往往成本低、见效快，起到事半功倍的成效。在实际情况中，针对不同的干扰后果，采取不同的软件对策。例如，在实时数据采集系统中，为了消除传感器通道中的干扰信号，可采用软件数字滤波，如算术平均值法、比较舍取法、中值法、一阶递推数字滤波法等；在开关量控制系统中，为防止干扰进入系统，造成各种控制条件、输出控制失误，可采取软件冗余、设置当前输出状态寄存单元、自检程序等措施；为防止 PC 失控，造成程序"跑飞"而盲目运行，可设置软件 WDT 来监视程序运行状态，也可在非程序区设置软件陷阱，强行使程序回到复位状态，用硬件设置 WDT 电路强制系统返回也是一种常用的方法。

另外，为提高系统的可靠性，防止他人盗取技术信息还应采取加密保护技术，包括硬件加密和软件加密。硬件加密主要有：数据线、地址线中的某些位换位，数据线、地址线中的某些位求反，使用内部程序存储器可加密的单片机。软件加密主要有：程序模块之间加一些加密字节，用返回指令取代条件指令，使程序中的某些字节为两个程序模块共同使用。需要说明的是，加密和解密是同时发展的，因此加密只是相对而言。

10.2 单片机应用系统的开发过程

单片机应用系统从研制到调试成功并不是一件容易的事，硬件的设计和制造以及软件的调试和修改要借助相应的设计软件及开发工具和调试工具才能完成。

10.2.1 单片机的开发与开发工具

单片机应用系统(或称目标系统)从提出任务到正式投入运行(或批量生产)的过程，称为单片机的开发。

单片机的开发有其自身的特点，只有对其特点了如指掌才能在设计时如鱼得水、事半功倍。单片机开发的几个主要特点如下。

1) 单片机的开发是一门综合技能，需要相关的数学基础知识、模拟及数字电子技术基础知识，甚至是计算机控制技术、智能控制等知识。

2) 单片机的开发是一项实践性很强的技能，只有不断的动手实践才能掌握，因此一般需要有计算机及相关的开发工具，如编程器、实验板等。

一般来讲，单片机本身只是一个电子元件，只有当它和其他器件、设备有机组合在一起，并配置适当的工作程序(软件)后，才能构成一个单片机的应用系统，完成规定的操作，具有特定的功能。因此，单片机的开发包括硬件和软件两个部分。

很多型号的单片机本身没有自开发功能，需借助于开发工具来排除目标系统样机中硬件故障，生成目标程序，并排除程序错误，当目标系统调试成功以后，还需要用开发工具把目标程序固化到单片机内部或外部程序存储器中。

由于单片机内部功能部件多、结构复杂、外部测试点(即外部引脚)少，因此不能只靠万用表、示波器等工具来测试单片机内部和外部电路的状态。单片机的开发工具通常是一个特殊的计算机系统——开发系统。开发系统和一般通用计算机系统相比，在硬件上增加了目标系统的在线仿真器、逻辑分析仪、编程器等部件；软件中除了一般计算机系统所具有的操作系统、编辑程序、编译系统等以外，还增加了目标系统的汇编和编译系统以及调试程序等。开发系统有通用和专用两种类型，通用型配置用于开发多种在线仿真器和相应的开发软件，使用时只要更换系统中的仿真板，就能开发相应的单片机；专用型只能开发一种类型的单片机。

单片机的开发工具有许多，如编辑器、仿真软件、仿真器、编程器等。尤其是具有 51 内核单片机的开发工具，更是不计其数。然而经过 20 多年的发展，特别是在系统可编程 (In System Programmability，ISP)技术的发展，人们逐渐可以不用仿真器，就可以进行开发实验。实践证明，不用仿真器只适用于简单的程序设计，且程序的开发者要有丰富的开发经验的情况。

随着技术的进步，特别是具有片内 Flash 存储器的单片机的使用，使得开发单片机应用系统可以不用仿真器。不论是什么接口，只要能向 Flash 存储器下载和擦除程序，就不必使用仿真器。方法是先将监控程序下载到单片机中去，然后借助监控程序调试应用程序。

10.2.2 单片机开发系统的功能

1. 在线仿真功能

在线仿真器应能仿真目标系统中单片机，并能模拟目标系统的 ROM、RAM 和 I/O 接口，使在线仿真时目标系统的运行环境和脱机运行的环境完全"逼真"，以实现目标系统的完全的一次性开发。仿真功能具体体现在以下几方面。

(1) 单片机仿真功能

在线仿真时，开发系统应能将在线仿真器中的单片机完整地出借给目标系统，不占用目标系统单片机的任何资源，使目标系统在联机仿真和脱机运行时的环境(工作程序、使用的资源和地址空间)完全一致，实现完全的一次性的仿真。

单片机的资源包括：片上的 CPU、RAM、SFR、定时器、中断源、I/O 接口以及外部可扩充的程序存储器和数据存储器地址空间。这些资源应允许目标系统充分自由地使用，不应受到任何限制，使目标系统能根据单片机固有的资源特性进行硬件和软件的设计。

(2) 模拟功能

在开发目标系统的过程中，单片机的开发系统允许用户使用其内部的 RAM 和输入/输出来替代目标系统中的 ROM 程序存储器、RAM 数据存储器以及 I/O，使用户在目标系统样机还未完全配置好之前，便可以借用开发系统提供的资源进行软件开发。

最重要的是目标机的程序存储器模拟功能。因为在研制目标系统的开始阶段，目标程序还未生成，更谈不上在目标系统中固化程序。因此，用户的目标程序必须存放在开发系统 RAM 内，以便于在调试过程中对程序修改。开发系统所能出借的作为目标系统程序存储器的 RAM，常称为仿真 RAM。开发系统中仿真 RAM 的容量和地址映射应与目标机系统完全一致。

2. 调试功能

开发系统对目标系统软硬件的调试功能(也称为排错功能)强弱，将直接关系到开发的效率。性能优良的单片机开发系统应具有下面所述的调试功能。

(1) 允许控制功能

开发系统应能使用户有效地控制目标程序的运行，以便检查程序运行的结果，对存在的硬件故障和软件错误进行定位。

1) 单步运行：能使 CPU 从任意的目标程序地址开始执行一条指令后停止运行。

2) 断点运行：允许用户任意设置条件断点，启动 CPU 从规定地址开始运行后，当碰到断点条件(程序地址和指定断点地址符合或者 CPU 访问到指定的数据存储器单元等条件)符合以后停止运行。

3) 连续运行：能使 CPU 从指定地址开始连续地全速运行目标程序。

4) 启停控制：在各种运行方式中，允许用户根据调试的需要来启动或停止 CPU 执行目标程序。

(2) 对目标系统状态的读出修改功能

当 CPU 停止执行目标系统的程序后，允许用户方便地读出或修改目标系统所有资源的状态，以便检查程序运行的结果、设置断点条件以及设置程序的初始参数。可供用户读出和修改的目标系统资源包括以下几种。

1) 程序存储器(开发系统中的仿真 RAM 或目标机中的程序存储器)。

2) 单片机片内资源：工作寄存器、SFR、I/O 接口、RAM 数据存储器以及位单元等。

3) 系统中扩展的数据存储器及 I/O 接口等。

(3) 跟踪功能

高性能的单片机开发系统具有逻辑分析仪的功能。在目标程序运行过程中，能跟踪存储目标系统总线上的地址、数据和控制信号的状态变化，跟踪存储器能同步地记录总线上的信息，用户可以根据需要跟踪存储器搜集到的信息，也可以显示某一位总线的状态变化的波形，使用户掌握总线上状态变化的过程，这对各种故障的定位特别有用，大大地提高工作效率。

3. 辅助设计功能

软件的辅助设计功能的强弱也是衡量单片机开发系统性能高低的重要标志。单片机系统的软件开发的效率在很大程度上取决于开发系统的辅助设计功能，主要包括以下几方面。

(1) 程序设计语言

单片机的程序设计语言有机器语言、汇编语言和高级语言。在程序设计时交叉使用汇编语言和高级语言是一种常用的方式。

(2) 程序编辑

通过不同的方式输入源程序并进行编辑。

(3) 其他软件功能

很多单片机开发系统都提供反汇编功能，并给用户提供宏调用子程序库，以减少用户软件研制的工作量。

单片机开发系统的其他功能指标和一般的计算机系统相类似，如系统的可靠性、可维护性以及 I/O 的种类和存储器的容量等。

10.2.3 单片机应用系统的调试、运行与维护

在完成目标系统样机的组装和软件设计之后，便进入系统的调试阶段。用户系统的调试步骤和方法是相同的，但具体细节则与所采用的开发系统以及目标系统所选用的单片机型号有关。

系统调试的目的是查出系统中硬件设计与软件设计中存在的错误及可能出现的不协调的问题，以便修改设计，最终使系统能正确地、可靠地工作。最好能在方案设计阶段就考虑到调试问题，如采用什么调试方法、使用何种调试仪器等，以便在系统方案设计时将必要的调试方法综合到软、硬件设计中，或提早做好调试准备工作。系统调试包括硬件调试、软件调试及软、硬件联调。根据调试环境不同，系统调试又分为模拟调试与现场调试。各种调试所起的作用是不同的，它们所处的时间阶段也不一样，但它们的目标是一致的，都是为了查出系统中潜在的错误和缺陷。

1. 调试工具

在单片机应用系统的调试中，最常见的调试工具除了前面介绍的单片机开发系统(仿真器)之外，还有以下几种。

(1) 逻辑笔

逻辑笔可以测试数字电路中测试点的电平状态(高或低)及脉冲信号的有无。假如要检测单片机扩展总线上连接的某译码器是否有译码信号输出，可编写循环程序使译码器对特定的状态不断进行译码。运行该程序后，用逻辑笔测试译码器输出端，若逻辑笔上红、绿发光二极管交替闪亮，则说明译码器有信号输出；若只有红色发光二极管(高电平输出)或绿色发光二极管(低电平输出)闪亮，则说明译码器无译码信号输出。这样就可以初步确定由扩展总线到译码器之间是否存在故障。

(2) 逻辑脉冲发生器与模拟信号发生器

逻辑脉冲发生器能够产生不同宽度、幅度及频率的脉冲信号，它可以作为数字电路的输入源。模拟信号发生器可产生具有不同频率的方波、正弦波、三角波、锯齿波等模拟信号，它可作为模拟电路的输入源。这些信号源在调试中是非常有用的。

(3) 示波器

示波器可以测量电平、模拟信号波形及频率，还可以同时观察两个或三个以上的信号波形及它们之间的相位差(双踪或多踪示波器)。它既可以对静态信号进行测试，也可以对动态信号进行测试，而且测试准确性好。它是任何电子系统调试维修的一种必备工具。

(4) 逻辑分析仪

逻辑分析仪能够以单通道或多通道实时获取触发事件的逻辑信号，可保存显示触发事件前后所获取的信号，供操作者随时观察，并作为软、硬件分析的依据，以便快速有效地查出软、硬件中的错误。逻辑分析仪主要用于动态调试中信号的捕获。

2. 硬件调试

单片机应用系统的硬件调试和软件调试是分不开的，许多硬件故障是在调试软件时才发现的，但通常是先排除系统中明显的硬件故障后才与软件结合起来调试。

(1) 常见的硬件故障

1) 逻辑错误。样机的逻辑错误是由于设计错误和加工过程中的工艺性错误所造成的。这类错误包括错线、开路、短路、相位错等几种，其中短路是最常见也较难排除的故障。单片机的应用系统往往要求体积小，从而使印板的布线密度高，由于工艺等原因造成引线之间的短路。开路常常是由于印板的金属化孔质量不好或接插件接触不良引起的。

2) 元器件失效。原因有两个方面：一是器件本身已损坏或性能差，诸如电阻电容的型号、参数不正确，集成电路已损坏，器件的速度、功耗等技术参数不符合要求等；二是由于组装错误造成的元器件失效，如电容、二极管、三极管的极性错误和集成块安装的方向错误等。

3) 可靠性差。系统不可靠的因素很多，如金属化孔、接插件接触不良会造成系统时好时坏，经受不起振动，内部和外部的干扰、电源纹波系数过大、器件负载过大等会造成逻辑电平不稳定。另外，走线和布局的不合理等也会引起系统可靠性差。

4)电源故障。若样机中存在电源故障，则加电后将造成器件损坏，因此电源必须单独调试好以后才能加到系统的各个部件中。电源的故障包括：电压值不符合设计要求，电源引出线和插座不对应，各档电源之间的短路，变压器功率不足，内阻大，负载能力差，纹波较大等。

(2) 硬件调试方法

硬件调试是利用开发系统、基本测试仪器，通过执行开发系统有关命令或运行适当的测试程序(也可以是与硬件有关的部分用户程序段)来检查用户系统硬件中存在的故障。硬件调试分为静态调试与动态调试。

1) 静态调试。在样机加电之前，根据硬件电气原理图和装配图仔细检查样机线路是否正确，并核对元器件的型号、规格和安装是否符合要求。应特别注意电源的走线，防止电源之间的短路和极性错误，并重点检查扩展系统总线(地址总线、数据总线和控制总线)是否存在相互间的短路或与其他信号线的短路。之后是加电后检查各插件上引脚的电位，仔细测量各点电位是否正常，尤其应注意单片机插座上的各点电位，若有高压，联机时将会损坏仿真器。然后是在不加电情况下，除单片机以外，插上所有的元器件，用仿真插头将样机的单片机插座和开发工具的仿真接口相连,这样便为联机调试做好了准备。

2) 动态调试。在静态测试中,只对样机硬件进行初步测试,只排除一些明显的硬件故障。目标样机中的硬件故障主要靠联机调试来排除。静态测试完成后分别打开样机和仿真器电源,就可以进行动态调试了。动态调试是在用户系统工作的情况下发现和排除用户系统硬件中存在的器件内部故障、器件间连接逻辑错误等的一种硬件检查。由于单片机应用系统的硬件动态调试是在开放系统的支持下完成的,故又称为联机仿真或联机调试。

动态调试的一般方法是由分到合、由近及远,进行分步、分层的调试。

由分到合指的是,首先按逻辑功能将用户系统硬件电路分为若干块,如程序存储器电路、A/D 转换器电路、输出控制电路,再分块调试。当调试某电路时,将与该电路无关的器件全部从用户系统中去掉,这样,可将故障范围限定在某个局部的电路上。当分块电路调试无故障后,将各电路逐块加入系统中,再对各块电路及电路间可能存在的相互联系进行试验。此时若出现故障,则最大可能是电路协调关系上出了问题,如相互间信息联络是否正确,时序是否达到要求等。直到所有电路加入系统后各部分电路仍能正确工作为止,由分到合的调试即告完成。在经历了这样一个调试过程后,大部分硬件故障基本上可以排除。

在有些情况下,功能要求较高或设备较复杂,使得某些逻辑功能块电路较为复杂庞大,为确定故障带来一定的难度。这时对每块电路可以以处理信号的流向为线索,将信号流经的各器件按照其到单片机的逻辑距离进行由远及近的分层,然后分层调试。调试时,仍采用去掉无关器件的方法,逐层依次调试下去,就可能将故障定位在具体器件上。例如,调试外部数据存储器时,可先按层调试总线电路(如数据收发器),然后调试译码电路,最后加上存储芯片,利用开发系统对其进行读/写操作,就能有效地调试数据存储器。显然,每部分出现的问题只局限在一个小范围内,因此有利于故障的发现和排除。通过这种调试,可以测试扩展 RAM、I/O 接口和 I/O 设备、程序存储器、晶体振荡器和复位电路等是否有故障。

动态调试借用开发系统资源(单片机、存储器等)来调试用户系统中单片机的外围电路。利用开发系统友好的人机界面,可以有效地对用户系统的各部分电路进行访问、控制,使系统在运行中暴露问题,从而发现故障。

3. 软件调试

(1) 常见的软件错误

1) 程序失控。这种错误的现象是当以断点或连续方式运行时,目标系统没有按规定的功能进行操作或什么结果也没有,这是由于程序转移到没有预料到的地方或在某处死循环所造成的。这类错误的原因有:程序中转移地址计算错误、堆栈溢出、工作寄存器冲突等。在采用实时多任务操作系统时,错误可能在操作系统中没有完成正确的任务调度操作,也可能在高优先级任务程序中,该任务不释放处理器使 CPU 在该任务中死循环。

2) 中断错误。主要有两种情况。一种是不响应中断,这种错误的现象是连续运行时不执行中断服务程序的规定操作,当断点设在中断入口或中断服务程序中时碰不到断点。错误的原因有:中断控制寄存器(IE,IP)的初值设置不正确,使 CPU 没有开放中断或不允许某个中断源请求;对片内的定时器、串行口等特殊功能寄存器和扩展的 I/O 接口编程有错误,造成中断没有被激活;某一中断服务程序不是以 RETI 指令作为返回主程序的指令,CPU 虽已返回到主程序但内部中断状态寄存器没有被清除,从而不响应中断;由于外部中断源的硬件故障使外部中断请求无效。另一种是循环响应中断,这种错误是 CPU 循环地响应某一个中断,使 CPU 不能正常地执行主程序或其他的中断服务程序，大多发生在外部中断中。若外部中断(如 $\overline{INT0}$ 或 $\overline{INT1}$)以电平触发方式请求中断，当中断服务程序没有有效清除外部中断源或由于硬件故障使中断源一直有效而使 CPU 连续响应该中断。

3) 输入/输出错误。这类错误包括输入/输出操作杂乱无章或根本不动作，错误的原因有：输入/输出程序没有和 I/O 硬件协调好(如地址错误、写入的控制字和规定的 I/O 操作不一致等)，时间上没有同步，硬件中还存在故障等。

4) 结果不正确。目标系统基本上已能正常操作，但控制有误动作或者输出的结果不正确。这类错误大多是由于计算程序中的错误引起的。

(2) 软件调试方法

软件调试是通过对用户程序的汇编、连接、执行来发现程序中存在的语法错误与逻辑错误并加以排除纠正的过程。软件调试与所选用的软件结构和程序设计技术有关。如果采用实时多任务操作系统，一般是逐个任务进行调试。在调试某一个任务时，同时也调试相关的子程序、中断服务程序和一些操作系统的程序。若采用模块程序设计技术，则逐个模块(子程序、中断程序、I/O 程序等)调试好以后，再联成一个大的程序，然后进行系统程序调试。软件调试的一般方法是先独立后联机、先分块后组合、先单步后连续。

1) 计算程序的调试方法。计算程序的错误是一种静态的固定的错误，因此主要采用单步或断点运行方式来调试。根据计算程序的功能，事先准备好一组测试数据，然后从计算程序开始运行到结束，将运行的结果和正确数据进行比较，如果对所有的测试数据进行测试，都没有发现错误，则该计算程序调试正确；如果发现结果不正确，改用单步运行方式，即可检查出错误所在。

2) I/O 处理程序的调试。A/D 转换一类的 I/O 处理程序是实时处理程序，因此需用全速断点方式或连续运行方式进行调试。

3) 综合调试。在完成了各个模块程序(或各个任务程序)的调试工作以后，接着进行系统的综合调试。综合调试一般采用全速断点运行方式，这个阶段的主要工作是排除系统中遗留的错误以提高系统的动态性能和精度。在综合调试的最后阶段，应使用目标系统的晶体振荡电路工作，使系统全速运行目标程序，实现了预定功能技术指标后，便可将软件固化，然后再运行固化的目标程序，成功后目标系统便可脱机运行。一般情况下，这样一个应用系统就算研制成功了。如果脱机后出现了异常情况，大多是因为目标系统的复位电路中有故障或由上电复位电路中元器件参数等引起的。

4. 运行与维护

在进行综合调试后，还要进行一段时间的试运行。只有经过试运行，系统才会暴露出它的问题和不足之处。在系统试运行阶段，设计者应当观测它能否经受实际环境考验，还要对系统进行检测和试验，以验证系统功能是否满足设计要求，是否达到预期效果。

系统经过一段时间的考机和试运行后，就可投入正式运行。在正式运行中还要建立一套健全的维护制度，以确保系统的正常工作。

10.3 函数信号发生器的设计

10.3.1 功能分析及总体设计

函数信号发生器是一种常用的信号源，是教学和科研中一种最常见的通用仪器。输出波形一般为正弦波、三角波、锯齿波、方波。

由 89C51 单片机和 DAC0832 组成的函数信号发生器的电路原理图如图 10.3 所示。该函数信号发生器可以输出 4 种典型波形，分别为方波、锯齿波、三角波和正弦波，且频率可以改变。波形选择由开关 K1～K4 实现。当按下开关 K1 时，输出方波；当按下开关 K2 时，输出锯齿波；当按下 K3 时，输出三角波；当按下 K4 时，输出正弦波。波形的频率的调节由开关 K5、K6 来实现。当按下 K5 时，可以增加输出信号的频率；当按下 K6 时，可以减小输出信号的频率。

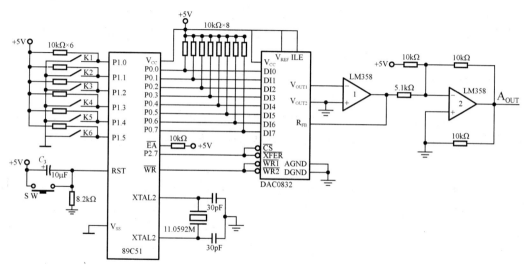

图 10.3 函数信号发生器的电路原理图

10.3.2 硬件设计

1. 波形选择开关和频率调节开关

由图 10.3 可以看到，共设置了 6 个开关 K1～K6，分别与 P1.0～P1.5 相连。其中 K1～K4 用于波形选择，K5 和 K6 用于调节频率。当检测到 P1.0～P1.3 中任一口线为低电平时，则是选择了某个波形输出；当检测到 P1.4 为低电平时，则是要增加输出信号的频率；当检测到 P1.5 为低电平时，则是要减小输出信号的频率。

2. 单片机与 DAC0832 的接口

单片机 89C51 与 DAC0832 的接口如图 10.3 所示。因为 DAC0832 内部有锁存器，所以不需要其他接口芯片，便可以直接和单片机的数据总线相连，也不需要保持器。DAC0832 采用单缓冲工作方式，其 $\overline{CS}$ 和 $\overline{XFER}$ 都与单片机的 P2.7 相连，故 DAC0832 的地址为 7FFFH。当地址线选通 DAC0832 后，只要输出 $\overline{WR}$ 控制信号，DAC0832 就能一步完成数字量的输入锁存和 D/A 转换输出。

3. DAC0832 的输出方式

在本系统中，DAC0832 采用的是双极性输出。图中的 LM358 为内部包含两个独立的、高增益、内部频率补偿的双运算放大器。其中 LM358(1) 的使用是将 DAC0832 输出的电流信号转换为电压信号，LM358(2) 的作用是实现电压信号的放大。

10.3.3　软件设计

1. 波形的产生方法

在本系统中共产生 4 种波形，即方波、锯齿波、三角波和正弦波。不同的波形主要是由输入到 DAC0832 的不同规律的数据产生的，所以在软件设计时主要是构造各种波形的数据表格。本设计中每种波形在一个周期内均输出 256 个点。

方波只需要连续输出 128 个 00H，然后再连续输出 128 个 FFH，如此重复。DAC0832 就可以输出连续方波。

锯齿波的产生方法是单片机从数字量 00H 开始，逐次加 1，直到 FFH，然后再从 00H 开始，如此重复。DAC0832 即可输出锯齿波。

三角波的数据表格可以由数字量的增减来控制，在前半个周期数据由 00H 增加到 FFH，在后半个周期数据由 FFH 减少到 00H，每次变化 02H，如此重复。DAC0832 即可以输出连续的三角波。

产生正弦波的关键是构造一个正弦函数数据表，通过查找该函数数据表来实现波形的输出。以正弦函数的 $0 \sim \pi/2$ 为例，0 时设定其对应的数字量为 80H，$\pi/2$ 时必然对应的数字量为 FFH，在 $0 \sim \pi/2$ 范围内有 64 个点，故间隔为 $1.40625°$。于是可以计算出正弦函数数据表。

2. 频率的调节

波形频率的调节是通过对输出数据的时间间隔控制来实现的。以三角波为例，假设三角波每个周期输出 256 个点，若要求三角波的频率为 100Hz，每个周期延时时间应为 10ms，每个时间间隔延时约为 0.04ms，即 40μs。若想改变波形的频率，只需改变定时器的定时初值，进而改变每两点之间的时间间隔。

3. 程序设计

本设计系统的操作顺序是先确定波形的频率，然后再选择输出波形的类型。每检测到有一个开关闭合，则调用相应的子程序。在输出波形子程序中，每一次定时时间到则输出一个值。主程序流程图如图 10.4 所示。

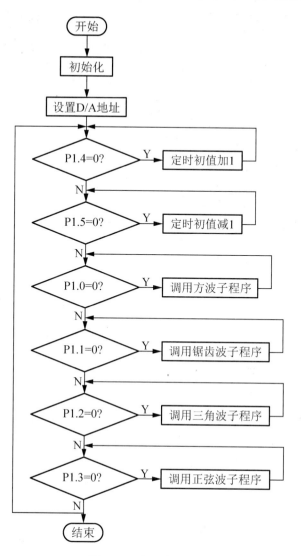

图 10.4　主程序流程图

4. 程序清单

```
        TH0D    EQU 32H
        TL0D    EQU 33H
        ORG     0000H
        LJMP    MAIN
        ORG     0100H
MAIN:   MOV     SP, #40H
        MOV     TMOD, #01H          ; 设定时器 T0 工作在定时、方式 1
        MOV     TH0D, #0FFH         ; 设置定时器的初值
        MOV     TL0D, #00H
        MOV     TH0, TH0D
        MOV     TL0, TL0D
        MOV     DPTR, #7FFFH        ; 设置 D/A 转换器地址
START:  JNB     P1.4, LOOP1         ; 增大输出波形的频率
        JNB     P1.5, LOOP2         ; 减小输出波形的频率
        JNB     P1.0, LOOP3         ; 调用输出方波子程序
```

```
            JNB     P1.1, LOOP4              ; 调用输出锯齿波子程序
            JNB     P1.2, LOOP5              ; 调用输出三角波子程序
            JNB     P1.3, LOOP6              ; 调用输出正弦波子程序
            LJMP    START
LOOP1:  MOV     A, TL0D                      ; 增加定时初值
            CJNE    A, #0FFH, INC1
            LJMP    LOOP10
INC1:   INC     TL0D
            MOV     TL0, TL0D
            JB      P1.4, LOOP10
            LJMP    LOOP1
LOOP10: RET
LOOP2:  MOV     A, TL0D                      ; 减小定时初值
            CJNE    A, #00H, DEC1
            LJMP    LOOP20
DEC1:   DEC     TL0D
            MOV     TL0, TL0D
            JB      P1.5, LOOP20
            LJMP    LOOP2
LOOP20: RET
LOOP3:  MOV     R0, #80H                     ; 输出方波
            MOV     A, #0FFH
            MOVX    @DPTR, A
LOOP31: SETB    TR0
LOOP32: JNB     TF0, LOOP32
            CLR     TR0
            DJNZ    R0, LOOP31
            MOV     R0, #80H
            MOV     A, #00H
            MOVX    @DPTR, A
LOOP33: STEB    TR0
LOOP34: JNB     TF0, LOOP34
            CLR     TR0
            DJNZ    R0, LOOP33
            JB      P1.0, LOOP35
            LJMP    LOOP3
LOOP35: RET
LOOP4:  MOV     R1, #00H                     ; 输出锯齿波
            MOV     A, R1
            MOVX    @DPTR, A
LOOP41: CJNE    R1, #0FFH, LOOP42
            JB      P1.1, LOOP44
            LJMP    LOOP4
LOOP42: INC     R1
SETB TR0
LOOP43: JNB     TF0, LOOP42
            CLR     TR0
            MOV     A, R1
            MOVX    @DPTR, A
            LJMP    LOOP41
LOOP44: RET
LOOP5:  MOV     R2, #00H                     ; 输出三角波
            MOV     A, R2
            MOV     DPTR, #TABLE1
            MOVC    A, @A+DPTR
            MOV     DPTR, #7FFFH
            MOVX    @DPTR, A
LOOP51: CJNE    R2, #0FFH, LOOP52
            JB      P1.2, LOOP54
            LJMP    LOOP5
```

```
LOOP52:  INC     R2
         SETB    TR0
LOOP53:  JNB     TF0, LOOP53
         CLR     TR0
         MOV     A,R2
         MOV     DPTR, #TABLE1
         MOVC    A, @A+DPTR
         MOV     DPTR, #7FFFH
         MOVX    @DPTR, A
         LJMP    LOOP51
LOOP54:  RET
LOOP6:   MOV     R3, #00H                              ; 输出正弦波
         MOV     A, R3
         MOV     DPTR, #TABLE2
         MOVC    A, @A+DPTR
         MOV     DPTR, #7FFFH
         MOVX    @DPTR, A
LOOP61:  CJNE    R3, #0FFH, LOOP62
         JB      P1.3, LOOP64
         LJMP    LOOP6
LOOP62:  INC     R3
         SETB    TR0
LOOP63:  JNB     TF0, LOOP63
         CLR     TR0
         MOV     A, R3
         MOV     DPTR, #TABLE2
         MOVC    A, @A+DPTR
         MOV     DPTR, #7FFFH
         MOVX    @DPTR, A
         LJMP    LOOP61
LOOP64:  RET
TABLE1:  DB      00H,02H,04H,06H,08H,0AH,0CH,0EH
         DB      10H,12H,14H,16H,18H,1AH,1CH,1EH
         DB      20H,22H,24H,26H,28H,2AH,2CH,2EH
         DB      30H,32H,34H,36H,38H,3AH,3CH,3EH
         DB      40H,42H,44H,46H,48H,4AH,4CH,4EH
         DB      50H,52H,54H,56H,58H,5AH,5CH,5EH
         DB      60H,62H,64H,66H,68H,6AH,6CH,6EH
         DB      70H,72H,74H,76H,78H,7AH,7CH,7EH
         DB      80H,82H,84H,86H,88H,8AH,8CH,8EH
         DB      90H,92H,94H,96H,98H,9AH,9CH,9EH
         DB      0A0H,0A2H,0A4H,0A6H,0A8H,0AAH,0ACH,0AEH
         DB      0B0H,0B2H,0B4H,0B6H,0B8H,0BAH,0BCH,0BEH
         DB      0C0H,0C2H,0C4H,0C6H,0C8H,0CAH,0CCH,0CEH
         DB      0D0H,0D2H,0D4H,0D6H,0D8H,0DAH,0DCH,0DEH
         DB      0E0H,0E2H,0E4H,0E6H,0E8H,0EAH,0ECH,0EEH
         DB      0F0H,0F2H,0F4H,0F6H,0F8H,0FAH,0FCH,0FEH
         DB      0FEH,0FCH,0FAH,0F8H,0F6H,0F4H,0F2H,0F0H
         DB      0EEH,0ECH,0EAH,0E8H,0E6H,0E4H,0E2H,0E0H
         DB      0DEH,0DCH,0DAH,0D8H,0D6H,0D4H,0D2H,0D0H
         DB      0CEH,0CCH,0CAH,0C8H,0C6H,0C4H,0C2H,0C0H
         DB      0BEH,0BCH,0BAH,0B8H,0B6H,0B4H,0B2H,0B0H
         DB      0AEH,0ACH,0AAH,0A8H,0A6H,0A4H,0A2H,0A0H
         DB      9EH,9CH,9AH,98H,96H,94H,92H,90H
         DB      8EH,8CH,8AH,88H,86H,84H,82H,80H
         DB      7EH,7CH,7AH,78H,76H,74H,72H,70H
         DB      6EH,6CH,6AH,68H,66H,64H,62H,60H
         DB      5EH,5CH,5AH,58H,56H,54H,52H,50H
         DB      4EH,4CH,4AH,48H,46H,44H,42H,40H
         DB      3EH,3CH,3AH,38H,36H,34H,32H,30H
         DB      2EH,2CH,2AH,28H,26H,24H,22H,20H
```

```
        DB    1EH,1CH,1AH,18H,16H,14H,12H,10H
        DB    0EH,0CH,0AH,08H,06H,04H,02H,00H
TABLE2: DB    80H,83H,86H,89H,8CH,8FH,92H,95H
        DB    98H,9CH,9FH,0A2H,0A5H,0A8H,0ABH,0AEH
        DB    0B0H,0B3H,0B6H,0B9H,0BCH,0BFH,0C1H,0C4H
        DB    0C7H,0C9H,0CCH,0CEH,0D1H,0D3H,0D5H,0D8H
        DB    0DAH,0DCH,0DEH,0E0H,0E2H,0E4H,0E6H,0E8H
        DB    0EAH,0ECH,0EDH,0EFH,0F0H,0F2H,0F3H,0F5H
        DB    0F6H,0F7H,0F8H,0F9H,0FAH,0FBH,0FCH,0FCH
        DB    0FDH,0FEH,0FEH,0FFH,0FFH,0FFH,0FFH,0FFH
        DB    0FFH,0FFH,0FFH,0FFH,0FFH,0FFH,0FEH,0FEH
        DB    0FDH,0FCH,0FCH,0FBH,0FAH,0F9H,0F8H,0F7H
        DB    0F6H,0F5H,0F3H,0F2H,0F0H,0EFH,0EDH,0ECH
        DB    0EAH,0E8H,0E6H,0E4H,0E2H,0E0H,0DEH,0DCH
        DB    0DAH,0D8H,0D5H,0D3H,0D1H,0CEH,0CCH,0C9H
        DB    0C7H,0C4H,0C1H,0BFH,0BCH,0B9H,0B6H,0B3H
        DB    0B0H,0AEH,0ABH,0A8H,0A5H,0A2H,9FH,9CH
        DB    98H,95H,92H,8FH,8CH,89H,86H,83H
        DB    80H,7CH,79H,76H,73H,70H,6DH,6AH
        DB    67H,63H,60H,5DH,5AH,57H,54H,51H
        DB    4FH,4CH,49H,46H,43H,40H,3EH,3BH
        DB    38H,36H,33H,31H,2EH,2CH,2AH,27H
        DB    25H,23H,21H,1FH,1DH,1BH,19H,17H
        DB    15H,13H,12H,10H,0FH,0DH,0CH,0AH
        DB    09H,08H,07H,06H,05H,04H,03H,03H
        DB    02H,01H,01H,00H,00H,00H,00H,00H
        DB    00H,00H,00H,00H,00H,00H,01H,01H
        DB    02H,03H,03H,04H,05H,06H,07H,08H
        DB    09H,0AH,0CH,0DH,0FH,10H,12H,13H
        DB    15H,17H,19H,1BH,1DH,1FH,21H,23H
        DB    25H,27H,2AH,2CH,2EH,31H,33H,36H
        DB    38H,3BH,3EH,40H,43H,46H,49H,4CH
        DB    4FH,51H,54H,57H,5AH,5DH,60H,63H
        DB    67H,6AH,6DH,70H,73H,76H,79H,7CH
        END
```

10.4 红外报警器的设计

10.4.1 功能分析及总体设计

设计一个基于红外二极管的报警器，红外发射二极管发射红外线，红外接收二极管接收红外线。无物体遮挡时，红外接收二极管可以接收到红外光，蜂鸣器不发出声音；当有物体遮挡时，红外接收二极管不能接收到红外光，蜂鸣器发出声音，提示报警。

如图 10.5 所示给出了简单红外报警器电路原理图。

单片机的 31 引脚接高电平，使用内部 ROM；

C1、C2 和 Y1(晶体振荡器)构成振荡电路，提供时钟信号；

C3、S1 和 R7 是复位电路；

CC4069 的作用是反向驱动器，提高带负载的能力。VD1～VD4 为红外发射二极管，其负极接 P0 口，P0 口设置为输出状态，当 P0 口为 "0" 时，VD1～VD4 发红外光。

VR1～VR4 为红外接收二极管，当接收到红外光时导通，+5V 电源通过 VR1～VR4 加到反相器 CC4069 的输入端，经反相为低电平，这时 P1.0～P1.3 为低电平。红外发射二极管和红外接收二极管分别安装在门窗的适当位置，当有人闯入时遮挡了红外线，接收二极管截止，反相器输入端为低电平，P1.0～P1.3 为高电平。当在一定时间内检测到位于不同位置的光束被遮挡时，则由 P2.0 口输出报警信号，进行发声报警，直至按复位按钮 RESET。由于红外接收、发射二极管之间没有遮挡时为正常，有遮挡时为异常，则当 P0 口输出 00H 时，P1 口的正常状态数据为 00H。

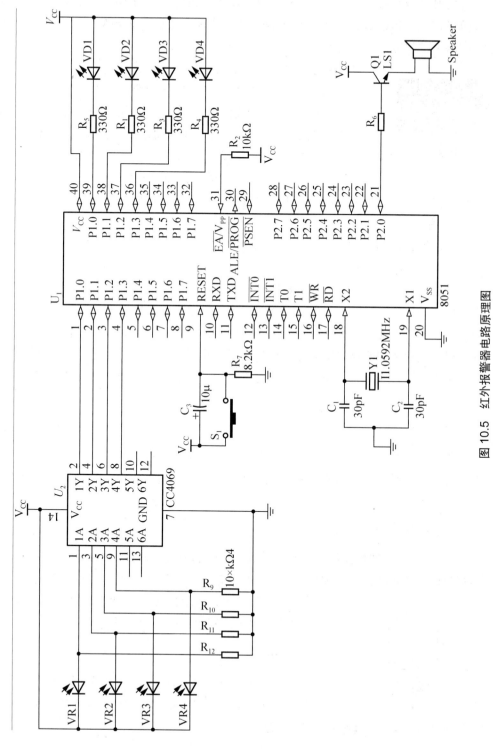

图 10.5 红外报警器电路原理图

10.4.2 硬件设计

1. 红外发射二极管

红外发射二极管的工作原理和外形与发光二极管相似，如图10.6所示。常用的红外发射二极管(如 SE303、PH303)的管压降约 1.4V，工作电流一般小于 20mA。为了适应不同的工作电压，回路中常常串有限流电阻。

图 10.6　红外发射二极管

发射红外线去控制相应的受控装置时，其控制的距离与发射功率成正比。为了增加红外线的控制距离，红外发光二极管都工作于脉冲状态，因为脉动光(调制光)的有效传送距离与脉冲的峰值电流成正比，只需尽量提高峰值，就能增加红外光的发射距离。提高的方法是减小脉冲占空比，即压缩脉冲的宽度 T。例如，一些彩电红外遥控器，其红外发光二极管的工作脉冲占空比为 1/3～1/4；一些电器产品红外遥控器，其占空比是 1/10。减小脉冲占空比还可使小功率红外发光二极管的发射距离大大增加。常见的红外发光二极管,其功率分为小功率(1mW～10mW)、中功率(20mW～50mW)和大功率(50mW～100mW 以上)三大类。要使红外发光二极管产生调制光，只需在驱动管上加上一定频率的脉冲电压即可。

用红外发光二极管发射红外线去控制受控装置时，受控装置中均有相应的红外光—电转换元件，如红外接收二极管，光电三极管等。实用中已有红外发射和接收配对的二极管。红外线发射与接收的方式有两种，即直射式和反射式。直射式指发光二极管和接收二极管相对安放在发射与受控物的两端，中间相距一定距离；反射式指发光二极管与接收二极管并列一起，平时接收二极管始终无光照，只在发光二极管发出的红外光线遇到反射物时，接收二极管收到反射回来的红外光线才工作。

2. 红外接收二极管

当接收到红外光信号时，其两端的电阻很小，即导通。当没有接收到红外光信号时，其两端的电阻很大，即断路。红外接收二极管如图 10.7 所示。

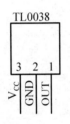

图 10.7　红外接收二极管

3. 集成 TL0038 红外接收器

TL0038 是一个集红外线信号接收及放大为一体的三端元器件，中心接收频率为 38kHz，其中两根是电源线，即正电源和地线，另一根是输出线，当接收到 38kHz 的红外光信号时，输出端为低电平，当没有接收到 38kHz 的红外光信号时，输出端为高电平。其实物如图 10.8 所示。

4. CC4069

CC4069 为六反相器，引脚及内部结构如图 10.9 所示。其中，1A～6A 为输入端；1Y～6Y 为输出端；V_{CC} 为电源端；GND 为地。

图 10.8　集成 TL0038 红外接收器

TL0038

3　2　1

V_{CC}　GND　OUT

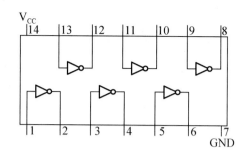

图 10.9　CC4069 引脚及内部结构

10.4.3　软件设计

如图 10.10 所示，给出了简单红外报警器程序流程图。

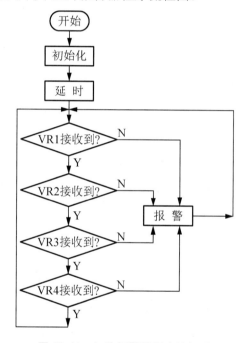

图 10.10　红外报警器程序流程图

参考程序：

```
          ORG     0000H
          LJMP    MAIN            ; 转向主程序
          ORG     0100H
MAIN:     MOV     P0, #00H        ; 使 VD1～VD4 发红外光
          LCALL   YS500           ; 等待红外管完全打开
JS:       JB      P1.0, TISHI     ; 反向器输出高电平报警
          JB      P1.1, TISHI
          JB      P1.2, TISHI
          JB      P1.3, TISHI
          LJMP    JS
TISHI:    CPL     P2.0            ; 蜂鸣器驱动电平取反
          LCALL   YS500           ; 延时
          CPL     P2.0
```

```
        AJMP    JS                  ; 反复循环
YS500:  MOV     R0, #6              ; 500ms 延时子程序
YL2:    MOV     R1, #200
YL3:    MOV     R2, #250
        DJNZ    R2, $
        DJNZ    R1, YL3
        DJNZ    R0, YL2
        RET
        END
```

10.5　步进电机控制

步进电机与普通的直流电机及交流电机相比，在控制方面有着其他电机无法相比的优点，因此，在自动控制领域应用很广泛。步进电机可以在开环的情况下，将电脉冲信号转换成角位移，在不超载的情况下，电机的转速、停止的位置只与脉冲信号的频率和脉冲数有关。每给步进电机一个脉冲，它就可以转过一个固定的角度(即步距角)，所以，施加给步进电机的脉冲频率，决定了步进电机的转速，脉冲的个数确定了步进电机转过的角度。另外，因步进电机的工作原理，决定了步进电机只有周期性的误差，而不存在累积误差。

同时，步进电机也有一些不足，在选择应用时要加以考虑。首先，步进电机的效率较低，在工作时会产生大量的热量；其次，步进电机的转速不高，只适用于低速场合，一般转速不高于 1000r/min；最后，控制电路较普通电机复杂，易产生振动等。

10.5.1　步进电机的工作原理、分类

常用的步进电机包括反应式步进电机、永磁式步进电机和混合式步进电机等。永磁式步进电机一般为两相，转矩和体积较小。反应式步进电机一般为三相，可实现大转矩输出，噪声和振动都很大。反应式步进电机的转子磁路由软磁材料制成，定子上有多相励磁绕组，利用磁导的变化产生转矩。混合式步进电机混合了永磁式和反应式的优点，它又分为两相和五相，这种步进电机的应用最为广泛。下面以三相反应式步进电机为例，对步进式电机的工作原理进行说明。

1. 结构

步进式电机由定子和转子两大部分构成。定子上均匀分布着 3 的整数倍个齿，设相邻齿的中心距为 τl，并在每个齿上有励磁绕组，A、B、C 三相绕组依次顺序排列。在转子上，也均匀分布着小齿，相邻小齿的中心距为 τ，称为齿距。经设计，可使 $\tau l - \tau = 1/3\tau$。将定子、转子展开，可得如图 10.11 所示的相对位置。

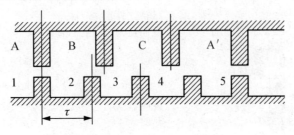

图 10.11　步进电机展开图

图 10.11 中 A、B、C…等为定子上的齿，其上有绕组；1、2、3、4、5…为转子上的齿。A 与 1 对齐，B 与 2 相差 1/3τ，C 与 3 相差 2/3τ，A' 与 4 相差 τ，而 A' 与 5 又对齐，依此顺序循环往复。

2. 转动

如果 A 相通电，而 B、C 相不通电，由于磁场的作用，使 A 与 1 齿对齐；当 B 相通电时，A、C 相不通电，则 B 与 2 齿对齐，此时的 C 与 3 齿相差 1/3τ；C 相通电时，A、B 相不通电，则 C 与 3 齿对齐……。如此，每有一相绕组通电，则转子转过 1/3τ，依次三相通电，则转子转过 τ 的距离，即转过一个齿距。三相绕组按 A、B、C 的顺序通电，则转子由左转向右侧，如果按 C、B、A 的顺序通电，则电机的转向则由右向左，实现了电机的反转。经上述分析可知，电机转过的角度与给绕组通电的次数有关(通电的次数在实施时，是由脉冲控制的，所以脉冲的数量决定了电机转过的角度)；步进电机的转速与脉冲的频率成正比；电机的转向由通电的顺序确定。

在实际应用过程中，由于力矩、平稳程度、噪音及每步的角度等方面的因素，通常按照 A-AB-B-BC-C-CA-A 的顺序通电(或与此的顺序完全相反)；采用这种形式后，每一个脉冲，转子转过的距离为 1/6τ，从而实现了步进电机驱动的细分。根据这个原理，可以将步进电机的驱动分得更细一些。

3. 感应式步进电机

在反应式步进电机的转子上加永磁体，就形成了感应式步进电机。与反应式步进电机相比，感应式步进电机的效率较高、电流较小、发热低。因其永磁体的存在，该电机具有较强的反电势，阻尼作用较好一些，所以，在运转过程中，平稳、噪音低、低频振动小。

四相的感应式步进电机，既可以用作四相运行，又可以用作两相运行。用作两相运行时，必须采用双极电压驱动(正负电源)，实质上是改变绕组中的电流流向。现假定感应式步进电机以 A-AB-B-BC-C-CD-D-DA-A 的顺序运行，如果将 C 换成 $\overline{A}$，D 换成 $\overline{B}$，则该步进电机就成了两相电机了。两相步进电机的内部绕组与四相步进电机的绕组是相同的，当功率较小时，为四根引线；功率稍大时，为 6 根或 8 根引线，使得其在使用时，可以方便地更改成两相或四相。

对于感应式步进电机，有两相、三相、四相及五相电机可供选择。

4. 步进电机的常用术语

1) 相数：励磁线圈的组数，即相数。

2) 拍数：电机转过一个齿距所需的脉冲数。以四相步进电机为例，有四相四拍运行方式：AB-BC-CD-DA。也可有四相八拍的运行方式：A-AB-B-BC-C-CD-D-DA-A。

3) 步距角：对应一个脉冲信号，电机转子转过的角位移用 θ 表示，θ=360°/(转子齿数×运行拍数)。例如，一个四相、转子齿为 50 齿的步进电机，在四拍运行时，步距角为 θ=360°/(50×4)=1.8°(俗称整步)；在八拍运行时，步距角为 θ=360°/(50×8)=0.9°(俗称半步)。

4) 步距角精度：步进电机每转过一个步距角的实际值与理论值的误差。用百分比表示：

误差/步距角×100%。在不同运行拍数下，步距角的精度不同。

5) 失步：电机运转时，因为某种原因，造成运转的步数不等于理论上的步数，这种现象称为失步。

6) 最大空载启动频率：在某种驱动形式、电压及额定电流下，不加负载的情况时，能够直接启动的最大频率。

7) 最大空载的运行频率：电机在某种驱动形式，电压及额定电流下，电机不带负载的最高转速频率。

8) 运行矩频特性：电机在某种测试条件下测得运行中输出力矩与频率关系的曲线称为运行矩频特性，这是电机诸多动态曲线中最重要的，也是电机选择的根本依据，如图10.12所示。

电机的动态力矩取决于电机运行时的平均电流(而非静态电流)。平均电流越大，电机输出力矩越大，即电机的频率特性越硬。如图10.13所示，在这个图中，曲线3电流最大，或电压最高；曲线1电流最小，或电压最低，曲线与负载的交点为负载的最大速度点。

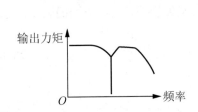 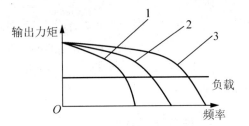

图 10.12　步进电机的运行矩频特性曲线　　图 10.13　不同电流时的矩频特性曲线

要使平均电流大，尽可能提高驱动电压，采用小电感大电流的电机。

9) 电机的共振点：步进电机均有固定的共振区域，当步进电机运行在这一区域时，电机输出的转矩下降、易失步、噪声大，因此，工作点均应偏移共振区较多。二、四相感应式步进电机的共振区一般在180～250p/s(p/s为每秒脉冲数)之间(步距角1.8°)或在400p/s左右(步距角为0.9°)。

10.5.2　步进电机与单片机的接口设计

步进电机在使用、控制时，控制系统构成一般如图10.14所示。

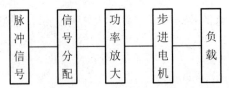

图 10.14　步进电机控制系统结构图

1. 脉冲信号的产生

脉冲信号为步进电机控制电路的信号源，每有一个脉冲信号，步进电机走一拍。一般脉冲信号的占空比为0.3～0.4(在一个脉冲周期中，高电平占整个周期的30%～40%)。如果步进电机转速较高，占空比要适当增大。

2. 信号分配

对脉冲信号进行分配，使得每来一个脉冲，在步进电机的绕组上得到一种施加电压的形式，并按照步进电机的步进形式依次循环。例如，二相电机工作方式有二相四拍和二相八拍两种方式，具体分配如下：二相四拍为 $AB - \overline{A}B - \overline{A}\overline{B} - A\overline{B}$，步距角为 $1.8°$；二相八拍为 $AB - B - \overline{A}B - \overline{A} - \overline{A}\overline{B} - \overline{B} - A\overline{B} - A - AB$，步距角为 $0.9°$。四相电机工作方式也有两种，四相四拍为 AB-BC-CD-DA-AB，步距角为 $1.8°$；四相八拍为 AB-B-BC-C-CD-D-DA(步距角为 $0.9°$)。

3. 功率放大

功率放大在步进电机的系统中，起到真正驱动步进电机的作用。前面的脉冲信号只是信号源，其功率有限，不能直接对电机进行驱动，必须有一个功率驱动电路，对步进电机的绕组提供较大电流，才能使步进电机转动起来。步进电机在一定转速下的转矩取决于它的动态平均电流而非静态电流。平均电流越大电机力矩越大，要达到平均电流大就需要驱动系统尽量克服电机的反电势，因而不同的场合采取不同的驱动方式。到目前为止，驱动方式一般有以下几种：恒压、恒压串电阻、高低压驱动、恒流、细分数等。将信号分配、功率放大及步进电机的驱动电源制成一个模块，称作步进电机的驱动电源。

对于一个具体的步进电机驱动电路，可以有多种形式。如通常将脉冲信号的形成、信号分配等，由微处理器来承担，再与功率电路配合，共同完成步进电机的控制系统；也可以采用具有脉冲分配的步进电机驱动芯片，再与微处理器配合，实现对步进电机的控制。如果步进电机的功率很大，还可以将上述两种电路与大功率分立元件构成的驱动电路配合使用。功率电路的选择要与所驱动的步进电机的电流相一致。小型的步进电机通常采用专用的芯片对其进行驱动，这类芯片的型号很多，如 THB6064、TB6560、TA8435、A3955、A3977 等，功能相近，但又不尽完全相同，具体可到网站查找相关的使用说明书。下面以 L298 为例，介绍步进电机的驱动接口。

L298 为双全桥驱动器，其驱动电压可高达 46V，驱动电流可达 2A，控制端口与 TTL 电平兼容。其内部逻辑框图如图 10.15 所示。各引脚功能如下。

第 1、15 脚，为电流检测功能，对地可接一功率电阻，通过电阻两端电压的高低，来对电机绕组中的电流大小进行监测，如不监测该电流，则这两个引脚可接地；第 4 脚为步进电机的驱动电源，视应用情况选择；第 2、3、13、14 引脚为输出端，其驱动电流可以达到 2A；第 9 脚为 Vss，为逻辑电源输入端，接+5V 电源；第 6、11 引脚分别为 A 桥、B 桥的使能端 EnA、EnB，当其为 1 时，桥工作，为 0 时，桥输出禁止；第 5、7 脚与第 10、12 脚，为 A 桥与 B 桥的输出控制端，当其中的某个或某些为 0，且 EnA、EnB 为 1 时，则与其对应的输出端被输出桥的下面三极管与地短接，这四个引脚为 1 时，则驱动电源被输出桥的上面的三极管与对应的输出端短接，可据此，选择步进电机的绕组及控制端与单片机的连接方式。

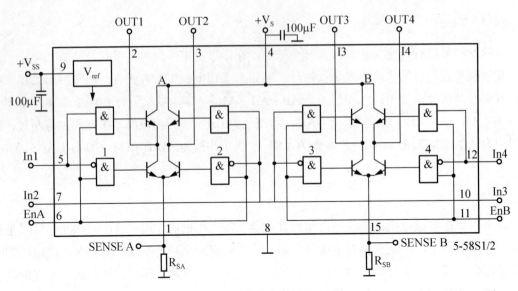

图 10.15　L298 内部逻辑框图

4. 单片机与 L298 构成的步进电机驱动示例

根据 L298 的工作特性，设计一款单片机控制电路，可实现四相步进电机的启动、停止、加速、减速及状态指示功能，单片机的晶振为 12MHz。依据要求，设计电路原理图如图 10.16 所示。

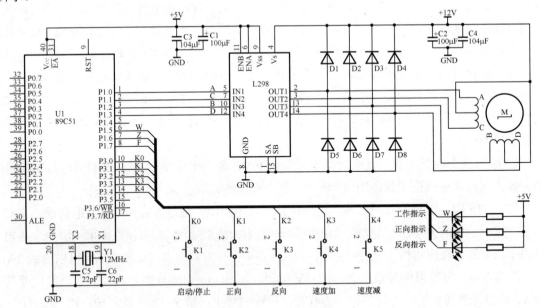

图 10.16　步进电机驱动原理图

主程序流程图及中断服务程序流程图分别如图 10.17 与图 10.18 所示。

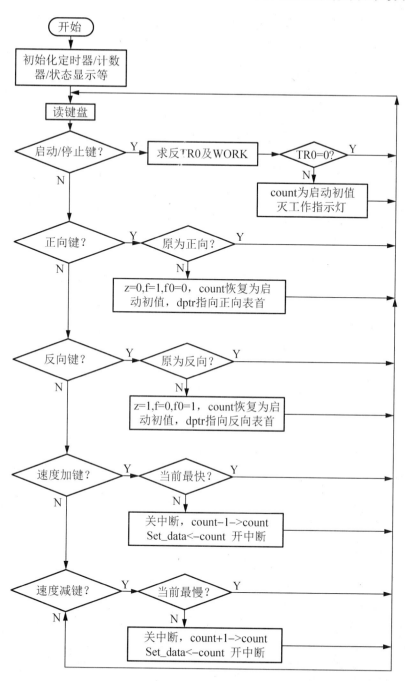

图 10.17 主程序流程图

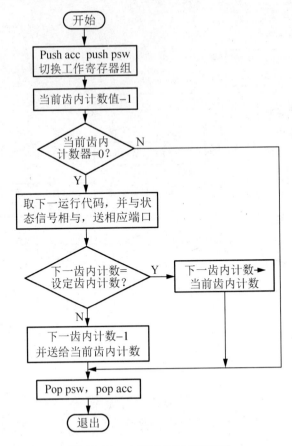

图 10.18　中断服务程序流程图

参考程序如下。

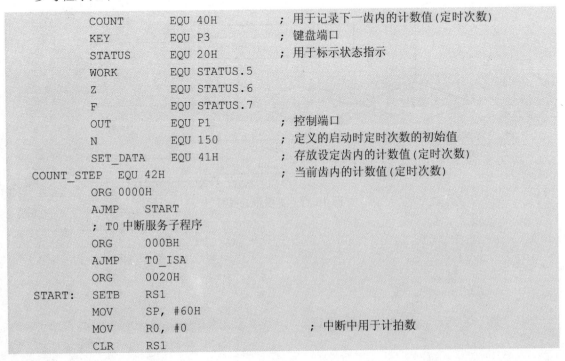

```
          COUNT        EQU 40H          ; 用于记录下一齿内的计数值(定时次数)
          KEY          EQU P3           ; 键盘端口
          STATUS       EQU 20H          ; 用于标示状态指示
          WORK         EQU STATUS.5
          Z            EQU STATUS.6
          F            EQU STATUS.7
          OUT          EQU P1           ; 控制端口
          N            EQU 150          ; 定义的启动时定时次数的初始值
          SET_DATA     EQU 41H          ; 存放设定齿内的计数值(定时次数)
COUNT_STEP   EQU 42H                    ; 当前齿内的计数值(定时次数)
          ORG 0000H
          AJMP    START
          ; T0 中断服务子程序
          ORG     000BH
          AJMP    T0_ISA
          ORG     0020H
START:    SETB    RS1
          MOV     SP, #60H
          MOV     R0, #0                ; 中断中用于计拍数
          CLR     RS1
```

```
            MOV         COUNT, #N               ; 设定步进电机运行时下一齿的定时次数
            MOV         COUNT_STEP, COUNT
            MOV         SET_DATA, #50           ; 设定步进电机的运行齿间的定时次数
            MOV         TMOD, #2                ; 定时器 T0 工作在方式 2
            MOV         TH0, #(256-250)
            MOV         TL0, TH0
            SETB        EA
            SETB        ET0                     ; 开放 T0 中断
            CLR         F0                      ; F0 代表步进电机的转动方向
            MOV         STATUS, #10110000B
            MOV         A, STATUS
            ORL         A, #0FH
            MOV         OUT, A                  ; 设定初始状态, 正向指示灯亮, 停止工作
            MOV         DPTR, #Z_TAB
    A0:     LCALL       KEYSCAN
            CJNE        A, #1, _2               ; 不是启动/停止键被按下时, 跳到_2 处
; 启动/停止键按下的处理过程
            CPL         TR0
            CPL         WORK
            JNB         TR0, A2                 ; 如果修改后为停止状态, 跳到 A2 处
            SJMP        A0
    A2:     MOV         COUNT, #N
            SETB        OUT.5
            SETB        OUT.0
            SETB        OUT.1
            SETB        OUT.2
            SETB        OUT.3
            SJMP        A0
    _2:     CJNE        A, #2, _3               ; 不是正向键按下, 则跳到_3 处执行
; 正向键被按下的处理过程
            JNB         F0, A0                  ; 如果原方向为正向, 则跳到 A0 处
            CLR         Z
            SETB        F
            CLR         F0
            MOV         COUNT, #N
            MOV         DPTR, #Z_TAB            ; 指向正向表首
            MOV         COUNT_STEP, COUNT
            SJMP        A0
    _3:     CJNE        A, #3, _4               ; 不是反向键按下, 则跳到_4 处执行
; 反向键被按下的处理过程
            JB          F0, A0                  ; 如果原来的方向为反向, 则不理会, 回到 A0 处
            SETB        Z
            CLR         F
            SETB        F0
            MOV         COUNT, #N
            MOV         COUNT_STEP, COUNT
            MOV         DPTR, #F_TAB
            SJMP        A0
```

```
_4:      CJNE     A, #4, _5              ; 不是速度加键按下，则跳转到_4 处
; 速度加键被按下的处理过程
         MOV      R7, COUNT
         CJNE     R7, #10, A3           ; 跳到当前不是最快的处理过程
         SJMP     A0
A3:      CLR      EA                    ; 关中断
         DEC      COUNT
         DEC      SET_DATA
         SETB     EA
         SJMP     A0
_5:      CJNE     A, #5, A0
; 速度减键被按下的处理过程
         MOV      R7, COUNT
         CJNE     R7, #150, A4
         SJMP     A0
A4:      CLR      EA
         INC      COUNT
         INC      SET_DATA
         SETB     EA
         SJMP     A0
T0_ISA:  ; T0 中断服务子程序开始处
         PUSH     ACC
         PUSH     PSW
         SETB     RS1                   ; 切换工作寄存器组
         DJNZ     COUNT_STEP, ISA_OUT
         MOV      A, R0
         MOVC     A, @A+DPTR
         ORL      A, STATUS
         MOV      OUT, A                ; 送出运行代码并显示状态
         INC      R0
         CJNE     R0, #4, T01           ; 拍数没有运行完毕
         MOV      R0, #0
T01:     MOV      A, COUNT
         CJNE     A, SET_DATA, T02      ; COUNT 与 COUNT_STEP 不相等转到 T02 处
         MOV      COUNT_STEP, COUNT
         SJMP     ISA_OUT
T02:     DEC      COUNT
         MOV      COUNT_STEP, COUNT
ISA_OUT: POP      PSW
         POP      ACC
         RETI
Z_TAB:   DB 0AH, 9, 5, 6
F_TAB:   DB 6, 5, 9, 0AH
KEYSCAN:
         MOV      KEY, #0FFH
         MOV      A, KEY
         CJNE     A, #0FFH, YS
         SJMP     TC
```

```
YS:      ACALL    DELAY                    ; 去抖
         MOV      A, KEY
         CJNE     A, #0FFH, CB             ; 根据键的情况查表得出键值
         SJMP     TC
CB:      MOV      R0, #0
KA0:     RRC      A
         JNC      KA1                      ; 如果 C 为 0，转到键值处理处
         INC      R0
         CJNE     R0, #8, KA0              ; 跳到无键按下处
         SJMP     TC
KA1:     MOV      A, KEY
         CPL      A
         JNZ      KA1
         MOV      A, R0
         ADD      A, #1
         SJMP     KA2
TC:      MOV      A, #0
KA2:     RET
DELAY:   MOV      R4, #20
AA1:     MOV      R5, #0F8H
AA:      DJNZ     R5, AA
         DJNZ     R4, AA1
         RET
         END
```

10.6 　实验与实训

10.6.1 　简易数字频率计

1. 实验目的

1) 掌握单片机的外围电路设计；
2) 掌握单片机扩展数码显示功能；
3) 掌握单片机频率模块的扩展设计。

2. 实验说明

采用单片机设计的数字频率计主要实现以下几个功能。
1) 用 8 位数码管显示 Hz、kHz、MHz 三个频段的待测脉冲信号的频率值。
2) 频率测量范围 2Hz～50MHz。
3) 能测量正弦波，三角波，锯齿波等多种波形信号的频率值。

3. 硬件设计

频率计由单片机 89C52、信号预处理电路、测量数据显示电路所组成，其中信号预处理电路包括待测信号放大、波形变换、波形整形和分频电路，如图 10.19 所示。

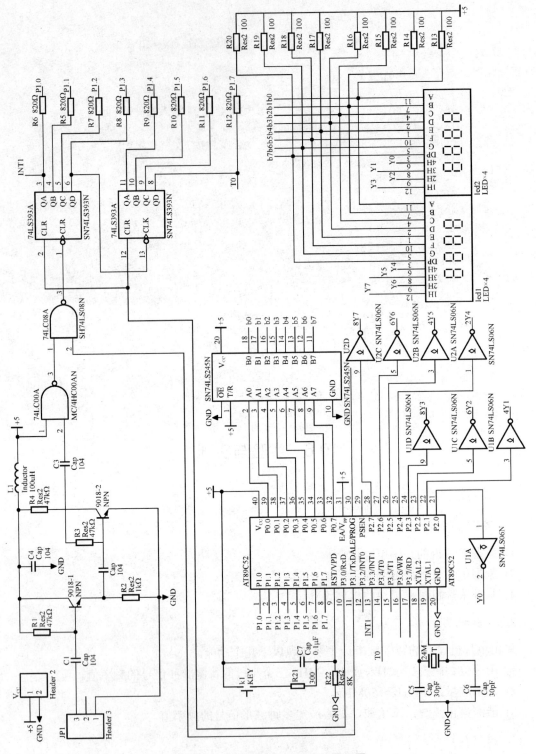

图 10.19　数字频率计硬件设计原理图

4. 软件设计

这是整个设计模块中最重要的一部分。首先对定时器/计数器 T0、T1 进行初始化，T0 设置为计数器方式 1，T1 设置为定时器方式 1；然后打开闸门 P3.1，软件设置 EA=1，运行控制位 TR=1，启动定时器/计数器开始工作；再运行软件延时程序，同时定时器/计数器对外部的待测信号进行计数，延时结束时 TR 清 0，停止计数；最后从计数寄存器读出测量数据，在完成数据处理后，由显示电路显示测量结果。其流程框图如图 10.20 所示。

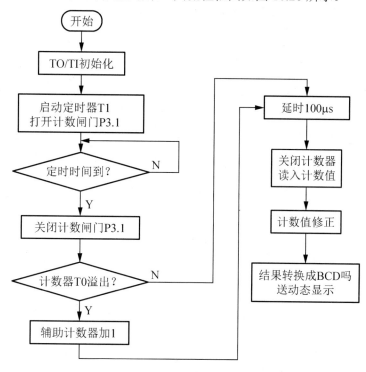

图 10.20 　直接测频法流程框图

数字频率计测量频率程序：

```
           DBUF    EQU   30H              ; 显示地址存储
           TEMP    EQU   40H              ; 显示缓存
           TIME    EQU   50H              ; 定时次数
           FREQC   EQU   20H              ; 保存分频计数值
           FREQL   EQU   21H              ; 保存 TL0
           FREQH   EQU   22H              ; 保存 TH0
           ORG     0000H
           JMP     START
           ORG     000BH
           JMP     TIM1
START:     MOV     SP, #70H
           MOV     30H, #00H             ; 显示寄存器清 0
           MOV     31H, #01H
           MOV     32H, #02H
           MOV     33H, #03H
           MOV     34H, #04H
           MOV     35H, #05H
           MOV     36H, #06H
           MOV     37H, #07H
           MOV     TMOD, #51H
           SETB    IT0
```

```
            MOV     TH1, #HIGH(65536-10000)      ; 定时 5ms
            MOV     TL1, #LOW(65536-10000)
            MOV     TH0, #00H                    ; 置计数初值
            MOV     TL0, #00H
            MOV     IE, #82H                     ; 开中断允许控制寄存器
            MOV     TIME, #200                   ; 定时 200 次,1s
            SETB    TR0
            SETB    TR1
            CLR     P3.0
            NOP                                  ; 时间微调
            NOP
            NOP
            NOP
            NOP
            NOP
            SETB    P3.1                         ; 打开闸门控制
LEE:        CALL    DISP
            JMP     LEE
LOOP:       CALL    DISP
            JMP     LOOP
X2:         MOV     TH1, #HIGH(65536-10000)      ; T1 中断
            MOV     TL1, #LOW(65536-10000)
            PUSH    ACC
            PUSH    PSW                          ; 保护断点
            DJNZ    TIME, X2                     ; 定时时间到执行次数,否则继续
            CLR     TR0
            CLR     TR1
            CLR     P3.1                         ; 关闭闸门
            MOV     TIME, #200
            MOV     FREQC, P1                    ; 将 P1 口值送寄存器 20H
            MOV     FREQL, TL0                   ; 将 T0 计数值低 8 位送 21H
            MOV     FREQH, TH0                   ; 将 T0 计数值高 8 位送 22H
            SETB    P3.0                         ; LS393 清零
            ACALL   BCD                          ; 调用二进制转 BCD 码程序
            MOV     TH0, #00H                    ; 重置计数初值
            MOV     TL0, #00H
            SETB    TR0
            SETB    TR1
            CALL    DISP
            POP     PSW
            POP     ACC
            RETI
BCD:        CLR     C
            MOV     R2, #00H
            MOV     R3, #00H
            MOV     R4, #00H
            MOV     R5, #00H
            MOV     R1, #24
NEXT:       MOV     A, FREQC
            RLC     A
            MOV     FREQC, A
            MOV     A, FREQL
            RLC     A
            MOV     FREQL, A
            MOV     A, FREQH
```

```
        RLC     A
        MOV     FREQH, A
        MOV     A, R5
        ADDC    A, R5
        DA      A
        MOV     R5, A
        MOV     A, R4
        ADDC    A, R4
        DA      A
        MOV     R4, A
        MOV     A, R3
        ADDC    A, R3
        DA      A
        MOV     R3, A
        MOV     A, R2
        ADDC    A, R2
        DA      A
        MOV     R2, A
        DJNZ    R1, NEXT
        MOV     A, R5           ; 将转换后的 BCD 码从小到大依次存入寄存器 30H~37H
        ANL     A, #0FH
        MOV     30H, A
        MOV     A, R5
        ANL     A, #0F0H
        SWAP    A
        MOV     31H, A
        MOV     A, R4
        ANL     A, #0FH
        MOV     32H, A
        MOV     A, R4
        ANL     A, #0F0H
        SWAP    A
        MOV     33H, A
        MOV     A, R3
        ANL     A, #0FH
        MOV     34H, A
        MOV     A, R3
        ANL     A, #0F0H
        SWAP    A
        MOV     35H, A
        MOV     A, FREQ2
        ANL     A, #0FH
        MOV     36H, A
        MOV     A, R2
        ANL     A, #0F0H
        SWAP    A
        MOV     37H, A
        RET
DISP:   MOV     R0, #DBUF       ; 初始化暂储单元
        MOV     R1, #TEMP
        MOV     R2, #8          ; 8 位显示
        MOV     DPTR, #SEGTAB   ; 字型码的入口地址
DP00:   MOV     A, @R0          ; 取最低位的待显示数据
        MOVC    A, @A+DPTR      ; 查表获取字型码
        MOV     @R1, A          ; 保存字型码到缓冲区首址
        INC     R1              ; 指针下移一位,等待下一个待显示数
```

```
            INC     R0
            DJNZ    R2, DP00
            MOV     A, 43H                      ; 第三位显示小数点
            ORL     A, #80H
            MOV     43H, A
DISP0:      MOV     R0, #TEMP                   ; 显示程序
            MOV     R1, #8                      ; 8 位显示
            MOV     R2, #FEH
DP01:       MOV     A, @R0                      ; 从缓存地址区取出字型码,即段码
            MOV     P0, A                       ; 段选码送 P0 口
            MOV     A, R2                       ; 取出位选码
            CPL     A                           ; 共阳极数码管显示
            MOV     P2, A                       ; 送位选码到 P2 口
            CALL    DELAY1
            INC     R0                          ; 指向下一个显示单元
            MOV     A, R2
            JNB     ACC.0, OUT                  ; 8 位显示完,退出
            RL      A                           ; 未显示完,左移显示下一位
            MOV     R2, A
            DJNZ    R1, DP01                    ; 循环显示直至所有位显示完
OUT:        RET
SEGTAB:     DB  3FH,06H,5BH,4FH,66H,6DH         ;共阴极数码管显示数据表
            DB  7DH,07H,7FH,6FH,77H,7CH
            DB  39H,5EH,79H,71H,00H,0F3H,76H,80H,40H
            RET
DELAY1:     MOV     70H, #10H                   ; 调延时 1ms 显示程序
    AA1:    MOV     71H, #99H
    AA:     DJNZ    71H, AA
            DJNZ    70H, AA1
            RET
            END
```

5. 实验步骤

1) 设计电路板。

2) 连接各系统模块。

3) 建立新工程。

4) 创建新的汇编源文件，并添加到工程中。

5) 编写能够满足实验要求的 C51 程序，并调试。

6) 如果所编程不能实现要求，对其进行修改或重新编写。

7) 将软件下载到硬件系统中，调试直至成功。

6. 思考题

如何测量梯形波？

10.6.2 公交自动报站器

1. 实验目的

1) 掌握单片机的外围电路设计；

2) 掌握单片机扩展液晶显示功能；

3) 掌握单片机语音芯片的扩展设计。

2. 实验说明

本系统采用两种工作模式，分别为自动模式和手动模式。自动模式，即单片机控制模式；手动模式即手动控制语音芯片模式。当自动模式出现问题时可以切换到手动模式进行应急操作，保证系统的正常运行。本次设计采用一个 STC89C51 作为全局控制器。主体器件包括 LCD1602 液晶显示模块、语音播报模块等。C51 对按键端口进行扫描，当按键按下时，端口电平发生改变，C51 识别到后先调用语音芯片内部播放指针，让其指向预置的数据段，并进行播报。同时改变 LCD 的显示内容，将下一站的站名进行更新。接着司机控制下车指示灯亮起，通知到站乘客下车。等车子驶离站台后，司机控制指示灯熄灭。

3. 实验要求

利用单片机、液晶显示、语音芯片实现公交自动报站系统。

4. 硬件设计

(1) 语音芯片 ISD1720

该内部包含有自动增益控制、麦克风前置放大器、扬声器驱动线路、振荡器与内存等全方位整合系统功能，具有强大的功能和特点：可录、放音十万次，存储内容可以断电保存一百年；两种控制方式，两种录音输入方式，两种录音输出方式；可处理多达 255 段以上信息；有丰富多样的工作状态提示；多种采样频率对应多种录放时间；音质好，电压范围宽，应用灵活，价廉物美。引脚封装如图 10.21 所示

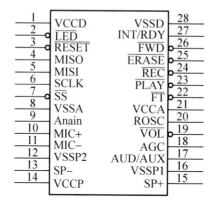

图 10.21　ISD1720 引脚封装图

(2) LCD1602 指令介绍

由于单片机可以直接访问模块内部的 IR 和 DR。作为缓冲区域，IR 和 DR 在模块进行内部操作之前，可以暂存来自单片机的控制信息，这样就给用户在单片机和外围控制设备的选择上，增加了余地。模块的内部操作由来自单片机的 RS、R/W、E 以及数据信号 DB 决定，这些信号的组合形成了模块的指令。

本系列模块向用户提供了 11 条指令，大致可以分为四大类。

1) 模块功能设置，诸如显示格式、数据长度等；

2) 设置内部 RAM 地址；

3) 完成内部 RAM 数据传送；

4) 完成其他功能。

一般情况下，内部 ROM 的数据传送的功能使用最为频繁，因此，ROM 中的地址指针所具备的自动加 1 或减 1 功能，在一定程度上减轻了单片机编程负担。此外，由于数据移位指令与写显示数据可同时进行，这样用户就能以最少系统开发时间，达到最高的编程效率。

值得一提的是，在每次访问模块之前，单片机应首先检测忙标志 BF，确认 BF=0 后，访问过程才能进行。

LCD1602 与单片机连接的电路原理图如图 10.22 所示。要非常注意的是，电路中的端口连接一定要在单片机的程序中对应好，更不可以错误对应，否则 LCD 将无法正确显示其内容。其中 LED+与 LED-为点亮背景灯之用，电位器 R2 为 LCD 的对比度调节器。

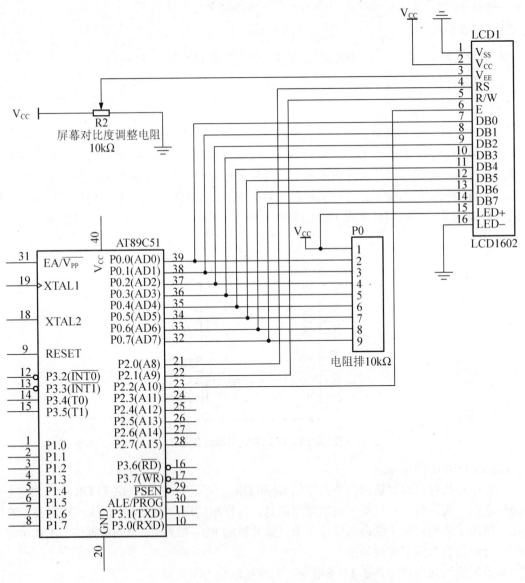

图 10.22　LCD1602 与 51 单片机连接示意图

硬件整体电路图如图 10.23 所示。

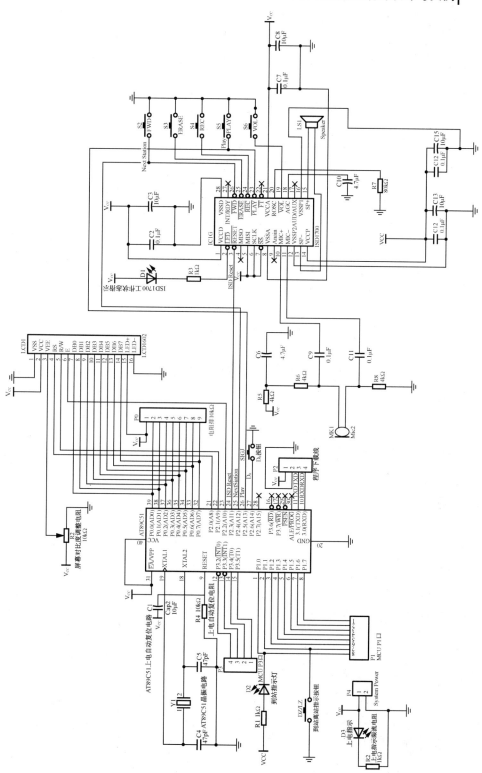

图 10.23　整体电路原理图

图中包含几大模块：逻辑主控、语音模块、显示模块以及其他辅助模块。

5. 软件设计

系统程序流程图如图 10.24 所示。

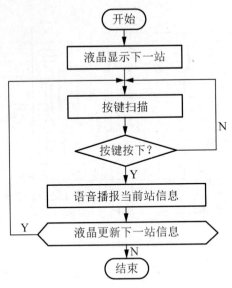

图 10.24　系统程序流程图

系统程序如下。

```
#ifndef _GJ_H_
#define _GJ_H_
#include<REG52.H>
#define uchar unsigned char
/************************端口定义*******************************/
sbit DO = P2^6;
sbit NEXT = P2^4;,
sbit PLAY = P2^5;,
sbit DZLED = P1^0;
sbit DZ_LZ = P1^1;
sbit ISDRESET = P2^3;
/************************内部变量定义*******************************/
char Pointer_Play;//语音播放站点指针，参考资料中为i
uchar code dis1[] = "ZhaoHu Z";
uchar code dis2[] = "JuYuan Z";
uchar code dis3[] = "Jin Shan";
uchar code dis4[] = "Shang Du";
uchar code dis5[] = "Shi Da";
uchar *Pointer_Dis;
/************************子函数定义*******************************/
void Delay1ms(unsigned int count)
{
        unsigned int i,j;
        for(i= 0;i < count;i ++)
            for(j = 0;j < 20;j ++);
}
void delay()
```

```
    {
            unsigned int i,j;
            for(i = 0; i < 255; i ++)
                for(j = 0;j < 120;j ++);
    }


    void DaoZhan_LiZhan(bit DZ_LZ)
    {
            while(!DZ_LZ)
            {
                Delay1ms(5);
                if(!DZ_LZ)
                {
                    delay();
                    DZLED = 0;
                    while(!DZ_LZ);
                    while(DZ_LZ)
                    {
                        Delay1ms(5);
                        if(DZ_LZ)
                        {
                            delay();
                            DZLED = 1;
                            delay();
                        }
                    }
                }
            }
    }
    #endif
    //下面是头文件 LCD1602.h 部分，该头文件包含了 LCD1602 显示控制相关的变量声明以及子函数定义
    //LCD1602.h
    #ifndef LCD1602_H
    #define LCD1602_H
    #include <intrins.h>
    //Port
Definitions***********************************************************
    sbit LcdRs = P2^0;
    sbit LcdRw = P2^1;
    sbit LcdEn = P2^2;
    sfr  DBPort = 0x80;
    //内部等待函数***************************************************
    unsigned char LCD_Wait(void)
    {
     LcdRs=0;
     LcdRw=1; _nop_();
     LcdEn=1; _nop_();
     while(DBPort&0x80);
     LcdEn=0;
     return DBPort;
    }
    //向 LCD 写入命令或数据*****************************************
    #define LCD_COMMAND    0              // Command
    #define LCD_DATA    1                 // Data
```

```
#define LCD_CLEAR_SCREEN 0x01          // 清屏
#define LCD_HOMING     0x02            // 光标返回原点
void LCD_Write(bit style, unsigned char input)
{
 LcdEn=0;
 LcdRs=style;
 LcdRw=0;   _nop_();
 DBPort=input; _nop_();
 LcdEn=1;   _nop_();
 LcdEn=0;   _nop_();
 LCD_Wait();
}
//设置显示模式*****************************************************
#define LCD_SHOW    0x04           //显示开
#define LCD_HIDE    0x00           //显示关
#define LCD_CURSOR   0x02          //显示光标
#define LCD_NO_CURSOR  0x00        //无光标
#define LCD_FLASH    0x01          //光标闪动
#define LCD_NO_FLASH  0x00         //光标不闪动
void LCD_SetDisplay(unsigned char DisplayMode)
{
 LCD_Write(LCD_COMMAND, 0x08|DisplayMode);
}
//初始化LCD***********************************************
void LCD_Initial(void)
{
 LcdEn = 0;
 LCD_Write(LCD_COMMAND,LCD_CLEAR_SCREEN);    //清屏，地址指针指向00H
 LCD_Write(LCD_COMMAND,0X06);                //光标移动的方向
 LCD_Write(LCD_COMMAND,0X0C);                //开显示，关光标
 LCD_Write(LCD_COMMAND,0x38);                //8位接口两行显示模式
}
//*********************************************************************
void GotoXY(unsigned char x, unsigned char y)
{
 if(y==0)
  LCD_Write(LCD_COMMAND,0x80|x);
 if(y==1)
  LCD_Write(LCD_COMMAND,0x80|(x-0x40));
}
void Print(unsigned char *str)
{
 while(*str!='\0')
 {
  LCD_Write(LCD_DATA,*str);
  str++;
 }
}
#endif
//下面是主函数部分MAIN.c
#include <reg52.h>
#include "LCD1602.h"
```

```
#include "GJ.h"
void main(void)
{
LCD_Initial();
GotoXY(7,0);
Print("43");
GotoXY(0,1);
Print("Nest:");
Pointer_Play = 0;
Pointer_Dis = dis1; //初始化界面
GotoXY(6,1);
Print(Pointer_Dis);
delay();
ISDRESET = 0;
delay();
delay();
delay();
ISDRESET = 1;
    while(1)
    {
        Delay1ms(300);
        while(DO);
        Delay1ms(5);
        if(DO == 0)
        {
            delay();
            NEXT= 0;
            delay();
            NEXT= 1;

            delay();
            PLAY= 0;
            delay();
            PLAY= 1;

            if(Pointer_Play == 5)   Pointer_Play= 0;
            else Pointer_Play++;

            switch(Pointer_Play)
            {
                case 0:{Pointer_Dis= dis1;}break;
                case 1:{Pointer_Dis= dis2;}break;
                case 2:{Pointer_Dis= dis3;}break;
                case 3:{Pointer_Dis= dis4;}break;
                case 4:{Pointer_Dis= dis5;}break;
            };
            GotoXY(6,1);
            Print(Pointer_Dis);
            DaoZhan_LiZhan(DZ_LZ);
        }
    }
}
```

6. 实验步骤

1) 设计电路板。

2) 连接各系统模块。

3) 建立新工程。

4) 创建新的汇编源文件，并添加到工程中。

5) 编写能够满足实验要求的 C51 程序，并调试。

6) 如果所编程不能实现要求，对其进行修改或重新编写。

7) 将软件下载到硬件系统中，调试直至成功。

7. 思考题

若报错站，如何修改程序，倒回前一站报名？

本 章 小 结

在介绍了单片机系统的设计方法和单片机应用系统的开发过程之后，给出了 3 个单片机系统设计实例和两个实验与实训。

单片机应用系统设计主要包括应用系统总体方案设计、系统硬件设计、系统软件设计、系统的调试与试验等几个步骤。

总体方案的确定是进行系统设计最重要、最关键的一步，它的好坏会直接影响整个应用系统的投资、调节品质及实施细则；硬件电路的设计是系统设计的基础，其合理性，会影响到系统运行的稳定性、开发周期等，因此在进行硬件设计时应考虑选择标准化、模块化的典型电路，尽量选择通用性强、市场货源充足的器件，在满足应用系统功能要求的基础上，应适当留有余地，以备将来修改、扩展之需。为了使产品不落后于时代发展的潮流，尽量采用最新的技术。具体的硬件设计主要包括 3 大部分：第一是根据参数的类型和范围的不同选择合适的测量元件，它是影响控制系统精度的重要因素之一。第二是根据被控对象的实际情况及所采用控制算法的不同选择不同类型的执行机构。第三是根据系统的需要选择合适的单片机和过程通道，并合理地分配资源。一个好的单片机应用系统必须是软件与硬件的完美配合。在编写软件程序时一般根据软件功能要求，将系统软件分成若干个相对独立的部分，然后采用模块化编程方法，这样便于调试、链接、移植和修改。为提高软件设计的总体效率，在编写应用软件之前，应绘制出程序流程图。为了使系统运行可靠，还要考虑采取一些软、硬件抗干扰措施。

在系统设计完之后，要进行仿真和调试，以查出系统中软、硬件设计中存在的错误及可能出现的不协调的问题，以便修改设计，最终使系统能正确地、可靠地工作。在模拟调试与现场调试之后，还要试运行，以验证系统功能是否满足设计要求，是否达到预期效果。

本章给出的单片机系统设计的实例和实验与实训，可以帮助读者熟悉和掌握单片机系统设计的方法和开发过程。

习　题

1. 简答题

(1) 单片机应用系统设计主要包括哪些内容？

(2) 在单片机应用系统设计中，软、硬件分工的原则是什么？

(3) 为什么要进行现场调试？

(4) 请利用网络资源，查找出常用的 A/D 转换器，D/A 转换器，串行 E²PROM，时钟芯片，数字电位器，基准源芯片的型号。

2. 设计题

(1) 假设在图 10.3 中，再增加一个开关 K7，当开关 K7 按下时，输出梯形波。试编写输出梯形波的子程序。

(2) 利用 MCS-51 系列单片机和双向晶闸管设计一个交流高压装置。要求通过按键可上调或下调电压的输出值的大小，交流电压的大小为 AC 220V，其负载为电阻炉。

(3) 利用 89C51 单片机设计一个直流电机调速控制装置。当加上不同的输入电压时，单片机产生占空比不同的控制脉冲，驱动直流电机以不同的转速转动。并利用外接的单刀双掷开关控制电动机的正转与反转。

(4) 试设计一个采用单片机控制的自动交通信号灯系统。设在一个十字路口的两个路口均有一组交通信号灯(红、黄、绿)，控制要求如下。

1) 主干线绿灯亮时间为 30s，然后转为黄灯亮，2s 后即转为红灯亮。

2) 当主干线绿灯和黄灯亮时，支干线为红灯亮，直到主干线黄灯熄灭时才转为绿灯亮。其绿灯亮的持续时间为 20s，然后黄灯亮 2s 即转为红灯亮，如此反复控制。

试绘出系统硬件电路原理图、程序流程图，并编制程序。

(5) 用 8051 单片机设计一个简易频率计，已知晶振频率为 12MHz，要求将测量的脉冲周期以十六进制用 4 个数码管直接显示出来。数码管显示用 8051 单片机串行口扩展 4 个并行接口实现。

(6) 以 89C51 单片机为核心，设计一个 5 路输出的喷泉控制系统，要求其工作时，可以工作在自动和手动两种状态，并有指示灯指示。自动时，系统可以固定时间间隔变换花样喷水；手动工作时，可以让某几路喷水。喷水的执行元件为三相交流电机拖动的水泵。

(7) 某银行的平面布置图如图 10.25 所示，银行内有银行工作区和顾客区。当银行内部员工由顾客区进入工作区时，要经过两道电控门 1 和门 2。此时，工作区的人员要按动按键 1，门 1 才可以由外面的人员打开进入等待区，只有当门 1 确认闭合后，内部人员按动按键 2 才有效，人员最终进入工作区。门 2 确认关闭状态，按键 1 有效，否则无效。图 10.25 中的电锁通电则门打开，否则闭合；门磁为门的开关状态检测元件，当门闭合时，其为闭合接点，当门打开时，其为断开接点。试根据以上信息，设计一个根据单片机控制的门禁系统，实现上述功能(要求硬件软件均设计)。

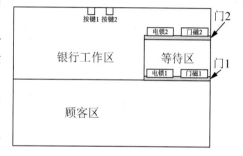

图 10.25　某银行的平面布置图

参 考 文 献

[1] 范立南，谢子殿. 单片机原理及应用教程. 北京：北京大学出版社，2006.

[2] 曹巧媛. 单片机原理及应用. 北京：电子工业出版社，2002.

[3] 陈立周，陈宇. 单片机原理及其应用. 2版. 北京：机械工业出版社，2008.

[4] 丁向荣，贾萍. 单片机应用系统与开发技术. 北京：清华大学出版社，2009.

[5] 范立南，李雪飞，尹授远. 单片微型计算机控制系统设计. 北京：人民邮电出版社，2004.

[6] 范立南，李雪飞. 计算机控制技术. 北京：机械工业出版社，2009.

[7] 范立南，温勇. 单片微机接口与控制技术. 沈阳：辽宁大学出版社，1996.

[8] 冯育长. 单片机系统设计与实例分析. 西安：西安电子科技大学出版社，2007.

[9] 高锋. 单片微型计算机原理与接口技术. 北京：科学出版社，2004.

[10] 杭和平，杨芳，谢飞. 单片机原理与应用. 北京：机械工业出版社，2008.

[11] 胡健. 单片机原理及接口技术. 北京：机械工业出版社，2004.

[12] 李群芳，肖看. 单片机原理、接口及应用——嵌入式系统技术基础. 北京：清华大学出版社，2005.

[13] 刘华东. 单片机原理与应用. 北京：电子工业出版社，2003.

[14] 楼然苗，李光飞. 单片机课程设计指导. 北京：北京航空航天大学出版社，2007.

[15] 欧伟明，何静，凌云. 单片机原理与应用系统设计. 北京：电子工业出版社，2009.

[16] 求是科技. 单片机典型模块设计实例导航. 北京：人民邮电出版社，2004.

[17] 孙育才. MCS-51系列单片微型计算机及其应用. 南京：东南大学出版社，2004.

[18] 唐颖. 单片机原理与应用及C51程序设计. 北京：北京大学出版社，2008.

[19] 汪贵平，李登峰，龚贤武. 新编单片机原理及应用. 北京：机械工业出版社，2009.

[20] 王义方，周伟航. 微型计算机原理及应用. 北京：机械工业出版社，2009.

[21] 吴飞青，丁晓，李林功. 单片机原理与应用实践指导. 北京：机械工业出版社，2009.

[22] 谢维成，杨加国. 单片机原理与应用及C51程序设计. 北京：清华大学出版社，2006.

[23] 徐君毅，张友德，涂时亮. 单片微型计算机原理与应用. 上海：上海科学技术出版社，1987.

[24] 杨有安. 程序设计基础教程(C语言). 北京：人民邮电出版社，2009.

[25] 张欣，孙宏昌，尹霞. 单片机原理与C51程序设计基础教程. 北京：清华大学出版社，2010.

[26] 张毅刚，彭喜元. 单片机原理及接口技术. 北京：人民邮电出版社，2008.

[27] 张毅刚，修林成，胡振江. MCS-51单片机应用设计. 哈尔滨：哈尔滨工业大学出版社，1990.

[28] 周明德. 单片机原理与技术. 北京：人民邮电出版社，2008.

北京大学出版社本科计算机系列实用规划教材

序号	标准书号	书 名	主编	定价	序号	标准书号	书 名	主 编	定价
1	7-301-10511-5	离散数学	段禅伦	28	38	7-301-13684-3	单片机原理及应用	王新颖	25
2	7-301-10457-X	线性代数	陈付贵	20	39	7-301-14505-0	Visual C++程序设计案例教程	张荣梅	30
3	7-301-10510-X	概率论与数理统计	陈荣江	26	40	7-301-14259-2	多媒体技术应用案例教程	李 建	30
4	7-301-10503-0	Visual Basic 程序设计	闫联营	22	41	7-301-14503-6	ASP .NET 动态网页设计案例教程(Visual Basic .NET 版)	江 红	35
5	7-301-21752-8	多媒体技术及其应用(第2版)	张 明	39	42	7-301-14504-3	C++面向对象与 Visual C++程序设计案例教程	黄贤英	35
6	7-301-10466-8	C++程序设计	刘天印	33	43	7-301-14506-7	Photoshop CS3 案例教程	李建芳	34
7	7-301-10467-5	C++程序设计实验指导与习题解答	李 兰	20	44	7-301-14510-4	C++程序设计基础案例教程	于永彦	33
8	7-301-10505-4	Visual C++程序设计教程与上机指导	高志伟	25	45	7-301-14942-3	ASP .NET 网络应用案例教程(C# .NET 版)	张登辉	33
9	7-301-10462-0	XML 实用教程	丁跃潮	26	46	7-301-12377-5	计算机硬件技术基础	石 磊	26
10	7-301-10463-7	计算机网络系统集成	斯桃枝	22	47	7-301-15208-9	计算机组成原理	娄国焕	24
11	7-301-22437-3	单片机原理及应用教程(第2版)	范立南	43	48	7-301-15463-2	网页设计与制作案例教程	房爱莲	36
12	7-5038-4421-3	ASP .NET 网络编程实用教程(C#版)	崔良海	31	49	7-301-04852-8	线性代数	姚喜妍	22
13	7-5038-4427-2	C 语言程序设计	赵建锋	25	50	7-301-15461-8	计算机网络技术	陈代武	33
14	7-5038-4420-5	Delphi 程序设计基础教程	张世明	37	51	7-301-15697-1	计算机辅助设计二次开发案例教程	谢安俊	26
15	7-5038-4417-5	SQL Server 数据库设计与管理	姜 力	31	52	7-301-15740-4	Visual C# 程序开发案例教程	韩朝阳	30
16	7-5038-4424-9	大学计算机基础	贾丽娟	34	53	7-301-16597-3	Visual C++程序设计实用案例教程	于永彦	32
17	7-5038-4430-0	计算机科学与技术导论	王昆仑	30	54	7-301-16850-9	Java 程序设计案例教程	胡巧多	32
18	7-5038-4418-3	计算机网络应用实例教程	魏 峥	25	55	7-301-16842-4	数据库原理与应用(SQL Server 版)	毛一梅	36
19	7-5038-4415-9	面向对象程序设计	冷英男	28	56	7-301-16910-0	计算机网络技术基础与应用	马秀峰	33
20	7-5038-4429-4	软件工程	赵春刚	22	57	7-301-15063-4	计算机网络基础与应用	刘远生	32
21	7-5038-4431-0	数据结构(C++版)	秦 锋	28	58	7-301-15250-8	汇编语言程序设计	张光长	28
22	7-5038-4423-2	微机应用基础	吕晓燕	33	59	7-301-15064-1	网络安全技术	骆耀祖	30
23	7-5038-4426-4	微型计算机原理与接口技术	刘彦文	26	60	7-301-15584-4	数据结构与算法	佟伟光	32
24	7-5038-4425-6	办公自动化教程	钱 俊	30	61	7-301-17087-8	操作系统实用教程	范立南	36
25	7-5038-4419-1	Java 语言程序设计实用教程	董迎红	33	62	7-301-16631-4	Visual Basic 2008 程序设计教程	隋晓红	34
26	7-5038-4428-0	计算机图形技术	龚声蓉	28	63	7-301-17537-8	C 语言基础案例教程	汪新民	31
27	7-301-11501-5	计算机软件技术基础	高 巍	25	64	7-301-17397-8	C++程序设计基础教程	郗亚辉	30
28	7-301-11500-8	计算机组装与维护实用教程	崔明远	33	65	7-301-17578-1	图论算法理论、实现及应用	王桂平	54
29	7-301-12174-0	Visual FoxPro 实用教程	马秀峰	29	66	7-301-17964-2	PHP 动态网页设计与制作案例教程	房爱莲	42
30	7-301-11500-8	管理信息系统实用教程	杨月江	27	67	7-301-18514-8	多媒体开发与编程	于永彦	35
31	7-301-11445-2	Photoshop CS 实用教程	张 瑾	28	68	7-301-18538-4	实用计算方法	徐亚平	24
32	7-301-12378-2	ASP .NET 课程设计指导	潘志红	35	69	7-301-18539-1	Visual FoxPro 数据库设计案例教程	谭红杨	35
33	7-301-12394-2	C# .NET 课程设计指导	龚自霞	32	70	7-301-19313-6	Java 程序设计案例教程与实训	董迎红	45
34	7-301-13259-3	VisualBasic .NET 课程设计指导	潘志红	30	71	7-301-19389-1	Visual FoxPro 实用教程与上机指导（第2版）	马秀峰	40
35	7-301-12371-3	网络工程实用教程	汪新民	34	72	7-301-19435-5	计算方法	尹景本	28
36	7-301-14132-8	J2EE 课程设计指导	王立丰	32	73	7-301-19388-4	Java 程序设计教程	张剑飞	35
37	7-301-21088-8	计算机专业英语(第2版)	张 勇	42	74	7-301-19386-0	计算机图形技术(第2版)	许承东	44

序号	标准书号	书 名	主编	定价	序号	标准书号	书 名	主 编	定价
75	7-301-15689-6	Photoshop CS5 案例教程(第 2 版)	李建芳	39	84	7-301-16824-0	软件测试案例教程	丁宋涛	28
76	7-301-18395-3	概率论与数理统计	姚喜妍	29	85	7-301-20328-6	ASP. NET 动态网页案例教程(C#.NET 版)	江 红	45
77	7-301-19980-0	3ds Max 2011 案例教程	李建芳	44	86	7-301-16528-7	C#程序设计	胡艳菊	40
78	7-301-20052-0	数据结构与算法应用实践教程	李文书	36	87	7-301-21271-4	C#面向对象程序设计及实践教程	唐 燕	45
79	7-301-12375-1	汇编语言程序设计	张宝剑	36	88	7-301-21295-0	计算机专业英语	吴丽君	34
80	7-301-20523-5	Visual C++程序设计教程与上机指导(第 2 版)	牛江川	40	89	7-301-21341-4	计算机组成与结构教程	姚玉霞	42
81	7-301-20630-0	C#程序开发案例教程	李挥剑	39	90	7-301-21367-4	计算机组成与结构实验实训教程	姚玉霞	22
82	7-301-20898-4	SQL Server 2008 数据库应用案例教程	钱哨	38	91	7-301-22119-8	UML 实用基础教程	赵春刚	36
83	7-301-21052-9	ASP.NET 程序设计与开发	张绍兵	39					

北京大学出版社电气信息类教材书目(已出版)
欢迎选订

序号	标准书号	书　名	主编	定价	序号	标准书号	书　名	主编	定价
1	7-301-10759-1	DSP 技术及应用	吴冬梅	26	38	7-5038-4400-3	工厂供配电	王玉华	34
2	7-301-10760-7	单片机原理与应用技术	魏立峰	25	39	7-5038-4410-2	控制系统仿真	郑恩让	26
3	7-301-10765-2	电工学	蒋中	29	40	7-5038-4398-3	数字电子技术	李元	27
4	7-301-19183-5	电工与电子技术(上册)(第2版)	吴舒辞	30	41	7-5038-4412-6	现代控制理论	刘永信	22
5	7-301-19229-0	电工与电子技术(下册)(第2版)	徐卓农	32	42	7-5038-4401-0	自动化仪表	齐志才	27
6	7-301-10699-0	电子工艺实习	周春阳	19	43	7-5038-4408-9	自动化专业英语	李国厚	32
7	7-301-10744-7	电子工艺学教程	张立毅	32	44	7-5038-4406-5	集散控制系统	刘翠玲	25
8	7-301-10915-6	电子线路 CAD	吕建平	34	45	7-301-19174-3	传感器基础(第2版)	赵玉刚	30
9	7-301-10764-1	数据通信技术教程	吴延海	29	46	7-5038-4396-9	自动控制原理	潘丰	32
10	7-301-18784-5	数字信号处理(第2版)	阎毅	32	47	7-301-10512-2	现代控制理论基础(国家级十一五规划教材)	侯媛彬	20
11	7-301-18889-7	现代交换技术(第2版)	姚军	36	48	7-301-11151-2	电路基础学习指导与典型题解	公茂法	32
12	7-301-10761-4	信号与系统	华容	33	49	7-301-12326-3	过程控制与自动化仪表	张井岗	36
13	7-301-19318-1	信息与通信工程专业英语(第2版)	韩定定	32	50	7-301-12327-0	计算机控制系统	徐文尚	28
14	7-301-10757-7	自动控制原理	袁德成	29	51	7-5038-4414-0	微机原理及接口技术	赵志诚	38
15	7-301-16520-1	高频电子线路(第2版)	宋树祥	35	52	7-301-10465-1	单片机原理及应用教程	范立南	30
16	7-301-11507-7	微机原理与接口技术	陈光军	34	53	7-5038-4426-4	微型计算机原理与接口技术	刘彦文	26
17	7-301-11442-1	MATLAB 基础及其应用教程	周开利	24	54	7-301-12562-5	嵌入式基础实践教程	杨刚	30
18	7-301-11508-4	计算机网络	郭银景	31	55	7-301-12530-4	嵌入式 ARM 系统原理与实例开发	杨宗德	25
19	7-301-12178-8	通信原理	隋晓红	32	56	7-301-13676-8	单片机原理与应用及 C51 程序设计	唐颖	30
20	7-301-12175-7	电子系统综合设计	郭勇	25	57	7-301-13577-8	电力电子技术及应用	张润和	38
21	7-301-11503-9	EDA 技术基础	赵明富	22	58	7-301-20508-2	电磁场与电磁波(第2版)	邬春明	30
22	7-301-12176-4	数字图像处理	曹茂永	23	59	7-301-12179-5	电路分析	王艳红	38
23	7-301-12177-1	现代通信系统	李白萍	27	60	7-301-12380-5	电子测量与传感技术	杨雷	35
24	7-301-12340-9	模拟电子技术	陆秀令	28	61	7-301-14461-9	高电压技术	马永翔	28
25	7-301-13121-3	模拟电子技术实验教程	谭海曙	24	62	7-301-14472-5	生物医学数据分析及其MATLAB 实现	尚志刚	25
26	7-301-11502-2	移动通信	郭俊强	22	63	7-301-14460-2	电力系统分析	曹娜	35
27	7-301-11504-6	数字电子技术	梅开乡	30	64	7-301-14459-6	DSP 技术与应用基础	俞一彪	34
28	7-301-18860-6	运筹学(第2版)	吴亚丽	28	65	7-301-14994-5	综合布线系统基础教程	吴达金	24
29	7-5038-4407-2	传感器与检测技术	祝诗平	30	66	7-301-15168-6	信号处理 MATLAB 实验教程	李杰	20
30	7-5038-4413-3	单片机原理及应用	刘刚	24	67	7-301-15440-3	电工电子实验教程	魏伟	26
31	7-5038-4409-6	电机与拖动	杨天明	27	68	7-301-15445-8	检测与控制实验教程	魏伟	24
32	7-5038-4411-9	电力电子技术	樊立萍	25	69	7-301-04595-4	电路与模拟电子技术	张绪光	35
33	7-5038-4399-0	电力市场原理与实践	邹斌	24	70	7-301-15458-8	信号、系统与控制理论(上、下册)	邱德润	70
34	7-5038-4405-8	电力系统继电保护	马永翔	27	71	7-301-15786-2	通信网的信令系统	张云麟	24
35	7-5038-4397-6	电力系统自动化	孟祥忠	25	72	7-301-16493-8	发电厂变电所电气部分	马永翔	35
36	7-5038-4404-1	电气控制技术	韩顺杰	22	73	7-301-16076-3	数字信号处理	王震宇	32
37	7-5038-4403-4	电器与 PLC 控制技术	陈志新	38	74	7-301-16931-5	微机原理与接口技术	肖洪兵	32

序号	标准书号	书名	主编	定价	序号	标准书号	书名	主编	定价
75	7-301-16932-2	数字电子技术	刘金华	30	104	7-301-20339-2	数字图像处理	李云红	36
76	7-301-16933-9	自动控制原理	丁 红	32	105	7-301-20340-8	信号与系统	李云红	29
77	7-301-17540-8	单片机原理及应用教程	周广兴	40	106	7-301-20505-1	电路分析基础	吴舒辞	38
78	7-301-17614-6	微机原理及接口技术实验指导书	李干林	22	107	7-301-20506-8	编码调制技术	黄 平	26
79	7-301-12379-9	光纤通信	卢志茂	28	108	7-301-20763-5	网络工程与管理	谢 慧	39
80	7-301-17382-4	离散信息论基础	范九伦	25	109	7-301-20845-8	单片机原理与接口技术实验与课程设计	徐懂理	26
81	7-301-17677-1	新能源与分布式发电技术	朱永强	32	110	301-20725-3	模拟电子线路	宋树祥	38
82	7-301-17683-2	光纤通信	李丽君	26	111	7-301-21058-1	单片机原理与应用及其实验指导书	邵发森	44
83	7-301-17700-6	模拟电子技术	张绪光	36	112	7-301-20918-9	Mathcad 在信号与系统中的应用	郭仁春	30
84	7-301-17318-3	ARM 嵌入式系统基础与开发教程	丁文龙	36	113	7-301-20327-5	电工学实验教程	王士军	34
85	7-301-17797-6	PLC 原理及应用	缪志农	26	114	7-301-16367-2	供配电技术	王玉华	49
86	7-301-17986-4	数字信号处理	王玉德	32	115	7-301-20351-4	电路与模拟电子技术实验指导书	唐 颖	26
87	7-301-18131-7	集散控制系统	周荣富	36	116	7-301-21247-9	MATLAB 基础与应用教程	王月明	32
88	7-301-18285-7	电子线路 CAD	周荣富	41	117	7-301-21235-6	集成电路版图设计	陆学斌	36
89	7-301-16739-7	MATLAB 基础及应用	李国朝	39	118	7-301-21304-9	数字电子技术	秦长海	49
90	7-301-18352-6	信息论与编码	隋晓红	24	119	7-301-21366-7	电力系统继电保护(第 2 版)	马永翔	42
91	7-301-18260-4	控制电机与特种电机及其控制系统	孙冠群	42	120	7-301-21450-3	模拟电子与数字逻辑	邬春明	39
92	7-301-18493-6	电工技术	张 莉	26	121	7-301-21439-8	物联网概论	王金甫	42
93	7-301-18496-7	现代电子系统设计教程	宋晓梅	36	122	7-301-21849-5	微波技术基础及其应用	李泽民	49
94	7-301-18672-5	太阳能电池原理与应用	靳瑞敏	25	123	7-301-21688-0	电子信息与通信工程专业英语	孙桂芝	36
95	7-301-18314-4	通信电子线路及仿真设计	王鲜芳	29	124	7-301-22110-5	传感器技术及应用电路项目化教程	钱裕禄	30
96	7-301-19175-0	单片机原理与接口技术	李 升	46	125	7-301-21672-9	单片机系统设计与实例开发（MSP430）	顾 涛	44
97	7-301-19320-4	移动通信	刘维超	39	126	7-301-22112-9	自动控制原理	许丽佳	30
98	7-301-19447-8	电气信息类专业英语	缪志农	40	127	7-301-22109-9	DSP 技术及应用	董 胜	39
99	7-301-19451-5	嵌入式系统设计及应用	邢吉生	44	128	7-301-21607-1	数字图像处理算法及应用	李文书	48
100	7-301-19452-2	电子信息类专业 MATLAB 实验教程	李明明	42	129	7-301-22111-2	平板显示技术基础	王丽娟	52
101	7-301-16914-8	物理光学理论与应用	宋贵才	32	130	7-301-22448-9	自动控制原理	谭功全	44
102	7-301-16598-0	综合布线系统管理教程	吴达金	39	131	7-301-22474-8	电子电路基础实验与课程设计	武 林	36
103	7-301-20394-1	物联网基础与应用	李蔚田	44	132	7-301-22484-7	电文化——电气信息学科概论	高 心	30

相关教学资源如电子课件、电子教材、习题答案等可以登录 www.pup6.com 下载或在线阅读。

扑六知识网(www.pup6.com)有海量的相关教学资源和电子教材供阅读及下载(包括北京大学出版社第六事业部的相关资源)，同时欢迎您将教学课件、视频、教案、素材、习题、试卷、辅导材料、课改成果、设计作品、论文等教学资源上传到 pup6.com，与全国高校师生分享您的教学成就与经验，并可自由设定价格，知识也能创造财富。具体情况请登录网站查询。

如您需要免费纸质样书用于教学，欢迎登陆第六事业部门户网(www.pup6.com)填表申请，并欢迎在线登记选题以到北京大学出版社来出版您的大作，也可下载相关表格填写后发到我们的邮箱，我们将及时与您取得联系并做好全方位的服务。

扑六知识网将打造成全国最大的教育资源共享平台，欢迎您的加入——让知识有价值，让教学无界限，让学习更轻松。

联系方式：010-62750667，pup6_czq@163.com，szheng_pup6@163.com，linzhangbo@126.com，欢迎来电来信咨询。